Kohlhammer | Deutscher Gemeindeverlag

SCHRIFTENREIHE
DES FREIHERR-VOM-STEIN-INSTITUTES
WISSENSCHAFTLICHE FORSCHUNGSSTELLE
DES LANDKREISTAGES NORDRHEIN-WESTFALEN
AN DER UNIVERSITÄT MÜNSTER

BAND 62

Anna Roth

Die allgemeine Lebensmittelüberwachung als Instrument des Verbraucherschutzes

Eine systematische Darstellung unter besonderer Berücksichtigung der Rechtslage und der Organisationsstrukturen in Nordrhein-Westfalen

Verlag W. Kohlhammer
Deutscher Gemeindeverlag

Die Rechtswissenschaftliche Fakultät der Westfälischen Wilhelms-Universität Münster hat diese Arbeit als Dissertation angenommen.

D 6

2009
Deutscher Gemeindeverlag GmbH
Verlagsort: 70565 Stuttgart
Gesamtherstellung Deutscher Gemeindeverlag GmbH/Verlag W. Kohlhammer GmbH, Stuttgart

ISBN 978-3-555-01474-6

Vorwort

Regelmäßig in der Öffentlichkeit diskutierte Lebensmittelskandale zeigen die Aktualität und politische Bedeutung von Fragen der Lebensmittelüberwachung. Die vorliegende Arbeit nähert sich diesem Thema aus juristischer Perspektive.

Im Wege einer systematisierenden Darstellung wird das geltende Recht der (allgemeinen) Lebensmittelüberwachung – einschließlich des materiellen Lebensmittelrechts als Maßstab der Überwachung – in seinen dogmatischen Strukturen beleuchtet. Dabei wird insbesondere das Ineinandergreifen gemeinschaftsrechtlicher, bundes- und landesrechtlicher Bestimmungen sowie das Zusammenspiel von allgemeinem Verwaltungs- und allgemeinem Ordnungsrecht mit dem spezifischen Recht der Lebensmittelüberwachung aufgezeigt.

Die Verfasserin versteht ihr Thema Lebensmittelüberwachung als Teilbereich des staatlichen Verbraucherschutzes: Im Wege der Durchsetzung lebensmittelrechtlicher Gebote, Verbote und Anforderungen soll der Schutz der Verbraucher vor Gesundheits- und Täuschungsgefahren sowie eine angemessene Information der Verbraucher sichergestellt werden. Die Arbeit rückt damit auch den amtlichen Verbraucherschutz stärker ins Bewusstsein, der lange Zeit neben dem zivilrechtlichen Verbraucherschutz eher eine Nebenrolle in der wissenschaftlichen Diskussion gespielt hat.

Die Durchführung der Lebensmittelüberwachung fällt im Wesentlichen in die Zuständigkeit der Länder, die unter Berücksichtigung und in Ergänzung gemeinschafts- und bundesrechtlicher Vorgaben jeweils eigene landesspezifische Regelungen zum Verwaltungsverfahren und zur Behördenorganisation getroffen haben. Diese Regelungen werden am Beispiel der allgemeinen Lebensmittelüberwachung in Nordrhein-Westfalen dargestellt, die dort den Kreisordnungsbehörden als Aufgabe zugewiesen ist.

Münster, im August 2009

Professor Dr. Janbernd Oebbecke
Geschäftsführender Direktor
des Freiherr-vom-Stein-Instituts

Vorwort der Verfasserin

Die vorliegende Arbeit ist während meiner Tätigkeit als wissenschaftliche Referentin am Freiherr-vom-Stein-Institut in Münster entstanden. Sie wurde im Wintersemester 2008/2009 von der Rechtswissenschaftlichen Fakultät der Westfälischen Wilhelms-Universität zu Münster als Dissertation angenommen. Literatur, Rechtsprechung und die zitierten Rechtsvorschriften geben den Stand vom Dezember 2008 wieder.

Dank sagen möchte ich zuallererst dem Geschäftsführenden Direktor des Instituts, Herrn Prof. Dr. Janbernd Oebbecke, für die Betreuung meiner Arbeit. Seine konstruktive Kritik und hilfreichen Anregungen haben meiner Arbeit stets wichtige Impulse gegeben. Herrn Prof. Dr. Hans D. Jarass danke ich für die Erstellung des Zweitgutachtens.

Für die außerordentlich günstigen Arbeits- und Forschungsbedingungen am Freiherr-vom-Stein-Institut danke ich dem Landkreistag Nordrhein-Westfalen und dessen Hauptgeschäftsführer, Herrn Dr. Martin Klein. Frau Dr. Dörte Diemert als ehemaliger Institutsleiterin danke ich für ihre wertvollen Ratschläge und Hilfestellungen insbesondere zu Beginn meiner Forschungsarbeit. Meinen ehemaligen Mitreferenten, Herrn Dr. Christian Thiemann, Herrn Dr. Linus Tepe, Herrn Jan Stefan Lüdde und Herrn Carsten Lund, danke ich für kollegiale Anregungen, Aufmunterungen und Unterstützung während der gemeinsamen Zeit am Institut. Frau Anna Wilde, Frau Hanna Groß, Frau Juliane Wessels und Frau Cornelia Jäger waren mir eine große Hilfe bei der Literaturrecherche und -beschaffung. Besonders bedanken möchte ich mich auch bei Frau Hiltrud Martellock, die mir freundlich und hilfsbereit nicht nur in organisatorischen Angelegenheiten immer mit Rat und Tat zur Seite stand. Insbesondere danke ich ihr für die Unterstützung bei der Endkorrektur der Arbeit. Gleiches gilt für Herrn Dr. Linus Tepe und Herrn Dr. Till Pawelek. Herrn Hans-Jürgen Richard danke ich für die Drucklegung der Arbeit.

Meinen Eltern danke ich für ihre uneingeschränkte Unterstützung und Förderung meiner Ausbildung. Meiner Mutter danke ich darüber hinaus für umfangreiche und hilfreiche Korrekturarbeiten.

Münster, im August 2009

Anna Roth

Inhaltsübersicht

Inhaltsverzeichnis

Abkürzungsverzeichnis

Hinsichtlich der Abkürzungen der zitierten Rechtsakte und amtlichen Dokumente wird auf das *Verzeichnis der zitierten Rechtsakte* bzw. das *Verzeichnis der zitierten amtlichen Dokumente* verwiesen.

a. A.	anderer Ansicht
a. a. O.	am angegebenen Ort
ABl.	Amtsblatt der Europäischen Gemeinschaften bzw. der Europäischen Union
Abs.	Absatz
Abschn.	Abschnitt
a. F.	alte Fassung
AG	Amtsgericht
AKS	Staatliche Akkreditierungsstelle
AllgVerwR	Allgemeines Verwaltungsrecht
AllgWirtschafts-verwR	Allgemeines Wirtschaftsverwaltungsrecht
ALS	Arbeitskreis lebensmittelchemischer Sachverständiger der Bundesländer und des BVL
Anh.	Anhang
Anl.	Anlage
Anm.	Anmerkung
APuZ	Aus Politik und Zeitgeschichte (Zeitschrift)
Art.	Artikel
AT	Allgemeiner Teil
Az.	Aktenzeichen
BAG	Bundesarbeitsgericht
BAGE	Entscheidungen des Bundesarbeitsgerichts (Sammlung)
BAnz.	Bundesanzeiger
BayObLG	Bayerisches Oberstes Landesgericht
BayObLGSt	Entscheidungen des Bayerischen Obersten Landesgerichts in Strafsachen (Sammlung)
BayVBl.	Bayerische Verwaltungsblätter (Zeitschrift)
BB	Betriebsberater
Beschl.	Beschluss

BesVerwR	Besonderes Verwaltungsrecht
BFH	Bundesfinanzhof
BFHE	Entscheidungen des Bundesfinanzhofs (Sammlung)
BfR	Bundesinstitut für Risikobewertung
BGBl.	Bundesgesetzblatt
BGH	Bundesgerichtshof
BGHSt	Entscheidungen des Bundesgerichtshofs in Strafsachen (Sammlung)
BGHZ	Entscheidungen des Bundesgerichtshofs in Zivilsachen (Sammlung)
BLL	Bund für Lebensmittelrecht und Lebensmittelkunde e. V.
BMELV	Bundesministerium für Ernährung, Landwirtschaft und Verbraucherschutz
BR-Drs.	Bundesrat-Drucksache
BSE	Bovine Spongiforme Enzephalopathie
BT	Besonderer Teil
BT-Drs.	Bundestag-Drucksache
BÜp	Bundesweiter Überwachungsplan
BVerfG	Bundesverfassungsgericht
BVerfGE	Entscheidungen des Bundesverfassungsgerichts (Sammlung)
BVerwG	Bundesverwaltungsgericht
BVerwGE	Entscheidung des Bundesverwaltungsgerichts (Sammlung)
BVL	Bundesamt für Verbraucherschutz und Lebensmittelsicherheit
bzw.	beziehungsweise
ca.	circa
CEN	Europäischer Normenausschuss (Comité Européen de Normalisation)
d.	der/die
ders.	derselbe
d. h.	das heißt
Diss.	Dissertation
DÖV	Die öffentliche Verwaltung (Zeitschrift)
DVBl.	Deutsches Verwaltungsblatt (Zeitschrift)
EBLS	Europäische Behörde für Lebensmittelsicherheit
EG	Europäische Gemeinschaft
Egr.	Erwägungsgrund/-gründe

Einf.	Einführung
Einl.	Einleitung
EN	Europäische Norm
ISO	Internationale Organisation für Normung (International Organization for Standardization)
IEC	Internationale Elektrotechnische Kommission (International Electrotechnical Commission)
Erl.	Erläuterungen
etc.	et cetera
EU	Europäische Union
EuGH	Europäischer Gerichtshof
EuZW	Europäische Zeitschrift für Wirtschaftsrecht (Zeitschrift)
e. V.	eingetragener Verein
f.	folgende
FAO	Welternährungs- und Landwirtschaftsbehörde (Food and Agriculture Organization of the United Nation)
ff.	fortfolgende
Fn.	Fußnote
FS	Festschrift
GbR	Gesellschaft bürgerlichen Rechts
gem.	gemäß
GewArch	Gewerbearchiv (Zeitschrift)
ggf.	gegebenenfalls
GmbH	Gesellschaft mit beschränkter Haftung
GMBl.	Gemeinsames Ministerialblatt
GRUR	Gewerblicher Rechtsschutz und Urheberrecht (Zeitschrift)
GRUR Int	Gewerblicher Rechtsschutz und Urheberrecht, Internationaler Teil (Zeitschrift)
GVBl. NRW	Gesetz und Verordnungsblatt Nordrhein-Westfalen
Habil.-Schr.	Habilitationsschrift
HACCP	Hazard Analysis and Critical Control Point
HdbStR	Handbuch des Staatsrechts
h. M.	herrschende Meinung
Hrsg.	Herausgeber/Herausgeberin
Hs.	Halbsatz
i. d. F.	in der Fassung

i. d. R.	in der Regel
i. Erg.	im Ergebnis
i. e. S.	im engeren Sinne
ILM	Informations- und Kommunikationssystem Lebensmittelüberwachung
i. S. d.	im Sinne des/der
i. V. m.	in Verbindung mit
i. w. S.	im weiteren Sinne
Jura	Juristische Ausbildung
JuS	Juristische Schulung (Zeitschrift)
JZ	Juristenzeitung (Zeitschrift)
Kap.	Kapitel
KG	Kommanditgesellschaft
KG Berlin	Kammergericht Berlin
LANUV	Landesamt für Natur, Umwelt und Verbraucherschutz des Landes Nordrhein-Westfalen
LAV	Landesarbeitsgemeinschaft Verbraucherschutz
LG	Landgericht
lit.	Buchstabe
Lit.	Literatur
LRE	Sammlung lebensmittelrechtlicher Entscheidungen (Zeitschrift)
m. E.	meines Erachtens
MUNLV NRW	Ministerium für Umwelt und Naturschutz, Landwirtschaft und Verbraucherschutz des Landes Nordrhein-Westfalen
m. w. N.	mit weiteren Nachweisen
n. F.	neue Fassung
NJW	Neue Juristische Wochenschrift (Zeitschrift)
NJW-RR	Neue Juristische Wochenschrift: Rechtsprechungsreport (Zeitschrift)
Nr.	Nummer
Nrn.	Nummern
NRW	Nordrhein-Westfalen
NVwZ	Neue Zeitschrift für Verwaltungsrecht (Zeitschrift)
NVwZ-RR	Neue Zeitschrift für Verwaltungsrecht: Rechtsprechungsreport (Zeitschrift)
NWVBl.	Nordrhein-westfälische Verwaltungsblätter (Zeitschrift)

OHG	Offene Handelsgesellschaft
OLG	Oberlandesgericht
OLGSt	Entscheidungen der Oberlandesgerichte in Strafsachen und über Ordnungswidrigkeiten (Sammlung)
o. g.	oben genannte(n/r)
OVG	Oberverwaltungsgericht
POR	Polizei- und Ordnungsrecht
QMS	Qualitätsmanagementsystem(e)
RL	EG-Richtlinie
Rn.	Randnummer(n)
Rs.	Rechtssache
Rspr.	Rechtsprechung
SAL	Staatliche Anerkennungsstelle der Lebensmittelüberwachung
S.	Seite
s.	siehe
s. o.	siehe oben
s. u.	siehe unten
Slg.	Sammlung der Rechtsprechung des Europäischen Gerichtshofs (Sammlung)
sog.	sogenannte(n/r/s)
SPS-Maßnahmen	gesundheitspolizeiliche und pflanzenschutzrechtliche Maßnahmen (sanitary and phytosanitary measures)
ThürVBl.	Thüringer Verwaltungsblätter (Zeitschrift)
TÜ	Technische Überwachung (Zeitschrift)
u. a.	unter anderem
UAbs.	Unterabsatz
Ulit.	Unterbuchstabe
UN	Vereinte Nationen (United Nations)
Univ.	Universität
Urt.	Urteil
usw.	und so weiter
v.	vom/n
Verf.	Verfasser(in)
VersR	Versicherungsrecht (Zeitschrift)
VerwR	Verwaltungsrecht
VG	Verwaltungsgericht

VGH	Verwaltungsgerichtshof
vgl.	vergleiche
VO	EG-Verordnung
Vorb.	Vorbemerkungen
VSMK	Verbraucherschutzministerkonferenz
VuR	Verbraucher und Recht (Zeitschrift)
VVDStRL	Veröffentlichung der Vereinigung der Deutschen Staatsrechtslehrer (Zeitschrift)
WiVerw	Wirtschaft und Verwaltung (Zeitschrift)
WHO	Weltgesundheitsorganisation (World Health Organization)
WRP	Wettbewerb in Recht und Praxis (Zeitschrift)
WTO	Welthandelsorganisation (World Trade Organization)
z. B.	zum Beispiel
ZfP	Zeitschrift für Politik (Zeitschrift)
ZLR	Zeitschrift für das gesamte Lebensmittelrecht (Zeitschrift)
ZRP	Zeitschrift für Rechtspolitik (Zeitschrift)
z. T.	zum Teil
zugl.	zugleich
ZUR	Zeitschrift für Umweltrecht (Zeitschrift)
ZWS	Zeitschrift für Wirtschafts- und Sozialwissenschaften (Zeitschrift)

§ 1 Einleitung

A. Ziel und Gegenstand der Untersuchung

Im Rahmen der folgenden Untersuchung soll am Beispiel des Lebensmittelbereichs dargestellt werden, welcher rechtsetzender Maßnahmen sich der Staat bedient, um das Ziel des Verbraucherschutzes zu verfolgen. Dabei sollen Maßnahmen supranationaler Rechtsetzungsorgane, also der EG, miteinbezogen werden. Denn der Lebensmittelbereich ist aufgrund des grenzüberschreitenden Verkehrs mit Lebensmitteln in besonderem Maße auch Gegenstand gemeinschaftsrechtlicher Maßnahmen.[1]

Die folgende systematisierende Darstellung beschränkt sich dabei nicht auf diejenigen Vorschriften, die unmittelbar verbraucherschützende Regelungen treffen, indem sie etwa Anforderungen an Lebensmittel und deren Produktion festlegen. Vielmehr sollen gerade auch diejenigen gesetzgeberischen Maßnahmen betrachtet werden, die auf eine Gewährleistung der Einhaltung dieser unmittelbar verbraucherschützenden Vorschriften durch die Einrichtung eines behördlichen Überwachungssystems zielen.[2] In diesem Zusammenhang wird das in Deutschland geltende nationale und Gemeinschaftsrecht bzw. das sich hieraus ergebende Instrumentarium der Lebensmittelüberwachung erörtert.[3] Soweit landesrechtliche Bestimmungen oder Organisationsstrukturen Gegenstand der Darstellung sind, wird die Rechtslage und Organisation in Nordrhein-Westfalen zugrunde gelegt.

Zur Konkretisierung des Untersuchungsgegenstandes sind jedoch zunächst Begriff und Grundlagen des Verbraucherschutzes zu bestimmen. Außerdem soll kurz erläutert werden, aus welchen Gründen sich der Lebensmittelbereich als Referenzgebiet eignet.

---

1 Näheres dazu unten S. 43.

2 Ausführlich zur Differenzierung zwischen materiellem Lebensmittelrecht und den Vorschriften zur Lebensmittelüberwachung s. u. S. 42 f.

3 Aussagen über die Effektivität bzw. mögliche Verbesserungen des bestehenden Systems sollen dagegen nicht getroffen werden.

I. Zielsetzungen und Maßnahmen des Verbraucherschutzes

Verbraucherschutz ist im weitesten Sinne die Gesamtheit aller Maßnahmen, die den individuell bestimmten Interessen der Verbraucher dienen.[4] Als Verbraucher kann dabei zunächst jede Person bezeichnet werden, die zu privaten Zwecken Waren oder (Dienst-)Leistungen erwirbt, verwendet, verbraucht, empfängt oder in Anspruch nimmt.[5] Die Notwendigkeit, Maßnahmen im Interesse dieses Verbrauchers zu ergreifen, ist begründungsbedürftig. Dies gilt in besonderem Maße für staatliche oder staatlich veranlasste Maßnahmen, die unter dem Begriff der Verbraucher(schutz)politik zusammengefasst werden können.[6] Um den allgemeinen Rahmen zu verdeutlichen, in dem sich die zu untersuchenden verbraucherschützenden Maßnahmen im Lebensmittelbereich bewegen, sollen daher zunächst die diesbezüglich entwickelten, wissenschaftlichen Begründungsansätze – als »verbraucherpolitische Konzeptionen« bezeichnet – beleuchtet werden. Außerdem wird auf die Zielsetzungen und Instrumente der deutschen und europäischen Verbraucherpolitik eingegangen. Im Zentrum der Betrachtung steht dabei – dem Zweck der vorliegenden Untersuchung entsprechend – der Verbraucherschutz durch Rechtsnormen.

1. Verbraucherpolitische Konzeptionen

Im Folgenden sollen die grundlegenden, in der wissenschaftlichen Literatur entwickelten verbraucherpolitischen Konzeptionen skizziert werden.

---

4 *Voland,* Verbraucherschutz und Welthandelsrecht, S. 15. Vgl. auch *Borchert,* Verbraucherschutzrecht, S. 1; *Leonhäuser,* Bedürfnis, Bedarf, Normen und Standards, S. 12; *Sprißler,* Öffentlich-rechtlicher Verbraucherschutz, S. 12; *Vahrenkamp,* Verbraucherschutz bei asymmetrischer Information, S. 14.

5 Diese Definition dient lediglich einer ersten Annäherung an den Begriff des Verbrauchers. Eine allgemein gültige Begriffsbestimmung existiert nicht (*Bauschke,* Verbraucherschutz im öffentlichen Recht, S. 3; *Blaurock,* JZ 1999, 801 (802); *Lorenzen,* in: Fricke/Ott (Hrsg.), Verwaltungsrecht, § 47 Rn. 4; *Voland,* Verbraucherschutz und Welthandelsrecht, S. 27; *Zischka,* Rechtsetzungskompetenzen der EG, S. 5). Denn wer als Verbraucher angesehen wird, hängt entscheidend vom Gegenstand und Schutzzweck einzelner verbraucherschützender Maßnahmen ab (vgl. *Bauschke,* a. a. O., S. 11 f.; *Lorenzen,* a. a. O., § 47 Rn. 1; *Schricker,* GRUR Int 1976, 315 (321); *Voland,* a. a. O., S. 27; *Zischka,* a. a. O., S. 5). Eine eingehendere Betrachtung erfolgt daher erst im Zusammenhang mit dem Verbraucherbegriff im Lebensmittelrecht (s. u. S. 38 ff.). Vgl. ähnliche Definitionsansätze bei *Henke,* in: Dichtl (Hrsg.), Verbraucherschutz in der Marktwirtschaft, S. 43 (44); *Kemper,* Verbraucherschutzinstrumente, S. 26; *Sprißler,* Öffentlich-rechtlicher Verbraucherschutz, S. 9; *Voland,* a. a. O., S. 27.

6 Vgl. *Zischka,* Rechtsetzungskompetenzen der EG, S. 8.

Verbraucherpolitische Konzeptionen beinhalten grundsätzliche Aussagen darüber, ob der Verbraucher überhaupt als schutzwürdig angesehen wird und falls ja, auf welche Weise und zu welchem Grad dieser Schutz realisiert werden soll. In diesem Zusammenhang ist auch die Frage entscheidend, ob es einer ausdrücklichen staatlichen Verbraucherschutzpolitik bedarf und welche Methoden und Instrumente hierfür in Betracht kommen. Daher dient die folgende Darstellung zugleich der Erörterung des potentiellen verbraucherpolitischen Instrumentariums. Da es im Kern um den Schutz des Verbrauchers als Marktteilnehmer geht, stellen verbraucherpolitische Konzeptionen einen Teilbereich gesamtwirtschaftlicher Theorien dar.[7] Die jeweils vertretenen Positionen hinsichtlich Notwendigkeit, Zielsetzung und Art verbraucherpolitischer Maßnahmen stehen somit in einem engen Zusammenhang mit dem jeweils zugrunde gelegten Wirtschaftsmodell bzw. lassen sich unmittelbar aus diesem ableiten. Angesichts der Komplexität und Vielzahl der vertretenen Positionen sind weitgehende Vereinfachungen, Zusammenfassungen und Schematisierungen unvermeidbar. Dies erscheint jedoch insofern vertretbar, als es vorliegend im Wesentlichen darum geht, eine allgemeine Vorstellung über die wissenschaftlichen Grundlagen des Verbraucherschutzes zu vermitteln, nicht jedoch um eine Auseinandersetzung oder Bewertung einzelner Konzepte und Positionen. Die Reihenfolge der Darstellung orientiert sich dabei im Wesentlichen an der historischen Entwicklung. Dies bietet sich deshalb an, weil die verschiedenen Strömungen nicht isoliert voneinander betrachtet werden können, sondern aufeinander aufbauen bzw. sich wechselseitig beeinflussen.[8] Die Entwicklung neuer verbraucherpolitischer Ansätze geschieht jeweils in Auseinandersetzung mit bereits zuvor vertretenen Positionen, indem diese grundlegend abgelehnt oder aber zumindest weiterentwickelt werden. Der Reihenfolge der Darstellung ist allerdings keine Aussage darüber zu entnehmen, welche Aktualität einzelne Positionen für die derzeitige verbraucherpolitische Praxis besitzen. Der Prozess der Auseinandersetzung über Legitimation, Zielsetzungen und Ausgestaltung verbraucherpolitischer Aktivitäten ist nicht abgeschlossen. Die verschiedenen Begründungsansätze einschließlich des vorgeschlagenen verbraucherschützenden Instrumentariums spiegeln daher in ihrer Gesamtschau das Spektrum, in welchem sich auch aktuelle verbraucherpolitische Debatten bewegen.

---

7 Vgl. *Mitropoulus,* Verbraucherpolitik in der Marktwirtschaft, S. 8 f.; *Sprißler,* Öffentlich-rechtlicher Verbraucherschutz, S. 30.

8 Vgl. *Mitropoulus,* Verbraucherpolitik in der Marktwirtschaft, S. 16.

Keine (positive) verbraucherpolitische Konzeption im eigentlichen Sinne lässt sich dem Wirtschaftsmodell des sog. »klassischen Liberalismus«[9] entnehmen. Es soll aufgrund seiner Bedeutung als Ausgangspunkt nachfolgender wirtschaftstheoretischer Entwicklungen[10] dennoch kurz erwähnt werden. Der klassische Liberalismus geht von einer umfassenden Selbststeuerung des Marktes aus.[11] Die Verbraucher werden in diesem System als souveräne, gleichberechtigte Marktteilnehmer angesehen, die durch ihre Nachfrage die Tätigkeit der Produzenten derart zu steuern in der Lage sind, dass diese ein den Bedürfnissen der Verbraucher vollständig entsprechendes Angebot an Waren und Dienstleistungen bereitstellen.[12] Nach diesem Konzept ist der Verbraucher als nicht schutzbedürftig anzusehen, sodass kein Bedürfnis für verbraucherpolitische Überlegungen besteht.[13] Staatliche Eingriffe in die Wirtschaft werden insgesamt abgelehnt.[14] Das so beschriebene Modell basiert wesentlich auf der Annahme eines unverfälschten Wettbewerbs bzw. einer sog. »vollkommenen Konkurrenz«[15]. Denn nur dann sind die Unternehmer darauf angewiesen, ihr Angebot an der Nachfrage der Verbraucher auszurichten, um wettbewerbsfähig zu bleiben.

Diese Kernprämisse stellt zugleich den wesentlichen Angriffspunkt des Konzepts dar. Denn die Erfahrungen mit dem marktwirtschaftlichen System in der Praxis führen zu der Erkenntnis, dass der Markt bereits aus sich selbst heraus Unvollkommenheiten und Beschränkungen des Wettbewerbs

---

9 Zum Begriff s. *Knieps,* Wettbewerbsökonomie, S. 67.

10 *Knieps,* Wettbewerbsökonomie, S. 67.

11 *Mitropoulus,* Verbraucherpolitik in der Marktwirtschaft, S. 19.

12 *Kuhlmann,* Verbraucherpolitik, S. 30; *Mitropoulus,* Verbraucherpolitik in der Marktwirtschaft, S. 19. Vgl. auch *Dauner-Lieb,* Verbraucherschutz durch Sonderprivatrecht, S. 53; *Hart/Köck,* ZRP 1991, 61 (61); *Hemberle/v. Keitz,* in: Biervert u. a. (Hrsg.), Verbraucherpolitik, S. 30 (34); *Käutner,* in: Biervert u. a. (Hrsg.) (Hrsg.), Verbraucherpolitik, S. 237 (239); *Neumann,* in: Dichtl. (Hrsg.), Verbraucherschutz in der Marktwirtschaft, S. 11 (13); *Scholten,* in: Piepenbrock (Hrsg.),Verbraucherpolitik, S. 95 (100); *Vahrenkamp,* Verbraucherschutz bei asymmetrischer Information, S. 9; *Voland,* Verbraucherschutz und Welthandelsrecht, S. 40 f.

13 *Vahrenkamp,* Verbraucherschutz bei asymmetrischer Information, S. 9.

14 *Knieps,* Wettbewerbsökonomie, S. 67; vgl. auch *Kuhlmann,* Verbraucherpolitik, S. 30.

15 Zum Begriff s. *Fritsch/Wein/Evers,* Marktversagen und Wirtschaftspolitik, S. 27 ff.; *Hecker,* Marktoptimierende Wirtschaftsaufsicht, S. 39; *Knieps,* Wettbewerbsökonomie, S. 7; *Kuhlmann,* Verbraucherpolitik, S. 30; *Vahrenkamp,* Verbraucherschutz bei asymmetrischer Information, S. 9.

generiert,[16] sodass von einer vollkommenen Konkurrenz nicht ausgegangen werden kann.[17] Als Konsequenz sehen daher nachfolgend entwickelte Wirtschaftsmodelle die Notwendigkeit wirtschaftspolitischer Maßnahmen zum Ausgleich dieser sog. »Marktversagenstatbestände«[18] vor. Der sog. »Ordoliberalismus«[19] fordert daher eine staatliche Wettbewerbspolitik,[20] u. a. in Form von Kartellverboten, Fusionskontrollen und Missbrauchsaufsicht.[21] Diese Maßnahmen zur (Wieder-)Herstellung des freien Wettbewerbs werden dabei zugleich als ausreichend angesehen, um auch die Verbraucherinteressen umfassend zu schützen.[22] Denn die Annahme, der Verbraucher sei aufgrund seiner starken Marktstellung im Rahmen der Marktwirtschaft nicht schutzbedürftig, wird weiterhin als gültig betrachtet.[23] Im Rahmen dieses Konzepts ist daher die Wettbewerbspolitik zugleich als einzig notwendige Verbraucherpolitik einzuordnen.[24]

Von der Wettbewerbspolitik losgelöste, eigenständige verbraucherpolitische Konzeptionen ergeben sich daher erst aus einer Abkehr von dieser Überzeugung.[25] Im Zentrum der Überlegungen steht dabei das Problem der

---

16 Vgl. *Mitropoulus,* Verbraucherpolitik in der Marktwirtschaft, S. 21; *Simitis,* Verbraucherschutz, S. 88; *Vahrenkamp,* Verbraucherschutz bei asymmetrischer Information, S. 9.

17 Vgl. *Fritsch/Wein/Evers,* Marktversagen und Wirtschaftspolitik, S. 65; *Hecker,* Marktoptimierende Wirtschaftsaufsicht, S. 40 f.; *Knieps,* Wettbewerbsökonomie, S. 11; *Martiny,* APuZ 1978, 15 (22); *Vahrenkamp,* Verbraucherschutz bei asymmetrischer Information, S. 9.

18 Zum Begriff des Marktversagens s. *Fritsch/Wein/Evers,* Marktversagen und Wirtschaftspolitik, S. 82; *Knieps,* Wettbewerbsökonomie, S. 11.

19 Zum Begriff s. *Knieps,* Wettbewerbsökonomie, S. 69; *Mitropoulus,* Verbraucherpolitik in der Marktwirtschaft, S. 20.

20 Vgl. *Knieps,* Wettbewerbsökonomie, S. 69; *Mitropoulus,* Verbraucherpolitik in der Marktwirtschaft, S. 21; *Stauss,* Verbraucherinteressen, S. 31; *Vahrenkamp,* Verbraucherschutz bei asymmetrischer Information, S. 13.

21 Vgl. *Mitropoulus,* Verbraucherpolitik in der Marktwirtschaft, S. 21.

22 Vgl. *Leonhäuser,* Bedürfnis, Bedarf, Normen und Standards, S. 15; *Mitropoulus,* Verbraucherpolitik in der Marktwirtschaft, S. 21; *Zischka,* Rechtsetzungskompetenzen der EG, S. 9.

23 Vgl. *Hart/Köck,* ZRP 1991, 61 (61); *Mitropoulus,* Verbraucherpolitik in der Marktwirtschaft, S. 21.

24 Vgl. *Czerwonka,* in: Biervert u. a. (Hrsg.), Verbraucherpolitik, S. 219 (221); *Dichtl,* in: Ders. (Hrsg.), Verbraucherschutz in der Marktwirtschaft, S. 23 (37); *Hart/Köck,* ZRP 1991, 61 (61); *Leonhäuser,* Bedürfnis, Bedarf, Normen und Standards, S. 15; *Mitropoulus,* Verbraucherpolitik in der Marktwirtschaft, S. 21; *Stauss,* Verbraucherinteressen, S. 31.

25 Vgl. *Mitropoulus,* Verbraucherpolitik in der Marktwirtschaft, S. 23.

fehlenden »Markttransparenz«:[26] Um seine Marktmacht umfassend einzusetzen und durch seine Nachfrage das Angebot entsprechend zu steuern, sei der Verbraucher darauf angewiesen, dass er zunächst eine unbeeinträchtigte Vorstellung von seinen tatsächlichen Bedürfnissen entwickele. Sodann müsse er in der Lage sein zu erkennen, ob ein bestimmtes vorhandenes Angebot diesen Bedürfnissen tatsächlich entspreche bzw. welches von mehreren Angeboten seinen Vorstellungen am ehesten gerecht werde.[27] Dies sei jedoch oftmals nicht der Fall: Aufgrund der zunehmenden Produktvielfalt und -differenzierung sei es dem Verbraucher nicht mehr möglich, sich ein umfassendes Bild vom tatsächlich vorhandenen Angebot zu machen.[28] Darüber hinaus werde auch eine Qualitätsbeurteilung durch den Verbraucher erschwert, da diesem angesichts der zunehmenden technischen Komplexität der angebotenen Güter die hierfür erforderlichen Kenntnisse fehlten.[29] Durch die Anbieter diesbezüglich bereitgestellte Informationen seien oft unvollständig und einseitig bzw. würden zum Teil – in Form der Werbung – bewusst zur Manipulation des Verbrauchers eingesetzt.[30] Dies führe zu einer Marktintransparenz bzw. zu sog. »Informationsasymmetrien«[31] zulasten des einzelnen Verbrauchers, weshalb dieser in einer schwächeren Position und damit schutzwürdig sei.

Als Zielsetzung verbraucherpolitischer Aktivitäten wird daher die Verbesserung der Markttransparenz bzw. der Information des einzelnen Verbrauchers gesehen, um diesen in die Lage zu versetzen, marktgerechte

---

26 Vgl. *Mitropoulus,* Verbraucherpolitik in der Marktwirtschaft, S. 23.

27 Vgl. *Dauner-Lieb,* Verbraucherschutz durch Sonderprivatrecht, S. 63.

28 Vgl. *Hemberle/v. Keitz,* in: Biervert u. a. (Hrsg.), Verbraucherpolitik, S. 30 (34); *v. Hippel,* Verbraucherschutz, S. 4; *Kemper,* Verbraucherschutzinstrumente, S. 38; *Leonhäuser,* Bedürfnis, Bedarf, Normen und Standards, S. 16; *Martiny,* APuZ 1978, 15 (22); *Mitropoulus,* Verbraucherpolitik in der Marktwirtschaft, S. 23; *Neumann,* in: Dichtl. (Hrsg.), Verbraucherschutz in der Marktwirtschaft, S. 11 (15); *Scholten,* in: Piepenbrock (Hrsg.),Verbraucherpolitik, S. 95 (100); *Simitis,* Verbraucherschutz, S. 100; *Vahrenkamp,* Verbraucherschutz bei asymmetrischer Information, S. 15.

29 *Hemberle/v. Keitz,* in: Biervert u. a. (Hrsg.), Verbraucherpolitik, S. 30 (34); *v. Hippel,* Verbraucherschutz, S. 4; *Mitropoulus,* Verbraucherpolitik in der Marktwirtschaft, S. 23; *Vahrenkamp,* Verbraucherschutz bei asymmetrischer Information, S. 15.

30 *Mitropoulus,* Verbraucherpolitik in der Marktwirtschaft, S. 23. Vgl. auch *Dauner-Lieb,* Verbraucherschutz durch Sonderprivatrecht, S. 64; *Neumann,* in: Dichtl. (Hrsg.), Verbraucherschutz in der Marktwirtschaft, S. 11 (19).

31 Zum Begriff s. *Fritsch/Wein/Evers,* Marktversagen und Wirtschaftspolitik, S. 284 ff; *Hecker,* Marktoptimierende Wirtschaftsaufsicht, S. 42; *Herzberg,* Regulierung und Überwachung bei Lebensmitteln, S. 70; *Oehler,* VuR 2006, 294 (297); *Rothfuchs,* Verbraucherschutz im elektronischen Geschäftsverkehr, S. 22.

Entscheidungen zu treffen.[32] Dabei kann zwischen verschiedenen Strömungen differenziert werden, die sich in dem für erforderlich erachteten Instrumentarium bzw. der damit zusammenhängenden Eingriffsintensität unterscheiden, und zwar insbesondere zwischen sog. »marktkonformen« und »marktkomplementären« Konzeptionen.[33]

Im Rahmen des marktkomplementären Ansatzes werden vor allem Maßnahmen gefordert, die auf eine – ggf. staatlich geförderte – Bereitstellung unabhängiger Informationen für die Verbraucher durch Dritte abzielen.[34] In Betracht gezogen wird beispielsweise die Veröffentlichung vergleichender Produkttests[35] oder die Einrichtung von Verbraucherberatungsstellen.[36] Zugleich werden Verbraucherbildung und -erziehung als sinnvolle Maßnahmen angesehen, um die Verbraucher darüber aufzuklären, wie sie ihre Interessen besser wahrnehmen und die Informationsmöglichkeiten nutzen können.[37] In engen Grenzen werden darüber hinaus auch Maßnahmen des rechtlichen Verbraucherschutzes als erforderlich angesehen, obwohl diese aufgrund der damit verbundenen Eingriffe in den Markt grundsätzlich skeptisch betrachtet werden:[38] Zum Schutz der Verbraucher vor besonders

---

32 Vgl. *Hart/Köck,* ZRP 1991, 61 (62); *Hemberle/v. Keitz,* in: Biervert u. a. (Hrsg.), Verbraucherpolitik, S. 30 (35); *Kemper,* Verbraucherschutzinstrumente, S. 63; *Lohmann,* Verbraucherschutz und Marktprozesse, S. 37; *Mitropoulus,* Verbraucherpolitik in der Marktwirtschaft, S. 24; *Neumann,* in: Dichtl. (Hrsg.), Verbraucherschutz in der Marktwirtschaft, S. 23 (19 f.); *Rothfuchs,* Verbraucherschutz im elektronischen Geschäftsverkehr, S. 44.; *Scholten,* in: Piepenbrock (Hrsg.),Verbraucherpolitik, S. 95 (110); *Sprißler,* Öffentlich-rechtlicher Verbraucherschutz, S. 30; *Tonner/Brieske,* BB 1996, 913 (913); *Zischka,* Rechtsetzungskompetenzen der EG, S. 10. Diese Zielsetzung spielt eine zentrale Rolle im Rahmen des rechtlichen Verbraucherschutzes (vgl. *Tonner/Brieske,* BB 1996, 913 (913)). Sie soll daher an spätere Stelle eingehender erläutert werden (s. u. S. 10 ff.).

33 Vgl. *Mitropoulus,* Verbraucherpolitik in der Marktwirtschaft, S. 25.

34 Vgl. *Fritsch/Wein/Evers,* Marktversagen und Wirtschaftspolitik, S. 318; *Hemberle/v. Keitz,* in: Biervert u. a. (Hrsg.), Verbraucherpolitik, S. 30 (38); *Neumann,* in: Dichtl. (Hrsg.), Verbraucherschutz in der Marktwirtschaft, S. 23 (19); *Scholten,* in: Piepenbrock (Hrsg.),Verbraucherpolitik, S. 95 (110 f.); *Simitis,* Verbraucherschutz, S. 118.

35 *Fritsch/Wein/Evers,* Marktversagen und Wirtschaftspolitik, S. 318; *Hemberle/v. Keitz,* in: Biervert u. a. (Hrsg.), Verbraucherpolitik, S. 30 (38).

36 *Hemberle/v. Keitz,* in: Biervert u. a. (Hrsg.), Verbraucherpolitik, S. 30 (39); *Mitropoulus,* Verbraucherpolitik in der Marktwirtschaft, S. 25; *Scholten,* in: Piepenbrock (Hrsg.),Verbraucherpolitik, S. 95 (111).

37 *Hemberle/v. Keitz,* in: Biervert u. a. (Hrsg.), Verbraucherpolitik, S. 30 (37); *Mitropoulus,* Verbraucherpolitik in der Marktwirtschaft, S. 25.

38 *Mitropoulus,* Verbraucherpolitik in der Marktwirtschaft, S. 25.

gravierenden Beeinträchtigungen[39] werden gesetzliche Regelungen zum Schutz vor Gesundheitsschäden und Täuschung als zulässig bzw. notwendig erachtet,[40] beispielsweise produktbezogene Kennzeichnungspflichten der Anbieter.[41] Insgesamt zielen diese Maßnahmen auf eine Besserstellung des einzelnen Verbrauchers als individueller Marktteilnehmer ab.[42] Staatliche Maßnahmen werden dabei als grundsätzlich subsidiäres Mittel angesehen.[43] Primär soll der Verbraucherschutz durch eigene Maßnahmen der Marktteilnehmer realisiert werden.[44] Sofern sie nicht zu Wettbewerbsbeschränkungen durch die Anbieter führt, gehört dazu auch die Selbstkontrolle der Wirtschaft, z. B. durch die Ausarbeitung freiwilliger Verhaltensregeln oder die Einrichtung von Schlichtungsstellen.[45] Auf der anderen Seite werden auch Maßnahmen der Selbstorganisation bzw. Selbstinformation der Verbraucher begrüßt: Neben den bereits erwähnten Warentests oder Verbraucherberatungsstellen kann diese durch staatlich unabhängige, jedoch soweit nötig staatlich unterstützte[46] Verbraucherorganisationen erfolgen.[47]

Über den bloßen Individualschutz hinaus haben marktkompensatorische Konzepte das Ziel, die Verbraucher als Gruppe zu stärken.[48] Die Schutzbedürftigkeit der Verbraucher wird dabei nicht auf bestimmte Situationen – etwa die des Vertragsschlusses – reduziert. Vielmehr wird von einer grundsätzlich unterlegenen Stellung der Verbraucher gegenüber den Unternehmern am Markt bzw. von einem allgemein bestehenden Machtungleichgewicht ausgegangen, das es – durch staatliche Maßnahmen – auszugleichen gilt,[49] sog. »Gegenmachtmodell«[50]. Als Maßnahmen zur Stärkung der Verbraucher als Gruppe kommt dabei insbesondere die organisatorische und

39 *Mitropoulus,* Verbraucherpolitik in der Marktwirtschaft, S. 25.

40 *Mitropoulus,* Verbraucherpolitik in der Marktwirtschaft, S. 25 f.

41 Vgl. *Mitropoulus,* Verbraucherpolitik in der Marktwirtschaft, S. 25; *Scholten,* in: Piepenbrock (Hrsg.),Verbraucherpolitik, S. 95 (110).

42 Vgl. *Mitropoulus,* Verbraucherpolitik in der Marktwirtschaft, S. 25.

43 Vgl. *Mitropoulus,* Verbraucherpolitik in der Marktwirtschaft, S. 26.

44 Vgl. *Mitropoulus,* Verbraucherpolitik in der Marktwirtschaft, S. 26.

45 *Mitropoulus,* Verbraucherpolitik in der Marktwirtschaft, S. 26 f.

46 Vgl. *Mitropoulus,* Verbraucherpolitik in der Marktwirtschaft, S. 27.

47 Vgl. *Mitropoulus,* Verbraucherpolitik in der Marktwirtschaft, S. 27.

48 Vgl. *Mitropoulus,* Verbraucherpolitik in der Marktwirtschaft, S. 31.

49 Vgl. *Dauner-Lieb,* Verbraucherschutz durch Sonderprivatrecht, S. 109; *Hart/Köck,* ZRP 1991, 61 (61); *Janning,* ZfP 2004, 401 (405); *Martiny,* APuZ 1978, 15 (24); *Mitropoulus,* Verbraucherpolitik in der Marktwirtschaft, S. 30; *Stauss,* Verbraucherinteressen, S. 34; *Zischka,* Rechtsetzungskompetenzen der EG, S. 11.

50 *Mitropoulus,* Verbraucherpolitik in der Marktwirtschaft, S. 30; *Stauss,* Verbraucherinteressen, S. 34.

finanzielle Unterstützung von Verbraucherorganisationen in Betracht.[51] Zusätzlich wird eine Verbesserung der rechtlichen Position der Verbraucher gefordert, z. B. durch die Schaffung von Möglichkeiten kollektiver Rechtsdurchsetzung.[52] Der marktkompensatorische Ansatz setzt darüber hinaus verstärkt auf eine staatliche Regulierung des Anbieterverhaltens durch den Erlass gesetzlicher Regelungen sowie deren Überwachung und Durchsetzung durch staatliche Aufsichts- bzw. Verbraucherschutzbehörden.[53] Er geht also in seinen Zielsetzungen über die Schaffung von Markttransparenz hinaus.[54] Trotz Anerkennung des Subsidiaritätsprinzips wird der Staat als wichtigster verbraucherpolitischer Akteur betrachtet.[55] Denn die Möglichkeit einer effektiven Selbsthilfe der Verbraucher wird aufgrund ihrer strukturell schwachen Position und einer geringen Organisationsfähigkeit der Verbraucherinteressen in Frage gestellt.[56] Auch eine wirksame Selbstregulierung der Wirtschaft zugunsten der Verbraucher wird aufgrund der zum Teil gegenläufigen Eigeninteressen der Anbieter mit Skepsis betrachtet.[57]

Von Vertretern liberaler Strömungen wird dieser Ansatz z. T. als zu interventionsstark kritisiert.[58] Dabei wird die Befürchtung geäußert, dass durch zu starke regulative Eingriffe in den Wettbewerb den Verbrauchern insgesamt mehr geschadet als geholfen werde.[59]

Anderen Konzeptionen geht der marktkomplementäre Ansatz dagegen nicht weit genug.[60] Dies betrifft insbesondere die Anhänger sog. »interventionsstarker«[61] Konzeptionen. Sie vertreten die Auffassung, dass die festgestellten strukturellen Defizite im Rahmen der marktwirtschaftlichen Ordnung

---

51 *Dauner-Lieb,* Verbraucherschutz durch Sonderprivatrecht, S. 115; *Janning,* ZfP 2004, 401 (405); *Käutner,* in: Biervert u. a. (Hrsg.), Verbraucherpolitik, S. 237 (241); *Stauss,* Verbraucherinteressen, S. 35.

52 *Mitropoulus,* Verbraucherpolitik in der Marktwirtschaft, S. 31. Vgl. auch *Hart/Köck,* ZRP 1991, 61 (63).

53 *Janning,* ZfP 2004, 401 (405); *Mitropoulus,* Verbraucherpolitik in der Marktwirtschaft, S. 31; *Simitis,* Verbraucherschutz, S. 232; *Stauss,* Verbraucherinteressen, S. 40.

54 Vgl. *Mitropoulus,* Verbraucherpolitik in der Marktwirtschaft, S. 31 f.

55 Vgl. *Mitropoulus,* Verbraucherpolitik in der Marktwirtschaft, S. 34.

56 *Mitropoulus,* Verbraucherpolitik in der Marktwirtschaft, S. 34.

57 *Mitropoulus,* Verbraucherpolitik in der Marktwirtschaft, S. 34.

58 *Mitropoulus,* Verbraucherpolitik in der Marktwirtschaft, S. 36.

59 *Mitropoulus,* Verbraucherpolitik in der Marktwirtschaft, S. 36.

60 Vgl. *Mitropoulus,* Verbraucherpolitik in der Marktwirtschaft, S. 36.

61 Zum Begriff s. *Mitropoulus,* Verbraucherpolitik in der Marktwirtschaft, S. 16.

nicht ausgeglichen werden könnten.[62] Das Machtungleichgewicht zulasten der Verbraucher sei nicht auf einzelne Missstände zurückzuführen, sondern ergebe sich notwendigerweise aus der Gesamtkonstruktion des marktwirtschaftlichen Systems.[63] Konsequenterweise fordern sie seine grundlegende Umgestaltung.[64] Das Ziel des sog. »partizipatorischen« Ansatzes[65] ist dabei u. a. eine Mitwirkung der Verbraucher bei den Produktionsentscheidungen bis hin zu einer direkten Investitionslenkung,[66] um die Produktion an den tatsächlichen Bedürfnissen der Verbraucher ausrichten zu können.[67] Auch eine Verstaatlichung einzelner Wirtschaftsbereiche ist vorgesehen.[68] Letztendlich zielt diese Konzeption auf die Abschaffung der marktwirtschaftlichen Ordnung ab.[69] Aus diesem Grund kommt ihr – im Gegensatz zu den zuvor erörterten Ansätzen – keine Bedeutung für die aktuelle verbraucherpolitische Praxis im Rahmen des bestehenden marktwirtschaftlichen Systems zu.

2. Zielsetzungen und Instrumente der europäischen und deutschen Verbraucherpolitik

Als Ausgangspunkt einer eigenständigen Verbraucherpolitik auf europäischer Ebene kann die *Entschließung des Rates v. 14.4.1975 betreffend ein Erstes Programm der Europäischen Wirtschaftsgemeinschaft für eine Politik zum Schutz und zur Unterrichtung der Verbraucher*[70] (*Erstes EG-*

---

62 *Mitropoulus,* Verbraucherpolitik in der Marktwirtschaft, S. 53.

63 *Mitropoulus,* Verbraucherpolitik in der Marktwirtschaft, S. 55.

64 *Mitropoulus,* Verbraucherpolitik in der Marktwirtschaft, S. 53.

65 Zum Begriff s. *Janning,* ZfP 2004, 401 (406); *Leonhäuser,* Bedürfnis, Bedarf, Normen und Standards, S. 45; *Mitropoulus,* Verbraucherpolitik in der Marktwirtschaft, S. 52; *Scholten,* in: Piepenbrock (Hrsg.),Verbraucherpolitik, S. 95 (115); *Stauss,* Verbraucherinteressen, S. 42.

66 *Janning,* ZfP 2004, 401 (406); *Mitropoulus,* Verbraucherpolitik in der Marktwirtschaft, S. 56. Vgl. auch *Käutner,* in: Biervert u. a. (Hrsg.), Verbraucherpolitik, S. 237 (243 ff.); *Scholten,* in: Piepenbrock (Hrsg.),Verbraucherpolitik, S. 95 (115 f.); *Stauss,* Verbraucherinteressen, S. 42; *Voland,* Verbraucherschutz und Welthandelsrecht, S. 42.

67 Vgl. *Käutner,* in: Biervert u. a. (Hrsg.), Verbraucherpolitik, S. 237 (251); *Mitropoulus,* Verbraucherpolitik in der Marktwirtschaft, S. 57; *Stauss,* Verbraucherinteressen, S. 42.

68 *Mitropoulus,* Verbraucherpolitik in der Marktwirtschaft, S. 54.

69 Vgl. *Mitropoulus,* Verbraucherpolitik in der Marktwirtschaft, S. 60; *Scholten,* in: Piepenbrock (Hrsg.),Verbraucherpolitik, S. 95 (116 f.).

70 ABl. Nr. C 92 v. 25.4.1975, S. 1.

Verbraucherprogramm) angesehen werden.[71] Dort wurden fünf fundamentale Rechte der Verbraucher herausgestellt, und zwar

- das Recht auf Schutz seiner Gesundheit und Sicherheit,
- das Recht auf Schutz seiner wirtschaftlichen Interessen,
- das Recht auf Wiedergutmachung erlittenen Schadens,
- das Recht auf Unterrichtung und Bildung sowie
- das Recht auf Vertretung bzw. das Recht, gehört zu werden.[72]

Zum Teil ist diese »Charta der Verbraucherrechte«[73] auch ausdrücklich in das europäische Primärrecht aufgenommen worden: Gem. Art. 153 Abs. 1 EGV »leistet die Gemeinschaft zur Förderung der Interessen der Verbraucher und zur Gewährleistung eines hohen Verbraucherschutzniveaus einen Beitrag zum Schutz der Gesundheit, der Sicherheit und der wirtschaftlichen Interessen der Verbraucher sowie zur Förderung ihres Rechtes auf Information, Erziehung und Bildung von Vereinigungen zur Wahrung ihrer Interessen«. Die Notwendigkeit, »eine gezielte Gemeinschaftspolitik zum Schutz und zur Unterrichtung der Verbraucher auszuarbeiten«[74], wird im Wesentlichen mit einer bestehenden Tendenz zur Störung des Marktgleichgewichts zum Nachteil der Verbraucher begründet.[75] Ursachen hierfür seien u. a. die für die Verbraucher zunehmend unübersichtliche Angebotsfülle und -vielfalt an Gütern und Dienstleistungen, durch die Anbieterseite verursachte Wettbewerbsbeschränkungen – etwa in Form von Kartellen – sowie die Beeinflussung der Verbraucher durch unternehmerische »Werbekampagnen und Pressionen«.[76] Die Rechte der Verbraucher müssten »mittels Maßnahmen im Rahmen bestimmter Teilbereiche der Gemeinschaftspolitik, wie der Wirtschaftspolitik, der gemeinsamen Agrarpolitik, der Sozialpolitik, der Politik zum Schutz der Umwelt, der Verkehrspolitik, der Energiepolitik sowie der Politik der Rechtsangleichung, die sämtlich die Stellung des Verbrauchers berühren, in verstärktem Umfang ausgeübt werden«.[77] Dieses

---

71 *Blaurock,* JZ 1999, 801 (801); *Lohmann,* Verbraucherschutz und Marktprozesse, S. 30. Vgl. auch *Sprißler,* Öffentlich-rechtlicher Verbraucherschutz, S. 26 f; *Zischka,* Rechtsetzungskompetenzen der EG, S. 17.

72 *Erstes EG-Verbraucherprogramm,* Rn. 3.

73 *Verfürth,* Effektive Lebensmittelüberwachung, S. 9.

74 *Erstes EG-Verbraucherprogramm,* Rn. 14.

75 *Erstes EG-Verbraucherprogramm,* Rn. 6.

76 Vgl. *Erstes EG-Verbraucherprogramm,* Rn. 6.

77 *Erstes EG-Verbraucherprogramm,* Rn. 4.

Verständnis des Verbraucherschutzes als Querschnittsaufgabe[78] liegt auch der Regelung des Art. 153 Abs. 2 EGV zugrunde: Danach wird den »Erfordernissen des Verbraucherschutzes bei der Festlegung und Durchführung der anderen Gemeinschaftspolitiken und -maßnahmen Rechnung getragen«.

Die wesentlichen Zielsetzungen der europäischen Verbraucherpolitik wurden zuletzt in der von der Kommission am 13.3.2007 vorgelegten *Verbraucherpolitischen Strategie der EU (2007-2013)* wie folgt zusammengefasst:

- »Stärkung der Verbraucher. Den Verbrauchern das Steuer in die Hand zu geben kommt den Bürgern zugute, belebt aber auch den Wettbewerb beträchtlich. Mündige Verbraucher benötigen echte Wahlmöglichkeiten, genaue Informationen, transparente Märkte und das Vertrauen, das durch wirksamen Schutz und verankerte Rechte entsteht.
- Verbesserung des Verbraucherwohls in punkto Preis, Wahlmöglichkeiten, Qualität, Vielfalt, Erschwinglichkeit und Sicherheit. Das Wohl der Verbraucher ist das Kernstück gut funktionierender Märkte.
- Wirksamer Schutz der Verbraucher vor ernsthaften Risiken und Gefahren, gegen die sich der Einzelne nicht alleine schützen kann. Ein hohes Schutzniveau gegen diese Gefahren ist für das Vertrauen der Verbraucher sehr wichtig«.[79]

In Deutschland findet sich ein entsprechendes, umfassendes Konzept einer nationalen Verbraucherpolitik erstmals in den in den beiden *Berichten der Bundesregierung zur Verbraucherpolitik* v. 18.10.1971[80] und v. 17.10.1975.[81] Als wesentliche verbraucherpolitische Ziele werden dort die Stärkung der Verbrauchermacht, die Information der Verbraucher, Qualitätssicherung, Gesundheitsschutz sowie die Förderung der Verbraucherver-

---

78 *Bauschke,* Verbraucherschutz im öffentlichen Recht, S. 61; *Köhne/Günther,* VuR 2003, 288 (291); *Oppermann,* Europarecht, § 29 Rn. 51; *Schuppert,* in: FS-Schmidt, S. 561 (562); *Streinz,* in: Meyer/Streinz (Hrsg.), BasisV/LFGB, Einf. Rn. 23; *Verführt,* Effektive Lebensmittelüberwachung.

79 KOM(2007) 99 endg., S. 6.

80 *Erster Bericht der Bundesregierung zur Verbraucherpolitik* , BT-Drs. Nr. 6/2724.

81 Zweiter *Bericht der Bundesregierung zur Verbraucherpolitik,* BT-Drs. Nr. 7/4181. Vgl. *Lohmann,* Verbraucherschutz und Marktprozesse, S. 27; *Sprißler,* Öffentlichrechtlicher Verbraucherschutz, S. 28; *Reich/Micklitz,* Verbraucherschutzrecht in der Bundesrepublik Deutschland, S. 9. Vgl. auch *Janning,* ZfP 2004, 401 (416); *Vahrenkamp,* Verbraucherschutz bei asymmetrischer Information, S. 13.

tretung genannt.[82] Zuletzt hat die Bundesregierung in ihrem *Verbraucherpolitischen Bericht 2008* v. 24.4.2008[83] u. a. folgende wesentliche Zielsetzungen aufgeführt: »Gesundheitlicher Verbraucherschutz und Sicherheit für Verbraucherinnen und Verbraucher«[84], »Schutz der wirtschaftlichen Interessen der Verbraucherinnen und Verbraucher«[85] sowie »Verbraucherinformation: Transparenz schaffen – Wissen stärken«[86].

Wesentliches Instrument staatlicher Verbraucherpolitik ist der Erlass verbraucherschützender Rechtsnormen.[87] Nach der Grundkonzeption der deutschen und europäischen Verbraucherpolitik geht es dabei im Kern um den Schutz der Verbraucher vor Schäden, Gefahren, Nachteilen und Irreführungen.[88] Dabei kann zwischen zwei Grundkonstellationen unterschieden werden, in denen der Verbraucher schutzwürdig erscheint, und die als »sozialer Verbraucherschutz« auf der einen bzw. als »technischer Verbraucherschutz« auf der anderen Seite bezeichnet werden sollen.[89]

Vorschriften des sozialen Verbraucherschutzes zielen auf eine Besserstellung des Verbrauchers als Nachfrager am Markt in seinem Verhältnis zur Anbieterseite ab. Sie treffen Regelungen für Verhandlungs- bzw. Vertragsabschlusssituationen,[90] in denen typischerweise eine strukturelle Unterlegenheit des Verbrauchers gegenüber dem Unternehmer als (potentieller) Vertragspartner vermutet wird. Diese Unterlegenheit kann sich insbesondere aus einer wirtschaftlichen Unerfahrenheit oder sonstigen Unkenntnis des Verbrauchers in Bezug auf das jeweilige Rechtsgeschäft[91] oder aus dem

82 *Sprißler,* Öffentlich-rechtlicher Verbraucherschutz, S. 28.

83 BT-Drs. 16/9163.

84 *Verbraucherpolitischer Bericht 2008,* BT-Drs. 16/9163, S. 4 ff.

85 *Verbraucherpolitischer Bericht 2008,* BT-Drs. 16/9163, S. 17 ff.

86 *Verbraucherpolitischer Bericht 2008,* BT-Drs. 16/9163, S. 28 ff.

87 So heißt es zu Beginn des *Verbraucherpolitischen Berichts 2008* der Bundesregierung: »Es gilt, einen institutionellen und *rechtlichen* Rahmen zu schaffen, in dem Gefahren für die Gesundheit vorsorgend erkannt und abgewehrt werden, ausgewogene Rechte und Pflichten zwischen den Marktpartnern verankert sind sowie ein Schutz vor Täuschung und Irreführung besteht [*Hervorhebung nicht im Original*]« (Drs. 16/9163, S. 4). Vgl. auch *Verbraucherpolitischen Strategie der EU (2007-2013),* KOM(2007) 99 endg., S. 7 f.: Dort wird die Schaffung »besserer Verbraucherschutzregelungen« als eine der prioritären Maßnahmen zur Verfolgung der verbraucherpolitischen Zielsetzungen erläutert.

88 Vgl. *Verführt,* Effektive Lebensmittelüberwachung, S. 9.

89 Zu dieser terminologischen Unterscheidung s. *Klindt,* TÜ 2001, 52 (52).

90 Vgl. *Sprißler,* Öffentlich-rechtlicher Verbraucherschutz, S. 14, beschreibt diese Konstellation als »handlungsbezogenen Schutzbereich«.

91 Vgl. *Dauner-Lieb,* Verbraucherschutz durch Sonderprivatrecht, S. 65.

Bestehen einer Zwangssituation ergeben. Durch Vorschriften zum Schutz des Verbrauchers soll in diesen Konstellationen sichergestellt werden, dass der Verbraucher nicht aufgrund von Unkenntnis, Täuschung, Zwang oder fehlender Verhandlungsmacht für ihn endgültig verbindliche Rechtsgeschäfte abschließt, die nicht seinen eigentlichen Vorstellungen, Wünschen und Bedürfnissen entsprechen. In Betracht kommen beispielsweise gesetzliche Informationspflichten der Anbieter[92] oder spezifische Verbraucherrechte,[93] die dem Verbraucher ausreichende Bedenkzeit einräumen bzw. eine nachträgliche Loslösung vom Vertrag ermöglichen.[94]

Beim technischen Verbraucherschutz geht es dagegen nicht um die formelle Stellung des Verbrauchers als Verhandlungs- bzw. Vertragspartner des Unternehmers, sondern um den Verbraucher als eine Person, die Waren konsumiert und Leistungen in Anspruch nimmt. Als solcher soll er vor spezifischen Gefahren geschützt werden, die bestimmten Waren und Dienstleistungen typischerweise innewohnen.[95] Die Schutzbedürftigkeit kann sich insbesondere daraus ergeben, dass der Verbraucher die Gefahren nicht erkennen kann bzw. dass er selbst keine Möglichkeit hat, diese abzuwehren.

Da beim sozialen Verbraucherschutz das Verhältnis zwischen Verbraucher und Unternehmer, also das Verhältnis zweier Privater im Rechtsverkehr geregelt werden soll, handelt es sich dabei typischerweise um Vorschriften des Zivilrechts. Der technische Verbraucherschutz dient dagegen allgemein dem Schutz vor Gefahren, sodass hier zumeist öffentlich-rechtliche Normen eingreifen.[96]

Sowohl der soziale als auch der technische Verbraucherschutz knüpfen an eine schwächere Position des Verbrauchers aufgrund bestehender Informationsasymmetrien zu seinen Lasten an.[97] Diese treten dann auf, wenn der Verbraucher seine bestehende Unkenntnis über die Bestandteile und Eigenschaften einzelner Produkte vor dem Kauf bzw. dem Verbrauch nicht

---

92 *Dauner-Lieb,* Verbraucherschutz durch Sonderprivatrecht, S. 70; *Kemper,* Verbraucherschutzinstrumente, S. 63.

93 Vgl. *Sprißler,* Öffentlich-rechtlicher Verbraucherschutz, S. 12, der von »speziellen Schutznormen« spricht.

94 Vgl. *Klindt,* TÜ 2001, 52 (52).

95 Vgl. *Sprißler,* Öffentlich-rechtlicher Verbraucherschutz, S. 15, der vom »gegenstandsbezogenen Schutzbereich« spricht.

96 Vgl. *Sprißler,* Öffentlich-rechtlicher Verbraucherschutz, S. 12.

97 Zu den Informationsasymmetrien als Begründungsansatz im Rahmen verbraucherpolitischer Konzeptionen s. o. S. 6 f.

beseitigen kann.[98] Dies trifft sowohl auf sog. »Erfahrungsgüter«, als auch auf »Vertrauensgüter« zu.[99] Dabei bezeichnet der Begriff des »Guts« nicht ein einzelnes Produkt in seiner Gesamtheit, sondern einzelne Produkteigenschaften,[100] also etwa der Geschmack, die Haltbarkeit oder die Zusammensetzung. Der Unterschied besteht darin, dass die Qualität von Erfahrungsgütern erst durch den Ge- oder Verbrauch feststellbar ist[101] – dies trifft etwa auf den Geschmack eines Lebensmittels zu –, während die Qualitätseigenschaften der Vertrauensgüter nicht einmal dann zuverlässig beurteilt werden können.[102] Zu letzteren Gütern kann beispielsweise die chemische Zusammensetzung eines Lebensmittels zählen. Die beiden genannten Güterarten stellen daher den eigentlichen verbraucherpolitischen Problembereich dar.[103] Bei den Erfahrungsgütern haben die Verbraucher allerdings zumindest die Möglichkeit, sich für die Zukunft selbst zu schützen, indem sie die entsprechenden Produkte nicht erneut kaufen. Daher besteht auch bei den Anbietern grundsätzlich ein Anreiz, diesbezüglich eine gute Qualität zu liefern, sofern sie die Käufer an sich binden wollen.[104] Dieser marktinterne Korrekturmechanismus zugunsten der Verbraucher funktioniert allerdings nur unter gewissen Voraussetzungen bzw. in unterschiedlichem Maße: Der Anreiz der Anbieter, im Falle der Erfahrungsgüter

---

98 *Dauner-Lieb,* Verbraucherschutz durch Sonderprivatrecht, S. 63; *Knieps,* Wettbewerbsökonomie, S. 12; *Mitropoulus,* Verbraucherpolitik in der Marktwirtschaft, S. 332 f.

99 *Fritsch/Wein/Evers,* Marktversagen und Wirtschaftspolitik, S. 285; *Mitropoulus,* Verbraucherpolitik in der Marktwirtschaft, S. 335. Zu den Begriffen s. *Mitropoulus,* a. a. O., S. 330.

100 *Mitropoulus,* Verbraucherpolitik in der Marktwirtschaft, S. 333.

101 *Fritsch/Wein/Evers,* Marktversagen und Wirtschaftspolitik, S. 288; *Knieps,* Wettbewerbsökonomie, S. 200; *Mitropoulus,* Verbraucherpolitik in der Marktwirtschaft, S. 331; *Oehler,* VuR 2006, 294 (298); *Rothfuchs,* Verbraucherschutz im elektronischen Geschäftsverkehr, S. 22.; *Schulenburg,* ZWS 1993, 509 (521).

102 Vgl. *Fritsch/Wein/Evers,* Marktversagen und Wirtschaftspolitik, S. 289; *Knieps,* Wettbewerbsökonomie, S. 200; *Mitropoulus,* Verbraucherpolitik in der Marktwirtschaft, S. 331 f.; *Oehler,* VuR 2006, 294 (298); *Rothfuchs,* Verbraucherschutz im elektronischen Geschäftsverkehr, S. 22.; *Schulenburg,* ZWS 1993, 509 (522).

103 *Mitropoulus,* Verbraucherpolitik in der Marktwirtschaft, S. 335; vgl. auch *Oehler,* VuR 2006, 294 (298). Dagegen können bei sog. »Such-« oder »Inspektionsgütern« die Qualitätseigenschaften bereits vor dem Kauf hinreichend genau beurteilt werden, ggf. durch Inspektion durch den Verbraucher (vgl. *Mitropoulus,* Verbraucherpolitik in der Marktwirtschaft, S. 331 f.; *Oehler,* VuR 2006, 294 (298); *Rothfuchs,* Verbraucherschutz im elektronischen Geschäftsverkehr, S. 22.; *Schulenburg,* ZWS 1993, 509 (521)). Dies trifft auf alle Merkmale zu, die durch bloßen Augenschein festgestellt werden können, also etwa Farbe und Form eines Produkts.

104 Vgl. *Fritsch/Wein/Evers,* Marktversagen und Wirtschaftspolitik, S. 302 f.; *Knieps,* Wettbewerbsökonomie, S. 201; *Schulenburg,* ZWS 1993, 509 (521).

gute Qualität zu bieten, wird umso größer eingeschätzt, je häufiger ein Produkt gekauft wird und folglich je höher der Umsatzanteil ist, der auf Altkunden entfällt, je schneller die Qualität des Guts nach dem Kauf sichtbar wird und je länger der Anbieter beabsichtigt, im Markt zu bleiben.[105] Bei Vertrauensgütern, deren Qualität der Verbraucher nicht erkennen kann, hat dieser dagegen zunächst keine Möglichkeit, sein zukünftiges Kaufverhalten anzupassen und dadurch entsprechende Anreize für die Unternehmer zu schaffen.

Zum Schutz des Verbrauchers vor Nachteilen aufgrund von Informationsasymmetrien kommt zunächst die Schaffung gesetzlicher Informationspflichten der Anbieter in Betracht.[106] Diese »Hilfe zur Selbsthilfe« reicht allerdings nicht immer aus, um den Verbraucher ausreichend zu schützen. Dies betrifft insbesondere solche Fälle, in denen eine große Zahl von Verbrauchern nicht in der Lage ist, die zur Verfügung gestellten Informationen wahrzunehmen oder richtig zu verarbeiten.[107] In diesen Konstellationen kommt die Setzung gesetzlicher Mindeststandards in Betracht,[108] indem etwa für bestimmte Produkte eine bestimmte Beschaffenheit gesetzlich vorgeschrieben wird. Eine solche Absicherung der Verbraucher durch Mindeststandards wird vor allem dann gewählt, wenn besonders schwere Nachteile, insbesondere für Leben und Gesundheit, oder schwerste Vermögensschäden drohen.

II. Lebensmittelrecht und Lebensmittelüberwachung als Referenzgebiete für den rechtlichen Verbraucherschutz

Da jeder auf den Konsum von Lebensmitteln angewiesen und ihre Einwirkung auf den menschlichen Körper besonders offensichtlich bzw. unvermeidbar ist, hat insbesondere die gesundheitliche Unbedenklichkeit von Lebensmitteln in der Bevölkerung einen hohen Stellenwert.[109] Hinzu kommt die besondere Bedeutung von Lebensmittelproduktion und Lebens-

---

105 *Fritsch/Wein/Evers,* Marktversagen und Wirtschaftspolitik, S. 303; *Mitropoulus,* Verbraucherpolitik in der Marktwirtschaft, S. 340.

106 *Fritsch/Wein/Evers,* Marktversagen und Wirtschaftspolitik, S. 318.

107 *Voland,* Verbraucherschutz und Welthandelsrecht, S. 44.

108 Vgl. *Fritsch/Wein/Evers,* Marktversagen und Wirtschaftspolitik, S. 319; *Hecker,* Marktoptimierende Wirtschaftsaufsicht, S. 42; *Lohmann,* Verbraucherschutz und Marktprozesse, S. 32; *Voland,* Verbraucherschutz und Welthandelsrecht, S. 44.

109 Vgl. *Simon,* Kooperative Risikoverwaltung, S. 33; *Streinz,* GRUR 1996, 16 (17); *Verfürth,* Effektive Lebensmittelüberwachung, S. 11.

mittelhandel für die deutsche und europäische Gesamtwirtschaft.[110] Diese besondere Bedeutung des Lebensmittelbereichs spiegelt sich auch im Rahmen der verbraucherpolitischen Praxis wieder: Während vor allem in der deutschen rechtswissenschaftlichen Literatur »Verbraucherschutz« zumeist lediglich mit zivilrechtlichen Regelungen – etwa den besonderen Bestimmungen im BGB für Rechtsgeschäfte, an denen Verbraucher beteiligt sind –[111] assoziiert wurde und wird,[112] gehören das Lebensmittelrecht und seine Durchsetzung im Rahmen der Lebensmittelüberwachung zu den aktuell wichtigsten Themen der deutschen und europäischen Verbraucherpolitik bzw. des rechtlichen Verbraucherschutzes.[113] Diese Verlagerung der Grundausrichtung der Verbraucherpolitik vom zivilrechtlichen bzw. wirtschaftlichen zum öffentlich-rechtlichen, gesundheits- bzw. ernährungsbezogenen Verbraucherschutz[114] wurde insbesondere durch die sog. »BSE-Krise«[115] sowie andere Lebensmittelskandale[116] ausgelöst,[117] die das Problem der Lebensmittelsicherheit verstärkt in das öffentliche Bewusstsein drängten. Auch derzeit wird dem Thema der Sicherheit und Gesundheit der Verbraucher vor allem im Lebensmittelbereich in den aktuellen verbraucherpolitischen Programmen ein besonderer Stellenwert eingeräumt. So wird im *Verbraucherpolitischen Bericht 2008* der Bundesregierung – nach einer allgemeinen Einleitung – der gesundheitliche Verbraucherschutz und dort die Lebensmittelsicherheit und Lebensmittelkennzeichnung an erster Stelle abgehandelt.[118] Dort heißt es: »Ein Kernziel der Verbraucherpolitik ist der vorsorgende Schutz der Gesundheit und Sicherheit für Verbraucherinnen und Verbraucher. Daher sind die gesundheitliche Unbedenklichkeit von

---

110 *Köhne/Günther,* VuR 2003, 288 (292).

111 Z. B. die §§ 474 ff. (Verbrauchsgüterkauf), §§ 491 ff. (Verbraucherdarlehensvertrag) oder die §§ 499 ff. (Finanzierungshilfen zwischen einem Unternehmer und einem Verbraucher).

112 Vgl. *Bauschke,* Verbraucherschutz im öffentlichen Recht, S. 1; *Reich/Micklitz,* Verbraucherschutzrecht in der Bundesrepublik Deutschland, S. 16; *Schuppert,* in: FS-Schmidt, S. 561 (585).; *Sprißler,* Öffentlich-rechtlicher Verbraucherschutz, S. 2; *Stober,* in: FS-Lukes, S. 591 (593).

113 Vgl. *Bauschke,* Verbraucherschutz im öffentlichen Recht, S. 6; *Köhne/Günther,* VuR 2003, 288 (292); *Meyer,* WRP 2005, 1437 (1437); *Oppermann,* Europarecht, § 29, Rn. 59; *Zipfel/Rathke,* Lebensmittelrecht II, Einführung B Rn. 3.

114 Vgl. *Janning,* ZfP 2004, 401 (429).

115 Näheres zur BSE-Krise s. *Janning,* ZfP 2004, 401 (421 ff.).

116 Beispielsweise der »Glykolweinskandal« aus dem Jahr 1985, der die Verunreinigung von österreichischem und deutschem Qualitätswein durch Frostschutzmittel betraf. Dazu *Janning,* ZfP 2004, 401 (421).

117 Vgl. *Janning,* ZfP 2004, 401 (429); *Köhne/Günther,* VuR 2003, 288 (292).

118 *Verbraucherpolitischer Bericht 2008,* BT-Drs. 16/9163, S. 4 ff.

Lebensmitteln und die Sicherheit jeglicher Produkte für den privaten Konsum wesentliches Anliegen des gesundheitlichen Verbraucherschutzes.«[119] Erst danach wird auf den Schutz der wirtschaftlichen Interessen eingegangen.[120]

Lebensmittelrecht und Lebensmittelüberwachung bieten sich jedoch nicht nur aufgrund ihrer besonderen Bedeutung als Kernmaterien des Verbraucherschutzes[121] als Referenzgebiet für die vorliegende Untersuchung an. Sie bieten zugleich den Vorteil, dass der Verbraucherschutz – wie noch zu erörtern sein wird –[122] im Lebensmittelbereich eindeutig im Vordergrund steht: Der wesentliche Teil lebensmittelrechtlicher Kodifikationen und Vorschriften und damit auch ihr Vollzug durch die Lebensmittelüberwachung dienen ausdrücklich und ausschließlich dem Schutz der Lebensmittelverbraucher. Insoweit werden Abgrenzungsprobleme bei der Betrachtung einzelner Normen im Zusammenhang mit der Frage vermieden, ob diesen tatsächlich (auch) eine verbraucherschützende Zielrichtung innewohnt und sie damit in die vorliegende Darstellung aufzunehmen sind.

B. Gang der Untersuchung

Im *ersten Teil* der Untersuchung werden die Grundlagen des Lebensmittelrechts und der Lebensmittelüberwachung dargestellt. Dazu gehört zunächst eine Einführung in das Lebensmittelrecht im Hinblick auf seinen verbraucherschützenden Charakter. Diese umfasst eine Darstellung des Begriffs und der Zielsetzungen des Lebensmittelrechts sowie Überlegungen zu den Vorgaben und Grenzen, denen der Gesetzgeber bei Erlass verbraucherschützender lebensmittelrechtlicher Regelungen unterliegt *(§ 2)*. Sodann werden Begriff, Aufgaben und Organisation der allgemeinen Lebensmittelüberwachung behandelt *(§ 3)*.

Der *zweite Teil* befasst sich mit den Vorschriften des materiellen Lebensmittelrechts, die Anforderungen an Lebensmittel bzw. an lebensmittelunternehmerische Tätigkeiten stellen und der allgemeinen Lebensmittelüberwachung als Maßstab dienen. Dabei wird zwischen »beschaffenheitsbezogenen« Vorschriften einerseits *(§ 4)* und »verbraucherinformationsbezogenen« Vorschriften andererseits *(§ 5)* unterschieden.

---

119 *Verbraucherpolitischer Bericht 2008,* BT-Drs. 16/9163, S. 4.

120 *Verbraucherpolitischer Bericht 2008,* BT-Drs. 16/9163, S. 17 ff.

121 *Verfürth,* Effektive Lebensmittelüberwachung, S. 11.

122 S. u. S. 32 ff.

Gegenstand des *dritten Teils* sind die Instrumente der allgemeinen Lebensmittelüberwachung. Dabei werden zunächst die Instrumente behandelt, die den Überwachungsbehörden zur »Ermittlung der Rechtskonformität« zur Verfügung stehen, insbesondere das Einholen von Auskünften, die Durchführung von Betriebskontrollen sowie die Probenahme zu Untersuchungszwecken *(§ 6)*. Im Rahmen der Darstellung der Instrumente zur »Durchsetzung der Rechtskonformität« werden zunächst die gemeinsamen Voraussetzungen und Formen behördlicher Durchsetzungsmaßnahmen behandelt. Im Anschluss erfolgt eine eingehende Betrachtung der einzelnen Maßnahmen. Dabei wird zwischen Maßnahmen aufgrund lebensmittelrechtlicher Generalklauseln und lebensmittelrechtlichen Standardmaßnahmen differenziert *(§ 7)*.

Erster Teil: Grundlagen des Lebensmittelrechts und der Lebensmittelüberwachung

§ 2 Verbraucherschutz im Lebensmittelrecht

Im Folgenden soll dargestellt werden, woraus sich der verbraucherschützende Charakter des Lebensmittelrechts ergibt. Dies schließt eine nähere Bestimmung des Begriffs »Lebensmittelrecht« sowie eine Erörterung der Zielsetzungen des Lebensmittelrechts ein. Abschließend erfolgt ein Überblick über die Vorgaben und Begrenzungen, denen die Rechtsetzung im Bereich des Lebensmittelrechts unterliegt.

A. Begriff und Zielsetzungen des Lebensmittelrechts

Grundlegende Vorschriften zu den Zielen und Begrifflichkeiten des Lebensmittelrechts werden auf gemeinschaftsrechtlicher Ebene durch die *Verordnung (EG) Nr. 178/2002 des Europäischen Parlaments und des Rates v. 28.1.2002 zur Festlegung der allgemeinen Grundsätze und Anforderungen des Lebensmittelrechts, zur Errichtung der Europäischen Behörde für Lebensmittelsicherheit und zur Festlegung von Verfahren zur Lebensmittelsicherheit*[123] (*EG-BasisV*) festgelegt. Aufgrund der unmittelbaren Geltung der Verordnung[124] sind diese grundlegenden Bestimmungen maßgeblich für die Auslegung und Anwendung anderer unmittelbar geltender oder – im Fall der Richtlinien – in das nationale Recht umgesetzter gemeinschaftsrechtlicher Rechtsakte sowie sonstiger nationaler Vorschriften, die die durch die Verordnung harmonisierten Rechtsbereiche betreffen. Da das Lebensmittelrecht fast vollständig gemeinschaftsrechtlich determiniert ist,[125] erstreckt sich die Geltung dieser allgemeinen Vorschriften nahezu auf das gesamte europäische und nationale Lebensmittelrecht.[126] Aber auch in den verbleibenden nicht harmonisierten Bereichen finden die grundlegenden

123 ABl. Nr. L 31 v. 1.2.2002, S. 1.

124 Die unmittelbare Geltung von EG-Verordnungen ergibt sich aus Art. 249 Abs. 2 EGV.

125 *Streinz,* GRUR 1996, 16 (24); vgl. auch *Hufen,* in: Schmidt-Aßmann/Hoffmann-Riem (Hrsg.), Europäisches Verwaltungsrecht, S. 99 (99).

126 Vgl. *Streinz,* in: Meyer/Streinz (Hrsg.), BasisV/LFGB, Einf. Rn. 8.

Begriffe und Vorschriften der EG-BasisV z. T. ebenfalls Anwendung. So enthält die grundlegende lebensmittelrechtliche Kodifikation auf nationaler Ebene, das *Lebensmittel-, Bedarfsgegenstände- und Futtermittelgesetzbuchs* i. d. F. der Bekanntmachung v. 26.4.2006[127] (*LFGB*), mehrfach Verweise auf die wesentlichen Begriffsbestimmungen der EG-BasisV.[128]

I. Begriff des Lebensmittelrechts

Um bestimmen zu können, inwieweit lebensmittelrechtlichen Vorschriften eine verbraucherschützende Zielrichtung zukommt, ist zunächst der Begriff des Lebensmittelrechts zu konkretisieren. Eine Legaldefinition des Lebensmittelrechts enthält Art. 3 Nr. 1 EG-BasisV. Danach »bezeichnet der Ausdruck ›Lebensmittelrecht‹ die Rechts- und Verwaltungsvorschriften für Lebensmittel im Allgemeinen und die Lebensmittelsicherheit im Besonderen, sei es auf gemeinschaftlicher oder auf einzelstaatlicher Ebene, wobei alle Produktions-, Verarbeitungs- und Vertriebsstufen von Lebensmitteln wie auch von Futtermitteln, die für der Lebensmittelgewinnung dienende Tiere hergestellt oder an sie verfüttert werden, miteinbezogen sind«.

1. Vorschriften für Lebensmittel

Der Begriff des Lebensmittelrechts umfasst nach der oben genannten Definition zunächst Vorschriften »für Lebensmittel«, deren Regelungsgegenstand sich also auf Lebensmittel bezieht bzw. auf ihre Herstellung, Zusammensetzung, Qualität, Kennzeichnung usw.[129]

Lebensmittel sind gem. Art. 2 UAbs. 1 EG-BasisV »alle Stoffe oder Erzeugnisse, die dazu bestimmt sind oder von denen nach vernünftigem Ermessen erwartet werden kann, dass sie in verarbeitetem, teilweise verarbeitetem oder unverarbeitetem Zustand von Menschen aufgenommen werden«. Als Lebensmittel sind demnach nicht nur verzehrfertige Endprodukte, sondern beispielsweise auch Rohstoffe, Zutaten und Zwischenerzeugnisse einzustufen, sofern sie dazu bestimmt sind, im zubereiteten oder

---

127 BGBl. I, S. 945.

128 So u. a. in § 2 Abs. 2 LFGB für den Begriff des »Lebensmittels«. Vgl. auch *Streinz,* in: Meyer/Streinz (Hrsg.), BasisV/LFGB, Einf. Rn. 8.

129 Vgl. *Bauschke,* Verbraucherschutz im öffentlichen Recht, S. 32; *Hufen,* in: Schmidt, Öffentliches Wirtschaftsrecht BT 2, § 12 Rn. 16; *Streinz,* in: Achterberg/Püttner/Würtenberger (Hrsg.), BesVerwR II, § 24 Rn. 2; *Zipfel/Rathke,* Lebensmittelrecht, Einführung B Rn. 1.

verarbeiteten Zustand (mit)verzehrt zu werden.[130] Die Lebensmitteleigenschaft kann sich aus einer entsprechenden Zweckbestimmung, also der vorgesehenen Verwendung ergeben.[131] Die Zweckbestimmung kann zum einen allgemein bestehen. Dies ist der Fall, wenn der jeweilige Stoff seiner Gattung nach zur Aufnahme durch den Menschen bestimmt ist.[132] Auf die Eignung zum Verzehr oder die Brauchbarkeit im Einzelfall kommt es dabei nicht an; ein Erzeugnis verliert also nicht bereits deshalb seine Lebensmitteleigenschaft, weil es verdorben oder gesundheitsschädlich ist.[133] Ausreichend ist jedoch zum anderen auch eine konkrete Zweckbestimmung, also die äußerlich erkennbare Absicht des Verfügungsberechtigten, einen Stoff oder ein Erzeugnis dem Verzehr zuzuführen.[134] Diese Absicht kann beispielsweise zum Ausdruck kommen in der Verarbeitung eines Stoffes in einem Lebensmittel, in der äußeren Aufmachung und Kennzeichnung eines Erzeugnisses als Lebensmittel oder in einem entsprechenden Anbieten zum Verkauf.[135] Auf einen ernährungsphysiologischen Nutzen bzw. »Ernährungs- und Genusszweck« eines Stoffes oder Erzeugnisses kommt es für die Bejahung der Lebensmitteleigenschaft nicht an.[136] Fehlt eine allgemeine oder konkrete Zweckbestimmung, so genügt alternativ, dass die Aufnahme durch den Menschen »nach vernünftigem Ermessen erwartet werden kann«. »Unvernünftige« subjektive Irrungen und Fehlvorstellungen sind dabei außer Acht zu lassen.[137]

Zu den Lebensmitteln zählen nach UAbs. 2 S. 1 auch Getränke, Kaugummi sowie alle Stoffe – einschließlich Wasser –[138], die dem Lebensmittel bei

---

130 *Zipfel/Rathke,* Lebensmittelrecht II, C 101, Art. 2 Rn. 22.

131 *Voß,* LFGB, S. 37; *Zipfel/Rathke,* Lebensmittelrecht II, C 101, Art. 2 Rn. 23.

132 *Zipfel/Rathke,* Lebensmittelrecht II, C 101, Art. 2 Rn. 25.

133 *Streinz,* in: Achterberg/Püttner/Würtenberger (Hrsg.), BesVerwR II, § 24 Rn. 16; *Zipfel/Rathke,* Lebensmittelrecht II, C 101, Art. 2 Rn. 25a.

134 *Zipfel/Rathke,* Lebensmittelrecht II, C 101, Art. 2 Rn. 30.

135 *Zipfel/Rathke,* Lebensmittelrecht II, C 101, Art. 2 Rn. 30.

136 Vgl. *Gorny,* Grundlagen des europäischen Lebensmittelrechts, S. 17; *Meyer/Reinhart,* WRP 2005, 1437 (1440); *Preuß,* ZLR 2007, 435 (436); *Schomburg,* NVwZ 2007, 1373 (1374); *Voß,* LFGB, S. 38.

137 *Zipfel/Rathke,* Lebensmittelrecht II, C 101, Art. 2 Rn. 32.

138 Hier gilt allerdings die Einschränkung, dass Wasser erst »ab der Stelle der Einhaltung« i. S. d. Art. 6 der *Richtlinie 98/83/EG des Rates v. 3.11.1998 über die Qualität von Wasser für den menschlichen Gebrauch* (ABl. Nr. L 30 v. 5.12.1998, S. 32 – *EG-Trinkwasser-RL*) als Lebensmittel gilt, da in der genannten Richtlinie bereits eine allgemeine Qualitätskontrolle in Bezug auf die Beschaffenheit des Wassers bis zu dieser Stelle vorgesehen ist (vgl. Egr. (6) EG-BasisV; *Gorny,* Grundlagen des europäischen Lebensmittelrechts, S. 22). Relevante »Stellen der Einhaltung« i. S. d. Art. 6 Abs. 1 EG-Trinkwasser-RL sind u. a. der Punkt der

seiner Herstellung bzw. Ver- oder Bearbeitung absichtlich zugesetzt werden. Dieser Aufzählung kommt im Wesentlichen eine reine Klarstellungsfunktion zu.[139] Lediglich im Fall der zugesetzten Stoffe findet zum Teil eine Erweiterung der Lebensmitteldefinition des UAbs. 1 statt: Denn zu den zugesetzten Stoffen gehören auch solche, die – bis auf geringe Restmengen – vor dem Abschluss der Herstellung aus dem Lebensmittel entweichen oder entfernt werden – sog. *Verarbeitungshilfsstoffe* –[140] und die daher gerade nicht vom Menschen aufgenommen werden sollen.[141]

Vom Lebensmittelbegriff ausdrücklich ausgenommen sind nach Abs. 3 dagegen Futtermittel,[142] lebende Tiere, soweit sie nicht für das Inverkehrbringen zum menschlichen Verzehr hergerichtet worden sind,[143] Pflanzen vor dem Ernten, Arzneimittel »im Sinne der Richtlinien 65/65/EWG und 92/73/EWG des Rates«,[144] kosmetische Mittel »im Sinne der Richtlinie

---

Abfüllung bei Wasser, das in Flaschen oder andere Behältnisse abgefüllt und zum Verkauf bestimmt ist (lit. c) oder die Stelle der Verwendung des Wassers in einem Lebensmittelbetrieb (lit. d).

139 *Zipfel/Rathke,* Lebensmittelrecht II, C 101, Art. 2 Rn. 34.

140 S. die Definition in § 2 Abs. 3 S. 3 Nr. 1 LFGB: »Stoffe, die nicht selbst als Zutat eines Lebensmittels verzehrt werden, jedoch aus technologischen Gründen während der Be- oder Verarbeitung von Lebensmitteln verwendet werden und unbeabsichtigte, technisch unvermeidbare Rückstände oder Abbau- oder Reaktionsprodukte von Rückständen in gesundheitlich unbedenklichen Anteilen im für die Verbraucherin oder den Verbraucher bestimmten Lebensmittel hinterlassen können, die sich technologisch nicht auf dieses Lebensmittel auswirken«.

141 *Zipfel/Rathke,* Lebensmittelrecht II, C 101, Art. 2 Rn. 38

142 Futtermittel sind Stoffe oder Erzeugnisse, auch Zusatzstoffe (zum Begriff s. u. S. 131 ff.), verarbeitet oder unverarbeitet, die zur oralen Tierfütterung bestimmt sind, Art. 3 Nr. 4 EG-BasisV. Anders als für die Einordnung eines Erzeugnisses als Lebensmittel, für die es ausreicht, dass der Verzehr durch den Menschen »nach vernünftigem Ermessen erwartet werden kann«, ist für die Einstufung als Futtermittel also eine entsprechende konkrete Zweckbestimmung erforderlich (*Gorny,* Grundlagen des europäischen Lebensmittelrechts, S. 23 f.; *Voß,* LFGB, S. 154).

143 Eine Ausnahme würde also beispielsweise für Austern gelten (*Zipfel/Rathke,* Lebensmittelrecht II, C 101, Art. 2 Rn. 44).

144 Dazu gehören im Wesentlichen alle Stoffe oder Stoffzusammensetzungen, die zur Heilung oder zur Verhütung menschlicher Krankheiten oder dazu bestimmt sind, im oder am menschlichen oder tierischen Körper zur Erstellung einer ärztlichen Diagnose oder zur Wiederherstellung, Besserung oder Beeinflussung der menschlichen oder tierischen Körperfunktionen angewandt zu werden. Die Abgrenzung zwischen Arzneimitteln und Lebensmitteln ist im Einzelfall schwierig und auch allgemein äußerst umstritten (*Zipfel/Rathke,* Lebensmittelrecht II, C 101, Art. 2 Rn. 46). Angesichts dieser Tatsache und der nahezu unüberschaubar großen Fülle an Literatur zu dieser Abgrenzungsproblematik soll diese hier nicht näher erörtert werden. Zu den einzelnen Positionen in Rechtsprechung und Literatur wird statt dessen verwiesen auf die ausführlichen Darstellungen bei *Doepner/Hüttebräuker* (ZLR 2008,

76/768/EWG des Rates«,[145] Tabak und Tabakerzeugnisse »im Sinne der Richtlinie 89/622/EWG des Rates«,[146] Betäubungsmittel und psychotrope Stoffe[147] »im Sinne des Einheitsübereinkommens der Vereinten Nationen über Suchtstoffe, 1961, und des Übereinkommens der Vereinten Nationen über psychotrope Stoffe, 1971«[148] sowie Rückstände und Kontaminanten.[149]

2. Vorschriften für die Lebensmittelsicherheit

Mit den Vorschriften »für die Lebensmittelsicherheit« wird bereits im Rahmen der Definition des Lebensmittelrechts dessen Regelungszweck, nämlich die Gewährleistung sicherer Lebensmittel angesprochen: Zum Schutz der menschlichen Gesundheit soll verhindert werden, dass nicht sichere Lebensmittel in den Verkehr gelangen.[150] Im Rahmen eines – üblicherweise unter dem Schlagwort »from stable to table«[151] zusammengefassten – ganzheitlichen »Konzepts der Lebensmittelsicherheit« werden sämtliche Stufen der Lebensmittelherstellungskette von der Primärproduk-

---

1 (1 ff.)), *Klaus* (ZLR 2004, 596 (569 ff.)), *Meyer/Reinhart* (WRP 2005, 1437 (1441 ff.)), *Müller* (NVwZ 2007, 543 (543 ff.), *Streit* (in: Frede (Hrsg.), Taschenbuch für Lebensmittelchemiker, S. 821 (822 ff.)), *Voß* (LFGB, S. 41 ff.), sowie *Zipfel/Rathke* (Lebensmittelrecht, C 101, Art. 2 Rn. 46 ff.), jeweils m. w. N.

145 Dies sind Stoffe oder Zubereitungen, die dazu bestimmt sind, äußerlich mit den verschiedenen Teilen des menschlichen Körpers (Haut, Behaarungssystem, Nägel, Lippen und intime Regionen) oder mit den Zähnen und den Schleimhäuten der Mundhöhle in Berührung zu kommen, und zwar zu dem ausschließlichen oder überwiegenden Zweck, diese zu reinigen, zu parfümieren, ihr Aussehen zu verändern und/oder den Körpergeruch zu beeinflussen und/oder um sie zu schützen oder in gutem Zustand zu halten, Art. 1 Abs. 1 der *Richtlinie 76/768/EWG des Rates v. 27.7.1976 zur Angleichung der Rechtsvorschriften der Mitgliedstaaten über kosmetische Mittel* (ABl. Nr. L 262 v. 27.9.1976, S. 169).

146 Nach Art. 2 Nr. 1 der genannten Richtlinie sind Tabakerzeugnisse Erzeugnisse, die zum Rauchen, Schnupfen, Lutschen oder Kauen bestimmt sind, sofern sie ganz oder teilweise aus Tabak bestehen.

147 Psychotrope Stoffe sind alle Stoffe, die seelische Zustände beeinflussen (*Zipfel/Rathke,* Lebensmittelrecht, C 101, Art. 2 Rn. 120).

148 Die genannten Übereinkommen enthalten jeweils keine abstrakten Definitionen der Begriffe »Betäubungsmittel« und »psychotrope Stoffe«, sondern lediglich Positivlisten, in denen einzelnen Stoffe aufgeführt werden (vgl. *Gorny,* Grundlagen des europäischen Lebensmittelrechts, S. 40 f.).

149 Zum Kontaminanten- bzw. Rückstandsbegriff s. u. S. 135 und S. 137.

150 Egr. (10) EG-BasisV.

151 Wahlweise auch »from farm to fork«; im Deutschen wird üblicherweise die Formulierung »vom Stall bis auf den Teller« verwendet.

tion[152] und der Futtermittelproduktion bis hin zur Abgabe der Lebensmittel an den Verbraucher in das Regelungskonzept miteinbezogen. Dadurch soll eine potentielle Kontamination bzw. sonstige negative Beeinflussung des Endprodukts »Lebensmittel« auf den jeweiligen Stufen vermieden werden.[153] Zum Lebensmittelrecht sind danach nicht allein solche Vorschriften zu zählen, die sich unmittelbar auf Lebensmittel beziehen, sondern auch gesetzliche Regelungen, die Sachverhalte betreffen, die sich – wenn auch nur mittelbar – auf die Sicherheit von Lebensmitteln auswirken können.[154] Dazu gehören insbesondere »Vorschriften zu Materialien und Gegenständen, die mit Lebensmitteln in Berührung kommen,[155] [sowie] zu Futtermitteln und anderen landwirtschaftlichen Produktionsmitteln auf der Ebene der Primärproduktion«.[156] Die Einbeziehung futtermittelbezogener Vorschriften in das Lebensmittelrecht ist der Erkenntnis geschuldet, dass die Qualität und Beschaffenheit der Futtermittel, die im Rahmen der Primärproduktion bei der Aufzucht von Tieren eingesetzt werden, Einfluss auf die Sicherheit bzw. gesundheitliche Unbedenklichkeit tierischer Lebensmittel haben kann.[157]

Der Begriff der Lebensmittelsicherheit ist als produktspezifische Ausprägung des allgemeinen gemeinschaftsrechtlichen Konzepts der Produktsi-

152 Mit dem Begriff der »Primärproduktion« ist die Erzeugung, die Aufzucht oder der Anbau von »Primärprodukten« einschließlich Ernten, Melken und landwirtschaftlicher Nutztierproduktion vor dem Schlachten gemeint. Sie umfasst auch das Jagen und Fischen und das Ernten wild wachsender Erzeugnisse, Art. 3 Nr. 17 EG-BasisV. Der Begriff bezeichnet also im Wesentlichen die landwirtschaftliche Produktion. Primärprodukte bzw. landwirtschaftliche Erzeugnisse sind unverarbeitete Lebensmittel bzw. der Lebensmittelproduktion dienende Rohstoffe, die im Zuge der in der Definition genannten landwirtschaftlichen Tätigkeiten gewonnen werden, also insbesondere Getreide, Obst, Gemüse, Fischereierzeugnisse und Schlachttiere.

153 Vgl. Egr. (12) EG-BasisV; *Gorny,* Grundlagen des europäischen Lebensmittelrechts, S. 12.

154 Vgl. Egr. (11) EG-BasisV.

155 Sog. »Lebensmittelbedarfsgegenstände«. Zum Begriff und zu den Vorschriften über Lebensmittelbedarfsgegenstände s. u. S. 148 ff.

156 Egr. (11) EG-BasisV.

157 So heißt es in Egr. (13) EG-BasisV: »Die Erfahrung hat gezeigt, dass es (...) notwendig ist, auch die Erzeugung, die Herstellung, den Transport und den Vertrieb von Futtermitteln, die an der Lebensmittelgewinnung dienende Tiere verfüttert werden, zu berücksichtigen, einschließlich der Zucht von Tieren, die in Fischzuchtbetrieben als Futter verwendet werden können, da die absichtliche oder unabsichtliche Kontamination von Futtermitteln, die Verfälschung oder betrügerische oder andere unzulässige Praktiken im Zusammenhang damit eine mittelbare oder unmittelbare Auswirkung auf die Lebensmittelsicherheit haben können.« Vgl. auch *Gorny,* Grundlagen des europäischen Lebensmittelrechts, S. 6 f.

cherheit zu sehen, wie es in der *Richtlinie 2001/95/EG des Europäischen Parlaments und des Rates v. 3.12.2001 über die allgemeine Produktsicherheit*[158] (*EG-Produktsicherheits-RL*) zum Ausdruck kommt und das gewährleisten soll, dass in Verkehr gebrachte Produkte für die Verbraucher sicher sind.[159] Das Lebensmittelrecht kann also – zumindest teilweise – als bereichsspezifisches Produktsicherheitsrecht eingeordnet werden.[160] Im Allgemeinen bedeutet »Sicherheit« die Abwesenheit von Gefahren bzw. einen Zustand, in dem nicht mit Schädigungen zu rechnen ist.[161] Im Zusammenhang mit Produkten kann dieser Zustand jedoch immer nur annäherungsweise erreicht werden, da nicht alle potentiellen Gefahrquellen und möglichen Schäden im Zusammenhang mit der Verwendung eines Produkts erkannt bzw. ausgeschlossen werden können.[162] Die angestrebte Sicherheit kann also immer nur eine relative sein. Es kommt daher im Kern auf die Frage an, welches Maß an Sicherheit zumutbar verlangt werden kann bzw. welche verbleibenden Unsicherheiten in Bezug auf das Schädigungspotential eines Produkts noch toleriert werden sollen. Dementsprechend wird gem. Art. 2 lit. b S. 1 EG-Produktsicherheits-RL als sicheres Produkt jedes Produkt bezeichnet, »das bei normaler oder vernünftigerweise vorhersehbarer Verwendung (...) keine oder nur geringe, mit seiner Verwendung zu vereinbarende und unter Wahrung eines hohen Schutzniveaus für die Gesundheit und Sicherheit von Personen vertretbare Gefahren birgt«. Der für das gemeinschaftsrechtliche Produktsicherheitsrecht maßgebliche Gefahrbegriff ist allerdings von dem des deutschen Gefahrenabwehr- bzw. Polizei- und Ordnungsrechts zu unterscheiden. Letzterer wird definiert als eine Sachlage, die bei ungehindertem Geschehensablauf in absehbarer Zeit mit hinreichender Wahrscheinlichkeit zu einem Schaden führt.[163] Im Hinblick

158 ABl. Nr. L 11 v. 15.1.2002, S. 4. Die Richtlinie wurde u. a. durch Erlass des *Gesetzes über technische Arbeitsmittel und Verbraucherprodukte* v. 6.1.2004 (BGBl. I, S. 2 (219) – *GPSG*) in nationales Recht umgesetzt.

159 Vgl. Art. 1 Abs. 1 i. V. m. Art. 2 lit. a EG-Produktsicherheits-RL.

160 Vgl. *Ehlers,* Ziele der Wirtschaftsaufsicht, S. 45.

161 S. *Duden,* Wörterbuch, S. 1539, Stichwort »Sicherheit«: »Zustand des (...) Geschütztseins vor Gefahr od. Schaden«. Vgl. auch *Weiß,* Gewährleistung der Produktsicherheit, S. 45.

162 Vgl. *BVerfG,* Beschl. v. 8.8.1978 – 2 BvL 8/77 –, in: BVerfGE 49, 89 (143); *Hufen,* ZLR 1993, 233 (234); *Weiß,* Gewährleistung der Produktsicherheit, S. 45 f.

163 *BVerwG,* Urt. v. 26.2.1974 – 1 C 31.72 –, in: BVerwGE 45, 51 (57); Urt. v. 17.3.1981 – 1 C 74.76 –, in: BVerwGE 62, 36 (38); *Ehlers,* Ziele der Wirtschaftsaufsicht, S. 44; *Rhein,* OBG NRW, § 1 Rn. 13; *Stober,* AllgWirtschaftsverwR, S. 199. Ähnlich *Knemeyer,* POR, Rn. 87; *Pieroth/Schlink/Kniesel,* POR, § 4 Rn. 2; *Schenke,* POR, Rn. 69.

auf die Lebensmittelsicherheit gilt dagegen die Definition des Art. 3 Nr. 14 EG-BasisV. Danach bezeichnet der Begriff »›Gefahr‹ ein biologisches, chemisches oder physikalisches Agens in einem Lebensmittel oder Futtermittel oder einen Zustand eines Lebensmittels oder Futtermittels, der eine Gesundheitsbeeinträchtigung verursachen kann«. Die beiden Gefahrbegriffe unterscheiden sich in mehrfacher Hinsicht: Einerseits geht es bei der Gefahr im gemeinschaftsrechtlichen Sinne definitionsgemäß lediglich um mögliche Gesundheitsbeeinträchtigungen. Gefahren im Sinne des allgemeinen Ordnungsrechts sind dagegen nicht auf solche für das Schutzgut der Gesundheit beschränkt.[164] Auf der anderen Seite ist der gemeinschaftsrechtliche Gefahrbegriff jedoch umfassender: Für die Annahme einer Gefahr genügt es, wenn das Lebensmittel ein Agens, also einen Wirkstoff enthält bzw. von solcher Beschaffenheit ist,[165] dass aufgrund dessen eine Gesundheitsbeeinträchtigung nicht vollständig ausgeschlossen werden kann.[166] Es geht also um das gesundheitsschädliche Potential eines Lebensmittels.[167] In Abgrenzung zum ordnungsrechtlichen Gefahrbegriff soll daher im Folgenden für den gemeinschaftsrechtlichen Gefahrbegriff die Bezeichnung »Gefahrpotential« verwendet werden. Für die Annahme eines bloßen Gefahrpotentials kommt es nicht darauf an, wie wahrscheinlich das Hervorrufen einer Gesundheitsbeeinträchtigung tatsächlich ist.[168] Solange die Beschaffenheit des Lebensmittels sich zumindest mitursächlich auswirken würde, ist auch unerheblich, ob ggf. weitere, vom Lebensmittel unabhängige Faktoren

---

164 Im Polizei- und Ordnungsrecht geht es im Wesentlichen um die Abwehr von Gefahren für die öffentliche Sicherheit oder Ordnung (vgl. *Knemeyer,* POR, Rn. 87; *Pieroth/Schlink/Kniesel,* POR, § 8 Rn. 1; *Schenke/Schenke,* in: Steiner (Hrsg.), BesVerwR, Kap. II Rn. 46; *Schoch,* in: Schmidt-Aßmann/Schoch (Hrsg.), BesVerwR, 2. Kap. Rn. 1).

165 *Zipfel/Rathke,* Lebensmittelrecht, C 101, Art. 3 Rn. 86.

166 *Zipfel/Rathke,* Lebensmittelrecht, C 101, Art. 3 Rn. 59.

167 *Gorny,* Grundlagen des europäischen Lebensmittelrechts, S. 56; *Zipfel/Rathke,* Lebensmittelrecht, C 101, Art. 3 Rn. 59. Dies kommt insbesondere in der englischen Fassung des Art. 3 Nr. 14 EG-BasisV zum Ausdruck: »›hazard‹ means a biological, chemical or physical agent in, or condition of, food or feed with *the potential to* cause an adverse health effect [*Hervorhebung nicht im Original*]«. Nach der Rechtsprechung des EuGH sind bei der Auslegung gemeinschaftsrechtlicher Bestimmungen alle sprachlichen Fassungen zu berücksichtigen (vgl. *EuGH,* Urt. v. 12.11.1969 – Rs. C-29/69 (»Stauder/Ulm«) –, in: Slg. 1969, 419 Rn. 3; Urt. v. 6.10.1982 – Rs. C-283/81 (»CILFIT«) –, in: Slg. 1982, 3415 Rn. 18; Urt. v. 7.7.1988 – Rs. C-55/87 (»Moksel/Balm«) –, in: Slg. 1988, 3845 Rn. 15; vgl. auch *BVerfG,* Urt. v. 27.8.1991 – 2 BvR 276/90 –, in: NJW 1992, 678 (678); *Gorny,* Grundlagen des europäischen Lebensmittelrechts, S. 4).

168 Vgl. *Gorny,* Grundlagen des europäischen Lebensmittelrechts, S. 56; *Zipfel/Rathke,* Lebensmittelrecht, C 101, Art. 3 Rn. 59.

hinzutreten müssten, damit sich das Gefahrpotential überhaupt realisieren könnte,[169] wie z. B. die Menge und sonstige Umstände des Verzehrs, eine besondere Veranlagung des Verbrauchers, eine bestimmte Art der Zubereitung oder Weiterverarbeitung usw. Der ordnungsrechtliche Gefahrbegriff setzt dagegen im Kern eine normative Wertung voraus, indem er auf die hinreichende Wahrscheinlichkeit eines Schadenseintritts abstellt. Auch hier ist jedoch Voraussetzung, dass zumindest die Möglichkeit besteht, dass es überhaupt zu einer Schädigung kommen kann.[170] Wird ein Gefahrpotential durch Maßnahmen zur Gewährleistung der Lebensmittelsicherheit ausgeschlossen bzw. eingeschränkt, so dient dies also zugleich auch der Abwehr von (Gesundheits-)Gefahren im ordnungsrechtlichen Sinne. Das Lebensmittelrecht kann also als besonderes Gefahrenabwehrrecht[171] eingestuft werden.[172] Lebensmittelrechtliche Vorschriften knüpfen dabei an abstrakte Gefahrsituationen an, die dann bestehen, wenn bestimmte Verhaltensweisen oder Zustände typischerweise gefährlich sind, also eine generell-abstrakte Betrachtung zu dem Ergebnis führt, dass in diesen Fällen mit hinreichender Wahrscheinlichkeit ein Schaden im Einzelfall einzutreten pflegt und daher Anlass besteht, dieser Gefahr durch den Erlass von Rechtsvorschriften entgegenzuwirken.[173] Das Konzept der Lebensmittelsicherheit geht jedoch über eine solche Gefahrenabwehr hinaus: Durch Maßnahmen zur Verringerung, Ausschaltung oder Vermeidung von »Risiken«[174] soll umfassend einer Realisierung des den Lebensmitteln innewohnenden Gefahrpotentials

169 Vgl. *Zipfel/Rathke,* Lebensmittelrecht, C 101, Art. 3 Rn. 87.

170 *Weiß,* Gewährleistung der Produktsicherheit, S. 50.

171 Gefahrenabwehrrecht meint hier die Summe der Rechtsvorschriften, die der Abwehr von Gefahren dienen. Davon zu unterscheiden ist das »Recht der Gefahrenabwehr«, das als Teil des Polizei- und Ordnungsrecht das Handeln derjenigen Behörden regelt, die ihrerseits die Aufgabe haben, Gefahren für die öffentliche Sicherheit oder Ordnung durch entsprechende Maßnahmen abzuwehren (s. § 1 Abs. 1 des *Gesetzes über Aufgaben und Befugnisse der Ordnungsbehörden* i. d. F. der Bekanntmachung v. 13.5.1980 (GVBl. NRW, S. 528 – *OBG NRW*)). Der Unterschied besteht also darin, dass im ersteren Fall das Bestehen einer Gefahr bzw. deren Abwehr das gesetzgeberische Motiv darstellt, während im letzteren Fall das Vorliegen einer Gefahr Zweck bzw. Voraussetzung behördlicher Maßnahmen ist. Zur Lebensmittelüberwachung als Aufgabe der Gefahrenabwehr s. u. S. 94 f.

172 Vgl. *Hufen,* in: Schmidt-Aßmann/Hoffmann-Riem (Hrsg.), Europäisches Verwaltungsrecht, S. 99 (104).

173 *BVerwG,* Urt. v. 26.6.1970 – IV C 99.67 –, in: DÖV 1970, 713 (715); Urt. v. 3.7.2002 – 6 CN 8.01 –, in: BVerwGE 116, 347 (351 f.) = DVBl. 2002, 1562 (1564); *Schenke,* POR, Rn. 70; *Schoch,* in: Schmidt-Aßmann/Schoch (Hrsg.), BesVerwR, 2. Kap. Rn. 275; ähnlich *Knemeyer,* POR, Rn. 91.

174 Vgl. Egr. (17) EG-BasisV; *Bauschke,* Verbraucherschutz im öffentlichen Recht, S. 76.

vorgebeugt werden. Der Begriff des Risikos wird in Art. 3 Nr. 9. EG-BasisV definiert als »eine Funktion der Wahrscheinlichkeit einer die Gesundheit beeinträchtigenden Wirkung und der Schwere dieser Wirkung als Folge der Realisierung einer Gefahr [im gemeinschaftsrechtlichen Sinne, also eines Gefahrpotentials, *Anm. d. Verf.*]«. Ein Risiko besteht also immer dann, wenn sich ein Gefahrpotential in einem Schaden in Gestalt einer gesundheitsbeeinträchtigenden Wirkung realisieren könnte. Das Risiko ist dabei umso größer, je wahrscheinlicher der Eintritt des Schadens und je größer das Ausmaß des zu erwartenden Schadens ist. Wird die Schwelle der hinreichenden Wahrscheinlichkeit eines Schadenseintritts erreicht, so verdichtet sich das Risiko zur Gefahr, sodass letztere also einen Unterfall des Risikos darstellt.[175]

3. Eingrenzung des Lebensmittelrechtbegriffs

Der Lebensmittelrechtbegriff des EG-BasisV umfasst nach dem ganzheitlichen »from stable to table«-Konzept also nicht nur Vorschriften, die sich unmittelbar auf die Herstellung, Zusammensetzung, Qualität, Kennzeichnung usw. von Lebensmitteln beziehen, sondern grundsätzlich alle Vorschriften, die für die Lebensmittelsicherheit relevante Sachverhalte betreffen. Dieses weite Verständnis soll für die Zwecke der vorliegenden Untersuchung allerdings modifiziert werden: In die folgende Darstellung sollen lediglich diejenigen Vorschriften einbezogen werden, deren Regelungsgegenstand auf Lebensmittel bzw. deren Herstellung, Weiterverarbeitung, Inverkehrbringen, Vertrieb etc. unmittelbar bezogen ist. Unberücksichtigt bleiben dagegen solche Bestimmungen, die ohne Bezugnahme auf das Lebensmittel als Endprodukt die Beschaffenheit oder Herstellung derjenigen Erzeugnisse betreffen, die lediglich aufgrund ihres potentiellen Einsatzes im Rahmen der Lebensmittelproduktion in das Konzept der Lebensmittelsicherheit einbezogen werden. Andernfalls müssten konsequenterweise auch Vorschriften zur Herstellung und zum Vertrieb von Pflanzenschutzmitteln, Düngemitteln, Tierarzneimitteln sowie sämtlichen anderen Stoffen, Mitteln und Gegenständen miteinbezogen werden, die, ohne selbst Lebensmittel zu sein, gegebenenfalls zu einem späteren Zeitpunkt im Rahmen der Lebensmittelproduktion zum Einsatz kommen könnten, soweit diese Vorschriften (zumindest auch) die Lebensmittelsicherheit betreffen. Dies führt jedoch zu praktischen Abgrenzungsproblemen, da etwa Vorschriften über Pflanzen-

175 Vgl. *Weiß*, Gewährleistung der Produktsicherheit, S. 384.

schutzmittel, Düngemittel und ähnliche Stoffe zum großen Teil anderen Zwecken als der Lebensmittelsicherheit dienen, insbesondere dem Umweltschutz sowie der Sicherstellung der Leistungsfähigkeit der Produktion.[176] Eine Isolierung des auf die Lebensmittelsicherheit bezogenen und damit dem Lebensmittelrecht zuzuordnenden Teils dieser Regelungsbereiche dürfte nur schwer zu realisieren sein und würde diese künstlich aufspalten. Auch bei futtermittelbezogenen Vorschriften ist die Frage, ob diese im Einzelfall auf die Gewährleistung der Lebensmittelsicherheit abzielen, auf den ersten Blick nicht immer eindeutig zu beantworten. Denn futtermittelbezogene Vorschriften können ebenfalls anderen Zwecken dienen, wie etwa dem Schutz der tierischen Gesundheit bzw. der Umwelt oder der Erhaltung und Verbesserung der Leistungsfähigkeit der Tiere.[177] Um die Reichweite der hier darzustellenden Materie mittels einheitlicher Kriterien präzise und konsequent bestimmen zu können und eine eindeutige Abgrenzung von anderen Bereichen zu ermöglichen, soll sich die Darstellung daher auf diejenigen Vorschriften beschränken, deren Regelungsgegenstand sich auf eine mit der Produktion, der Verarbeitung und dem Vertrieb von Lebensmitteln zusammenhängende Tätigkeit bezieht. Diese Eingrenzung entspricht der Definition der lebensmittelunternehmerischen Tätigkeiten in Art. 3 Nr. 2 EG-BasisV. Danach sind Lebensmittelunternehmen »alle Unternehmen, (…) die eine mit der Produktion, der Verarbeitung und dem Vertrieb von Lebensmitteln zusammenhängende Tätigkeit ausführen«. Diese Tätigkeiten sollen unter dem Begriff der Lebensmittelproduktion (i. w. S.) zusammengefasst werden. Erst mit Aufnahme einer solchen Tätigkeit wird das Produktionsziel, ein Lebensmittel zu erzeugen bzw. in den Verkehr zu bringen, definitiv festgelegt, sodass ab diesem Zeitpunkt der Zusammenhang mit der Lebensmittelsicherheit eindeutig erkennbar wird. Dagegen steht beispiels-

---

176 Gem. § 2 Abs. 2 des *Düngemittelgesetzes* v. 15.11.1977 (BGBl. I, S. 2134) werden nur solche Düngemitteltypen zugelassen, »die bei sachgerechter Anwendung die Fruchtbarkeit des Bodens und die Gesundheit von Menschen und Haustieren nicht schädigen und den Naturhaushalt nicht gefährden, sowie geeignet sind, das Wachstum von Nutzpflanzen wesentlich zu fördern, ihren Ertrag wesentlich zu erhöhen oder ihre Qualität wesentlich zu verbessern«. Gem. § 1 Nr. 4 des *Pflanzenschutzgesetzes* i. d. F. der Bekanntmachung v. 14.5.1998 (BGBl. I, S. 971, 1527, 3512 – *PflSchG*) ist es Zweck des Gesetzes, »Gefahren abzuwenden, die durch die Anwendung von Pflanzenschutzmitteln oder durch andere Maßnahmen des Pflanzenschutzes, insbesondere für die Gesundheit von Mensch und Tier und für den Naturhaushalt, entstehen können«. Zum Umweltschutz als vorrangigem Zweck der Vorschriften zur Anwendung von Pflanzenschutzmitteln s. auch *Hoppe/Beckmann/Kauch*, Umweltrecht, § 34 Rn. 10.

177 S. § 1 Abs. 1 Nr. 4 LFGB.

weise zum Zeitpunkt der Futtermittelherstellung oder des -vertriebs oftmals noch nicht eindeutig fest, ob die Futtermittel im Rahmen der Lebensmittelproduktion eingesetzt werden. Denn Futtermittel können auch zur Fütterung von Heimtieren, also solchen Tieren, die nicht der Lebensmittelgewinnung dienen, eingesetzt werden, sodass nicht notwendigerweise ein unmittelbarer Zusammenhang zwischen Futtermittel- und Lebensmittelproduktion besteht. Dementsprechend sind Unternehmen, »die an der Erzeugung, Herstellung, Verarbeitung, Lagerung, Beförderung oder dem Vertrieb von Futtermitteln beteiligt ist, einschließlich Erzeuger, die Futtermittel zur Verfütterung in ihrem eigenen Betrieb erzeugen, verarbeiten oder lagern«, gem. Art. 3 Nr. 5 EG-BasisV als »Futtermittelunternehmen« – und folglich nicht als Lebensmittelunternehmen – einzuordnen. Von der folgenden Darstellung des Lebensmittelrechts umfasst werden daher zwar u. a. solche Vorschriften, die sich auf das *Verfüttern* von Futtermitteln an Tiere, die der Lebensmittelgewinnung dienen, sowie die *Verwendung* von Lebensmittelbedarfsgegenständen oder Tierarzneimitteln im Rahmen der Lebensmittelproduktion oder des -vertriebs beziehen,[178] nicht jedoch Bestimmungen zur Produktion und zum Vertrieb derartiger Stoffe und Erzeugnisse.

II. Verbraucherschützende Zielsetzungen des Lebensmittelrechts

Gem. Art. 5 Abs. 1 EG-BasisV verfolgt das Lebensmittelrecht »eines oder mehrere der allgemeinen Ziele eines hohen Maßes an Schutz für das Leben und die Gesundheit der Menschen, des Schutzes der Verbraucherinteressen, einschließlich lauterer Handelsgepflogenheiten im Lebensmittelhandel, gegebenenfalls unter Berücksichtigung des Schutzes der Tiergesundheit, des Tierschutzes, des Pflanzenschutzes und der Umwelt.«

1. Gesundheitsschutz

Nach dem Wortlaut des Art. 5 Abs. 1 EG-BasisV sind Objekt des lebensmittelrechtlichen Lebens- bzw. Gesundheitsschutzes nicht die *Verbraucher,* sondern die *Menschen.* Fraglich ist, ob diese Tatsache einer Einordnung des Lebensmittelrechts als (explizites) Verbraucherschutzrecht entgegensteht. Dies wäre dann nicht der Fall, wenn die beiden Begriffe weitgehend identisch zu verstehen wären.

---

178 Zu den entsprechenden Vorschriften s. u. S. 147 ff.

Lebensmittelrechtliche Vorschriften zum Schutz der menschlichen Gesundheit sollen verhindern, dass nicht sichere Lebensmittel in den Verkehr gelangen.[179] Die Menschen sollen dadurch vor Gesundheitsbeeinträchtigungen geschützt werden, die durch den Verzehr nicht sicherer Lebensmitteln ausgelöst werden können. Unter den »Menschen« als Schutzobjekt sind demnach all diejenigen zu verstehen, die Lebensmittel verzehren. Da es sich dabei um Personen handelt, die Waren verbrauchen, dient der lebensmittelrechtliche Gesundheitsschutz somit dem Schutz der Verbraucher.[180]

2. Schutz der Verbraucherinteressen

Gem. Art. 5 Abs. 1 EG-BasisV dient das Lebensmittelrecht darüber hinaus dem Schutz der »Verbraucherinteressen«. Diese werden in Art. 8 Abs. 1 EG-BasisV näher konkretisiert. Danach sollen lebensmittelrechtliche Vorschriften zum »Schutz der Verbraucherinteressen (...) den Verbrauchern die Möglichkeit bieten, in Bezug auf die Lebensmittel, die sie verzehren, eine sachkundige Wahl zu treffen.«[181] Ziel ist also die angemessene Information der Verbraucher. Dabei sollen insbesondere »Praktiken des Betrugs oder der Täuschung«, die »Verfälschung von Lebensmitteln« sowie »alle sonstigen Praktiken, die den Verbraucher irreführen können«, verhindert werden.[182] Zum Teil werden die Begriffe Irreführung und Täuschung synonym verwendet. Als Tatbestandsmerkmal lebensmittelrechtlicher Vorschriften meint »irreführend« allerdings »zur Täuschung geeignet«,[183] sodass die Vorschriften in Bezug auf den Täuschungsschutz präventiv eingreifen[184] und ein bereits eingetretener »Erfolg« im Sinne einer tatsächlichen Täuschung einzelner Verbraucher oder Verbrauchergruppen nicht

179 S. o. S. 25.

180 Zum (allgemeinen) Verbraucherbegriff s. o. S. 2.

181 Art. 8 Abs. 1 S. 1 EG-BasisV.

182 Art. 8 Abs. 1 S. 2 EG-BasisV.

183 *BGH,* Urt. v. 4.3.1954 – 4 StR 67/53 –, in: LRE 1, 23 (23 f.); *OLG Hamm,* Urt. v. 31.10.1977 – 4 Ss Owi 890/77 –, in: LRE 11, 112 (117 f.); *OLG Stuttgart,* Urt. v. 3.5.1996 – 2 U 8/96 –, in: ZLR 1996, 463 (468); *OVG Münster,* Urt. v. 7.8.1996 – 13 A 7606/95 –, in: ZLR 1997, 81 (81); *VGH München,* Urt. v. 17.5.2000 – 25 B 97.3555 –, in: ZLR 2000, 938 (938); *Rathke,* ZLR 1999, 189 (190); *Voß,* LFGB, S. 76; *Zipfel/Rathke,* Lebensmittelrecht II, C 102, § 11 Rn. 23.

184 Vgl. *Zipfel/Rathke,* Lebensmittelrecht II, C 102, § 11 Rn. 15.

erforderlich ist.[185] Mangels einer spezifisch lebensmittelrechtlichen Definition kann für eine nähere Bestimmung des Begriffs der »Täuschung« die im Rahmen des strafrechtlichen Betrugstatbestands[186] übliche Definition herangezogen werden.[187] Danach ist unter einer Täuschung das Einwirken auf das intellektuelle Vorstellungsbild eines anderen zu verstehen, durch das eine Fehlvorstellung über Tatsachen erzeugt wird.[188] Eine Irreführung, also eine Eignung zur Täuschung in Bezug auf ein Lebensmittel, ist demnach dann zu bejahen, wenn die Möglichkeit besteht, dass eine irgendwie geartete Fehlvorstellung über die Beschaffenheit des Lebensmittels hervorgerufen wird. In der Regel geschieht dies durch eine – ausdrückliche[189] oder konkludente[190] – Aussage über das Lebensmittel von Seiten eines Lebensmittelunternehmers. Eine Fehlvorstellung bedeutet ein Abweichen der »Ist«-Beschaffenheit von der »Soll«-Beschaffenheit als derjenigen Beschaffenheit, die durch die Aussage erklärt bzw. suggeriert wird.[191] Welche konkreten Informationen in Bezug auf die Beschaffenheit des Lebensmittels übermittelt werden, hängt insbesondere im Fall der lediglich konkludenten Aussage von der diesbezüglichen »Verkehrsauffassung« ab, also der Auffassung der am Verkehr mit Lebensmitteln beteiligten Kreise am Absatzort über den Inhalt einer Aussage bzw. über die Beschaffenheit eines Lebensmittels.[192] Da es um eine Irreführung der Verbraucher geht, ist dabei

---

185 *OLG Zweibrücken,* Beschl. v. 21.8.1997 – 1 Ss 126/97 –, in: ZLR 1998, 109 (113); *Rathke,* ZLR 1999, 189 (190); *Voß,* LFGB, S. 77; *Zipfel/Rathke,* Lebensmittelrecht II, C 102, § 11 Rn. 23.

186 § 263 StGB.

187 So werden in Art. 8 Abs. 1 EG-BasisV »Praktiken des Betrugs« ausdrücklich als ein Beispiel für irreführende, also zur Täuschung geeignete Praktiken genannt.

188 *Duttge,* in: Dölling/Duttge/Rossner (Hrsg.), Gesamtes Strafrecht, 1. A., § 263 StGB Rn. 8; vgl. auch *BGH,* Urt. v. 26.4.2001 – 4 StR 439/00 – in: NJW 2001, 2187 (2189); *Cramer/Perron,* in: Schönke/Schröder, StGB, § 263 Rn. 11.

189 Etwa in Form von Werbeaussagen, s. u. S. 160.

190 Eine konkludente Aussage über die Beschaffenheit eines Lebensmittels kann beispielsweise die Gestaltung der Verpackung oder die Bezeichnung des Lebensmittels enthalten, s. u. S. 162.

191 Vgl. *Meyer,* in: Ders./Streinz (Hrsg.), BasisV/LFGB, § 11 Rn. 16; *Schomburg,* NVwZ 2007, 1373 (1376).

192 Vgl. *OLG Koblenz,* Urt. v. 22.5.1984 – 1 Ss 101/84 –, in: LRE 16, 48 (59); Beschl. v. 1.12.1987 – 1 Ss 414/87 –, in: WRP 1988, 186 (188); *OLG Zweibrücken,* Beschl. v. 28.3.1985 – 1 Ss 68/84 –, in: LRE 17, 370 (372); *OLG Düsseldorf,* Beschl. v. 19.7.1983 – 2 Ss (OWi) 52/83 –, in: LRE 15, 337 (339); *Adam,* Veterinärrecht, S. 117; *Meyer,* in: Ders./Streinz (Hrsg.), BasisV/LFGB, § 11 Rn. 21; *Voß,* LFGB, S. 120; *Zipfel/Rathke,* Lebensmittelrecht II, C 102, § 11 Rn. 265. Zur Feststellung der maßgeblichen Verkehrsauffassung s. u. S. 162 ff.

primär auf deren berechtigte Erwartungshaltung abzustellen.[193] Für die Beurteilung, welche Verbrauchererwartung in Bezug auf die Beschaffenheit eines Lebensmittels berechtigt ist, spielt u. a. das zugrunde zu legende »Verbraucherleitbild« eine Rolle.[194] Nach der Rechtsprechung des EuGH – die aufgrund der fast vollständigen gemeinschaftsrechtlichen Determinierung des Lebensmittelrechts als maßgeblich angesehen werden muss – ist auf das Leitbild des »verständigen Verbrauchers«[195], als einem durchschnittlich informierten, aufmerksamen und verständigen Durchschnittsverbraucher[196] abzustellen.[197] Dieser ist beispielsweise in der Lage, über das äußere Erscheinungsbild und die Bezeichnung eines Lebensmittels hinaus zusätzlich verfügbare Informationen, etwa eine Auflistung der Zutaten auf dem Etikett, zur Kenntnis zu nehmen und seine Kaufentscheidung danach auszurichten.[198]

---

193 *BGH,* Urt. v. 20.2.1959 – 1 StR 90/57 –, in: BHGSt. 13, 5 (10); *OLG Koblenz,* Beschl. v. 7.7.1982 – 1 Ss 314/82 –, in: LRE 10, 203 (205); Beschl. v. 1.12.1987 – 1 Ss 414/87 –, in: WRP 1988, 186 (188); *Zipfel/Rathke,* Lebensmittelrecht II, C 102, § 11 Rn. 265.

194 *Schomburg,* NVwZ 2007, 1373 (1376).

195 *EuGH,* Urt. v. 6.7.1995 – Rs. C-470/93 (»Mars«) –, in: Slg. 1995, I-1923 Rn. 24.

196 *EuGH,* Urt. v. 16.7.1998 – Rs. C-210/96 (»Gut Springheide«) – , in: Slg. 1998, I-4657 Rn. 31/37; Urt. v. 28.1.1999 – Rs. C-303/97 (»Sektkellerei Kessler«) –, in: Slg. 1999, I-513 Rn. 36; Urt. v. 4.4.2000 – Rs. C-465/98 (»Darbo«) –, in: Slg. 2000, I-02297 Rn. 20.

197 Dieses Verbraucherleitbild wird inzwischen auch von den nationalen Gerichten, insbesondere dem BGH und dem BVerwG, zugrunde gelegt (so u. a. *BVerwG,* Urt. v. 23.3.1999 – 1 C 1/99 –, in: LRE 36, 350 (350); Beschl. v. 18.10.2000 – 1 B 45.00 – in: ZLR 2001, 449 (449); *BGH,* Urt. v. 19.4.2001 – I ZR 46/99 –, in: NJW 2001, 3193 (3195); Urt. v. 7.11.2002 – I ZR 276/99 –, in: ZLR 2003, 473 (478); Urt. v. 3.4.2003 – I ZR 203/00 –, in: ZLR 2003, 487 (490); *OLG Nürnberg,* Urt. v. 15.12.1998 – 3 U 2804 –, in: LRE 37, 343 (343); *OLG Koblenz,* Urt. v. 12.6.2001 – 4 U 1573/00 –, in: OLGR Koblenz 2001, 406 (406); *OLG Hamburg,* Urt. v. 22.11.2001 – 3 U 149/01 –, in: LRE 43, 258 (261); *OLG Frankfurt,* Urt. v. 11.4.2002 – 6 U 31/01 –, in: OLGR Frankfurt 2002, 227 (227). Die frühere deutsche Rechtsprechung ging von einem »flüchtigen« Verbraucher aus, der etwa eine Werbeaussage weder genau, vollständig und kritisch würdige noch grammatikalische oder philologische Überlegungen anstelle (so u. a. noch *OLG Hamburg,* Urt. v. 5.5.1994 – 3 U 23/94 –, in: ZLR 1995, 60 (61); *OLG Koblenz,* Beschl. v. 7.9.1995 – 6 B 12160/95.OVG –, in: ZLR 1996, 614 (616); *OLG Bremen,* Urt. v. 20.3.1997 – 2 U 9/1996 –, in: ZLR 1997, 434 (441)). Ausführlich zum Begriff und Wandel des Verbraucherleitbildes siehe *Meyer,* WRP 1993, 215 (215 ff.).

198 Vgl. *EuGH,* Urt. v. 9.12.1981 – Rs. C-193/80 (»Essig«) –, in: Slg. 1981, 3018 Rn. 27; Urt. v. 4.4.2000 – Rs. C-465/98 (»Darbo«) –, in: Slg. 2000, I-02297 Rn. 22; Urt. v. 26.10.1995 – Rs. C-51/94 (»Kommission/Deutschland«) –, in: Slg. 1995, I-3599 Rn. 34.

Der lebensmittelrechtliche Täuschungsschutz bezweckt dabei, anders als etwa der zivilrechtliche Verbraucherschutz, nicht den Schutz der Verbraucher vor Vermögensschäden,[199] etwa aufgrund von täuschungsbedingter Übervorteilung. Die informations- und irreführungsbezogenen Vorschriften sollen nicht primär gewährleisten, dass die Lebensmittel, die die Verbraucher von den Lebensmittelunternehmern rechtsgeschäftlich erwerben, im Hinblick auf Beschaffenheit, Qualität, Nährwert etc. ihren berechtigten Erwartungen entsprechen bzw. »ihr Geld wert sind«. Die Vorschriften sollen vielmehr sicherstellen, dass die Verbraucher nur solche Lebensmittel verzehren, über deren Eigenschaften und Zusammensetzung sie ausreichende und zutreffende Informationen besitzen,[200] und sie somit ihre Ernährung ihren Bedürfnissen und Wünschen entsprechend ausrichten können. Der Schutz der wirtschaftlichen Interessen ist daher lediglich als »Nebeneffekt« anzusehen, wenn sich etwa die Irreführung oder Information auf eine Eigenschaft des Lebensmittels bezieht, die zugleich dessen objektiven wirtschaftlichen Wert bestimmt, wie etwa die Qualität der Zutaten.

3. Sonstige Zielsetzungen

Das Lebensmittelrecht dient also in erster Linie dem Schutz vor Gesundheitsbeeinträchtigungen und Täuschung sowie der Verbraucherinformation und ist daher als öffentlich-rechtliches Verbraucherschutzrecht einzuordnen. Andererseits ist es jedoch nicht auf verbraucherschützende Zwecke beschränkt: So sollen die Vorschriften des Lebensmittelrechts dem Schutz der Verbraucherinteressen, »einschließlich lauterer Handelsgepflogenheiten im Lebensmittelhandel, gegebenenfalls unter Berücksichtigung des Schutzes der Tiergesundheit, des Tierschutzes, des Pflanzenschutzes und der Umwelt« dienen.[201] Die Gewährleistung lauterer Handelsgepflogenheiten schützt nicht nur die Verbraucher vor betrügerischen und irreführenden Praktiken, sondern auch die redlichen Unternehmer vor einer Konkurrenz, die sich durch solche Praktiken auf Kosten der Verbraucher einen wettbewerblichen Vorteil verschafft. Insoweit bestehen Überschneidungen mit dem

---

199 Vgl. *Bauschke,* Verbraucherschutz im öffentlichen Recht, S. 24; *Zipfel/Rathke,* Lebensmittelrecht II, C 102, § 11 Rn. 16.

200 Zum Zweck und Gegenstand informationsbezogener Vorschriften des Lebensmittelrechts s. ausführlich unten S. 154 ff.

201 Art. 5 Abs. 1 EG-BasisV.

Wettbewerbsrecht.[202] Tiergesundheit und Tierschutz können vor allem bei futtermittelbezogenen Vorschriften[203] bzw. bei Vorschriften über die Herstellung tierischer Lebensmittel eine Rolle spielen. Umweltschutzrechtliche Aspekte sind dagegen etwa im Zusammenhang mit dem Einsatz von Pflanzenschutzmitteln im Rahmen der landwirtschaftlichen Lebensmittelproduktion relevant. Dem Wortlaut nach werden die genannten Zielsetzungen jedoch lediglich im Rahmen des Schutzes der Verbraucherinteressen »gegebenenfalls« berücksichtigt, die verbraucherschützende Zielrichtung steht also im Vordergrund.

Vorschriften »für Lebensmittel« ohne unmittelbar verbraucherschützende Zielrichtung enthalten die sog. »Marktordnungsvorschriften«.[204] Zu diesen Vorschriften gehören beispielsweise die Vorschriften des *Handelsklassengesetzes*[205] sowie die sog. gemeinschaftsrechtlichen »Vermarktungsnormen«.[206] Diese Vorschriften dienen in erster Linie dazu, im Wege der Standardisierung die Erzeugung, Qualität und den Absatz landwirtschaftli-

202 Daher existieren in beiden Bereichen z. T. ähnliche Vorschriften. Dies betrifft etwa das Verbot irreführender Werbung in § 5 des *Gesetzes gegen den unlauteren Wettbewerb* v. 3.7.2004 (BGBl. I, S. 1414 – *UWG*) bzw. § 11 Abs. 1 LFGB (dazu unten § 5.B.I.). Ausführlich zum Verhältnis zwischen Lebensmittelrecht und Wettbewerbsrecht im Bereich der Werbung s. *Streinz,* GRUR, 1996, 16 (16 ff.).

203 So ist es Zweck des LFGB »bei Futtermitteln den Schutz von Tieren durch Vorbeugung gegen eine oder Abwehr einer Gefahr für die tierische Gesundheit sicherzustellen«, § 1 Abs. 1 Nr. 4 lit. a Ulit. aa LFGB.

204 Vgl. *Bauschke,* Verbraucherschutz im öffentlichen Recht, S. 33; *Zipfel/Rathke,* Lebensmittelrecht, Einführung B Rn. 2a/63.

205 I. d. F. der Bekanntmachung v. 23.11.1972 (BGBl. I, S. 2201 – *HdlKlG*), s. *Bauschke,* Verbraucherschutz im öffentlichen Recht, S. 33; *Zipfel/Rathke,* Lebensmittelrecht, Einführung B Rn. 64. Gem. § 1 Abs. 1 HdlKlG können zur Förderung der Erzeugung, der Qualität und des Absatzes von Erzeugnissen der Landwirtschaft und der Fischerei sowie zur Förderung der Marktübersicht bei diesen Erzeugnissen durch Rechtsverordnung gesetzliche Handelsklassen eingeführt werden. In diesen Rechtsverordnungen sind die Merkmale zu bestimmen, welche die Erzeugnisse mindestens aufweisen müssen, wenn diese nach gesetzlichen Handelsklassen in den Verkehr gebracht werden, § 2 Abs. 1 S. 1 HdKlG. Diese Merkmale können insbesondere die Qualität, die Art und Weise sowie den Zeitpunkt der Erzeugung sowie die Reinheit und Zusammensetzung, der Erzeugnisse bestimmen, S. 2. Festgelegt werden kann jedoch beispielsweise auch die Bezeichnung, Kennzeichnung, Aufmachung, Verpackung, sowie die Mengen und Gewichtseinheiten, in denen die Erzeugnisse einer bestimmten Handelsklasse in Verkehr gebracht werden dürfen, § 2 Abs. 2 Nr. 1 HdlKlG.

206 Vermarktungsnormen enthält beispielsweise die *Verordnung (EG) Nr. 1234/2007 des Rates v. 22.10.2007 über eine gemeinsame Organisation der Agrarmärkte und mit Sondervorschriften für bestimmte landwirtschaftliche Erzeugnisse (Verordnung über die einheitliche GMO)* (ABl. Nr. L 299 v. 16.11.2007, S. 1).

cher Produkte zu fördern.[207] Dadurch soll den landwirtschaftlichen Erzeugern langfristig ein angemessener Lebensstandard gewährleistet werden.[208] Aufgrund der Förderung und Erhaltung der Produktqualität können sie allerdings indirekt verbraucherschützende Wirkungen entfalten.[209]

4. Lebensmittelrechtlicher Verbraucherbegriff

Die Reichweite des lebensmittelrechtlichen Verbraucherschutzes hängt u. a. vom maßgeblichen Verbraucherbegriff im Sinne einer Bestimmung des geschützten Personenkreises ab.[210]

In Art. 3 Nr. 18 EG-BasisV findet sich eine Definition des »Endverbrauchers« als »letzten Verbraucher eines Lebensmittels, der das Lebensmittel nicht im Rahmen der Tätigkeit eines Lebensmittelunternehmens verwendet«. Lebensmittelunternehmen sind »alle Unternehmen, gleichgültig, ob sie auf Gewinnerzielung ausgerichtet sind oder nicht und ob sie öffentlich oder privat sind, die eine mit der Produktion, der Verarbeitung und dem Vertrieb von Lebensmitteln zusammenhängende Tätigkeit ausführen«, Art. 3 Nr. 2. EG-BasisV. Angesichts der Tatsache, dass in zahlreichen Vorschriften der Verordnung dagegen allgemein vom »Verbraucher« die Rede ist, obwohl erkennbar der (private) Endverbraucher gemeint ist,[211] ist davon auszugehen, dass die Begriffe des Verbrauchers und des Endverbrauchers zumindest in Bezug auf Lebensmittel synonym verwendet werden.[212] Dementsprechend wird in § 3 Nr. 4 LFGB für die Definition der »Verbraucherin« oder des »Verbrauchers« in Bezug auf Lebensmittel auf den Begriff

207 *Zipfel/Rathke,* Lebensmittelrecht, Einführung B Rn. 2a.

208 *Bauschke,* Verbraucherschutz im öffentlichen Recht, S. 33; *Zipfel/Rathke,* Lebensmittelrecht, Einführung B Rn. 2a.

209 Vgl. *Bauschke,* Verbraucherschutz im öffentlichen Recht, S. 33; *Zipfel/Rathke,* Lebensmittelrecht, Einführung B Rn. 2a.

210 Der Verbraucherbegriff ist nicht identisch mit dem bereits erörterten Verbraucherleitbild (s. o. S. 35): Während es bei ersterem um die Frage geht, welche Personen als Verbraucher eingeordnet werden können, trifft letzteres eine Aussage darüber, welche Eigenschaften und Erwartungen einem »typischen« Durchschnittsverbraucher zugeschrieben werden.

211 So muss gem. Art. 8 Abs. 1 S. 1 EG-BasisV das Lebensmittelrecht »den *Verbrauchern* die Möglichkeit bieten, in Bezug auf die Lebensmittel, *die sie verzehren,* eine sachkundige Wahl zu treffen [*Hervorhebung nicht im Original*]«. Wer ein Lebensmittel verzehrt, ist jedoch notwendigerweise der »letzte« Verbraucher und damit der Endverbraucher. Der Begriff des Endverbrauchers wird in der EG-BasisV über die Begriffbestimmungen des Art. 3 hinaus nur an einer weiteren Stelle verwendet, und zwar in Art. 19 Abs. 3.

212 Vgl. *Zipfel/Rathke,* Lebensmittelrecht II, C 101, Art. 14 Rn. 12.

des Endverbrauchers in Art. 3 Nr. 18 EG-BasisV verwiesen. (End-)Verbraucher ist nach der o. g. Definition jedenfalls derjenige, der das Lebensmittel letztendlich verzehrt. Denn ein Lebensmittel zu verzehren ist keine Tätigkeit, die mit der Produktion, Verarbeitung oder dem Vertrieb von Lebensmitteln zusammenhängt. Die Abgrenzung zum Lebensmittelunternehmen wird jedoch bei Tätigkeiten relevant, die, wie z. B. das Herstellen oder Verarbeiten von Lebensmitteln, sowohl gewerblich als auch im Rahmen des privaten Haushalts erfolgen können. Wer zum privaten Verbrauch in seinem Haushalt Lebensmittel (weiter)verarbeitet oder herstellt, übt im Grunde genommen eine mit der Produktion bzw. der Verarbeitung von Lebensmitteln zusammenhängende Tätigkeit aus. Allerdings ist fraglich, ob diese Tätigkeit in diesen Fällen im Rahmen eines »Unternehmens« erfolgt.[213] Dazu wäre erforderlich, dass die Tätigkeit mit einem bestimmten Ziel – hier also die Produktion, die Verarbeitung oder der Vertrieb von Lebensmitteln bzw. eine damit zusammenhängende Tätigkeit –, sowie im Rahmen einer zuvor festgelegten Ordnung ausgeübt wird.[214] Obwohl an das Vorhandensein einer Ordnungsstruktur keine besonders hohen Anforderungen zu stellen sind,[215] dürfte es hieran im Privathaushalt in aller Regel fehlen. Die häusliche Verarbeitung, Handhabung oder Lagerung von Lebensmitteln zum häuslichen privaten Verbrauch wird gem. Art. 1 Abs. 3 S. 2 EG-BasisV jedoch ohnehin ausdrücklich vom Anwendungsbereich der EG-BasisV ausgenommen.

Dass der Begriff des (End-)Verbrauchers im Wesentlichen lediglich negativ in Abgrenzung zum Begriff des Lebensmittelunternehmens definiert wird und keine eigenständige inhaltliche Definition enthält, mag zunächst verwundern. Dies ist jedoch insofern verständlich, als für die Anwendung der lebensmittelrechtlichen Vorschriften in der Regel lediglich bestimmbar sein muss, wer die dort niedergelegten Gebote und Verbote einzuhalten hat, nicht jedoch, wer zum geschützten Personenkreis, also zum Kreis der Verbraucher gehört. Der Geltungsbereich lebensmittelrechtlicher Anforderungen, die sich auf die Beschaffenheit von Lebensmitteln bzw. deren Produktion beziehen und dem Gesundheitsschutz dienen, ist in der Regel nicht auf solche Lebensmittel beschränkt, die für »Verbraucher« bestimmt sind oder von diesen erworben bzw. konsumiert werden. Dies ist insofern

---

213 Verneinend *Gorny,* Grundlagen des europäischen Lebensmittelrechts, S. 47; *Zipfel/Rathke,* Lebensmittelrecht II, C 101, Art. 3 Rn. 16.

214 *Zipfel/Rathke,* Lebensmittelrecht II, C 101, Art. 3 Rn. 17.

215 Vgl. *Zipfel/Rathke,* Lebensmittelrecht II, C 101, Art. 3 Rn. 17.

auch nicht erforderlich, als bereits der Begriff des Lebensmittels voraussetzt, dass diese dazu bestimmt sind oder nach vernünftigem Ermessen erwartet werden kann, dass sie von Menschen, also von den Verbrauchern verzehrt werden.[216] Der Begriff des Verbrauchers bzw. der Verbraucher als gesellschaftliche Gruppe wird daher zumeist lediglich im Rahmen einer allgemeinen Umschreibung des Schutzzwecks lebensmittelrechtlicher Vorschriften verwendet[217] oder aber zur Einschränkung des Anwendungsbereichs solcher Vorschriften, in denen es um die Information der Verbraucher bzw. den Schutz vor Täuschung geht.[218] Dies ist insofern nachvollziehbar, als es beim Täuschungsschutz bzw. der Verbraucherinformation um den Schutz des Verbrauchers als derjenigen Person geht, die aufgrund ihrer laienhaften Unkenntnis der Beschaffenheit und Produktion von Lebensmitteln und den sich hieraus ergebenen Informationsasymmetrien[219] ohne zusätzliche Informationen nicht in der Lage ist, eine ihren Interessen entsprechende Konsumentscheidung zu treffen. Obwohl nach der Zielsetzung des Lebensmittelrechts nur derjenige schutzwürdig ist, der ein Lebensmittel im Rahmen seiner Ernährung zu verzehren beabsichtigt, wird die Frage einer potentiellen Täuschung oder einer ausreichenden Information der Verbraucher jedoch in der Regel bereits beim Erwerb des jeweiligen Produkts und nicht erst zum Zeitpunkt des Verzehrs relevant. Der Erwerber ist jedoch nicht notwendigerweise identisch mit demjenigen, der das Lebensmittel schließlich verzehrt. Lebensmittel können auch zum Zwecke der Weiterverarbeitung oder Weiterveräußerung im Rahmen eines Lebensmittelunternehmens erworben werden. Es entspricht daher dem o. g. Schutzzweck, die Geltung der Irreführungsverbote und Informationsgebote auf die Fälle zu beschränken, in denen Lebensmittel dazu bestimmt sind, an diejenigen abgegeben zu werden, die diese potentiell selbst verzehren. Dementsprechend gelten beispielsweise die wesentlichen lebensmittelrechtlichen Kennzeichnungsvor-

---

216 Zum Lebensmittelbegriff s. o. S. 22 ff.

217 »Das Lebensmittelrecht hat den Schutz der *Verbraucher*interessen zum Ziel und muss den *Verbrauchern* die Möglichkeit bieten, in Bezug auf die Lebensmittel, die sie verzehren, eine sachkundige Wahl zu treffen [*Hervorhebung nicht im Original*]«, Art. 8 Abs. 1 S. 1 EG-BasisV.

218 S. z. B. Art. 16 Abs. 1 EG-BasisV: »Unbeschadet spezifischer Bestimmungen des Lebensmittelrechts dürfen die Kennzeichnung, Werbung und Aufmachung von Lebensmitteln (…) die *Verbraucher* nicht irreführen [*Hervorhebung nicht im Original*]«. Zu dieser Vorschrift s. u. S. 161.

219 Zum Problem der Informationsasymmetrien s. o. S. 14 ff.

schriften grundsätzlich[220] lediglich für die Etikettierung, Aufmachung und Bewerbung solcher Lebensmittel, die »ohne weitere Verarbeitung an den Endverbraucher abgegeben werden sollen«.[221] Allerdings ist zu berücksichtigen, dass für eine Irreführung die allgemeine Eignung zur Täuschung genügt und verpflichtende Informationen im Wege der Lebensmittelkennzeichnung oder Werbung im Ergebnis nicht nur »den Verbrauchern« als abgegrenztem Personenkreis, sondern der Allgemeinheit zur Verfügung gestellt werden. Daher ist auch für die Anwendbarkeit dieser Vorschriften eine genaue Bestimmung entbehrlich, ob eine konkrete Person Verbraucher ist oder nicht und daher die Pflicht zu informieren bzw. nicht irrezuführen gerade gegenüber dieser Person besteht.[222] Um zu entscheiden, welche konkreten Pflichten der Lebensmittelunternehmen sich aus den lebensmittelrechtlichen Vorschriften ergeben, genügt es vielmehr, dass eine allgemeine Vorstellung darüber besteht, wer mit »den Verbrauchern« gemeint ist, und welches Verbraucherleitbild[223] zugrunde zu legen ist.

Ausreichend bestimmt sein muss allerdings der Begriff des »Lebensmittelunternehmens«[224] bzw. des »Lebensmittelunternehmers« als Adressat lebensmittelrechtlicher Gebote und Verbote. Lebensmittelunternehmer sind »die natürlichen oder juristischen Personen, die dafür verantwortlich sind, dass die Anforderungen des Lebensmittelrechts in dem ihrer Kontrolle unterstehenden Lebensmittelunternehmen erfüllt werden«, Art. 3 Nr. 3 EG-BasisV. Gem. Art. 17 Abs. 1 EG-BasisV »sorgen [sie] auf allen Produktions-, Verarbeitungs- und Vertriebsstufen in den ihrer Kontrolle unterstehenden Unternehmen dafür, dass die Lebensmittel (...) die Anforderun-

220 Lebensmittel, die an Gaststättenbetriebe, Krankenhäuser, Kantinen und ähnliche gemeinschaftliche Einrichtungen abgegeben werden sollen, werden in den Geltungsbereich miteinbezogen, Art. 1 Abs. 2 EG-Kennzeichnungs-RL.

221 S. Art. 1 Abs. 1 EG-Kennzeichnungs-RL bzw. (ähnlich) § 1 Abs. 1 S. 1 LMKV. Zu den Kennzeichnungsvorschriften s. u. S. 156 ff.

222 Vg. *Zipfel/Rathke,* Lebensmittelrecht II, C 102, § 11 Rn. 58. Dies unterscheidet die lebensmittelrechtlichen Vorschriften beispielsweise von verbraucherschützenden Vorschriften des Zivilrechts, die u. a. gesonderte Regelungen für Verträge treffen, an denen Verbraucher beteiligt sind, z. B. die §§ 355 ff. oder 474 ff. BGB. In diesen Fällen ist für die Anwendbarkeit der Vorschriften im konkreten Fall entscheidend, ob eine der Vertragsparteien als Verbraucher anzusehen ist. Der Verbraucherbegriff muss daher ausreichend bestimmt sein. Eine entsprechende Definition bietet § 13 BGB. Danach ist Verbraucher »jede natürliche Person, die ein Rechtsgeschäft zu einem Zwecke abschließt, der weder ihrer gewerblichen noch ihrer selbständigen beruflichen Tätigkeit zugerechnet werden kann«.

223 S. o. S. 35.

224 S. o. S. 38.

gen des Lebensmittelrechts erfüllen, die für ihre Tätigkeit gelten, und überprüfen die Einhaltung dieser Anforderungen«. Darüber hinaus werden ihnen weitere, spezifische Handlungspflichten auferlegt.[225] Die Lebensmittelunternehmereigenschaft einer bestimmten Person ist also – anders als die Verbrauchereigenschaft – tatbestandliche Voraussetzung für das Eingreifen lebensmittelrechtlicher Vorschriften bzw. Verpflichtungen und muss daher im Einzelfall konkret festgestellt werden.

III. Begriff des materiellen Lebensmittelrechts

Das Lebensmittelrecht im oben beschriebenen Sinne umfasst also in seinem verbraucherschützenden Kern Regelungen, die Anforderungen an Lebensmittel und deren Produktion bzw. diesbezügliche Verpflichtungen der Lebensmittelunternehmer in Form von Ge- und Verboten beinhalten. Diese Vorschriften sind dabei so konzipiert, dass bereits durch die Erfüllung bzw. Einhaltung der durch sie begründeten Verpflichtungen die verbraucherschützenden Zwecke unmittelbar gefördert werden sollen. So dient die Einhaltung vorgeschriebener Hygienestandards[226] oder des Verbots, Lebensmitteln gesundheitsschädliche Stoffe zuzusetzen,[227] unmittelbar dem Verbraucherschutz. Durch diese Vorschriften werden bestimmte Fälle einer potentiellen gesundheitsschädlichen Kontamination von Lebensmitteln von vornherein ausgeschlossen. Davon zu unterscheiden sind Regelungen über Zuständigkeiten, Rechtsetzungs- und Verwaltungsverfahren, die Behördenorganisation etc., die dem Verbraucherschutz lediglich mittelbar dienen: Sie stellen das erforderliche rechtliche Instrumentarium bereit bzw. regeln Organisationsstrukturen und Verfahren, damit die Einhaltung der unmittelbar verbraucherschützenden Vorschriften sichergestellt bzw. durchgesetzt werden kann. Zumindest soweit diese Regelungen den Erlass, den Vollzug bzw. die Durchsetzung solcher Vorschriften betreffen, die der Lebensmittelsicherheit dienen, können sie als (mittelbare) »Vorschriften zur Lebensmittelsicherheit« dem Wortlaut nach ebenfalls unter die gemeinschaftsrechtliche Definition des Lebensmittelrechts gefasst werden. Außerdem schließt die Definition ausdrücklich »Rechts- und Verwaltungsvorschriften«[228] für

225 Im Rahmen der EG-BasisV beispielsweise durch Art. 18 Abs. 2 und 3 und Art. 19.

226 Zu den Hygienevorschriften s. u. S. 142 ff.

227 S. u. S. 127 ff.

228 Es ist davon auszugehen, dass mit »Verwaltungsvorschriften« nicht (ausschließlich) verwaltungsinterne Regelungen im Sinne der deutschen Verwaltungsrechtsdogmatik gemeint sind (vgl. *Maurer,* AllgVerwR, § 4 Rn. 36; *Wolff u. a.,* VerwR I, § 24

Lebensmittel und die Lebensmittelsicherheit mit ein. Der Begriff des Lebensmittelrechts soll also offensichtlich nicht auf Vorschriften beschränkt sein, die selbst unmittelbar materiell-rechtliche Anforderungen begründen. Aufgrund ihrer unterschiedlichen Bedeutung für die Realisierung des Verbraucherschutzes ist es jedoch zweckmäßig, die unmittelbar verbraucherschützenden von den mittelbar verbraucherschützenden Regelungen auch begrifflich abzugrenzen. Diejenigen Vorschriften, die unmittelbar verbraucherschützende Anforderungen festlegen, sollen daher im Folgenden unter dem Begriff des »materiellen Lebensmittelrechts« zusammengefasst werden.

B. Rechtsetzung im Lebensmittelrecht

Das Lebensmittelrecht ist eines der am weitestgehend harmonisierten Gebiete des europäischen Gemeinschaftsrechts.[229] Dem nationalen Recht kommt daher ganz überwiegend lediglich eine Umsetzungs- und Ergänzungsfunktion zu. Grund ist die enorme Bedeutung des Lebensmittelhandels im Rahmen des europäischen Binnenmarkts.[230] Ein wesentliches Ziel der Tätigkeit der EG ist die Gewährleistung des freien Warenverkehrs im europäischen Binnenmarkt unter Abbau von Handelshemmnissen.[231] Ein freier grenzüberschreitender Verkehr mit Lebensmitteln ist nur dann möglich, wenn keine wesentlichen Ein- und Ausfuhrhindernisse für diese Produkte bestehen. Derartige Hindernisse können sich jedoch aus divergierenden lebensmittelrechtlichen Standards in den Mitgliedstaaten der EG ergeben, wenn etwa die Einfuhr bestimmter, in einem Mitgliedstaat rechtskonform hergestellter Produkte in einen anderen Mitgliedstaat mit dem Hinweis verweigert wird, das Produkt entspreche nicht den lebensmittelrechtlichen

---

Rn. 20), sondern im weiteren Sinne Vorschriften, die die Verwaltung bzw. das Verwaltungsverfahren betreffen. Für letzteres Verständnis sprechen auch die jeweiligen Formulierungen in den anderen sprachlichen Fassungen des Art. 3 Nr. 1 EG-BasisV (»administrative provisions«, »dispositions (…) amministratif«, »disposizioni amministrative« etc.), die in den jeweiligen nationalen Rechtsordnungen keine derart spezifische Bedeutung haben, wie die Verwaltungsvorschriften in der deutschen Rechtsdogmatik.

229 *Hufen,* in: Schmidt-Aßmann/Hoffmann-Riem (Hrsg.), Europäisches Verwaltungsrecht, S. 99 (99); *Streinz,* in: Meyer/Streinz (Hrsg.), BasisV/LFGB, Einf. Rn. 9. Vgl. bereits oben S. 21 f.

230 Vgl. Egr. (1) EG-BasisV. Vgl. auch *Hufen,* in: Schmidt-Aßmann/Hoffmann-Riem (Hrsg.), Europäisches Verwaltungsrecht, S. 99 (100); *Streinz,* in: Meyer/Streinz (Hrsg.), BasisV/LFGB, Einf. Rn. 9.

231 Vgl. Art. 3 Abs. 1 lit. c EGV.

Anforderungen des Bestimmungslandes.[232] Daher hat es der europäische Gesetzgeber als erforderlich erachtet, selbst tätig zu werden und durch die Schaffung lebensmittelrechtlicher Vorschriften auf Gemeinschaftsebene eine Harmonisierung des Rechts der Mitgliedstaaten herbeizuführen, um auf diese Weise Handelshemmnisse zu beseitigen und zugleich ein »hohes Schutzniveau« zu gewährleisten.[233] Der europäische und der deutsche Gesetzgeber haben allerdings die Vorgaben und Grenzen zu beachten, die das europäische Primärrecht bzw. das deutsche Verfassungsrecht für die Rechtsetzung im Lebensmittelrecht vorsieht. Des Weiteren enthält auch das europäische Sekundärrecht in Form der EG-BasisV Bestimmungen über (legislative) Maßnahmen im Bereich des Gesundheitsschutzes, indem die Durchführung einer sog. »Risikoanalyse« einschließlich der Anwendung des »Vorsorgeprinzips« vorgeschrieben wird. Da es sich hierbei um grundlegende Prinzipien des Lebensmittelrechts handelt, sollen auch diese im Folgenden näher erörtert werden.

Lebensmittelrechtliche Standards existieren auch auf internationaler bzw. völkerrechtlicher Ebene. Ihnen kommt allerdings keine unmittelbare innerstaatliche Geltung zu, sodass sie nicht Teil des national anzuwendenden Lebensmittelrechts sind. Sie können somit auch keine unmittelbar verbraucherschützende Wirkung entfalten. Soweit sie überhaupt bindend sind, berechtigen und verpflichten sie allenfalls die Staaten oder die EG als Völkerrechtssubjekte.[234] Für das innerstaatlich geltende Lebensmittelrecht können sie daher lediglich insofern eine mittelbare Bedeutung haben, als sie Vorgaben und Grenzen für den Erlass und den Inhalt gemeinschaftsrechtlicher oder nationaler lebensmittelrechtlicher Vorschriften beinhalten. Sie sollen daher unter diesem Gesichtspunkt erörtert werden.

I. Primär- und verfassungsrechtliche Vorgaben

Primär- und verfassungsrechtliche Vorgaben und Grenzen für die Rechtsetzung auf europäischer und nationaler Ebene im Bereich des verbraucher-

---

232 Vgl. Egr. (3) und (4) EG-BasisV. Ausführlich unten S. 48.

233 Vgl. Art. 1 Abs. 1 S. 1 EG-BasisV.

234 Die Völkerrechtssubjektivität der EG als »supranationale Organisation« (*Wichard,* in: Calliess/Ruffert (Hrsg.), EUV/EGV, Art. 281 EGV Rn. 14) ergibt sich aus Art. 281 EGV (*Streinz,* Europarecht, Rn. 675; *Wichard,* a.a.O., Rn. 1). Sie hat damit grundsätzlich die Fähigkeit, im Rahmen ihrer Kompetenzen völkerrechtliche Verträge zu schließen und internationalen Organisationen und Konventionen beizutreten (*Wichard,* a.a.O., Rn. 16 f.).

schützenden Lebensmittelrechts ergeben sich zunächst aus dem Erfordernis entsprechender Rechtsetzungskompetenzen. Darüber hinaus sind – insbesondere grundrechtliche – Beschränkungen zu beachten, denen die Ausübung diese Kompetenzen unterliegt.

1. Rechtsetzungskompetenzen

a) Gemeinschaftsrecht

Nach dem Prinzip der begrenzten Einzelermächtigung, das sich aus Art. 5 UAbs. 1 EGV ergibt, darf die EG nur innerhalb der vertraglich zugewiesenen Befugnisse und gesetzten Ziele tätig werden.

Dass der Verbraucherschutz zu den Zielen der Tätigkeit der EG gehört, ergibt sich ausdrücklich aus Art. 153 Abs. 1 EGV. Danach »leistet die Gemeinschaft zur Förderung der Interessen der Verbraucher und zur Gewährleistung eines hohen Verbraucherschutzniveaus einen Beitrag zum Schutz der Gesundheit, der Sicherheit und der wirtschaftlichen Interessen der Verbraucher sowie zur Förderung ihres Rechtes auf Information, Erziehung und Bildung von Vereinigungen zur Wahrung ihrer Interessen«. Allerdings wird hierdurch noch keine unmittelbare Befugnis zum Erlass verbraucherschützender Vorschriften begründet.[235] Maßnahmen, die zur Erreichung der genannten Ziele zu ergreifen sind, werden erst in Art. 153 Abs. 3 EGV genannt: Dazu gehören zum einen solche, die die Gemeinschaft »im Rahmen der Verwirklichung des Binnenmarkts nach Art. 95 [EGV] erlässt«, zum anderen »Maßnahmen zur Unterstützung, Ergänzung und Überwachung der Politik der Mitgliedstaaten«. Soweit verbraucherschützende Maßnahmen des Gemeinschaftsrechts über eine bloße »Unterstützung, Ergänzung und Überwachung« der nationalen Politik hinausgehen sollen,[236] müssen sie also auf anderweitig bestehende Ermächtigungen gestützt werden.[237] Eine ausdrückliche Bezugnahme auf den Verbraucherschutz beinhaltet weiterhin Art. 152 Abs. 3 EGV. Auch dieser stellt jedoch keine eigenständige Ermächtigungsgrundlage für verbraucherschützende

---

235 Vgl. *Bauschke,* Verbraucherschutz im öffentlichen Recht, S. 62; *Weiß,* Gewährleistung der Produktsicherheit, S. 96.

236 So dürfen Maßnahmen nach Art. 153 Abs. 3 lit. b EGV die mitgliedstaatlichen Politiken nicht völlig vereinheitlichen, sondern allenfalls Mindeststandards vorgeben (*Bauschke,* Verbraucherschutz im öffentlichen Recht, S. 62; *Wichard,* in: Calliess/ Ruffert (Hrsg.), EUV/EGV, Art. 153 EGV Rn. 19).

237 Vgl. *Weiß,* Gewährleistung der Produktsicherheit, S. 96.

Maßnahmen dar, sondern bestimmt lediglich, dass den Erfordernissen des Verbraucherschutzes bei der Festlegung und Durchführung der anderen Gemeinschaftspolitiken und -maßnahmen Rechnung getragen wird. Angesichts des Querschnittscharakters des Verbraucherschutzes[238] wäre eine eigenständige EG-Kompetenz für verbraucherschützende Maßnahmen aller Art allerdings auch durchaus problematisch: Da der Verbraucherschutzgedanke in nahezu allen Politikbereichen mehr oder weniger Bedeutung erlangen kann, würde dies zu einer erheblichen Ausweitung der Gemeinschaftskompetenzen führen. Diese wären auch nur schwer eingrenzbar, da die Beantwortung der Frage, welche Maßnahmen als – zumindest auch – verbraucherschützend eingeordnet werden können, im Einzelfall mit erheblichen Abgrenzungsschwierigkeiten verbunden sein dürfte.

Es ist daher zu untersuchen, ob sich eine Kompetenz in Hinblick auf den Regelungsgegenstand lebensmittelrechtlicher Vorschriften ergibt. Eine spezifische Rechtsetzungsbefugnis für den gesamten Lebensmittelbereich ist allerdings ebenfalls nicht vorgesehen.[239] Zumindest im Hinblick auf bestimmte Primärerzeugnisse thematisch einschlägig erscheint dagegen die Rechtsetzungsbefugnis des Art. 37 Abs. 2 UAbs. 3 EGV für den Bereich der Landwirtschaftspolitik.[240] Danach erlässt der Rat mit qualifizierter Mehrheit auf Vorschlag der Kommission und nach Anhörung des Europäischen Parlaments Verordnungen, Richtlinien oder Entscheidungen.[241] Die Rechtsetzungskompetenz gilt umfassend für den in Art. 32 Abs. 1 S. 1 i. V. m. Abs. 3 EGV genannten Bereich der Landwirtschaft bzw. des Handels mit in Anh. I EGV aufgeführten landwirtschaftlichen Erzeugnissen.[242] Dem Zielkatalog des Art. 33 Abs. 1 EGV lässt sich allerdings entnehmen, dass die gemeinsame Agrarpolitik der EG vorrangig dazu dient, die Produktivität der Landwirtschaft zu steigern bzw. dadurch eine angemessene Lebenshaltung der landwirtschaftlichen Bevölkerung zu gewährleisten, die Märkte zu stabilisieren sowie die Versorgung sicherzustellen.[243] Verbraucherinteressen werden dagegen in Art. 33 Abs. 1 lit. e EGV nur insoweit

238 S. o. S. 11 f.

239 Vgl. *Streinz,* in: Meyer/Streinz (Hrsg.), BasisV/LFGB, Einf. Rn. 9.

240 Vgl. *Streinz,* GRUR 1996, 16 (18); ders., in: Meyer/Streinz (Hrsg.), BasisV/LFGB, Einf. Rn. 8; *Zipfel/Rathke,* Lebensmittelrecht, Einführung B Rn. 39a.

241 Zu Art. 37 Abs. 2 UAbs. 3 EGV als zentrale Kompetenznorm für das Handeln der Gemeinschaft auf dem Gebiet der Landwirtschaft s. *Geiger,* EUV/EGV, Art. 37 EGV Rn. 1.

242 *Geiger,* EUV/EGV, Art. 37 EGV Rn. 2.

243 Art. 33 Abs. 1 lit. a bis d EG.

ausdrücklich berücksichtigt, als auch die Belieferung der Verbraucher zu angemessenen Preisen sichergestellt werden soll. Zwar sind auch die Vorschriften zur gemeinsamen Agrarpolitik im Lichte der allgemeinen verbraucherpolitischen Zielvorgabe der Art. 153 Abs. 2 und 3 EGV zu betrachten.[244] Dies bedeutet aber lediglich, dass beim Erlass agrarpolitischer Maßnahmen die Interessen der Verbraucher zu berücksichtigen sind, also in die Abwägung eingebracht werden müssen.[245] Eine allgemeine Kompetenz zum Erlass explizit bzw. ausschließlich verbraucherschützender Regelungen im Agrarbereich wird dadurch nicht begründet.

Für lebensmittelrechtliche Vorschriften, die dem gesundheitlichen Verbraucherschutz dienen, könnte allerdings die Ermächtigungsgrundlage des Art. 152 Abs. 4 lit. b EGV relevant sein. Danach kann der Rat abweichend von Art. 37 EGV Maßnahmen in den Bereichen Veterinärwesen und Pflanzenschutz treffen, die unmittelbar den Schutz der Gesundheit der Bevölkerung zum Ziel haben. Dadurch wird eine Kompetenz für Maßnahmen im Agrarbereich geschaffen, die nicht den Zielen des Art. 33 EGV dienen, sondern den Gesundheitsschutz zum Hauptziel haben.[246]. Auf diese Kompetenz können also lebensmittelrechtliche Regelungen gestützt werden, die dem Schutz vor Gesundheitsrisiken im Zusammenhang mit Lebensmitteln tierischer Herkunft oder mit dem Einsatz von Pflanzenschutzmitteln in der Lebensmittelproduktion dienen.[247] In Bezug auf den Regelungsgegenstand »Lebensmittel« existieren somit lediglich für den Bereich der Produktion und des Vertriebs bestimmter landwirtschaftlicher Erzeugnisse ausdrückliche Rechtssetzungskompetenzen der Gemeinschaft.

Nach Art. 153 Abs. 3 lit. a EGV leistet die EG einen Beitrag zum Verbraucherschutz durch Maßnahmen im Rahmen der Binnenmarktverwirklichung nach Art. 95 EGV. Tatsächlich wurde und wird der wesentliche Teil der verbraucherschützenden lebensmittelrechtlichen Vorschriften auf der Grundlage der Rechtsetzungskompetenz des Art. 95 Abs. 1 S. 2 EGV erlassen.[248] Diese ermächtigt zu Maßnahmen der Gemeinschaft zur Angleichung der Rechts- und Verwaltungsvorschriften der Mitgliedstaaten,

---

244 Vgl. *Weiß,* Gewährleistung der Produktsicherheit, S. 84 f.

245 Vgl. *Geiger,* EUV/EGV, Art. 153 EGV Rn. 9.

246 *Wichard,* in: Calliess/Ruffert (Hrsg.), EUV/EGV, Art. 152 EGV Rn. 15.

247 Dementsprechend wurde auch der Erlass der EG-BasisV u. a. auf die Ermächtigung des Art. 152 Abs. 4 lit. b EGV gestützt.

248 *Streinz,* in: Meyer/Streinz (Hrsg.), BasisV/LFGB, Einf. Rn. 26; *Zipfel/Rathke,* Lebensmittelrecht, Einführung B Rn. 40c.

welche die Errichtung und das Funktionieren des Binnenmarktes zum Gegenstand haben. Das Bestehen unterschiedlicher lebensmittelrechtlicher Anforderungen und Standards in den einzelnen Mitgliedstaaten wird als Hemmnis für den freien Binnenmarkt bzw. Warenverkehr gesehen.[249] Nach Art. 28 EGV sind mengenmäßige Einfuhrbeschränkungen sowie alle Maßnahmen gleicher Wirkung zwischen den Mitgliedstaaten verboten. Zu den Maßnahmen gleicher Wirkung zählt nach der sog. »Dassonville-Formel« des EuGH jede Handelsregelung der Mitgliedstaaten, die geeignet ist, den innergemeinschaftlichen Handel unmittelbar oder mittelbar, tatsächlich oder potentiell zu behindern.[250] Lebensmittelrechtliche Bestimmungen auf nationaler Ebene, etwa Vorgaben oder Verbote bezüglich bestimmter Inhaltsstoffe oder der Kennzeichnung eines Lebensmittels, können daher als Maßnahmen gleicher Wirkung eingeordnet werden, da sie ggf. die Einfuhr eines Erzeugnisses aus einem anderen Mitgliedstaat behindern, das diese Anforderungen nicht erfüllt.[251] Es gilt daher das Prinzip der gegenseitigen Anerkennung: Ein Lebensmittel, das in einem Mitgliedstaat rechtmäßig hergestellt oder in den Verkehr gebracht worden ist, ist in jedem anderen Mitgliedstaat frei verkehrsfähig.[252] Allerdings können die genannten nationalen Vorschriften nach Art. 30 EGV gerechtfertigt sein, soweit sie

---

249 Vgl. Egr. (3) EG-BasisV; *Weiß,* Gewährleistung der Produktsicherheit, S. 38.

250 *EuGH,* Urt. v. 11.7.1974 – Rs. C-8/74 (»Dassonville«) –, in: Slg. 1974, I-837 Rn. 5; *Epiney,* in: Ehlers (Hrsg.), Europäische Grundrechte, § 8 Rn. 33; *Geiger,* EUV/EGV, Art. 28 EGV Rn. 8.

251 Vgl. *EuGH,* Urt. v. 24.11.1993 – Rs. 267 und 268/97 (»Keck und Mithouard«) –, in: Slg. 1993, I-6097 Rn. 15; Urt. v. 9.2.1999 – Rs. C-383/97 (»van der Laan«) –, in: 1999, I-731 Rn. 19; Urt. v. 5.4.2001 – Rs. C-123/00 (»Bellamy und English Shop Wholesale«) –, in: Slg. 2001, I-2795 Rn. 18; *Kingreen,* in: Calliess/Ruffert (Hrsg.), EUV/EGV, Art. 28-30 EGV Rn. 140,142 f.; *Zipfel/Rathke,* Lebensmittelrecht, Einführung B Rn. 39b.

252 Vgl. *Mitteilung der Kommission über die Auswirkungen des Urteils des Europäischen Gerichtshofes vom 20. Februar 1979 in der Rechtssache 120/78 (»Cassis de Dijon«)* (ABl. Nr. C 256 v. 3.10.1980, S. 2) unter Bezugnahme auf das genannte Urteil sowie *Epiney,* in: Ehlers (Hrsg.), Europäische Grundrechte, § 8 Rn. 34; *Kingreen,* in: Calliess/Ruffert (Hrsg.), EUV/EGV, Art. 28-30 EGV Rn. 47/140; *Streinz,* GRUR 1996, 16 (19); *Zipfel/Rathke,* Lebensmittelrecht, Einführung B Rn. 39c. Insofern bestimmt § 54 Abs. 1 S. 1 LFGB z. T. lediglich deklaratorisch, dass Lebensmittel, »die in einem anderen Mitgliedstaat der Europäischen Union oder einem anderen Vertragsstaat des Abkommens über den Europäischen Wirtschaftsraum rechtmäßig hergestellt oder rechtmäßig in den Verkehr gebracht werden oder aus einem Drittland stammen und sich in einem Mitgliedstaat der Europäischen Union oder einem anderen Vertragsstaat des Abkommens über den Europäischen Wirtschaftsraum rechtmäßig im Verkehr befinden, in das Inland verbracht und hier in den Verkehr gebracht werden [dürfen], auch wenn sie den in der Bundesrepublik Deutschland geltenden Vorschriften für Lebensmittel nicht entsprechen«.

bestimmten Zielen, wie etwa der öffentlichen Sittlichkeit, Ordnung und Sicherheit oder dem Schutz der Gesundheit und des Lebens von Menschen, Tieren oder Pflanzen dienen und weder ein Mittel zur willkürlichen Diskriminierung noch eine verschleierte Beschränkung des Handels zwischen den Mitgliedstaaten darstellen.[253] Darüber hinaus sind nach der sog. »Cassis de Dijon«-Rechtsprechung des EuGH Hemmnisse für den Binnenhandel aufgrund unterschiedlicher nationaler Regelungen, die die Vermarktung von Erzeugnissen betreffen, dann hinzunehmen, »soweit diese Bestimmungen notwendig sind, um zwingenden Erfordernissen gerecht zu werden, insbesondere den Erfordernissen (...) des Schutzes der öffentlichen Gesundheit, der Lauterkeit des Handelsverkehrs und des Verbraucherschutzes«.[254] Um Handelshemmnisse aufgrund derartig gerechtfertigter, divergierender Bestimmungen der Mitgliedstaaten zu vermeiden, war bzw. ist man bestrebt, in den betroffenen Regelungsbereichen den legitimen Schutz der Gesundheit bzw. der Verbraucher durch den Erlass harmonisierter gemeinschaftsrechtlicher Bestimmungen auf der Grundlage des Art. 95 EGV herbeizuführen, um zugleich der Warenverkehrsfreiheit genüge zu tun.[255] Dabei ist nicht auf den »kleinsten gemeinsamen Nenner« abzustellen, sondern gem. Art. 95 Abs. 3 EGV ein »hohes Schutzniveau« anzustreben.[256]

---

253 Diesem Grundsatz entspricht auch § 54 Abs. 1 S. 2 LFGB: Danach gilt das Prinzip der gegenseitigen Anerkennung dann nicht, wenn Erzeugnisse gegen bestimmte Rechtvorschriften verstoßen, die unmittelbar dem Schutz der Gesundheit dienen.

254 *EuGH,* Urt. v. 20.2.1979 – Rs. 120/78 (»Cassis de Dijon«) –, in: Slg. 1979, 649 Rn. 8. Diese »zwingenden Erfordernisse« werden rechtsdogmatisch als »immanente« oder »ungeschriebene« Schranken des Begriffs der unzulässigen Maßnahme gleicher Wirkung i. S. d. Art. 28 EGV eingeordnet (s. *Ehlers,* in: Ehlers (Hrsg.), Europäische Grundrechte, § 7 Rn. 89; *Verfürth,* Effektive Lebensmittelüberwachung, S. 20).

255 Vgl. *EuGH* Urt. v. 14.12.2004 – Rs. C-434/02 (»Arnold André«) –, in: Slg. 2004, I-11825 Rn. 34; Urt. v. 14.12.2004 – Rs. C-210/03 (»Swedish Match«) –, in: Slg. 2004, I-11893, Rn. 33; Urt. v. 12.7.2005 – Rs. C-154/04 und C-155/04 (»Alliance for Natural Health«) – Slg. 2005, 6451 Rn. 32; *Gorny,* Grundlagen des europäischen Lebensmittelrechts, S. 6; *Streinz,* GRUR 1996, 16 (19) (zu Art. 100a EG a. F.); *ders.*, in: Schulze/Zuleeg (Hrsg.), Europarecht, § 24 Rn. 1; *Weiß,* Gewährleistung der Produktsicherheit, S. 39.

256 *EuGH,* Urt. v. 10.12.2002 – Rs. C-491/01 (»British American Tobacco«) –, in: Slg. 2002, I-11453 Rn. 62; Urt. v. 14.12.2004 – Rs. C-434/02 (»Arnold André«) –, in: Slg. 2004, I-11825 Rn. 33; Urt. v. 14.12.2004 – Rs. C-210/03 (»Swedish Match«) –, in: Slg. 2004, I-11893, Rn. 32; Urt. v. 12.7.2005 – Rs. C-154/04 und C-155/04 (»Alliance for Natural Health«) – in: Slg. 2005, 6451 Rn. 31.

b) Nationales Recht

Die Verteilung der Gesetzgebungskompetenzen zwischen Bund und Ländern bestimmt sich nach den Art. 70 ff. GG. Dies gilt nach h. M. auch für den Fall umsetzungsbedürftigen Gemeinschaftsrechts,[257] die Gesetzgebungskompetenz hängt also auch dann von der jeweils zu regelnden Sachmaterie ab.

Im Grundgesetz ist keine ausdrückliche Kompetenzregelung für den Verbraucherschutz vorgesehen.[258] Nach Art. 74 Abs. 1 Nr. 20 GG besteht allerdings eine konkurrierende Gesetzgebungskompetenz des Bundes für »das Recht der Lebensmittel einschließlich der ihrer Gewinnung dienenden Tiere«. Stellt man nicht auf das Produkt Lebensmittel als Regelungsgegenstand ab, sondern auf die Tätigkeit der Lebensmittelunternehmer, kommt außerdem eine Gesetzgebungskompetenz für das »Recht der Wirtschaft« aus Art. 74 Abs. 1 Nr. 11 GG in Betracht. Darunter fallen alle Normen, die das wirtschaftliche Leben und die wirtschaftliche Betätigung regeln.[259] Diese Kompetenz tritt im Bereich des Lebensmittelrechts allerdings hinter der spezielleren Kompetenz aus Nr. 20 zurück.[260] Die konkurrierende Gesetzgebungskompetenz des Bundes aus Art. 74 Abs. 1 Nr. 20 GG steht unter dem Vorbehalt des Art. 72 Abs. 2 GG. Danach besteht das Gesetzgebungsrecht nur, wenn und soweit die Herstellung gleichwertiger Lebensverhält-

---

257 *Degenhart,* in: Sachs (Hrsg.), GG, Art. 70 Rn. 25; *Pieroth,* in: Jarass/Pieroth, GG, Art. 70 Rn. 2; *Rengeling,* DVBl. 1998, 997 (1001). Zum Teil wird in der Literatur die Ansicht vertreten, dass in bestimmten Konstellationen erweiterte Gesetzgebungskompetenzen des Bundes aufgrund einer »europafreundlichen Auslegung« der Art. 70 ff. GG angenommen werden könnten (vgl. *Degenhart,* in: Sachs (Hrsg.), GG, Art. 70 Rn. 25; *Gramm,* DÖV 1999, 540, (545 f.); *Rehbinder/Wahl,* NVwZ 2002, 21 (27 f.); *Rengeling,* DVBl. 1998, 997 (1001)). Dies ist jedoch allenfalls für Gemeinschaftsrechtsakte in solchen Bereichen relevant, in denen dem Bund keine Gesetzgebungskompetenz zukommt. Ob dies im Bereich des Lebensmittelrechts der Fall ist, soll im Folgenden zunächst erörtert werden.

258 *Bauschke,* Verbraucherschutz im öffentlichen Recht, S. 117; *Sprißler,* Öffentlichrechtlicher Verbraucherschutz, S. 33.

259 *BVerfG,* Beschl. v. 29.4.1958 – 2 BvO 3/56 –, in: BVerfGE 8, 143 (148 f.); Urt. v. 10.12.1980 – 2 BvF 3/77 –, in: BVerfGE 55, 274 (308); Beschl. v. 12.12.1984 – 1 BvR 1249/83 u. a. –, in: BVerfGE 68, 319 (330); *Pieroth,* in: Jarass/Pieroth, GG, Art. 74 Rn. 19; *Rengeling,* in: *Isensee/Kirchhof,* HdbStR VI, § 135 Rn. 221; *Weiß,* Gewährleistung der Produktsicherheit, S. 114.

260 Vgl. *Pieroth,* in: Jarass/Pieroth, GG, Art. 74 Rn. 21; *Rengeling,* in: *Isensee/Kirchhof,* HdbStR VI, § 135 Rn. 223. Angesichts der konkurrierenden Gesetzgebungszuständigkeit des Bundes im Lebensmittelbereich hat also der Bund damit auch eine Zuständigkeit für die Umsetzung diesbezüglichen Gemeinschaftsrechts (s. o. Fn. 257).

nisse im Bundesgebiet oder die Wahrung der Rechts- oder Wirtschaftseinheit im gesamtstaatlichen Interesse eine bundesgesetzliche Regelung erforderlich macht. Im Bereich lebensmittelrechtlicher Vorschriften ist dieses Erfordernis regelmäßig zu bejahen. Wie auch im europäischen Binnenmarkt kann die Geltung unterschiedlicher lebensmittelrechtlicher Anforderungen in den einzelnen Bundesländern den gesamtdeutschen Lebensmittelhandel erheblich behindern und zu Wettbewerbsverzerrungen führen.[261] Angesichts der ohnehin weitgehend gemeinschaftsrechtlichen Determinierung des nationalen Lebensmittelrechts muss außerdem sichergestellt werden, dass das geltende Gemeinschaftsrecht einheitlich umgesetzt wird.[262]

Im Bereich der konkurrierenden Gesetzgebung haben die Länder gem. Art. 72 Abs. 1 GG die Befugnis zur Gesetzgebung, solange und soweit der Bund von seiner Gesetzgebungszuständigkeit nicht durch Gesetz Gebrauch gemacht hat. Angesichts der hohen Dichte vorrangiger gemeinschaftsrechtlicher und bundesrechtlicher Regelungen im Bereich des Lebensmittelrechts bleibt für eine eigene Gesetzgebungszuständigkeit der Länder allerdings wenig Raum.[263]

2. Kompetenzausübungsvorgaben

Da das Lebensmittelrecht Anforderungen und Beschränkungen für die Tätigkeit der Lebensmittelunternehmer beinhaltet, besteht typischerweise ein Konflikt mit den verfassungsrechtlich geschützten Grundrechtspositionen der Unternehmer, die als Abwehrrechte die Freiheit dieser wirtschaftlichen Betätigung gegen staatliche Beschränkungen schützen.[264] Im Verhältnis zwischen den Verbrauchern und dem Staat (bzw. der EG) kommt den Grundrechten – insbesondere dem Grundrecht auf körperliche Unversehrtheit aus Art. 2 Abs. 2 GG – möglicherweise jedoch auch die Funktion von Schutzpflichten zu.

Im deutschen Verfassungsrecht sind die Grundrechte im GG abschließend ausdrücklich geregelt. Diese binden gem. Art. 1 Abs. 3 GG den deutschen

261 Vgl. *BVerfG,* Urt. v. 24.10.2002 – 2 BvF 1/01 –, in: BVerfGE 106, 62 (146 f.); *Weiß,* Gewährleistung der Produktsicherheit, S. 115 f.

262 Vgl. die entsprechende Begründung im *Regierungsentwurf des LFGB (BT),* BT-Drs. 15/3657, S. 57.

263 Von der Abweichungskompetenz der Länder nach Art. 72 Abs. 3 GG ist der Kompetenztitel des Art. 74 Abs. 1 Nr. 20 GG nicht betroffen.

264 Vgl. *Weiß,* Gewährleistung der Produktsicherheit, S. 46.

Gesetzgeber,[265] allerdings nur insoweit, als keine verpflichtende Umsetzung oder Durchführung von Gemeinschaftsrecht vorliegt.[266] Letzteres ergibt sich aus dem Vorrang des Gemeinschaftsrechts auch gegenüber dem nationalen Verfassungsrecht bzw. den Grundrechten.[267] Aufgrund der nahezu flächendeckenden gemeinschaftsrechtlichen Determiniertheit des Lebensmittelrechts kommt den deutschen Grundrechten daher bei der verfassungsrechtlichen Überprüfung der Rechtsvorschriften nur eine untergeordnete Rolle zu.[268]

Dagegen unterliegen die harmonisierten lebensmittelrechtlichen Bestimmungen des Gemeinschaftsrechts vollumfänglich den sich aus den Gemeinschaftsgrundrechten ergebenden Beschränkungen. Nationale Vorschriften und Maßnahmen sind ebenfalls an den Gemeinschaftsgrundrechten zu messen, soweit der Anwendungsbereich des Gemeinschaftsrechts eröffnet ist,[269] insbesondere soweit sie gemeinschaftsrechtliche Vorgaben umsetzen.[270] Im Gegensatz zum deutschen Verfassungsrecht enthält das europäische Primärrecht allerdings keinen ausdrücklich geregelten Grundrechtskatalog. Im EGV sind lediglich einzelne Grundrechtspositionen bzw. grund-

---

265 Der Gemeinschaftsgesetzgeber ist daher nicht Adressat der Grundrechte des GG, vgl. *Jarass,* in: Ders./Pieroth, GG, Art. 23 Rn. 38; *Pieroth/Schlink,* Grundrechte, Rn. 186; *Weiß,* Gewährleistung der Produktsicherheit, S. 126.

266 *Weiß,* Gewährleistung der Produktsicherheit, S. 126. Vgl. auch *Jarass,* in: Ders./ Pieroth, GG, Art. 23 Rn. 39; *Pieroth/Schlink,* Grundrechte, Rn. 190 f.

267 Vgl. *EuGH,* Urt. v. 15.7.1964 – Rs. 6/64 (»Costa/ENEL«) –, in: Slg. 1964, 1253 (1270); Urt. v. 17.12.1970 – Rs. C-11/70 (»Internationale Handelsgesellschaft«) –, in: Slg. 1970, 1125 Rn. 3; *Weiß,* Gewährleistung der Produktsicherheit, S. 126 f. Nach der »Solange«-Rechtsprechung des BVerfG gilt dies aufgrund des »Rechtsanwendungsbefehls« des Art. 23 Abs. 1 GG. Dessen Voraussetzung ist allerdings, dass auf EU-Ebene ein dem deutschen Verfassungsrecht im Wesentlichen vergleichbarer Grundrechtsschutz besteht, was das Gericht als gegeben ansieht (vgl. *BVerfG,* Beschl. v. 9.6.1971 – 2 BvR 225/69 –, in: BVerfGE 31, 145 (173 f.); Beschl. v. 22.10.1986 – 2 BvR 197/83 –, in: BVerfGE 73, 339 (374 f.); Beschl. v. 8.4.1987 – 2 BvR 687/85 –, in: BVerfGE 75, 223 (240 ff.); Urt. v. 12.10.1993 – 2 BvR 2134, 2159/92 –, in: BVerfGE 89, 155 (172, 181 ff.); Beschl. v. 7.6.2000 – 2 BvL 1/97 –, in: BVerfGE 102, 147 (161 ff.).

268 Vgl. *Weiß,* Gewährleistung der Produktsicherheit, S. 164.

269 *EuGH,* Urt. v. 29.5.1997 – Rs. C-299/95 (»Kremzow«) –, in: Slg. 1997, I-2629 Rn. 15; Urt. v. 18.12.1997 – Rs. C-309/96 (»Annibaldi«) –, in: Slg. 1997, I-7493 Rn. 13; *Penski/Elsner,* DÖV 2001, 265 (266); *Weiß,* Gewährleistung der Produktsicherheit, S. 127; vgl. auch *Streinz,* Europarecht, Rn. 768.

270 *EuGH,* Urt. v. 18.6.1991 – Rs. C-260/89 (»ERT«) –, in: Slg. 1991, I-2955 Rn. 42; Urt. v. 24.3.1994 – Rs. C-2/92 (Bostock«) –, in: Slg. 1994, I-955 Rn. 16; *Penski/ Elsner,* DÖV 2001, 265 (266 f.); *Weiß,* Gewährleistung der Produktsicherheit, S. 127.

rechtsgleiche Rechte enthalten.[271] Für den Bereich des Lebensmittelrechts bedeutsam ist diesbezüglich die – im Wesentlichen in den Art. 28, 29 EGV geregelte –[272] »Warenverkehrsfreiheit« als eine der Grundfreiheiten des Binnenmarkts.[273] Aufgrund der Tatsache, dass auch die Grundfreiheiten subjektiv-öffentliche Rechte des Einzelnen bzw. der Wirtschaftsteilnehmer begründen,[274] können sie als grundrechtsgleiche Rechte eingeordnet werden.[275] Im Übrigen achtet die EU gem. Art. 6 Abs. 2 EUV »die Grundrechte, wie sie in der am 4. November 1950 in Rom unterzeichneten Europäischen Konvention zum Schutze der Menschenrechte und Grundfreiheiten [EMRK] gewährleistet sind und wie sie sich aus den gemeinsamen Verfassungsüberlieferungen der Mitgliedstaaten als allgemeine Grundsätze des Gemeinschaftsrechts ergeben«. Die EU bzw. die EG hat diejenigen ungeschriebenen Gemeinschaftsgrundrechte zu beachten, die der EuGH im Wege wertender Rechtsvergleichung als allgemeine Rechtsgrundsätze des Gemeinschaftsrechts auf der Grundlage der EMRK und den gemeinsamen Verfassungsüberlieferungen der Mitgliedstaaten entwickelt hat.[276]

a) Grundrechtliche Abwehrrechte und Verhältnismäßigkeitsgrundsatz

Sowohl die Grundrechte des GG als auch die Gemeinschaftsgrundrechte begründen subjektive Abwehrrechte gegen Eingriffe der öffentlichen

271 Vgl. *Dreier,* in: Ders. (Hrsg.), GG I, Vorb. Rn. 40.

272 Die Freiheit des Warenverkehrs wird darüber hinaus auch durch die Art. 25 und 31 EGV geregelt (vgl. *Epiney,* in: Ehlers (Hrsg.), Europäische Grundrechte, § 8 Rn. 1 ff.). Als Begrenzung lebensmittelrechtlicher Vorschriften sind hier jedoch lediglich die Art. 28, 29 EGV von Bedeutung.

273 *Ehlers,* in: Ehlers (Hrsg.), Europäische Grundrechte, § 7 Rn. 8; *Oppermann,* Europarecht, § 6 Rn. 31.

274 Vgl. *EuGH,* Urt. v. 5.2.1963 – Rs. 26/62 (»van Gend & Loos«) –, in: Slg. 1963, 3 (27); *Kingreen,* in: Calliess/Ruffert (Hrsg.), EUV/EGV, Art. 28-30 EGV Rn. 9.

275 *Oppermann,* Europarecht, § 6 Rn. 31; *Weiß,* Gewährleistung der Produktsicherheit, S. 125 f.

276 Vgl. *EuGH,* Urt. v. 17.12.1970 – Rs. 11/70 (»Internationale Handelsgesellschaft«) –, in: Slg. 1970, 1125 Rn. 4; Urt. v. 14.5.1974 – Rs. 4/73 (»Nold«) –, in: Slg. 1974, 491 Rn. 13; Urt. v. 13.12.1979 – Rs. 44/79 (»Hauer«) –, in: Slg. 1979, I-3727 Rn. 15; Urt. v. 11.7.1989 – Rs. 265/87 (»Schräder«) –, in: Slg. 1989, 2237 Rn. 14; *Weiß,* Gewährleistung der Produktsicherheit, S. 64. Vgl. auch *Calliess/Kingreen,* in: Calliess/Ruffert (Hrsg.), EUV/EGV, Art. 6 EUV, Rn. 33; *Dreier,* in: Ders. (Hrsg.), GG I, Vorb. Rn. 40; *Oppermann,* Europarecht, § 6 Rn. 33; *Penski/Elsner,* DÖV 2001, 265 (265 f.); *Streinz,* Europarecht, Rn. 760.

Gewalt.[277] Im Folgenden sollen daher im Überblick diejenigen Grundrechte (und grundrechtsgleichen Rechte) dargestellt werden, deren Schutzbereich typischerweise durch verbraucherschützende, lebensmittelrechtliche Bestimmungen berührt sein kann.

Soweit lebensmittelrechtliche Vorschriften einen Eingriff in die – primärrechtlich oder verfassungsrechtlich – geschützten Rechtspositionen darstellen, muss dieser gerechtfertigt werden können.[278] Dienen die Vorschriften dem Verbraucherschutz bzw. insbesondere dem Gesundheitsschutz, so sind diese Gemeinwohlzwecke in der Regel geeignet, Beschränkungen der Grundrechte zu rechtfertigen.[279] Diese Beschränkungen müssen allerdings im Hinblick auf die verfolgten Zwecke verhältnismäßig sein.[280] Dem Grundsatz der Verhältnismäßigkeit kommt allerdings nicht nur im Rahmen der Rechtfertigung eines Grundrechtseingriffs, sondern auch als eigenständiger, aus dem Rechtsstaatsprinzip abgeleiteter allgemeiner Rechtsgrundsatz nicht nur des deutschen Rechts,[281] sondern auch des Gemeinschaftsrechts[282] eine bedeutende Rolle bei der Begrenzung der Gesetzge-

---

277 Zu den Grundrechten des GG: *BVerfG,* Urt. v. 15.1.1958 – 1 BvR 400/51 –, in: BVerfGE 7, 198 (204); Urt. v. 1.3.1979 – 1 BvR 532/77 u. a. –, in: BVerfGE 50, 290 (337); Beschl. v. 31.10.1984 – 1 BvR 35/82 u. a. –, in: BVerfGE 68, 193 (205); *Dreier,* in: Ders. (Hrsg.), GG I, Vorb. Rn. 84; *Jarass,* in: Ders./Pieroth, GG, Vorb. Rn. 5; *Pieroth/Schlink,* Grundrechte, Rn. 58. Zu den Gemeinschaftsgrundrechten: *EuGH,* Urt. v. 21.9.1989 – Rs. 46/87 und 227/88 (»Hoechst«) – Slg. 1989, 2859 Rn. 19; *Ehlers,* in: Ehlers (Hrsg.), Europäische Grundrechte, § 14 Rn. 22; *Jarass,* EU-Grundrechte, § 5 Rn. 9; *Penski/Elsner,* DÖV 2001, 265 (265).

278 Vgl. *Jarass,* in: Ders./Pieroth, GG, Vorb. Rn. 37; *Pieroth/Schlink,* Grundrechte, Rn. 228.

279 Vgl. *Penski/Elsner,* DÖV 2001, 265 (272). Näheres dazu unten S. 60 ff.

280 *EuGH,* Urt. v. 13.7.1989 – Rs. 5/88 (»Wachauf«) –, in: Slg. 1989, 2609 Rn. 18; *Ehlers,* in: Ehlers (Hrsg.), Europäische Grundrechte, § 14 Rn. 50; *Jarass,* in: Ders./Pieroth, GG, Vorb. Rn. 44; *Pache,* NVwZ 1999, 1033 (1037); *Penski/Elsner,* DÖV 2001, 265 (272).

281 *BVerfG,* Beschl. v. 15.12.1965 – 1 BvR 513/65 –, in: BVerfGE 19, 342 (348 f.); Beschl. v. 19.10.1982 – 1 BvL 34, 55/80 –, in: BVerfGE 61, 126 (134); Urt. v. 24.4.1985 – 2 BvF 2/83 u. a. –, in: BVerfGE 69, 1 (35); Beschl. v. 30.9.1987 – 2 BvR 933/82 –, in: BVerfGE 76, 256 (359); *Dreier,* in: Ders. (Hrsg.), GG I, Vorb. Rn. 145; *Hecker,* Marktoptimierende Wirtschaftsaufsicht, S. 221; *Jarass,* in: Ders./Pieroth, GG, Art. 20 Rn. 80; *Sachs,* in: Sachs (Hrsg.), GG, Art. 20 Rn. 145.

282 *EuGH,* Urt. v. 11.7.1989 – Rs. 265/87 (»Schräder«) –, in: Slg. 1989, 2237 Rn. 21; Urt. v. 13.11.1990 – Rs. C-331/88 (»Fedesa«) –, in: Slg. 1990, I-4023 Rn. 13; Urt. v. 26.6.1990 – Rs. C-8/89 (»Zardi«), in: Slg. 1990, I-251515 Rn. 10; Urt. v. 29.2.1996 – Rs. C-296/93 und C-307/93 (»Frankreich und Irland/Kommission«) –, in: Slg. 1996, I-795 Rn. 30; Urt. v. 5.5.1998 – Rs. C-180/96 (»Vereinigtes Königreich/Kommission«) –, in: Slg. 1998, I-2265 Rn. 96; Urt. v. 14.12.2004 – Rs. C-434/02 (»Arnold André«) –, in: Slg. 2004, I-11825 Rn. 45; *Ehlers,* Ziele der Wirt-

bung im Bereich des Lebensmittelrechts zu. Er soll daher in einem eigenständigen Abschnitt erörtert werden.

aa) Warenverkehrsfreiheit

Eine rechtliche Konfliktsituation zwischen der Warenverkehrsfreiheit aus Art. 28, 29 EGV einerseits und lebensmittelrechtlichen Bestimmungen andererseits ergibt sich typischerweise dann, wenn spezifische nationale Regelungen besondere bzw. strengere lebensmittelrechtliche Anforderungen stellen als das geltende Recht in anderen Mitgliedstaaten vorsieht. Diese Vorschriften können Maßnahmen gleicher Wirkung i. S. d. Art. 28 EGV und somit Eingriffe in die Warenverkehrsfreiheit darstellen.[283] Aufgrund der fast vollständigen Harmonisierung des Lebensmittelrechts spielen diese Konstellationen jedoch nur noch eine geringe Rolle. Verpflichtungsadressat der Warenverkehrsfreiheit ist nach h. M. jedoch auch die Gemeinschaft selbst und ihre Organe.[284] Zwar führen gemeinschaftsrechtliche Bestimmungen im Bereich des Lebensmittelrechts regelmäßig zu einer Harmonisierung des Rechts der Mitgliedstaaten und dienen daher auch dem Abbau von Handelshemmnissen und der Verwirklichung des freien Warenverkehrs im Binnenmarkt.[285] Allerdings sind auch durch Gemeinschaftsrecht begründete Anforderungen an Lebensmittel, etwa das Verbot bestimmter Inhalts-

schaftsaufsicht, S. 28; *ders.*, in: Ehlers (Hrsg.), Europäische Grundrechte, § 7 Rn. 96; *Kingreen,* in: Calliess/Ruffert (Hrsg.), EGV/EUV, Art. 28-30 EGV, Rn. 88; *Pache,* NVwZ, 1999, 1033 (1034); *Penski/Elsner,* DÖV 2001, 265 (273); *Ruffert,* in: Ehlers (Hrsg.), Europäische Grundrechte, § 16 Rn. 37; *Weiß,* Gewährleistung der Produktsicherheit, S. 135.

283 S. o. S. 48.

284 *EuGH,* Urt. v. 17.5.1984 – Rs. 15/83 (»Denkavit Nederland«) –, in: Slg. 1984, 2171 Rn. 15; Urt. v. 9.8.1994 – Rs. C-51/93 (»Meyhui«) –, in: Slg. 1994, I-3879 Rn. 11; Urt. v. 25.6.1997 – Rs. C-114/96 (»Kieffer und Thill«) –, in: Slg. 1997, I-3629 Rn. 27; Urt. v. 14.12.2004 – Rs. C-434/02 (»Arnold André«) –, in: Slg. 2004, I-11825 Rn. 57; Urt. v. 12.7.2005 – Rs. C-154/04 und C-155/04 (»Alliance for Natural Health«) – Slg. 2005 Rn. 47; *v. Danwitz,* ZLR 2005 201 (208); *Ehlers,* in: Ehlers (Hrsg.), Europäische Grundrechte, § 7 Rn. 44; *Weiß,* Gewährleistung der Produktsicherheit, S. 126. A. A. *Kingreen,* in: Calliess/Ruffert (Hrsg.), EUV/EGV, Art. 28-30 EGV Rn. 110.

285 S. o. S. 48 f. Aus diesem Grund wird auch zum Teil die Sinnhaftigkeit einer Bindung der Gemeinschaft an die Warenverkehrsfreiheit in Frage gestellt: Es fehle bei gemeinschaftsrechtlichen Regelungen an der typischen Gefährdungslage, die durch die Grundfreiheiten kompensiert werden solle, nämlich dass grenzüberschreitende Sachverhalte gegenüber inländischen Sachverhalten diskriminiert würden (*Kingreen,* in: Calliess/Ruffert (Hrsg.), EUV/EGV, Art. 28-30 EGV Rn. 110).

stoffe, geeignet, den freien Verkehr mit denjenigen Waren zu behindern, die diese Anforderungen nicht erfüllen.[286]

bb) *Berufsfreiheit*

Im deutschen Verfassungsrecht wird die Berufsfreiheit durch Art. 12 Abs. 1 GG geschützt. Dieser bestimmt, dass alle Deutschen das Recht haben, Beruf, Arbeitsplatz und Ausbildungsstätte frei zu wählen und die Berufsausübung nur durch Gesetz oder auf Grund eines Gesetzes geregelt werden kann. Dadurch wird ein einheitliches Grundrecht der Berufsfreiheit begründet, dass sowohl die Berufswahl als auch die Berufsausübung umfasst.[287] Ein Beruf ist jede auf gewisse Dauer angelegte Tätigkeit, die der Schaffung und Erhaltung einer Lebensgrundlage dient.[288] Der personelle Schutzbereich ist dabei nicht auf natürliche Personen beschränkt. Vielmehr wird – in Verbindung mit Art. 19 Abs. 3 GG – auch das unternehmerische Handeln und die Wirtschaftstätigkeit inländischer juristischer Personen zu Erwerbszwecken vom Schutzbereich erfasst.[289] Im Rahmen der Berufsausübung werden allerdings lediglich *berufsspezifische* Handlungen geschützt.[290]

---

286 So bejahte der EuGH einen Eingriff in die Warenverkehrsfreiheit durch gemeinschaftsrechtliche Bestimmungen, die den Zusatz von Vitaminen und Mineralstoffen zu Nahrungsergänzungsmitteln auf bestimmte zugelassene Stoffe beschränkten und andernfalls ein Verkehrsverbot für diesbezüglich nicht rechtskonforme Produkte anordneten (*EuGH,* Urt. v. 12.7.2005 – Rs. C-154/04 und C-155/04 (»Alliance for Natural Health«) – Slg. 2005 Rn. 49). Vgl. auch *v. Danwitz,* ZLR 2005, 201 (208 ff.).

287 *BVerfG,* Urt. v. 11.6.1958 – 1 BvR 596/56 –, in: BVerfGE 7, 377 (401 f.); Urt. v. 18.7.1972 – 1 BvL 32/70 und 25/71 –, in: BVerfGE 33, 303 (329 f.); Beschl. v. 26.2.1997 – 1 BvR 1864/94 und 1102/95 –, in: BVerfGE 95, 193 (214); Beschl. v. 19.7.2000 – 1 BvR 539/96 –, in: BVerfGE 102, 197 (213); *Jarass,* in: Ders./Pieroth, GG, Art. 12 Rn. 1; *Pieroth/Schlink,* Grundrechte, Rn. 808; *Tettinger/Mann,* in: Sachs (Hrsg.), GG, 1. A., Art. 12 Rn. 8; *Weiß,* Gewährleistung der Produktsicherheit, S. 162.

288 *BVerfG,* Beschl. v. 28.11.1984 – 1 BvL 13/81 –, in: BVerfGE 68, 272 (281); Urt. 17.2.1998 – 1 BvF 1/91 –, in: BVerfGE 97, 228 (252 f.); Beschl. v. 19.7.2000 – 1 BvR 539/96 –, in: BVerfGE 102, 197 (212); *Huber,* in: Schmidt-Aßmann/Schoch (Hrsg.), BesVerwR, 3. Kap. Rn. 49; *Jarass,* in: Ders./Pieroth, GG, Art. 12 Rn. 4; *Tettinger/Mann,* in: Sachs (Hrsg.), GG, Art. 12 Rn. 55; *Weiß,* Gewährleistung der Produktsicherheit, S. 162.

289 Vgl. *BVerfG,* Beschl. v. 26.6.2002 – 1 BvR 558/91, 1 BvR 1428/91 –, in: BVerfGE 105, 252 (265); Urt. v. 17.12.2002 – 1 BvL 28/95, 1 BvL 29/95, 1 BvL 30/95 –, in: BVerfGE 106, 275 (298); Beschl. v. 13.9.2005 – 2 BvF 2/03 –, in: BVerfGE 114, 196 (244); *Huber,* in: Schmidt-Aßmann/Schoch (Hrsg.), BesVerwR, 3. Kap. Rn. 51; *Jarass,* in: Ders./Pieroth, GG, Art. 12 Rn. 10a.

290 *Pieroth/Schlink,* Grundrechte, Rn. 823.

Nach h. M. sind nur solche staatlichen Regelungen oder Maßnahmen als Eingriffe in den Schutzbereich des Art. 12 Abs. 1 GG einzuordnen, die entweder einen unmittelbaren Berufsbezug oder aber eine sog. »objektiv berufsregelnde Tendenz« aufweisen.[291] Letzteres ist dann der Fall, wenn sie im Schwerpunkt Tätigkeiten betreffen, die typischerweise beruflich ausgeübt werden.[292] Auf lebensmittelrechtliche Bestimmungen, die Anforderungen an Lebensmittel bzw. die lebensmittelunternehmerische Tätigkeit normieren, trifft dies grundsätzlich zu, da die Produktion, die Verarbeitung und der Vertrieb von Lebensmitteln durch die Lebensmittelunternehmen in aller Regel im gewerblichen Rahmen zu Erwerbszwecken stattfindet.[293]

Der Schutzbereich des durch den EuGH allgemein anerkannten Gemeinschaftsgrundrechts der Berufsfreiheit[294] ist weiter als der des Art. 12 Abs. 1 GG. Es schützt nicht nur die die berufliche Betätigung sowie die Berufswahl, sondern die wirtschaftliche Betätigungsfreiheit insgesamt.[295] Ein spezifischer Berufsbezug bzw. eine berufsregelnde Tendenz ist daher nicht erforderlich.

cc) Eigentumsfreiheit

Gem. Art. 14 Abs. 1 GG wird das Eigentum gewährleistet, Inhalt und Schranken werden allerdings durch die Gesetze bestimmt. Nach ständiger EuGH-Rechtsprechung gehört das Eigentumsrecht auch zu den allgemeinen Grundsätzen des Gemeinschaftsrechts.[296] Was als Eigentum angesehen

---

291 *BVerfG,* Urt. v. 17.2.1998 – 1 BvF 1/91 –, in: BVerfGE 97, 228 (253 f.); Urt. v. 14.7.1998 – 1 BvR 1640/97 –, in: BVerfGE 98, 218 (258); Urt. v. 20.4.2004 – 1 BvR 905/001 –, in: BVerfGE 10, 274 (288); *Jarass,* in: Ders./Pieroth, GG, Art. 12 Rn. 11 f.; vgl. auch *Pieroth/Schlink,* Grundrechte, Rn. 823.

292 *BVerfG,* Urt. v. 17.2.1998 – 1 BvF 1/91 –, in: BVerfGE 97, 228 (254); *Jarass,* in: Ders./Pieroth, GG, Art. 12 Rn. 12.

293 Vgl. *Weiß,* Gewährleistung der Produktsicherheit, S. 158.

294 S. *EuGH,* Urt. v. 11.7.1989 – Rs. 265/87 (»Schräder«) –, in: Slg. 1989, 2237 Rn. 15; Urt. v. 5.10.1994 – Rs. C-280/93 (»Deutschland/Rat«) – in: Slg. 1994, I-4973, Rn. 78; Urt. v. 28.4.1998 – Rs. C-200/96 (»Metronome Musik«) –, in: Slg. 1998, I-1953 Rn. 21; *Penski/Elsner,* DÖV2001, 265 (270); *Wieland,* in: Dreier (Hrsg.), GG I, Art. 12 Rn. 24; *Weiß,* Gewährleistung der Produktsicherheit, S. 155.

295 *Penski/Elsner,* DÖV 2001, 265 (271); *Ruffert,* in: Ehlers (Hrsg.), Europäische Grundrechte, § 16 Rn. 13; *Wieland,* in: Dreier (Hrsg.), GG I, Art. 12 Rn. 24.

296 S. *EuGH,* Urt. v. 13.12.1979 – Rs. 44/79 (»Hauer«) –, in: Slg. 1979, I-3727 Rn. 17; Urt. v. 11.7.1989 – Rs. 265/87 (»Schräder«) –, in: Slg. 1989, 2237 Rn. 15; Urt. v. 5.10.1994 – Rs. C-280/93 (»Deutschland/Rat«) – in: Slg. 1994, I-4973, Rn. 78; Urt. v. 28.4.1998 – Rs. C-200/96 (»Metronome Musik«) –, in: Slg. 1998, I-1953 Rn. 21; Urt. v. 12.7.2005 – Rs. C-154/04 und C-155/04 (»Alliance for Natural Health«) –

wird, ergibt sich allerdings in erster Linie aus den mitgliedstaatlichen Eigentumsordnungen.[297]

Sowohl Art. 14 Art. 1 GG als auch die gemeinschaftsrechtliche Eigentumsfreiheit schützen lediglich vermögenswerte Rechtspositionen. Geschützt wird daher die vermögensrechtliche Substanz bzw. der Bestand eines Unternehmens.[298] Nicht geschützt werden dagegen bloße Erwerbschancen, Gewinnaussichten oder Marktanteile, da diese nur eine augenblickliche wirtschaftliche Position darstellen; das Risiko einer Änderung dieser Position trägt der Unternehmer.[299] Verbieten oder beschränken lebensmittelrechtliche Vorschriften also die Produktion, die Verarbeitung und den Vertrieb bestimmter Produkte für die Zukunft, so liegt darin kein Eingriff in die Eigentumsfreiheit. Etwas anderes kann allerdings dann gelten, wenn bereits produzierte Ware betroffen ist.[300]

Slg. 2005 Rn. 126; *Penski/Elsner,* DÖV 2001, 265 (268); *Weiß,* Gewährleistung der Produktsicherheit, S. 165; *Wieland,* in: Dreier (Hrsg.), GG I, Art. 14 Rn. 18.

297 Vgl. *Calliess,* in: Ehlers (Hrsg.), Europäische Grundrechte, § 17 Rn. 4; *Penski/Elsner,* DÖV 2001, 265 (268); *Weiß,* Gewährleistung der Produktsicherheit, S. 165. Vgl. Art. 295 EGV, der bestimmt, dass der EGV die mitgliedstaatlichen Eigentumsordnungen unberührt lässt.

298 *BVerfG,* Urt. v. 29.11.1961 – 1 BvR 148/57 –, in: BVerfGE 13, 225 (229 f.); Beschl. v. 8.6.1977 – 2 BvR 499/74 und 1042/75 –, in: 45, 142 (173); *Hecker,* Marktoptimierende Wirtschaftsaufsicht, S. 178; *Schmidt-Preuß,* DVBl. 1993, 236 (239).

299 Zu Art. 14 Abs. 1 GG: *BVerfG*; Beschl. v. 16.3.1971 – 1 BvR 52/66 u. a. –, in: BVerfGE 30, 292 (335); Beschl. v. 8.6.1977 – 2 BvR 499/74 und 1042/75 –, in: BVerfGE 45, 142 (173); Beschl. v. 26.6.2002 – 1 BvR 558 und 1428/91 –, in: BVerfGE 105, 252 (278); *BVerwG,* Urt. v. 22.2.1972 – 1 C 24.69 –, in: BVerwGE 39, 329 (336 f.); *Jarass,* in: Ders./Pieroth, GG, Art. 14 Rn. 25; *Pieroth/Schlink,* Grundrechte, Rn. 912; *Schmidt-Preuß,* DVBl. 1993, 236 (239). Vgl. zur gemeinschaftsrechtlichen Eigentumsfreiheit: *EuGH,* Urt. v. 14.5.1974 – Rs. 4/73 (»Nold«) –, in: Slg. 1974, 491 Rn. 14; Urt. v. 18.3.1980 – Rs. 154/78 u. a. (»Valsabbia/Kommission«) –, in: Slg. 1980, 907 Rn. 89; Urt. v. 5.10.1994 – Rs. C-280/93 (»Deutschland/Kommission«) –, in: Slg. 1994, I-4973 Rn. 79; Urt. v. 14.12.2004 – Rs. C-210/03 (»Swedish Match«) –, in: Slg. 2004, I-11893 Rn. 73; Urt. v. 12.7.2005 – Rs. C-154/04 und C-155/04 (»Alliance for Natural Health«) – Slg. 2005 Rn. 128; *Calliess,* in: Ehlers (Hrsg.), Europäische Grundrechte, § 17 Rn. 15; *Penski/Elsner,* DÖV 2001, 265 (269).

300 Vgl. *Weiß,* Gewährleistung der Produktsicherheit, S. 166. Dies wird allerdings eher bei Einzelfallmaßnahmen im Rahmen der Lebensmittelüberwachung der Fall sein, da gesetzliche Verbote in der Regel entsprechende Übergangsfristen enthalten, sodass bereits produzierte Ware regelmäßig nicht betroffen ist.

dd) Allgemeine Handlungsfreiheit

Die allgemeine Handlungsfreiheit aus Art. 2 Abs. 1 GG schützt umfassend auch die wirtschaftliche Betätigung bzw. unternehmerische Handlungsfreiheit.[301] Im Verhältnis zu Art. 12 Abs. 1 GG kann dieser grundsätzlich subsidiäre Schutz[302] daher dann eingreifen, wenn wirtschaftliches Handeln ohne Berufsbezug betroffen ist bzw. einer staatlichen Maßnahme keine berufsregelnde Tendenz[303] innewohnt.[304] Im Primärrecht wird die wirtschaftliche Betätigungsfreiheit der Lebensmittelunternehmer dagegen bereits umfassend durch das Gemeinschaftsgrundrecht der Berufsfreiheit geschützt.[305]

Da der Begriff des Lebensmittelunternehmens gem. Art. 3 Nr. 2 EG-BasisV[306] ausdrücklich keine Gewinnerzielungsabsicht voraussetzt, betreiben auch gemeinnützig tätige Vereine, die Lebensmittel an Bedürftige verteilen, ein Lebensmittelunternehmen. Derartige lebensmittelunternehmerische Tätigkeiten dienen nicht der Schaffung und Erhaltung einer Lebensgrundlage, sodass der Schutz des Art. 12 Abs. 1 GG in diesen Fällen nicht eingreift.[307] Auch diese Tätigkeiten werden daher im Rahmen der allgemeinen Handlungsfreiheit geschützt. Soweit auch im Gemeinschaftsrecht ein der allgemeinen Handlungsfreiheit vergleichbares Auffanggrundrecht anerkannt wird, das allgemein die Freiheit vor willkürlichen und unverhältnismäßigen Eingriffen der öffentlichen Gewalt in die Sphäre der privaten

---

301 *BVerfG,* Beschl. v. 19.10.1983 – 2 BvR 298/81 –, in: BVerfGE 65, 196 (210); Beschl. v. 12.10.1994 – 1 BvL 19/90 –, in: BVerfGE 91, 207 (221); Urt. v. 14.7.1998 – 1 BvR 1640/97 –, in: BVerfGE 98, 218 (259); *Dreier,* in: Ders. (Hrsg.), GG I, Art. 2 I, Rn. 38; *Huber,* in: Schmidt-Aßmann/Schoch (Hrsg.), BesVerwR, 3. Kap. Rn. 45; *Jarass,* in: Ders./Pieroth, GG, Art. 2 Rn. 4a; *Murswiek,* in: Sachs (Hrsg.), GG, Art. 2 Rn. 54.

302 *BVerfG,* Urt. v. 16.1.1957 – 1 BvR 253/56 –, in: BVerfGE 6, 32 (37); Beschl. v. 9.1.1991 – 1 BvR 207/87 –, in: BVerfGE 83, 182 (194); Beschl. v. 26.5.1993 – 1 BvR 208/93 –, in: BVerfGE 89, 1 (13); *Dreier,* in: Ders. (Hrsg.), GG I, Art. 2 I Rn. 30; *Jarass,* in: Ders./Pieroth, GG, Art. 2 Rn. 2; *Pieroth/Schlink,* Grundrechte, Rn. 369.

303 S. o. S. 57.

304 Vgl. *Dreier,* in: Ders. (Hrsg.), GG I, Art. 2 I Rn. 38; *Jarass,* in: Ders./Pieroth, GG, Art. 2 Rn. 4a und Art. 12 Rn. 3.

305 S. o. S. 57.

306 S. o. S. 38.

307 Vgl. *BGH,* Urt. v. 27.9.1999 – II ZR 305/98 –, in: BGHZ 142, 304 (313); *Jarass,* in: Ders./Pieroth, GG, Art. 12 Rn. 4a; *Wieland,* in: Dreier (Hrsg.), GG I, Art. 12 Rn. 57.

Betätigung schützt,[308] kommt diesem lediglich für diese Ausnahmefälle Bedeutung zu.

ee) *Verhältnismäßigkeitsgrundsatz*

Der Verhältnismäßigkeitsgrundsatz verlangt, dass die zu überprüfende Bestimmung zur Verfolgung eines zulässigen bzw. legitimen Zwecks geeignet, erforderlich und angemessen ist.[309]

Welcher Zweck als zulässig anzusehen ist, hängt z. T. von der jeweils durch die Bestimmung beeinträchtigten Rechtsposition ab: Die Verbote der Art. 28, 29 EGV stehen solchen lebensmittelrechtlichen Bestimmungen nicht entgegen, die den in Art. 30 EGV genannten Schutzzwecken,[310] also insbesondere dem Gesundheitsschutz,[311] oder dem Verbraucherschutz als

---

308 So *Penski/Elsner,* DÖV 2001, 265 (267) unter Verweis auf *EuGH,* Urt. v. 21.9.1989 – Rs. 46/87 und 227/88 (»Hoechst«) –, in: Slg. 1989, 2859 Rn. 19.

309 Zum deutschen Recht: *BVerfG*; Urt. v. 23.1.1990 – 1 BvL 44/86 und 48/87 –, in: BVerfGE 81, 156 (188); Beschl. v. 12.10.1994 – 1 BvL 19/90 –, in: BVerfGE 91, 207 (222); *BVerwG,* Urt. v. 26.2.1974 – 1 C 31.72 –, in: BVerwGE 45, 51 (59 ff.); *Dreier,* in: Ders. (Hrsg.), GG I, Vorb. Rn. 146; *Kraft,* BayVBl. 2007, 577 (579). Zum Gemeinschaftsrecht: *EuGH,* Urt. v. 11.7.1989 – Rs. 265/87 (»Schräder«) –, in: Slg. 1989, 2237 Rn. 21; Urt. v. 26.6.1990 – Rs. C-8/89 (»Zardi«), in: Slg. 1990, I-251515 Rn. 10; Urt. v. 16.10.1991 – Rs. 26/90 (»Hauptzollamt Hamburg-Jonas/ Wünsche«) –, in: Slg. 1991, I-4961 Rn. 13; Urt. v. 13.11.1990 – Rs. C-331/88 (»Fedesa«) –, in: Slg. 1990, I-4023 Rn. 13; Urt. v. 29.2.1996 – Rs. C-296/93 und C-307/93 (»Frankreich und Irland/Kommission«) –, in: Slg. 1996, I-795 Rn. 30; Urt. v. 5.5.1998 – Rs. C-180/96 (»Vereinigtes Königreich/Kommission«) –, in: Slg. 1998, I-2265 Rn. 96; *Ehlers,* Ziele der Wirtschaftsaufsicht, S. 28; *Ehlers,* in: Ehlers (Hrsg.), Europäische Grundrechte, § 14 Rn. 50; *Kingreen,* in: Calliess/Ruffert (Hrsg.), EUV/EGV, Art. 28-30 EGV Rn. 89; *Pache,* NVwZ 1999, 1033 (1036); *Weiß,* Gewährleistung der Produktsicherheit, S. 135.

310 S. o. S. 48 f.

311 Der in Art. 30 EGV ebenfalls genannte Schutzzweck der öffentlichen Ordnung und Sicherheit dürfte dagegen im Regelfall für die Rechtfertigung lebensmittelrechtlicher Vorschriften nicht in Betracht kommen. Diese Begriffe werden durch die Rechtsprechung des EuGH enger bzw. in einem anderen Sinne verstanden als dies hinsichtlich der nationalen polizeilichen Generalklauseln der Fall ist (*Ehlers,* in: Ehlers (Hrsg.), Europäische Grundrechte, § 7 Rn. 85): Gemeint sind die für die Existenz eines Staates wesentlichen Fragen der inneren und äußeren Sicherheit bzw. die Grundinteressen der Gesellschaft, beispielsweise das Funktionieren der Gesamtwirtschaft oder das Überleben der Bevölkerung (vgl. *EuGH,* Urt. v. 10.7.1984 – Rs. C-72/83 (»Campus Oil Limited/Minister für Industrie und Energie«) –, in: Slg. 1984, 2727 Rn. 34; Urt. v. 14.3.2000 – Rs. C-54/99 (»Scientology«) –, in: Slg. 2000, I-1335 Rn. 17; *Ehlers,* in: Ehlers (Hrsg.), Europäische Grundrechte, § 7 Rn. 85; *Kingreen,* in: Calliess/Ruffert (Hrsg.), EUV/EGV, Art. 28-30 EGV Rn. 197). Der Verbraucherschutz gehört nicht zu diesen Grundinteressen (*EuGH,*

einem der zwingenden Erfordernisse im Sinne der EuGH-Rechtsprechung[312] dienen. Die Gemeinschaftsgrundrechte der Eigentumsfreiheit und der Berufsfreiheit sind nach der Rechtsprechung des EuGH beschränkbar, soweit Gemeinwohlziele verfolgt werden,[313] zu denen der Verbraucherschutz bzw. der Gesundheitsschutz als eindeutig normierte Gemeinschaftsziele zu zählen sind.[314] Auch Eingriffe in Art. 12 Abs. 1 GG müssen durch »hinreichende Gründe des Allgemeinwohls« gerechtfertigt werden.[315] Im Rahmen der sog. »Drei-Stufen-Theorie« des BVerfG wird dabei grundsätzlich von einer steigenden Eingriffsintensität ausgegangen, je nachdem ob es sich um Regelungen der Berufsausübung, um Regelungen der Berufswahl durch subjektive oder – als intensivste Beschränkung der Berufsfreiheit – durch objektive Zulassungsvoraussetzungen handelt.[316] Entsprechend werden auch jeweils höhere Rechtfertigungsanforderungen hinsichtlich der zulässigen Zwecke dieser Eingriffe angenommen: Während für Berufsausübungsregelungen vernünftige Erwägungen des Gemeinwohls genügen, sind objektive Zulassungsregelungen nur zur Abwehr nachweisbarer oder höchstwahrscheinlicher schwerer Gefahren für ein überragend

---

Urt. v. 6.9.1984 – Rs. 177/83 (»Kohl«) –, in: Slg. 1984, 3651 Rn. 18 f.; *Ehlers,* in: Ehlers (Hrsg.), Europäische Grundrechte, § 7 Rn. 85).

312 S. o. S. 49.

313 *EuGH,* Urt. v. 11.7.1989 – Rs. 265/87 (»Schräder«) –, in: Slg. 1989, 2237 Rn. 15; Urt. v. 17.10.1995 – Rs. C-44/94 (»Fishermen's Organisation u. a.«) –, in: Slg. 1995, I-3115 Rn. 55; Urt. v. 28.4.1998 – Rs. C-200-96 (»Metronome Musik«) –, in: Slg. 1998, I-1953 Rn. 21; Urt. v. 14.12.2004 – Rs. C-210/03 (»Swedish Match«) –, in: Slg. 2004, I-11893 Rn. 72; Urt. v. 12.7.2005 – Rs. C-154/04 und C-155/04 (»Alliance for Natural Health«) – Slg. 2005 Rn. 126; *Penski/Elsner,* DÖV 2001, 265 (272). Vgl. zur Berufsfreiheit: *Ruffert,* in: Ehlers (Hrsg.), Europäische Grundrechte, § 16 Rn. 33; *Wieland,* in: Dreier (Hrsg.), GG I, Art. 12 Rn. 26.

314 Vgl. *EuGH,* Urt. v. 17.7.1997 – Rs. C-183/95 (»Affish«) –, in: Slg. 1997, I-4315 Rn. 42 f. (zum Gesundheitsschutz); Urt. v. 13.12.1994 – Rs. C-306/93 (»SMW Winzersekt«) –, in: Slg. 1994, I-5555 Rn. 25 (zum Verbraucherschutz); *Calliess,* in: Ehlers (Hrsg.), Europäische Grundrechte, § 17 Rn. 29; *Ruffert,* in: Ehlers (Hrsg.), Europäische Grundrechte, § 16 Rn. 35; *Wieland,* in: Dreier (Hrsg.), GG I, Art. 12 Rn. 26.

315 *BVerfG,* Urt. v. 23.1.1990 – 1 BvL 44/86 und 48/87 –, in: BVerfGE 81, 156 (188 f.); Beschl. v. 25.3.1992 – 1 BvR 298/86 –, in: BVerfGE 86, 28 (41); Beschl. 22.1.1997 – 2 BvR 1915/91 –, in: BVerfGE 95, 173 (183); Beschl. v. 15.12.1999 – 1 BvR 1904/95 u. a. –, in: BVerfGE 101, 331 (348 f.).

316 Vgl. *BVerfG,* Urt. v. 11.6.1958 – 1 BvR 596/56 –, in: BVerfGE 7, 377 (401 f.); *Ehlers,* Ziele der Wirtschaftsaufsicht, S. 29; *Wieland,* in: Dreier (Hrsg.), GG I, Art. 12 Rn. 107.

wichtiges Gemeinschaftsgut zulässig.[317] Im Ergebnis stellt auch die Drei-Stufen-Theorie lediglich eine spezifische Ausprägung des allgemeinen Verhältnismäßigkeitsgrundsatzes dar:[318] Je empfindlicher die Betroffenen in ihrer Berufsfreiheit beeinträchtigt werden, desto gewichtiger müssen die Interessen des Gemeinwohls sein, denen die jeweilige Regelung zu dienen bestimmt ist.[319] Die Gesundheit der Bevölkerung ist nach der Rechtsprechung des BVerfG jedenfalls eines der genannten, überragend wichtigen Gemeinschaftsgüter, das auch erhebliche Eingriffe in die Berufsfreiheit rechtfertigen kann.[320]

Im Übrigen steht dem nationalen bzw. Gemeinschaftsgesetzgeber ein Ermessen hinsichtlich der Festlegung der Eingriffszwecke zu.[321] Während der nationale Gesetzgeber allerdings nicht auf die von der Verfassung positiv vorgegebenen Ziele beschränkt ist,[322] hat sich das Handeln der EG

---

317 *BVerfG,* Urt. v. 11.6.1958 – 1 BvR 596/56 –, in: BVerfGE 7, 377 (405); *Wieland,* in: Dreier (Hrsg.), GG I, Art. 12 Rn. 108. Ob das BVerfG selbst die Stufentheorie überhaupt bzw. in dem ursprünglichen strengen Sinne noch anwendet ist fraglich (vgl. *Wieland,* in: Dreier (Hrsg.), GG I, Art. 12 Rn. 111). Für eine Übersicht der in der Literatur vorgebrachten Kritik zur Stufentheorie s. *Wieland,* in: Dreier (Hrsg.), GG I, Art. 12 Rn. 111 ff. (m. w. N.) sowie *Ehlers,* Ziele der Wirtschaftsaufsicht, S. 30 ff. Zu den wesentlichen Kritikpunkten gehören zum einen die Abhängigkeit der Klassifizierung als Berufsausübungs- oder -wahlregelung von der jeweils zugrunde gelegten (engen oder weiten) Berufsdefinition, zum anderen der Einwand, dass sich im Einzelfall ein Eingriff auf einer an sich niederen Stufe belastender auswirken kann, als ein Eingriff auf einer höheren Stufe, und dieser daher dem allgemeinen Verhältnismäßigkeitsprinzip entsprechend eigentlich höheren Rechtfertigungsanforderungen unterliegen müsste.

318 Vgl. *BVerfG,* Beschl. v. 12.10.1977 – 1 BvR 217, 216/75 –, in: BVerfGE 46, 120 (138); *Dreier,* in: Ders. (Hrsg.), GG I, Vorb. Rn. 150; *Kraft,* BayVBl. 2007, 577 (580); *Pieroth/Schlink,* Grundrechte, Rn. 846; *Weiß,* Gewährleistung der Produktsicherheit, S. 163; *Wieland,* in: Dreier (Hrsg.), GG I, Art. 12 Rn. 109.

319 *BVerfG,* Beschl. v. 16.3.1971 – 1 BvR 52/66 u. a. –, in: BVerfGE 30, 292 (316 f.); Beschl. v. 14.3.1989 – 1 BvR 1033/82 und 174/84 –, in: BVerfGE 80, 1 (24 f.); Beschl. v. 26.2.1997 – 1 BvR 1864/94 und 1102/95 –, in: BVerfGE 95, 193 (214); Beschl. v. 15.12.1999 – 1 BvR 1904/95 u. a. –, in: BVerfGE 101, 331 (347); Beschl. v. 19.7.2000 – 1 BvR 539/96 –, in: BVerfGE 102, 197 (213); Beschl. v. 20.3.2001 – 1 BvR 491/96 –, in: BVerfGE 103, 172 (183 f.); Urt. v. 16.1.2001 – 1 BvR 1236/99 –, in: BVerfGE 104, 357 (364); *Wieland,* in: Dreier (Hrsg.), GG I, Art. 12 Rn. 109.

320 *BVerfG,* Beschl. v. 18.10.1966 – 2 BvR 386 und 478/63 –, in: BVerfGE 20, 283 (295); Beschl. v. 11.2.2003 – 1 BvR 1972/00 und 70/01 –, in: BVerfGE 107, 186 (196).

321 *BVerfG,* Beschl. v. 9.5.1972 – 1 BvR 518/62 und 308/64 –, in: BVerfGE 33, 125 (159); *Hecker,* Marktoptimierende Wirtschaftsaufsicht, S. 222.

322 *BVerfG,* Beschl. v. 9.5.1972 – 1 BvR 518/62 und 308/64 –, in: BVerfGE 33, 125 (159); *Hecker,* Marktoptimierende Wirtschaftsaufsicht, S. 222.

aufgrund des Grundsatzes der begrenzten Einzelermächtigung im Rahmen der durch die Verträge genannten Zielsetzungen der Gemeinschaft zu halten.[323] Der Verbraucherschutz bzw. der Gesundheitsschutz sind allerdings sowohl auf nationaler als auch auf gemeinschaftsrechtlicher Ebene als legitime Zwecke anzusehen.

Eine Vorschrift ist geeignet, wenn sie den angestrebten Zweck zumindest grundsätzlich fördert.[324] Dabei wird dem Gesetzgeber ein Beurteilungs- bzw. Prognosespielraum zugestanden.[325] Dieser wird erst dann überschritten, wenn eine offensichtlich irrige Beurteilung der zum Zeitpunkt des Erlasses der Bestimmung zur Verfügung stehenden Tatsachen und Erkenntnisse vorliegt.[326]

Die Erforderlichkeit ist zu bejahen, wenn kein milderes, ebenso geeignetes Mittel zur Verfügung steht.[327] Bei verbraucherschützenden Maßnahmen ist dabei das maßgebliche Verbraucherleitbild zu berücksichtigen. Denn die Beurteilung, ob eine möglicherweise weniger einschneidende Maßnahme den Verbraucherschutz genauso oder zumindest ebenfalls ausreichend gewährleistet, hängt auch davon ab, wie viel Mitwirkung bzw. »Eigen-

323 Vgl. *EuGH,* Urt. v. 11.7.1989 – Rs. 265/87 (»Schräder«) –, in: Slg. 1989, 2237 Rn. 15; Urt. v. 13.7.1989 – Rs. 5/88 (»Wachauf«) –, in: Slg. 1989, 2609 Rn. 18; Urt. v. 28.4.1998 – Rs. C-200/96 (»Metronome Musik«) –, in: Slg. 1998, I-1953 Rn. 21; Urt. v. 14.12.2004 – Rs. C-210/03 (»Swedish Match«) –, in: Slg. 2004, I-11893 Rn. 73; *Pache,* NVwZ 1999, 1033 (1037); *Penski/Elsner,* DÖV 2001, 265 (273).

324 *BVerfG,* Beschl. v. 20.6.1984 – 1 BvR 1494/78 –, in: BVerfGE 67, 157 (175 f.); Beschl. v. 10.4.1997 – 2 BvL 45/92 –, in: BVerfGE 96, 10 (23); *Dreier,* in: Ders. (Hrsg.), GG I, Vorb. Rn. 147; *Ehlers,* in: Ehlers (Hrsg.), Europäische Grundrechte, § 7 Rn. 96; *Kingreen,* in: Calliess/Ruffert (Hrsg.), EUV/EGV, Art. 28-30 EGV Rn. 92; *Kraft,* BayVBl. 2007, 577 (580). Vgl. auch *Pache,* NVwZ 1999, 1033 (1036).

325 Vgl. *EuGH,* Urt. v. 15.9.1994 – Rs. C-293/93 (»Houtwipper«) –, in: Slg. 1994, I-4249 Rn. 22; Urt. v. 14.12.2004 – Rs. C-434/02 (»Arnold André«) –, in: Slg. 2004, I-11825 Rn. 46; *BVerfG,* Urt. v. 15.1.2002 – 1 BvR 1783/99 –, in: BVerfGE 104, 337 (347 f.); *Dreier,* in: Ders. (Hrsg.), GG I, Vorb. Rn. 147; *Jarass,* in: Ders./ Pieroth, GG, Art. 20 Rn. 87; *Kingreen,* in: Calliess/Ruffert (Hrsg.), EUV/EGV, Art. 28-30 EGV Rn. 92.

326 *EuGH,* Urt. v. 5.10.1994 – Rs. C-280/93 (»Deutschland/Rat«) – in: Slg. 1994, I-4973, Rn. 90; *Penski/Elsner,* DÖV 2001, 265 (273); vgl. auch *BVerfG,* Beschl. v. 18.12.1968 – 1 BvL 5/64 u. a. –, in: BVerfGE 25, 1 (17).

327 *BVerfG,* Beschl. v. 20.6.1984 – 1 BvR 1494/78 –, in: BVerfGE 67, 157 (176); *Dreier,* in: Ders. (Hrsg.), GG I, Vorb. Rn. 148; *Ehlers,* in: Ehlers (Hrsg.), Europäische Grundrechte, § 7 Rn. 96; *Hecker,* Marktoptimierende Wirtschaftsaufsicht, S. 223; *Pache,* NVwZ 1999, 1033 (1036); vgl. auch *Kraft,* BayVBl. 2007, 577 (580).

schutzpotential« man den Verbrauchern zutraut bzw. von ihnen verlangt. Auf der Grundlage des Leitbildes des »verständigen Verbrauchers«[328] wurde durch die Rechtsprechung in mehreren Fällen die Erforderlichkeit eines vollständigen Verkehrsverbots für Lebensmittel mit potentiell irreführenden Aussehen bzw. irreführender Aufmachung oder Bezeichnung mit der Begründung verneint, dass Kennzeichnungsvorschriften ebenso geeignet seien, die Verbraucher vor der Irreführungsgefahr zu schützen, da diese in der Lage seien, sich entsprechend zu informieren und auf dieser Grundlage zu entscheiden.[329] Die Pflicht der Lebensmittelunternehmer, die Verbraucher über die Zusammensetzung dieser Lebensmittel zu informieren, ist dabei regelmäßig als eine weniger intensive Beschränkung der Freiheit der Unternehmer anzusehen, als ein vollständiges Verkehrsverbot.[330]

Schließlich muss die durch die Rechtsvorschrift begründete Beeinträchtigung in einem angemessenen Verhältnis zum verfolgten Zweck bzw. zum mit der Maßnahme beabsichtigten Erfolg stehen.[331] Im Rahmen dieser »Verhältnismäßigkeitsprüfung i. e. S.«[332] sind also die jeweils erheblichen Interessen gegeneinander abzuwägen.[333] Je wichtiger das zu schützende

328 S. o. S. 35.

329 Vgl. *EuGH,* Urt. v. 20.2.1979 – Rs. 120/78 (»Cassis de Dijon«) –, in: Slg. 1979, 649 Rn. 13; Urt. v. 12.3.1987 – Rs. 178/84 (»Kommission/Deutschland«) –, in: Slg. 1987, 1227 Rn. 35; Urt. v. 26.4.1988 – Rs. 407/85 (»Drei Glocken«) –, in: Slg. 1988, 4233 Rn. 16; Urt. v. 9.2.1999 – Rs. C-383/97 (»van der Laan«) –, in: 1999, I-731 Rn. 43; Urt. v. 5.4.2001 – Rs. C-123/00 (»Bellamy und English Shop Wholesale«) –, in: Slg. 2001, I-2795 Rn. 18; *BVerfG,* Beschl. v. 16.1.1980 – 1 BvR 249/79 –, in: BVerfGE 53, 135 (145 ff.). S. auch *Dreier,* in: Ders. (Hrsg.), GG I, Vorb. Rn. 148; *Kingreen,* in: Calliess/Ruffert (Hrsg.), EUV/EGV, Art. 28-30 EGV Rn. 95/212.

330 *Kingreen,* in: Calliess/Ruffert (Hrsg.), EUV/EGV, Art. 28-30 EGV Rn. 95.

331 *EuGH,* Urt. v. 12.3.1987 – Rs. 178/84 (»Kommission/Deutschland«) –, in: Slg. 1987, 1227 Rn. 28; *BVerfG,* Beschl. v. 20.6.1984 – 1 BvR 1494/78 –, in: BVerfGE 67, 157 (173); *Dreier,* in: Ders. (Hrsg.), GG I, Vorb. Rn. 149; *Ehlers,* Ziele der Wirtschaftsaufsicht, S. 28; *Jarass,* in: Ders./Pieroth, GG, Art. 20 Rn. 86; *Kingreen,* in: Calliess/Ruffert (Hrsg.), EUV/EGV, Art. 28-30 EGV Rn. 98; *Kraft,* BayVBl. 2007, 577 (580); *Pache,* NVwZ 1999, 1033 (1036); *Pieroth/Schlink,* Grundrechte, Rn. 289.

332 *Dreier,* in: Ders. (Hrsg.), GG I, Vorb. Rn. 149; *Jarass,* in: Ders./Pieroth, GG, Art. 20 Rn. 86; *Pache,* NVwZ 1999, 1033 (1036); *Pieroth/Schlink,* Grundrechte, Rn. 289.

333 *BVerfG,* Beschl. v. 15.5.1995 – 2 BvL 19/91 u. a. –, in: BVerfGE 92, 277 (327); Beschl. v. 20.6.1984 – 1 BvR 1494/78 –, in: BVerfGE 67, 157 (172 f.); *Penski/Elsner,* DÖV 2001, 265 (273).

Rechtsgut oder Interesse ist, desto intensiver darf der Eingriff sein.[334] Auf der anderen Seite sind das Ausmaß und die Bedeutung des jeweils drohenden Schadens zu berücksichtigen. Im Falle verbraucherschützender Regelungen sind bei den in Abwägung zu stellenden Interessen allerdings nicht nur die Freiheitsinteressen der Unternehmer zu berücksichtigen. Vielmehr sind auch eventuelle nachteilige Folgen dieser Regelungen für die Verbraucher in Betracht zu ziehen. So kann das Verbot, bestimmte Lebensmittel zu produzieren oder auf den Markt zu bringen, auch die Konsumfreiheit der Verbraucher einschränken.[335] Verursacht eine Verschärfung lebensmittelrechtlicher Anforderungen eine Erhöhung der Produktions- oder Vertriebskosten der Lebensmittelunternehmer, so kann sich dies in einer Erhöhung des Kaufpreises niederschlagen, durch die die Verbraucher ebenfalls negativ betroffen wären.[336]

Insgesamt ist jedoch zu berücksichtigen, dass die Schutzgüter Leben und Gesundheit einen besonders hohen Rang genießen,[337] was sich u. a. auch an der besonderen Hervorhebung des Gesundheitsschutzes als Ziel der Gemeinschaft im Primärrecht ablesen lässt.[338] Insbesondere haben diese Schutzgüter einen grundsätzlichen Vorrang gegenüber wirtschaftlichen Interessen.[339] Vorschriften, die dem gesundheitlichen Verbraucherschutz dienen, sind daher in der Regel in der Lage, auch intensivere Eingriffe in die geschützten Rechtspositionen zu rechtfertigen. Eine erhöhte Legitimation von Eingriffen zum Schutz von Leben und Gesundheit kann auch mit einer aus den Grundrechten abgeleiteten Schutzpflicht des Staates begründet werden.[340] Gem. Art. 152 Abs. 1 EGV ist der Gemeinschaftsgesetzgeber sogar ausdrücklich verpflichtet, ein hohes Gesundheitsschutzniveau sicherzustellen. Will er Maßnahmen zum Schutz vor Gesundheitsgefahren bzw. -risiken ergreifen, so sind diese allerdings auf eine eingehende und

---

334 Vgl. *BVerfG,* Urt. v. 15.12.1983 – 1 BvR 209/83 u. a. –, in: BVerfGE 65, 1 (54); Urt. v. 5.7.1989 – 1 BvL 11/87 u. a. –, in: BVerfGE 80, 297 (312).

335 Vgl. *Kingreen,* in: Calliess/Ruffert (Hrsg.), EUV/EGV, Art. 28-30 EGV Rn. 95; *Weiß,* Gewährleistung der Produktsicherheit, S. 46.

336 Vgl. *Weiß,* Gewährleistung der Produktsicherheit, S. 46.

337 *EuGH,* Urt. v. 20.5.1976 – Rs. 104/75 (»de Peijper«) –, in: Slg. 1976, 613 Rn. 14/18.

338 So in Art. 3 Abs. 1 lit. p, Art. 95 Abs. 3 und Art. 152 EGV.

339 Vgl. *EuGH,* Urt. v. 12.7.1996 – Rs. C-180/96 (»Vereinigtes Königreich/Kommission«) –, in: Slg. 1996, I-3903 Rn. 93; Urt. v. 17.7.1997 – Rs. C-183/95 (»Affish«) –, in: Slg. 1997, I-4315 Rn. 43, *Weiß,* Gewährleistung der Produktsicherheit, S. 68 f.

340 Vgl. *Weiß,* Gewährleistung der Produktsicherheit, S. 63. Dazu sogleich.

nachvollziehbare Risikoprüfung zu stützen.[341] Bloße Vermutungen und Behauptungen über ein zu bekämpfendes Gesundheitsrisiko bzw. die gesundheitsschützende Wirkung einer Maßnahme genügen nicht.[342]

b) Grundrechtliche Schutzpflichten

In Rechtsprechung und Schrifttum ist allgemein anerkannt, dass die Grundrechte des GG nicht nur Abwehrrechte darstellen, sondern auch Schutzpflichten entfalten:[343] Nach der Rechtsprechung des BVerfG schützen sie nicht nur vor Eingriffen der Staatsgewalt in eine dem Individuum verbürgte Freiheitssphäre, sondern verpflichten den Staat auch, diese Freiheitssphäre zu schützen und zu sichern. In dieser Schutzpflicht entfalte sich der objektive Gehalt der Grundrechte.[344] Dies gilt in erster Linie für das Grundrecht auf Leben und körperliche Unversehrtheit aus Art. 2 Abs. 2 S. 1 GG.[345] Der Staat muss daher dafür Sorge tragen, dass diese Rechte des Einzelnen nicht durch andere Private verletzt werden.[346] Demnach wäre der Staat also generell verpflichtet, Maßnahmen zum Schutz der Verbraucher vor Gesundheitsrisiken im Zusammenhang mit dem Konsum von Lebensmitteln zu ergreifen.[347] Dabei kommt ihm allerdings ein weiter gesetzgeberischer

---

341 *Kingreen,* in: Calliess/Ruffert (Hrsg.), EUV/EGV, Art. 28-30 EGV Rn. 92.

342 Vgl. *EuGH,* Urt. v. 25.3.1993 – Rs. C-228/91 (»Kommission/Italien«) –, in: Slg. 1993, I-2701 Rn. 27 f.; *Kingreen,* in: Calliess/Ruffert (Hrsg.), EUV/EGV, Art. 28-30 EGV Rn. 199.

343 *Jarass,* in: Ders./Pieroth, GG, Vorb. Rn. 6; *Weiß,* Gewährleistung der Produktsicherheit, S. 61. Vgl. auch *Dreier,* in: Ders. (Hrsg.), GG I, Vorb. Rn. 101/104.

344 *BVerfG,* Urt. v. 10.1.1995 – 1 BvF 1/90 u. a. –, in: BVerfGE 92, 26 (46). Vgl. auch *BVerfG,* Urt. v. 15.1.1958 – 1 BvR 400/51–, in: BVerfGE 7, 198 (205 f.); *Ehlers,* Ziele der Wirtschaftsaufsicht, S. 20.

345 S. *BVerfG,* Urt. v. 25.2. 1975 – 1 BvF 1/74 u. a. –, in: BVerfGE 39, 1 (36 ff./42); Urt. v. 21.6.1977 – 1 BvL 14/76 –, in: BVerfGE 45, 187 (254 f.); Beschl. v. 20.12.1979 – 1 BvR 385/77 –, in: BVerfGE 53, 30 (57 f.); Beschl. v. 14.1.1981 – 1 BvR 612/72 –, in: BVerfGE 56, 54 (73); Beschl. v. 29.10.1987 – 2 BvR 624/83 u. a. –, in: BVerfGE 77, 170 (214); Urt. v. 28.1.1992 – 1 BvR 1025/82 u. a. –, in: BVerfGE 85, 191 (212); Beschl. v. 9.3.1994 – 2 BvL 43/92 u. a. –, in: BVerfGE 90, 145 (195); *Jarass,* in: Ders./Pieroth, GG, Art. 2 Rn. 91; *Pieroth/Schlink,* Grundrechte, Rn. 406; *Schultze-Fielitz,* in: Dreier (Hrsg.), GG I, Art. 2 II Rn. 76.

346 *BVerfG,* Urt. v. 16.10.1977 – 1 BvQ 5/77 –, in: BVerfGE 46, 160 (164); Beschl. v. 14.1.1981 – 1 BvR 612/72 –, in: BVerfGE 56, 54 (78); *Jarass,* in: Ders./Pieroth, GG, Art. 2 Rn. 91; *Ehlers,* Ziele der Wirtschaftsaufsicht, S. 20 f.; *Schultze-Fielitz,* in: Dreier (Hrsg.), GG I, Art. 2 II Rn. 82.

347 Zu einer hieraus abgeleiteten Kennzeichnungspflicht für latent gesundheitsgefährdende Lebensmittel s. *Murswiek,* in: Sachs (Hrsg.), GG, Art. 2 Rn. 204 f.; *Schultze-Fielitz,* in: Dreier (Hrsg.), GG I, Art. 2 II Rn. 82. Allgemein zur Produktsicherheit vgl. *Weiß,* Gewährleistung der Produktsicherheit, S. 63.

Gestaltungsspielraum zu.[348] Ob auch Gemeinschaftsgrundrechten grundsätzlich eine solche Schutzpflichtendimension innewohnt, ist noch nicht eindeutig geklärt,[349] zumindest sind jedoch Tendenzen in der EuGH-Rechtsprechung erkennbar.[350] Da jedoch sowohl auf gemeinschaftsrechtlicher als auch auf nationaler Ebene bereits umfassende lebensmittelrechtliche Regelungen zum Schutz der Verbrauchergesundheit getroffen worden sind, wären etwaige staatliche Schutzpflichten als erfüllt anzusehen.

II. Sekundärrechtliche Vorgaben: Risikoanalyse und Vorsorgeprinzip

Um zu gewährleisten, dass lebensmittelrechtliche Maßnahmen zum Schutz der menschlichen Gesundheit, insbesondere zum Zweck der Risikoverringerung, -ausschaltung oder -vermeidung angemessen, effektiv und zielgerichtet sind und den freien Handelsverkehr mit Lebensmitteln nicht ungerechtfertigt behindern, sind diese nach den Bestimmungen der EG-BasisV auf der Grundlage einer »Risikoanalyse« zu treffen.[351] Der Prozess der Risikoanalyse erfolgt in den drei Schritten »Risikobewertung«, »Risikomanagement« und »Risikokommunikation«, Art. 3 Nr. 10 EG-BasisV.[352] Insbesondere durch das Element der Risikobewertung soll die Rechtsetzung im Bereich

348 *BVerfG,* Urt. v. 25.2. 1975 – 1 BvF 1/74 u. a. –, in: BVerfGE 39, 1 (44 f.); Urt. v. 16.10.1977 – 1 BvQ 5/77 –, in: BVerfGE 46, 160 (164 f.); Beschl. v. 14.1.1981 – 1 BvR 612/72 –, in: BVerfGE 56, 54 (80 f.); Beschl. v. 29.10.1987 – 2 BvR 624/83 u. a. –, in: BVerfGE 77, 170 (214 f.); Urt. v. 28.5.1993 – 2 BvF 2/90 u. a. –, in: BVerfGE 88, 203 (254/262 f.); Urt. v. 10.1.1995 – 1 BvF 1/90 u. a. –, in: BVerfGE 92, 26 (46); *Dreier,* in: Ders. (Hrsg.), GG I, Vorb. Rn. 103; *Ehlers,* Ziele der Wirtschaftsaufsicht, S. 21; *Hecker,* Marktoptimierende Wirtschaftsaufsicht, S. 219; *Jarass,* in: Ders./Pieroth, GG, Art. 2 Rn. 92; *Schultze-Fielitz,* in: Dreier (Hrsg.), GG I, Art. 2 II Rn. 86; *Weiß,* Gewährleistung der Produktsicherheit, S. 75 f.

349 *Weiß,* Gewährleistung der Produktsicherheit, S. 64. Ausdrücklich anerkannt wird dies zumindest für die Warenverkehrsfreiheit als eine der Grundfreiheiten, vgl. *EuGH,* Urt. v. 9.12.1997 – Rs. C-265/95 (»Kommission/Frankreich«) –, in: Slg. 1997, I-6959 Rn. 30 ff.; *Ehlers,* in: Ehlers (Hrsg.), Europäische Grundrechte, § 7 Rn. 31; *Weiß,* Gewährleistung der Produktsicherheit, S. 66.

350 Vgl. *Ehlers,* in: Ehlers (Hrsg.), Europäische Grundrechte, § 14 Rn. 24; *Weiß,* Gewährleistung der Produktsicherheit, S. 68.

351 Vgl. Egr. (16) und (17), Art. 6 Abs. 1 EG-BasisV.

352 Die in der EG-BasisV verwendeten Begrifflichkeiten und Definitionen im Zusammenhang mit der Risikoanalyse sind keine Schöpfung des europäischen Gesetzgebers, sondern wurden aus dem Verfahrenshandbuch der »Codex Alimentarius Kommission« übernommen (s. *Codex Alimentarius Kommission,* Verfahrenshandbuch, S. 73 f.: »Definitions of Risk Analysis Terms related to Food Safety«). Die dortigen Ausführungen werden daher im Folgenden zur näheren Erläuterung der Begriffe herangezogen. Zum »Codex Alimentarius« s. u. S. 75 f.

der Lebensmittelsicherheit auf eine tragfähige wissenschaftliche Grundlage gestellt werden.[353]

Im Rahmen der Risikobewertung[354] werden aufgrund der verfügbaren wissenschaftlichen Erkenntnisse[355] zunächst mögliche Gefahrpotentiale im Zusammenhang mit einem bestimmten Lebensmittel oder einer Lebensmittelgruppe untersucht (»Gefahrpotentialidentifizierung«)[356] und diesbezügliche Erkenntnisse schriftlich fixiert (»Gefahrpotentialbeschreibung«).[357] Daran schließt sich eine »Expositionsabschätzung« an, die die Fragestellung umfasst, in welchem qualitativen und quantitativen Umfang die Verbraucher einem identifizierten Gefahrpotential wahrscheinlich ausgesetzt sind.[358] Die auf diesem Wege gewonnenen Erkenntnisse sind in einer »Risikobeschreibung« zusammenzufassen und auszuwerten. Dabei ist die Wahrscheinlichkeit einer die Gesundheit beeinträchtigenden Wirkung sowie die Schwere dieser Wirkung als die für die Einstufung des Risikos maßgeblichen Faktoren einschließlich diesbezüglich bestehender Unsicherheiten darzulegen.[359]

---

353 Vgl. *Vorschlag der Kommission zur EG-BasisV,* KOM(2000) 716 endg., S. 9.

354 Art. 3 Nr. 11 EG-BasisV definiert den Begriff der Risikobewertung als »einen wissenschaftlich untermauerten Vorgang mit den vier Stufen Gefahrenidentifizierung, Gefahrenbeschreibung, Expositionsabschätzung und Risikobeschreibung«. Die vorstehend genannten Unterbegriffe werden in der Verordnung nicht näher konkretisiert. Es handelt sich dabei allerdings nicht um Schöpfung des europäischen Gesetzgebers, sondern sie wurden aus dem Verfahrenshandbuch der »Codex Alimentarius Kommission« übernommen (S. *Codex Alimentarius Kommission,* Verfahrenshandbuch, S. 44 ff.: »Definitions of Risk Analysis Terms related to Food Safety«. Zum »Codex Alimentarius« s. u. S. 75 f.). Dort finden sich auch Definitionen der genannten Begriffe, die im Folgenden für die nähere Beschreibung der Risikobewertungsstufen herangezogen werden sollen.

355 Art. 6 Abs. 2 EG-BasisV.

356 Vgl. *Codex Alimentarius Kommission,* Verfahrenshandbuch, S. 74 (»Hazard identification: The identification of biological, chemical, and physical agents capable of causing adverse health effects and which may be present in a particular food or group of foods.«); *Arnold,* ZLR 2000, 227 (232); *Zipfel/Rathke,* Lebensmittelrecht, C 101, Art. 3 Rn. 64.

357 *Zipfel/Rathke,* Lebensmittelrecht II, C 101, Art. 3 Rn. 65.

358 Vgl. *Codex Alimentarius Kommission,* Verfahrenshandbuch, S. 74 (»Exposure Assessment: The qualitative and/or quantitative evaluation of the likely intake of biological, chemical, and physical agents via food as well as exposures from other sources if relevant.«); *Arnold,* ZLR 2000, 227 (232); *Gorny,* Grundlagen des europäischen Lebensmittelrechts, S. 54.

359 Vgl. *Codex Alimentarius Kommission,* Verfahrenshandbuch, S. 73 (»Risk Characterization: The qualitative and/or quantitative estimation, including attendant uncertainties, of the probability of occurrence and severity of known or potential adverse health effects in a given population based on hazard identification, hazard charac-

Die Risikobewertung ist gem. Art. 6 Abs. 2 EG-BasisV »in einer unabhängigen, objektiven und transparenten Art und Weise vorzunehmen.« Zu diesem Zweck erfolgt die Risikobewertung auf europäischer Ebene in erster Linie durch die *Europäische Behörde für Lebensmittelsicherheit* (*EBLS*).[360] Dabei handelt es sich um eine von den Organen der EG organisatorisch unabhängige Behörde mit eigener Rechtspersönlichkeit[361] und Sitz in Parma (Italien). Die EBLS hat die Aufgabe, der Gemeinschaft die unabhängige[362] wissenschaftliche und technische Beratung – überwiegend in Form von Gutachten – zu liefern, die diese benötigt, um ihren politischen Maßnahmen und Rechtsvorschriften sowohl auf europäischer als auch auf internationaler Ebene eine tragende Grundlage zu verleihen.[363] Dabei gelten für Aufbau und Arbeitsweise der EBLS die Prinzipien der Unabhängigkeit, einer hohen wissenschaftlichen Qualität sowie Transparenz und Effizienz.[364] In der Praxis erfolgt die Einbindung der EBLS in die Risikoanalyse als Grundlage der Rechsetzung dadurch, dass diese die Aufgabe eines der Kommission angeschlossenen »Wissenschaftlichen Ausschusses« übernimmt,[365] der vor Erlass von Rechtsvorschriften in bestimmten, die Lebensmittelsicherheit betreffenden Bereichen anzuhören ist.[366] Die

---

terization and exposure assessment.«); *Arnold,* ZLR 2000, 227 (232); *Gorny,* Grundlagen des europäischen Lebensmittelrechts, S. 54; *Zipfel/Rathke,* Lebensmittelrecht II, C 101, Art. 3 Rn. 67.

360 Vgl. *Vorschlag der Kommission zur EG-BasisV,* KOM(2000) 716 endg., S. 9; Egr. (34) EG-BasisV; *Caspar,* DVBl. 2002, 1437 (1440); *Gallhoff/Rimkus,* in: Frede (Hrsg.), Taschenbuch für Lebensmittelchemiker, S. 1 (19); *Glombik,* VR 2006, 274 (275); *Simon,* Kooperative Risikoverwaltung, S. 110; *Streinz,* in: Schulze/Zuleeg (Hrsg.), Europarecht, § 24 Rn. 61.

361 Art. 46 Abs. 1 S. 1 EG-BasisV.

362 Gem. Art. 37 Abs. 1 UAbs. 1, Abs. 2 UAbs. 1 EG-BasisV verpflichten sich die Organe der EBLS bzw. deren Mitglieder »im öffentlichen Interesse unabhängig« bzw. – im Fall der wissenschaftlichen Gremien – »unabhängig von jedem äußeren Einfluss zu handeln«.

363 *Vorschlag der Kommission zur EG-BasisV,* KOM(2000) 716, S. 14. Vgl. auch Art. 22 Abs. 6 EG-BasisV sowie *Falke,* ZUR 2002, 388 (390).

364 Vgl. Egr. (40) EG-BasisV; *Falke,* ZUR 2002, 388 (390); *Schellhardt,* Der Landkreis 2006, 72 (74).

365 Vgl. Egr. (45) EG-BasisV.

366 So enthält Art. 6 der *Richtlinie 89/107/EWG des Rates v. 21.12.1988 zur Angleichung der Rechtsvorschriften der Mitgliedstaaten über Zusatzstoffe, die in Lebensmitteln verwendet werden dürfen* (ABl. Nr. L 40 v. 11.2.1989, S. 27) eine Anhörungspflicht für den Fall, dass gesundheitsschützende Regelung in Bezug auf Lebensmittelzusatzstoffe erlassen werden sollen (Zu den Lebensmittelzusatzstoffen s. u. S. 131 ff.). Soweit dort auf eine Anhörung des »Wissenschaftlichen Lebensmittelausschusses« Bezug genommen wird, gilt dies gem. Art. 62 Abs. 1 EG-BasisV als Bezugnahme auf die EBLS.

Anhörung erfolgt durch Abgabe eines wissenschaftlichen Gutachtens, Art. 29 Abs. 1 S. 1 lit. a EG-BasisV.

Im Rahmen des Risikomanagements wird eine Entscheidung darüber getroffen, ob bzw. welche (Rechtsetzungs-)Maßnahmen zur Prävention, Begrenzung oder Ausschaltung der im Rahmen der Risikobewertung identifizierten und beschriebenen Risiken für die Lebensmittelsicherheit zu ergreifen sind.[367] Dabei sind verschiedene strategische Alternativen abzuwägen.[368] Die wesentliche Grundlage der abschließenden Risikomanagemententscheidung bilden die im Rahmen der Risikobewertung gewonnenen wissenschaftlichen Erkenntnisse.[369] Angesichts dessen, dass ein vollständiger Ausschluss jeglicher Risiken für die Lebensmittelsicherheit – zumindest ohne unzumutbare Belastungen für die Lebensmittelwirtschaft – nicht realisierbar ist, beinhaltet die Entscheidung über die zu treffenden Risikomanagementmaßnahmen jedoch notwendigerweise auch immer eine politische Wertungsentscheidung über das jeweils anzustrebende Schutzniveau bzw. die noch tolerierbaren Restrisiken. Bei der Entwicklung und Abwägung der Handlungsalternativen sind daher nicht nur die Art und das Ausmaß des identifizierten Risikos für die Lebensmittelsicherheit, sondern auch weitere Faktoren wie etwa gesellschaftliche, wirtschaftliche und ethische Gesichtspunkte, Traditionen, Umweltauswirkungen sowie die grundsätzliche Frage der Beherrschbarkeit des Risikos zu berücksichtigen.[370]

Wird im Rahmen der Risikobewertung festgestellt, dass zwar Anhaltspunkte dafür vorliegen, dass ein unvertretbares Gesundheitsrisiko bestehen, jedoch die verfügbaren wissenschaftlichen Informationen und Daten nicht ausreichen, um dies abschließend beurteilen zu können, so kommt das sog. »Vorsorgeprinzip« zum Tragen.[371] Derartige wissenschaftliche Unsicherheiten können sich aus der angewendeten wissenschaftlichen Methode in Form der gewählten Variablen, den vorgenommenen Messungen, den gezogenen Stichproben, den verwendeten Modellen oder dem zugrunde

---

367 Vgl. *Vorschlag der Kommission zur EG-BasisV,* KOM(2000) 716 endg., S. 9.

368 Vgl. Art. 3 Nr. 12 EG-BasisV; *Vorschlag der Kommission zur EG-BasisV,* KOM(2000) 716 endg., S. 9; *Gorny,* Grundlagen des europäischen Lebensmittelrechts, S. 54.

369 Vgl. *Zipfel/Rathke,* Lebensmittelrecht II, C 101, Art. 3 Rn. 69.

370 Vgl. Egr. (19) EG-BasisV; *Vorschlag der Kommission zur EG-BasisV,* KOM(2000) 716, S. 9; *Gallhoff/Rimkus,* in: Frede (Hrsg.), Taschenbuch für Lebensmittelchemiker, S. 1 (19); *Simon,* Kooperative Risikoverwaltung, S. 113.

371 *Vorschlag der Kommission zur EG-BasisV,* KOM(2000) 716 endg., S. 10.

gelegten Kausalzusammenhang ergeben.[372] Sie können sich jedoch auch daraus ergeben, dass Uneinigkeit über die Bewertung der verfügbaren Daten besteht oder dass wichtige Daten fehlen.[373] Dies kann insbesondere im Fall neuartiger Produkte oder des Einsatzes neuartiger Stoffe oder Methoden im Rahmen der Lebensmittelproduktion der Fall sein, da hier das für die Beurteilung der Schadenswahrscheinlichkeit notwendige Erfahrungs- und Regelwissen (noch) nicht vorhanden ist.[374] Bedingt durch das Fehlen der für die Beurteilung erforderlichen Informationen bestehen entweder Unsicherheiten, ob ein Lebensmittel überhaupt eine Schadensquelle darstellt oder aber unter welchen Umständen bzw. auf welche Weise sich das Gefahrpotential eines Lebensmittel realisieren kann.[375] Gem. Art. 7 Abs. 1 EG-BasisV können daher in diesen Fällen vorläufige Risikomanagementmaßnahmen zur Sicherstellung des in der Gemeinschaft gewählten hohen Gesundheitsschutzniveaus getroffen werden, bis weitere wissenschaftliche Informationen für eine umfassendere Risikobewertung vorliegen. Diese Maßnahmen müssen allerdings verhältnismäßig sein und dürfen den Handel nicht stärker beeinträchtigen, als dies zur Erreichung des in der Gemeinschaft gewählten hohen Gesundheitsschutzniveaus unter Berücksichtigung der technischen und wirtschaftlichen Durchführbarkeit und anderer zu berücksichtigender Faktoren notwendig ist, Art. 7 Abs. 2 S. 1 EG-BasisV. Durch die Anwendung des Vorsorgeprinzips werden die Risikomanagemententscheider also dazu ermächtigt, auch ohne eine abschließende Risikobewertung Maßnahmen zu ergreifen, um der besonderen Bedeutung des Gesundheitsschutzes Rechnung zu tragen.[376] Da sich derartige Risikomanagemententscheidungen nicht auf gesicherte wissenschaftliche Erkenntnisse über die Wahrscheinlichkeit bzw. das Ausmaß des Gefahrenpotentials stützen, ist die Festlegung des jeweiligen Schutzniveaus einschließlich der Abwägung der jeweils zu berücksichtigenden Faktoren allerdings in hohem Maße wertungsabhängig[377] und fehleranfällig.[378] Daher bestimmt Art. 7

---

372 Vgl. *Mitteilung der Kommission zur Anwendbarkeit des Vorsorgeprinzips,* KOM(2000) 1 endg., S. 17; *Gorny,* Grundlagen des europäischen Lebensmittelrechts, S. 85.

373 Vgl. *Mitteilung der Kommission zur Anwendbarkeit des Vorsorgeprinzips,* KOM(2000) 1 endg., S. 17; *Gorny,* Grundlagen des europäischen Lebensmittelrechts, S. 85.

374 Vgl. *Weiß,* Gewährleistung der Produktsicherheit, S. 52.

375 *Ehlers,* Ziele der Wirtschaftsaufsicht, S. 64; *Weiß,* Gewährleistung der Produktsicherheit, S. 52.

376 Vgl. *Weiß,* Gewährleistung der Produktsicherheit, S. 53 f.

377 Vgl. *Weiß,* Gewährleistung der Produktsicherheit, S. 54.

Abs. 2 S. 2 EG-BasisV, dass Vorsorgemaßnahmen innerhalb einer angemessenen Frist überprüft werden müssen. Die Bestimmung der Frist richtet sich nach der Art des festgestellten Risikos und der Art der wissenschaftlichen Informationen, die zur Klärung der wissenschaftlichen Unsicherheit und für eine umfassendere Risikobewertung notwendig sind. Vorsorgemaßnahmen gelten also lediglich vorläufig, bis umfassendere Informationen zum Risiko beschafft und ausgewertet werden können.[379]

Die Prozesse der Risikobewertung und des Risikomanagement werden durch die Risikokommunikation »begleitet«. Sie dient dem »interaktiven Austausch von Informationen und Meinungen über Gefahren und Risiken, risikobezogene Faktoren und Risikowahrnehmung zwischen Risikobewertern, Risikomanagern, Verbrauchern, Lebensmittel- und Futtermittelunternehmen, Wissenschaftlern und anderen interessierten Kreisen einschließlich der Erläuterung von Ergebnissen der Risikobewertung und der Grundlage für Risikomanagemententscheidungen«, Art. 3 Nr. 13 EG-BasisV.

III. Internationale Vorgaben

Angesichts des grenzüberschreitenden, weltweiten Handelsverkehrs mit Lebensmitteln sind Risiken im Zusammenhang mit dem Konsum von Lebensmitteln und deren Beherrschung im Wege verbraucherschützender Maßnahmen nicht nur ein nationales oder europäisches, sondern ein globales Thema.[380] Anforderungen an die Beschaffenheit von Lebensmitteln bzw. deren Produktion und Vertrieb sind daher auch Gegenstand internationaler bzw. völkerrechtlicher Regelungen, insbesondere solcher des Welthandelsrechts. Dabei geht es nicht nur darum, auch auf internationaler Ebene einen Beitrag zur Lebensmittelsicherheit zu leisten. Ähnlich wie den Harmonisierungsbestrebungen im europäischen Lebensmittelrecht liegt auch der Entwicklung und Festlegung internationaler Normen und Standards die Erkenntnis zugrunde, dass unterschiedlich geltende lebensmittelrechtliche Anforderungen den internationalen Handelsverkehrs behindern können.[381] Die Freiheit des weltweiten Handelsverkehrs zu fördern und diesbezügliche

---

378 *Weiß,* Gewährleistung der Produktsicherheit, S. 55.

379 *Vorschlag der Kommission zur EG-BasisV,* KOM(2000) 716, S. 10; vgl. auch *Gorny,* Grundlagen des europäischen Lebensmittelrechts, S. 85.

380 Vgl. *Weiß,* Gewährleistung der Produktsicherheit, S. 250.

381 Vgl. *Streinz,* in: Achterberg/Püttner/Würtenberger (Hrsg.), BesVerwR II, § 24 Rn. 13; *Thomas/Freund/Gründig,* in: Frede (Hrsg.), Taschenbuch für Lebensmittelchemiker, S. 51 (52); *Weiß,* Gewährleistung der Produktsicherheit, S. 217.

Rahmenvorgaben zu schaffen ist Aufgabe der *World Trade Organization* (*WTO*).[382] Sowohl die Mitgliedstaaten der EG als auch die EG selbst sind Mitglieder der WTO.[383] Die im Rahmen der WTO abgeschlossenen völkerrechtlichen Verträge, insbesondere die verschiedenen Handelsübereinkommen, binden daher gem. Art. 300 Abs. 7 EGV die EG-Organe sowie die Mitgliedstaaten.[384] Nach Art. XVI Abs. 4 des *Übereinkommens zur Errichtung der Welthandelsorganisation* v. 15.4.1994[385] (*WTOÜ*)[386] hat jedes Mitglied der WTO sicherzustellen, dass seine Gesetze, sonstigen Vorschriften und Verwaltungsverfahren mit seinen Verpflichtungen aufgrund der als Anlage beigefügten Übereinkommen im Einklang stehen.[387] Aus diesen Übereinkommen können sich also Vorgaben für den Erlass gemeinschaftsrechtlicher und nationaler lebensmittelrechtlicher Bestimmungen ergeben. Für das Lebensmittelrecht bedeutsam ist insbesondere das *Übereinkommen über die Anwendung gesundheitspolizeilicher und pflanzenschutzrechtlicher Maßnahmen* v. 15.4.1994[388] (*SPSÜ*).[389]

Das SPSÜ gilt für alle gesundheitspolizeilichen und pflanzenschutzrechtlichen Maßnahmen (*SPS-Maßnahmen*), die sich mittelbar oder unmittelbar auf den internationalen Handel auswirken können, Art. 1 Abs. 1 S. 2 SPSÜ. SPS-Maßnahmen sind u. a. solche Maßnahmen, die angewendet werden »zum Schutz des Lebens oder der Gesundheit von Menschen im Gebiet des Mitglieds vor Gefahren, die durch Zusätze, Verunreinigungen, Toxine oder krankheitsverursachende Organismen in Nahrungsmitteln, Getränken oder Futtermitteln entstehen«, Anh. A Nr. 1 lit. b SPSÜ. Dazu gehören beispielsweise gemeinschaftsrechtliche oder nationale lebensmittelrechtliche Vorschriften, die zum Schutz der Verbraucher den Handel mit solchen Lebensmitteln verbieten oder beschränken, die bestimmte (Zusatz-)Stoffe[390] oder Kontaminanten[391] enthalten. Auswirkungen auf den zwischenstaatlichen Handel können SPS-Maßnahmen insbesondere dadurch entfalten, dass die

382 Vgl. *Weiß,* Gewährleistung der Produktsicherheit, S. 219.

383 *Zipfel/Rathke,* Lebensmittelrecht, Einführung B Rn. 58a. Zur Völkerrechtssubjektivität der EG s. o. S. 44 (Fn. 234).

384 *Zipfel/Rathke,* Lebensmittelrecht, Einführung B Rn. 58a.

385 ABl. Nr. L 336 v. 23.12.1994, S. 3.

386 *Agreement Establishing the **W**orld **T**rade **O**rganization.*

387 *Weiß,* Gewährleistung der Produktsicherheit, S. 221.

388 ABl. Nr. L 336 v. 23.12.1994, S. 40.

389 *Agreement on the Application of **S**anitary and **P**hyto**s**anitary Measures.*

390 Zu den lebensmittelrechtlichen Bestimmungen über Zusatzstoffe s. u. S. 131 ff.

391 Zu den Vorschriften über Kontaminanten s. u. S. 135 f.

Lebensmittelimporteure ihre Waren an die jeweiligen lebensmittelrechtlichen Vorschriften des Bestimmungslandes anpassen müssen.[392] Nach den Vorschriften des SPSÜ sind SPS-Maßnahmen grundsätzlich zulässig, unterliegen jedoch bestimmten Rechtmäßigkeitsvoraussetzungen.[393] Insbesondere müssen die Maßnahmen zum Schutz des Lebens oder der Gesundheit »notwendig« sein und auf wissenschaftlichen Grundsätzen beruhen, Art. 2 Abs. 2 ÜSPS. Außerdem verbietet Art. 2 Abs. 3 SPSÜ rechtsmissbräuchliche SPS-Maßnahmen.[394]

Besonderheiten gelten für den sog. »harmonisierten Bereich«[395]: Gem. Art. 3 Abs. 1 SPSÜ stützen sich die Mitglieder bei ihren SPS-Maßnahmen – soweit vorhanden – auf internationale Normen, Richtlinien oder Empfehlungen mit »dem Ziel, eine möglichst weitgehende Harmonisierung der gesundheitspolizeilichen und pflanzenschutzrechtlichen Maßnahmen zu erreichen.« Die Einführung und Beibehaltung von SPS-Maßnahmen, die ein im Vergleich zu den harmonisierten Anforderungen höheres Schutzniveau bewirken, wird den Mitgliedern allerdings nicht grundsätzlich verwehrt. Diese Maßnahmen sind jedoch nur zulässig, wenn eine wissenschaftliche Begründung vorliegt, Art. 3 Abs. 3 S. 1 SPSÜ. Dies ist dann der Fall, wenn ein Mitglied auf der Grundlage einer Prüfung und Bewertung verfügbarer wissenschaftlicher Angaben festlegt, dass die einschlägigen internationalen Normen, Richtlinien oder Empfehlungen nicht ausreichen, um das für angemessen erachtete Schutzniveau zu erreichen.[396] Dabei hat das Mitglied die »einschlägigen Bestimmungen« des SPSÜ, insbesondere Art. 5 SPSÜ zu beachten, der u. a. das anzuwendende Risikobewertungsverfahren festlegt.[397] Außerdem dürfen diese SPS-Maßnahmen nicht im Widerspruch zu den übrigen Bestimmungen des SPSÜ stehen, Art. 3 Abs. 3 S. 2 SPSÜ.

Dagegen gelten SPS-Maßnahmen, die internationalen Normen, Richtlinien oder Empfehlungen entsprechen, gem. Art. 3 Abs. 2 SPSÜ u. a. als mit dem SPSÜ vereinbar.[398] Richten die Mitglieder ihre nationalen lebensmittelrechtlichen Vorschriften also an diesen harmonisierten Anforderungen aus,

---

392 *Voland,* Verbraucherschutz und Welthandelsrecht, S. 166.

393 S. Art. 2 Abs. 1 SPSÜ.

394 Vgl. *Voland,* Verbraucherschutz und Welthandelsrecht, S. 194 f.

395 Zum Begriff s. *Voland,* Verbraucherschutz und Welthandelsrecht, S. 163.

396 S. amtliche Fußnote zu Art. 3 Abs. 3 S. 1 SPSÜ.

397 Ausführlich hierzu *Voland,* Verbraucherschutz und Welthandelsrecht, S. 175 ff.

398 *Bauschke,* Verbraucherschutz im öffentlichen Recht, S. 43; *Weiß,* Gewährleistung der Produktsicherheit, S. 232; *Zipfel/Rathke,* Lebensmittelrecht, Einführung B Rn. 60.

so werden sie damit »belohnt«,[399] dass sie die wissenschaftliche Begründung sowie die Erfüllung der übrigen Rechtmäßigkeitsanforderungen nicht nachweisen müssen. Es wird vielmehr grundsätzlich vermutet, dass sie ihrer völkerrechtlichen Verpflichtung zur Einhaltung des SPSÜ nachkommen und ein Konflikt mit dem Welthandelsrecht nicht besteht.[400]

Für die Harmonisierung im Bereich der Lebensmittelsicherheit verweist Anh. A Nr. 3 lit. a SPSÜ auf die »Normen, Richtlinien und Empfehlungen der Kommission des Codex Alimentarius«. Die *Codex-Alimentarius-Kommission* ist eine gemeinsame Einrichtung der *Welternährungs- und Landwirtschaftsbehörde* (*FAO*)[401] und der *Weltgesundheitsorganisation* (*WHO*),[402] bei denen es sich jeweils um UN-Einrichtungen handelt.[403] Ihr gehören derzeit[404] 181 Staaten an, darunter alle EG-Mitgliedstaaten und die EG selbst.[405] Ihre Aufgabe ist es, durch die Erarbeitung lebensmittelbezogener Regelungen einen Beitrag zum Schutz der Gesundheit der Verbraucher zu leisten, lautere Handelsgepflogenheiten sicherzustellen und eine weltweite Harmonisierung der Lebensmittelvorschriften zu erreichen.[406] Im Zentrum stehen dabei die sog. »Codex Standards«, die u. a. Regelungen über Zusammensetzung, Herstellung, Qualität und Kennzeich-

---

399 Vgl. *Voland,* Verbraucherschutz und Welthandelsrecht, S. 164.

400 Vgl. *Weiß,* Gewährleistung der Produktsicherheit, S. 232.

401 ***F**ood and **A**griculture **O**rganization of the United Nations.*

402 ***W**orld **H**ealth **O**rganization.*

403 *Bender,* Domestically Prohibited Goods, S. 347; *Gorny,* Grundlagen des Lebensmittelrechts, S. 69; *Simon,* Kooperative Risikoverwaltung, S. 51; *Streinz,* in: Achterberg/Püttner/Würtenberger (Hrsg.), BesVerwR II, § 24 Rn. 12; *Thomas/Freund/Gründig,* in: Frede (Hrsg.), Taschenbuch für Lebensmittelchemiker, S. 51 (52); *Voland,* Verbraucherschutz und Welthandelsrecht, S. 166; *Weiß,* Gewährleistung der Produktsicherheit, S. 232; *Zipfel/Rathke,* Lebensmittelrecht, Einführung B Rn. 60a.

404 Stand: 06/2009.

405 Eine Liste der Mitglieder ist verfügbar unter *http://www.codexalimentarius.net* (Stand: 06/2009).

406 Vgl. *Codex Alimentarius Kommission,* Verfahrenshandbuch, S. 4/16 sowie *Bauschke,* Verbraucherschutz im öffentlichen Recht, S. 48; *Gorny,* Grundlagen des Lebensmittelrechts, S. 69; *Simon,* Kooperative Risikoverwaltung, S. 52; *Streinz,* in: Schulze/Zuleeg (Hrsg.), Europarecht, § 24 Rn. 35; *Voland,* Verbraucherschutz und Welthandelsrecht, S. 166; *Weiß,* Gewährleistung der Produktsicherheit, S. 232; *Zipfel/Rathke,* Lebensmittelrecht, Einführung B Rn. 60a. Das Verfahrenshandbuch ist abrufbar unter *http://www.codexalimentarius.net/web/procedural_manual.jsp* (Stand: 06/2009).

nung von Lebensmittel treffen.[407] Die verabschiedeten Regelungen werden in der Sammlung »Codex Alimentarius« veröffentlicht.[408]

Unter Berücksichtigung der in Art. 3 SPSÜ niedergelegten welthandelsrechtlichen Vorgaben[409] bestimmt Art. 5 Abs. 3 EG-BasisV, dass soweit internationale Normen bestehen oder in Kürze zu erwarten sind, diese bei der Entwicklung oder Anpassung des Lebensmittelrechts zu berücksichtigen sind, »außer wenn diese Normen oder wichtige Teile davon ein unwirksames oder ungeeignetes Mittel zur Erreichung der legitimen Ziele des Lebensmittelrechts darstellen würden, wenn wissenschaftliche Gründe dagegen sprechen oder wenn die Normen zu einem anderen Schutzniveau führen würden, als es in der Gemeinschaft als angemessen festgelegt ist«. Tatsächlich beruhen zahlreiche Vorschriften des geltenden gemeinschaftsrechtlichen Lebensmittelrechts auf entsprechenden Codex Standards.[410] Dies ist auch zurückzuführen auf den intensiven Austausch zwischen den an der Ausarbeitung der Standards bzw. der Vorschriften jeweils beteiligten wissenschaftlichen Ausschüssen der Codex Alimentarius Kommission einerseits und der EG andererseits, einschließlich personeller Überschneidungen.[411]

§ 3 Begriff, Aufgaben und Organisation der allgemeinen Lebensmittelüberwachung

Das Lebensmittelrecht stellt nicht nur Anforderungen an Lebensmittel bzw. die Tätigkeit der Lebensmittelunternehmer, sondern trifft auch Regelungen darüber, auf welche Weise bzw. durch wen die Einhaltung dieser Vorschriften sicherzustellen ist. Gegenstand der folgenden Darstellung ist zunächst die lebensmittelrechtliche Grundkonzeption in Bezug auf die Gewähr-

407 *Bauschke,* Verbraucherschutz im öffentlichen Recht, S. 49; *Streinz,* in: Achterberg/Püttner/Würtenberger (Hrsg.), BesVerwR II, § 24 Rn. 12; *Voland,* Verbraucherschutz und Welthandelsrecht, S. 166; *Zipfel/Rathke,* Lebensmittelrecht, Einführung B Rn. 60a.

408 Vgl. *Codex Alimentarius Kommission,* Verfahrenshandbuch, S. 34; *Simon,* Kooperative Risikoverwaltung, S. 51; *Weiß,* Gewährleistung der Produktsicherheit, S. 232. Die Sammlung ist abrufbar unter *http://www.codexalimentarius.net* (Stand: 06/2009).

409 Vgl. *Vorschlag der Kommission zur EG-BasisV,* KOM(2000) 716 endg., S. 9.

410 *Gorny,* Grundlagen des europäischen Lebensmittelrechts, S. 70; *Simon,* Kooperative Risikoverwaltung, S. 52; *Streinz,* in: Achterberg/Püttner/Würtenberger (Hrsg.), BesVerwR II, § 24 Rn. 12. Siehe auch die entsprechenden Hinweise im Rahmen der folgenden Darstellung.

411 *Simon,* Kooperative Risikoverwaltung, S. 52.

leistung der Einhaltung der materiellen Vorschriften, die sowohl eine diesbezügliche Verantwortung der Lebensmittelunternehmer als auch eine Verantwortung staatlicher[412] Stellen vorsieht. Letztere wird durch die Einrichtung und Durchführung eines behördlichen Überwachungssystems wahrgenommen. In diesem Zusammenhang werden Begriff und Aufgabe der allgemeinen Lebensmittelüberwachung in Deutschland sowie Einzelheiten der Organisationsstrukturen in Nordrhein-Westfalen erörtert.

A. Die Gewährleistung der Einhaltung des materiellen Lebensmittelrechts

Die verbraucherschützende Zielsetzung des materiellen Lebensmittelrechts kann nur dann realisiert werden, wenn Vorkehrungen getroffen werden, die gewährleisten, dass die Vorschriften auch eingehalten werden.[413] Für den Bereich des Lebensmittelrechts bzw. der Lebensmittelsicherheit gilt dabei der Grundsatz, dass allen an der Lebensmittelkette Beteiligten ein eigener Verantwortungsbereich zugewiesen wird: »[D]ie hauptsächliche Verantwortung für die Lebensmittelsicherheit liegt bei den (…) Lebensmittelunternehmen; die zuständigen Behörden sorgen mittels nationaler Überwachungs- und Kontrollsysteme dafür, dass diese Verantwortung auch wahrgenommen wird; wesentliche Aufgabe der Kommission ist es, im Wege von Prüfungen und Inspektionen in den Mitgliedstaaten festzustellen, ob die zuständigen Behörden in der Lage sind, diese Systeme zu betreiben. Die Verbraucher ihrerseits müssen sich bewußt sein, daß sie für die sachgemäße Lagerung, Handhabung und Zubereitung der Lebensmittel verantwortlich sind. Auf diese Weise wird der Grundsatz ›vom Erzeuger zum Verbraucher‹, der sämtliche Glieder der Lebensmittelherstellungskette (Futtermittelerzeugung, Primärproduktion, Lebensmittelverarbeitung, Lagerung, Transport und Einzelhandel) einschließt, systematisch und konsistent angewandt.«[414] Die Verantwortung für die Einhaltung des materiellen Lebensmittelrechts durch die Lebensmittelunternehmer einschließlich entsprechender Gewährleistungs-

412 »Staatlich« ist im Rahmen der folgenden Darstellung jeweils in einem weiten Sinne gemeint und schließt die supranationale Ebene, also Handlungen der Gemeinschaftsorgane mit ein.

413 Vgl. *Bauschke,* Verbraucherschutz im öffentlichen Recht, S. 139; *David,* Inspektionen im Europäischen Verwaltungsrecht, S. 19; *Herzberg,* Regulierung und Überwachung bei Lebensmitteln, S. 130; *Ringel,* Lebensmittelrecht als Sicherheitsrecht, S. 138 f.; *Streinz,* in: Achterberg/Püttner/Würtenberger (Hrsg.), BesVerwR II, § 24 Rn. 26; *Verfürth,* Effektive Lebensmittelüberwachung, S. 13.

414 *Weißbuch zur Lebensmittelsicherheit* v. 12.1.2000, KOM(1999) 719 end., S. 9.

pflichten tragen demnach sowohl die Unternehmer selbst als auch die zuständigen staatlichen bzw. supranationalen Behörden und Stellen.

I. Unternehmerische Verantwortlichkeiten und Pflichten

Ein zentraler Gedanke des europäischen Lebensmittelrechts ist die Betonung der Eigenverantwortung der Lebensmittelunternehmer für die Sicherheit und Rechtskonformität ihrer Produkte. Grundlage ist die Überzeugung, dass die Unternehmer am besten in der Lage sind zu beurteilen, welche Maßnahmen zur Gewährleistung der Rechtskonformität geeignet sind.[415] Da ihnen umfassende Informationen über die Beschaffenheit ihrer Produkte bzw. die Produktionsprozesse zur Verfügung stehen bzw. sie hierauf Zugriff erlangen können, ist es ihnen möglich, der Lebensmittelsicherheit abträgliche Umstände wie Kontaminationsquellen oder gesundheitsschädliche Inhaltsstoffe zu identifizieren und zu beseitigen.[416] Dementsprechend wird den Lebensmittelunternehmern die primäre rechtliche Verantwortung für die Gewährleistung der Lebensmittelsicherheit übertragen.[417]Angedeutet wird dies bereits in der Definition des »Lebensmittelunternehmers«: Gem. Art. 3 Nr. 3 EG-BasisV sind die Lebensmittelunternehmer »die (...) Personen, die dafür verantwortlich sind, dass die Anforderungen des Lebensmittelrechts in dem ihrer Kontrolle unterstehenden Lebensmittelunternehmen erfüllt werden«. Die bereits hieraus mittelbar abzuleitende Verpflichtung wird noch einmal ausdrücklich in Art. 17 Abs. 1 EG-BasisV formuliert: Danach sorgen die Lebensmittelunternehmer »auf allen Produktions-, Verarbeitungs- und Vertriebsstufen in den ihrer Kontrolle unterstehenden Unternehmen dafür, dass die Lebensmittel die Anforderungen des Lebensmittelrechts erfüllen, die für ihre Tätigkeit gelten, und überprüfen die Einhaltung dieser Anforderungen«. Hieraus lassen sich zusammenfassend folgende Verpflichtungen der Lebensmittelunternehmer ableiten: Sie müssen

- (präventive) Vorkehrungen treffen, um sicherzustellen, dass die einschlägigen lebensmittelrechtlichen Anforderungen eingehalten werden (können), beispielsweise durch entsprechende Anweisung und Schulung des Betriebspersonals,[418]

415 Vgl. Egr. (30) EG-BasisV.

416 Vgl. *Bauschke,* Verbraucherschutz im öffentlichen Recht, S. 186.

417 Vgl. Egr. (39) EG-BasisV.

418 Vgl. *Gorny,* Grundlagen des europäischen Lebensmittelrechts, S. 127.

- unternehmensinterne Eigenkontrollen vornehmen bzw. entsprechende Systeme und Verfahren einrichten, um kontinuierlich zu überprüfen, ob die Einhaltung der Anforderungen auch tatsächlich erfolgt,[419] z. B. durch die regelmäßige Entnahme und Untersuchung von Stichproben, und
- geeignete Abhilfemaßnahmen treffen, um die Rechtskonformität wiederherzustellen bzw. für die Zukunft sicherzustellen, falls im Rahmen der vorstehend genannten Kontrollen oder auf anderem Wege eine Nichteinhaltung der Anforderungen festgestellt wird.

Die Lebensmittelunternehmer werden also nicht nur als Überwachungsobjekte eingeordnet, sondern ihnen wird eine aktive Rolle im lebensmittelrechtlichen Verbraucherschutz zugewiesen. Sie können sich daher nicht darauf beschränken, Handlungen zu unterlassen, von denen sie wissen, dass diese zu lebensmittelrechtlichen Verstößen führen würden. Vielmehr haben sie darüber hinaus die Pflicht, bereits im Vorfeld (präventiv) tätig zu werden und aktiv Verstöße zu ermitteln und diese zu verhindern. Diese allgemeine Verpflichtung wird durch spezifische Vorschriften konkretisiert. So haben Lebensmittelunternehmer für die betriebsinterne Kontrolle der Einhaltung bestimmter hygienischer Anforderungen gem. Art. 5 Abs. 1 der *Verordnung (EG) Nr. 852/2004 des Europäischen Parlaments und des Rates v. 29.4.2004 über Lebensmittelhygiene*[420] sog. »HACCP-Systeme« einzurichten und zu betreiben.[421] In einem – bereits in der amtlichen Überschrift[422] zum Ausdruck kommenden – Zusammenhang mit der primären Verantwortung der Lebensmittelunternehmer für die Sicherheit und Rechtskonformität ihrer Produkte steht insbesondere auch die Vorschrift des Art. 19 EG-BasisV. Diese regelt Handlungspflichten der Lebensmittelunternehmer für den Fall (des Verdachts) eines Verstoßes gegen lebensmittelrechtliche Vorschriften im Zusammenhang mit den von ihnen eingeführten, erzeugten, verarbeiteten, hergestellten oder vertriebenen Lebensmitteln.[423] Im Übrigen wird die Pflicht zur Durchführung von Eigenkontrollen durch die Lebensmittelunternehmer – zumindest in größeren Betrieben der Lebens-

419 Vgl. *Gorny,* Grundlagen des europäischen Lebensmittelrechts, S. 127.

420 ABl. Nr. L 139 v. 30.4.2004, S. 1.

421 Ausführlich dazu unten S. 144 f.

422 Diese lautet: »Verantwortung für Lebensmittel: Lebensmittelunternehmer«.

423 Dazu gehören u. a. Informations- und Rücknahme- bzw. Rückrufpflichten. Näheres s. u. S. 200 f. und S. 260 ff.

mittelindustrie – in der Regel durch die Einrichtung und das Betreiben umfassender »Qualitätsmanagementsysteme« (*QMS*) erfüllt.[424]

Die Durchführung von Eigenkontrollen bzw. die Vermeidung von Rechtsverstößen ist grundsätzlich auch im Interesse der Lebensmittelunternehmer. Denn zum einen haben sie so die Möglichkeit, mit einer kontrollierten Qualität ihrer Produkte zu werben und das Vertrauen der Verbraucher zu gewinnen.[425] Zum anderen können sie hierdurch Nachteile vermeiden, die mit dem Aufdecken von Verstößen verbunden sein können: So können behördliche Reaktionsmaßnahmen mit Kosten bzw. Umsatzeinbußen verbunden sein, etwa bei Produktions- und Vertriebsverboten.[426] Erlangen die Verbraucher Kenntnis von diesen Verstößen – etwa durch eine entsprechende Information der Öffentlichkeit durch die Behörden[427] oder durch eine Berichterstattung in der Presse[428] – kann dies zu einer Rufschädigung und ebenfalls zu einem Umsatzrückgang führen. Die sich hieraus ergebenden Anreize für eine Gewährleistung der Rechtskonformität durch die Lebensmittelunternehmer selbst bestehen jedoch nur dann, wenn diese tatsächlich befürchten müssen, dass Verstöße aufgedeckt werden, wenn also ein flächendeckendes und effizientes staatliches bzw. behördliches Überwachungssystem vorhanden ist.

II. Staatliche Verantwortlichkeiten und Pflichten

Aus der grundsätzlichen verfassungsrechtlichen Pflicht des Staates, Bestimmungen zum Schutz des Einzelnen vor Schäden zu erlassen,[429] folgt zugleich die Pflicht, Vorkehrungen zu treffen, dass diese Bestimmungen auch eingehalten werden.[430] Eine staatliche Überwachung ist dabei nicht nur als präventives Instrument bedeutsam, um Anreize für ein rechtskonformes

---

424 Vgl. *Bauschke,* Verbraucherschutz im öffentlichen Recht, S. 187; *Nöhle,* ZLR 1995, 509 (511); *Unland u. a.,* ZLR 2004, 112 (112 f.). Ausführlich zum Qualitätsmanagementsystem s. *Bauschke,* Verbraucherschutz im öffentlichen Recht, S. 190 ff., sowie *Thorn,* in: Frede (Hrsg.), Taschenbuch für Lebensmittelchemiker, S. 183 (183 ff.).

425 Vgl. *Bauschke,* Verbraucherschutz im öffentlichen Recht, S. 186.

426 Zu den entsprechenden Maßnahmen der Lebensmittelüberwachung s. u. S. 237 ff.

427 Zur Information der Öffentlichkeit als Maßnahme der Lebensmittelüberwachung s. u. S. 269 ff.

428 Vgl. *Verfürth,* Effektive Lebensmittelüberwachung, S. 3.

429 S. o. S. 66.

430 Vgl. *Streinz,* in: Achterberg/Püttner/Würtenberger (Hrsg.), BesVerwR II, § 24 Rn. 27; *Verfürth,* Effektive Lebensmittelüberwachung, S. 4.

Verhalten der Lebensmittelunternehmer zu schaffen. Denn Verstöße gegen lebensmittelrechtliche Vorschriften beruhen nicht notwendigerweise auf vorsätzlichem Verhalten oder Unterlassen der Lebensmittelunternehmer. So muss einem Lebensmittelunternehmer die fehlende Rechtskonformität eines in seinem Unternehmen hergestellten Produkts nicht notwendigerweise bekannt sein. Dies kann sich sowohl aus einer Unkenntnis der relevanten Tatsachen ergeben, die einen Verstoß gegen lebensmittelrechtliche Vorschriften begründen, oder aber aufgrund einer Unkenntnis der einschlägigen Rechtsvorschriften bzw. ihrer Reichweite und Anwendbarkeit im konkreten Fall.

Eine gemeinschaftsrechtliche Regelung zur staatlichen Verantwortung für die Einhaltung des Lebensmittelrechts enthält Art. 17 Abs. 2 UAbs. 1 EG-BasisV. Danach setzen die Mitgliedstaaten das Lebensmittelrecht durch und überwachen und überprüfen, dass die entsprechenden Anforderungen des Lebensmittelrechts von den Lebensmittelunternehmern in allen Produktions-, Verarbeitungs- und Vertriebsstufen eingehalten werden. Dies entspricht dem aus dem Prinzip der begrenzten Einzelermächtigung abgeleiteten Grundsatz, nach dem die Vollziehung von Gemeinschaftsrecht grundsätzlich den Mitgliedstaaten vorbehalten ist.[431]

Wie die Mitgliedstaaten diese Pflichten erfüllen, insbesondere welche Vollzugsbehörden und welche Verfahren sie hierfür vorsehen, ist ebenfalls grundsätzlich eine Angelegenheit der innerstaatlichen Organisation.[432] Gem. Art. 4 Abs. 1 der *Verordnung (EG) Nr. 882/2004 des Europäischen Parlaments und des Rates v. 29.4.2004 über amtliche Kontrollen zur Überprüfung der Einhaltung des Lebensmittel- und Futtermittelrechts sowie der Bestimmungen über Tiergesundheit und Tierschutz*[433] (*EG-KontrollV*)

---

431 Vgl. *Brenner,* ZLR 2001, 359 (362); *Caspar,* in: Hendler u. a. (Hrsg.), Jahrbuch 2002, S. 117 (138 f.); *ders.,* DVBl. 2002, 1437 (1444); *Geiger,* EUV/EGV, Art. 10 Rn. 43; *Kahl,* in: Calliess/Ruffert (Hrsg.), EUV/EGV, Art. 10 EGV Rn. 30; *Oppermann,* Europarecht, § 7 Rn. 32; *Pernice/Kadelbach,* DVBl. 1996, 1100 (1101 f.); *Streinz,* in: Schulze/Zuleeg (Hrsg.), Europarecht, § 24 Rn. 6; *Verfürth,* Effektive Lebensmittelüberwachung, S. 51; *Wahl/Groß,* DVBl. 1998, 2 (10 f.); *Weiß,* Gewährleistung der Produktsicherheit, S. 104.

432 *EuGH,* Urt. v. 11.2.1971 – Rs. 39/70 (»Fleischkontor«) –, in: Slg. 1971, 49 Rn. 4; *Brenner,* ZLR 2001, 359 (363); *Geiger,* EUV/EGV, Art. 10 Rn. 43; *Gorny,* Grundlagen des europäischen Lebensmittelrechts, S. 128; *Oppermann,* Europarecht, § 7 Rn. 36; *Streinz,* Europarecht, Rn. 539/548; *ders.,* in: Schulze/Zuleeg (Hrsg.), Europarecht, § 24 Rn. 6; *Weiß,* Gewährleistung der Produktsicherheit, S. 104.

433 ABl. Nr. L 191 v. 28.5.2004, S. 1.

benennen sie insbesondere die für die »amtlichen Kontrollen«[434] zuständigen Behörden. Allerdings haben sie gemeinschaftsrechtliche Regelungen zur Organisation und Durchführung zu beachten. Denn nicht nur das materielle Recht, auch der Rechtsvollzug in den Mitgliedstaaten ist Gegenstand gemeinschaftsrechtlicher Harmonisierungsmaßnahmen.[435] Dahinter steht die Erkenntnis, dass nicht nur unterschiedliche materiell-rechtliche Standards, sondern auch eine unterschiedliche Vollzugspraxis zu Handelshemmnissen führen kann.[436] Denn das harmonisierte materielle Recht kann von nationalen Vollzugsbehörden verschiedener Mitgliedstaaten jeweils unterschiedlich ausgelegt werden, vor allem bei unbestimmten Rechtsbegriffen, z. B. dem des Gesundheitsrisikos, deren Prüfung eine wertende Entscheidung erfordern.[437] In diesem Fall ist es denkbar, dass einzelne Produkte von den Behörden eines Mitgliedstaats aus dem Verkehr gezogen werden, weil man sie für nicht rechtskonform hält, während sie in einem anderen Mitgliedstaat weiterhin in den Verkehr gebracht werden dürfen, da man dort weniger strenge Prüfungsmaßstäbe anlegt.[438] Darüber hinaus ist es notwendig, für eine gleichmäßig effektive Durchsetzung des harmonisierten materiellen Gemeinschaftsrechts in allen Mitgliedstaaten zu sorgen, um Wettbewerbsverzerrungen zu vermeiden und die zugrunde liegenden verbraucherschützenden Ziele zu verwirklichen.[439]

Grundlegende horizontale gemeinschaftsrechtliche Vorschriften zur Durchführung der Überwachung und Durchsetzung des Lebensmittelrechts werden in der vorstehend bereits genannten EG-KontrollV geregelt. Daneben[440] gelten z. T. spezifische Vorschriften für Überwachungs- und Durchsetzungsmaßnahmen hinsichtlich einzelner Regelungsbereiche des materiellen Lebensmittelrechts bzw. hinsichtlich bestimmter Lebensmittelkategorien.

Der Grundsatz des mitgliedstaatlichen Vollzugs hindert die Gemeinschaft nicht daran, ihrerseits die Vollzugstätigkeit der Mitgliedstaaten durch eigene

---

434 Zum Begriff der amtlichen Kontrolle s. u. S. 180.

435 *Weiß,* Gewährleistung der Produktsicherheit, S. 102.

436 Vgl. *Caspar,* in: Hendler u. a. (Hrsg.), Jahrbuch 2002, S. 117 (135); *Verfürth,* Effektive Lebensmittelüberwachung, S. 53.

437 Vgl. *Weiß,* Gewährleistung der Produktsicherheit, S. 103.

438 *Weiß,* Gewährleistung der Produktsicherheit, S. 103.

439 Vgl. *David,* Inspektionen im Europäischen Verwaltungsrecht, S. 67; *Streinz,* in: Achterberg/Püttner/Würtenberger (Hrsg.), BesVerwR II, § 24 Rn. 26; *Weiß,* Gewährleistung der Produktsicherheit, S. 103.

440 S. Art. 1 Abs. 3 EG-KontrollV.

administrative Maßnahmen zu überwachen.[441] Gem. Art. 45 EG-KontrollV sind sog. »Gemeinschaftskontrollen« vorgesehen. Danach führen Experten der Kommission in Zusammenarbeit mit den zuständigen Behörden der Mitgliedstaaten regelmäßig allgemeine und spezifische Überprüfungen in den Mitgliedstaaten durch, Art. 45 Abs. 1 S. 1 i. V. m. S. 3 und 4 EG-KontrollV. Der Hauptzweck der Gemeinschaftskontrollen besteht darin festzustellen, »ob generell in den Mitgliedstaaten amtliche Kontrollen gemäß den (...) Bestimmungen des Gemeinschaftsrechts durchgeführt werden«, S. 5. Auf der Grundlage der Ergebnisse der Gemeinschaftskontrollen gibt die Kommission ggf. Empfehlungen an die Mitgliedstaaten, wie sie ihre Kontrollen verbessern sollten, Art. 45 Abs. 3 S. 1 und 2 EG-KontrollV. Die Mitgliedstaaten haben in diesem Fall »angemessene Folgemaßnahmen« zu treffen, Abs. 5 lit. a.

B. Die allgemeine Lebensmittelüberwachung in Deutschland

I. Begriff und Aufgabe der allgemeinen Lebensmittelüberwachung

Diejenige behördliche Tätigkeit, die darauf abzielt, die Einhaltung gesetzlicher Anforderungen an bestimmte wirtschaftsbezogene Tätigkeiten durch die Wirtschaftssubjekte sicherzustellen, wird im Allgemeinen als »Wirtschaftsaufsicht« bezeichnet.[442] Diejenige behördliche Tätigkeit, die die Einhaltung der Vorschriften des Lebensmittelrechts zum Gegenstand hat, wird allgemein als »(amtliche) Lebensmittelüberwachung« bezeichnet.[443] Die

---

441 Vgl. *Streinz,* in: Schulze/Zuleeg (Hrsg.), Europarecht, § 24 Rn. 8; *Verfürth,* Effektive Lebensmittelüberwachung, S. 51; *Weiß,* Gewährleistung der Produktsicherheit, S. 399.

442 Vgl. *Badura,* Wirtschaftsverfassung und Wirtschaftsverwaltung, Rn. 207; *Bullinger,* VVDStRL 22 (1965), 264 (285 f.); *Hecker,* Marktoptimierende Wirtschaftsaufsicht, S. 9; *Schmidt,* Öffentliches Wirtschaftsrecht AT, S. 338 f.; *Zipfel/Rathke,* Lebensmittelrecht, Einführung B Rn. 126. Die Terminologie in der Literatur ist uneinheitlich: Zumeist wird von Wirtschaftsaufsicht gesprochen, einige Autoren verwenden jedoch statt dessen den Begriff der »Wirtschaftsüberwachung«, um u. a. den systematischen Unterschied zur Staatsaufsicht im Sinne der Aufsicht über Selbstverwaltungsträger zum Ausdruck zu bringen (vgl. *Gröschner,* Das Überwachungsrechtsverhältnis, 1992, S. 46 ff.; *Scholl,* Behördliche Prüfungsbefugnisse, S. 13 f.; *Stober,* AllgWirtschaftsverwR, S. 198). Da diese rein terminologische Frage für die vorliegende Arbeit keine wesentliche Bedeutung hat, soll im Folgenden der gebräuchliche Begriff der Wirtschaftsaufsicht verwendet werden.

443 Vgl. u. a. die entsprechende Begriffsverwendung bei *Adam,* Veterinärrecht, S. 121 ff.; *Binnemann,* ZLR 2003, 518 (519 f.); *Drews/Hieke,* ZLR 1980, 1 (1 ff.); *Hey,* ZLR 1998, 193 (193 ff.); *v. Hippel,* Verbraucherschutz, S. 69; *Kemper,* Verbraucherschutzinstrumente, S. 439 ff.; *Lohs,* ZLR 2001, 493 (493 ff.); *Lühmann,* Die

Lebensmittelüberwachung kann also als sektorspezifische Wirtschaftsaufsicht eingeordnet werden.[444] Durch das Lebensmittelrecht werden sowohl der Maßstab – in Form des materiellen Lebensmittelrechts –[445] als auch die Instrumente der Lebensmittelüberwachung – insbesondere die Aufgaben und Befugnisse der zuständigen Behörden – festgelegt.

Um den Begriff der Lebensmittelüberwachung näher zu konkretisieren ist zunächst zu berücksichtigen, welcher Bedeutungsgehalt dem Begriff der Überwachung im positiven Recht, also in den lebensmittelrechtlichen Vorschriften auf gemeinschaftsrechtlicher und/oder nationaler Ebene zukommt bzw. ob dort ggf. abweichende Begriffe im Zusammenhang mit der oben beschriebenen, auf die Durchsetzung des materiellen Lebensmittelrechts zielende behördliche Tätigkeit verwendet werden. Soweit diesbezüglich eine einheitliche gesetzliche Terminologie zur Verfügung steht, sollte diese zweckmäßigerweise auch der vorliegenden systematischen Darstellung des geltenden Rechts zugrunde gelegt werden.

Eine gemeinschaftsrechtliche Definition des Begriffs der Überwachung findet sich in Art. 2 UAbs. 2 Nr. 9 EG-KontrollV. Dort ist »Überwachung« definiert als »die sorgfältige Beobachtung eines oder mehrerer Futtermittel- oder Lebensmittelunternehmen bzw. -unternehmer oder von deren Tätigkeiten«. Dieser Begriff ist hier offensichtlich in einem sehr viel engeren Sinne zu verstehen, als der eingangs beschriebene Überwachungsbegriff. Darüber hinaus werden in Art. 2 UAbs. 2 EG-KontrollV mehrere verschiedene Begriffe definiert, die auf den ersten Blick unter Zugrundelegung ihres natürlichen Wortsinns in der Alltagssprache eine sehr ähnliche bzw. sich überschneidende, wenn nicht gar synonyme Bedeutung haben. Dabei handelt es sich neben der bereits erwähnten »Überwachung« um die Begriffe »amtliche Kontrolle« (Nr. 1), »Verifizierung« (Nr. 2), »Überprüfung« (Nr. 6), »Inspektion« (Nr. 7) und »Beobachtung« (Nr. 8). Angesichts der Tatsache, dass das Gemeinschaftsrecht eine solch spezifische, ausdifferenzierte Termi-

---

Lebensmittelüberwachung und ihre Finanzierung, S. 11 ff.; *Neuhaus,* in: Frede (Hrsg.), Taschenbuch für Lebensmittelchemiker, S. 101 (102 ff.), *Ringel,* Lebensmittelrecht als Sicherheitsrecht, S. 138 ff.; *Schomburg,* NVwZ 2007, 1373 (1376 f.); *Streinz,* in: Achterberg/Püttner/Würtenberger (Hrsg.), BesVerwR II, § 24 Rn. 26 ; *Unland u. a.,* ZLR 2004, 113 (113 ff.); *Verfürth,* Effektive Lebensmittelüberwachung, S. 4; *Wiemers,* ZLR 2006, 383 (383 ff.); *Zellner,* ZLR 2007, 295 (295 ff.).

444 *Mösbauer,* Staatsaufsicht über die Wirtschaft, S. 78.

445 Maßstab der Wirtschaftsaufsicht sind die materiellen Anforderungen, die die Wirtschaftssubjekte einzuhalten haben (Vgl. *Badura,* Wirtschafsverfassung und Wirtschaftsverwaltung, Rn. 207; *Bullinger,* VVDStRL 22 (1965), 264 (270 f.); *Schmidt,* Öffentliches Wirtschaftsrecht AT, S. 340).

nologie zur Verfügung stellt, könnte es nahe liegen, diese auch im Rahmen der vorliegenden Untersuchung zu verwenden. Bei eingehender Betrachtung bzw. einem Vergleich mit der englischen und französischen Fassung der Verordnung[446] muss allerdings festgestellt werden, dass die vorangestellten Definitionen insofern an Bedeutung verlieren, als die Begriffe im Rahmen der Verordnung offensichtlich nicht ihrem zugewiesenen Bedeutungsgehalt entsprechend verwendet werden. Der dem Überwachungsbegriff entsprechende Begriff der englischen bzw. französischen Fassung der EG-KontrollV lautet »surveillance«. Dieser Begriff wird in den genannten sprachlichen Fassungen im Anschluss an seine Definition in Art. 2 UAbs. 2 Nr. 9 EG-KontrollV lediglich an drei Stellen verwendet.[447] Dagegen taucht das Wort »Überwachung« in der deutschen Fassung darüber hinaus auch dort auf, wo in der englischen bzw. französischen Fassung die Begriffe »monitoring« bzw. »superviser« oder »control« bzw. »contrôle« verwendet werden.[448] Diese Begriffe werden im Rahmen der Definitionen des Art. 2 UAbs. 2 Nr. 8 bzw. Nr. 1 EG-KontrollV in der deutschen Fassung jedoch mit »Beobachtung« bzw. »Kontrolle« übersetzt[449] und bekommen einen von dem Begriff der Überwachung zu unterscheidenden Bedeutungsgehalt zugewiesen: »Beobachtung« ist definiert als »die Durchführung einer planmäßigen Abfolge von Kontrollen und Messungen, um einen Überblick über den Stand der Einhaltung der Rechtsvorschriften zu erhalten«. Eine »amtliche Kontrolle« ist dagegen gem. Art. 2 UAbs. 2 Nr. 1 EG-KontrollV »jede Form der Kontrolle, die von der zuständigen Behörde oder der Gemeinschaft zur Verifizierung der Einhaltung [der Rechtsvorschriften] (...) durchgeführt wird«. Die Tatsache der inkonsequenten Begriffsverwendung in der deutschen Fassung[450] hat allerdings keine größeren Auswirkungen

---

446 Zur Berücksichtigung anderer sprachlicher Fassungen bei der Auslegung von Gemeinschaftsrecht s. o. S. 28 (Fn. 167).

447 Vgl. Art. 10 Abs. 1, Art. 63 Abs.1 UAbs. 2 lit. e und Anh. II Kap. II Nr. 6 EG-KontrollV (englische bzw. französische Fassung).

448 Vgl. Art. 54 Abs. 2 lit. c bzw. Anh. II Kap. I Nr. 1 EG-KontrollV.

449 Dies gilt allerdings nicht für das französische Wort »superviser«, das nicht eigens definiert wird. Als französische Übersetzung des englischen »monitoring« ist vielmehr der Begriff »suivi« vorgesehen.

450 Dass hier nicht die deutsche, sondern die englische bzw. französische Fassung für die Entscheidung, welcher Begriff jeweils zu verwenden wäre, maßgeblich ist, ergibt sich daraus, dass Englisch bzw. (zum Teil) Französisch faktisch die Arbeitssprachen der Kommission sind, wenn es um die Entwurfs- und Arbeitsphase eines Rechtsetzungsverfahrens geht (vgl. *Gorny,* Grundlagen des europäischen Lebensmittelrechts, S. 4). Bei der deutschen Fassung handelt es sich also regelmäßig um eine Übersetzung der englischen (bzw. ggf. französischen) Fassung (vgl. *Gorny,* a. a. O, S. 4.).

auf die praktische Anwendung und Auslegung der EG-KontrollV. Denn den jeweiligen Begriffen kommt – wie bereits erwähnt und anhand der vorstehend wiedergegebenen Definitionen unschwer erkennbar – ohnehin ein mehr oder weniger identischer Bedeutungsgehalt zu, weshalb eine synonyme Verwendung durchaus nahe liegt.[451] Aus der Tatsache, dass den Definitionen der EG-KontrollV bereits im Rahmen der Verordnung selbst nur eine geringe Bedeutung zukommt, lässt sich allerdings der Schluss ziehen, dass die bloße Verfügbarkeit dieser Definitionen per se nicht dafür spricht, den in der lebensmittelrechtlichen Fachliteratur verwendeten Begriff der Lebensmittelüberwachung insgesamt durch die Terminologie der EG-KontrollV zu ersetzen.

Allerdings ist zu berücksichtigen, welche Bedeutung dem Überwachungsbegriff in nationalen Vorschriften des Lebensmittelrechts zukommt bzw. welche Begriffe ggf. an dessen Stelle treten. Eine Legaldefinition des Begriffs der Überwachung findet sich – anders als im Gemeinschaftsrecht – im deutschen Recht nicht. Allerdings trägt Abschn. 7 LFGB den amtlichen Titel »Überwachung«, sodass dieser Begriff möglicherweise durch die dazugehörigen §§ 38 ff. näher bestimmt wird. Nach § 39 Abs. 1 S. 1 LFGB ist »die Überwachung der Einhaltung der Vorschriften [des LFGB] (…), der auf Grund [des LFGB] (…) erlassenen Rechtsverordnungen und der unmittelbar geltenden Rechtsakte der Europäischen Gemeinschaft im Anwendungsbereich [des LFGB] über Erzeugnisse und lebende Tiere im Sinne des § 4 Abs. 1 Nr. 1 [LFGB] (…) Aufgabe der zuständigen Behörden«. Dazu haben sie sich gem. S. 2 »durch regelmäßige Überprüfungen und Probenahmen davon zu überzeugen, dass die Vorschriften eingehalten werden«. Darüber hinaus treffen nach Abs. 2 S. 1 die zuständigen Behörden »die notwendigen Anordnungen und Maßnahmen, die zur Feststellung oder zur Ausräumung eines hinreichenden Verdachts eines Verstoßes oder zur Beseitigung festgestellter Verstöße oder zur Verhütung künftiger Verstöße sowie zum Schutz vor Gefahren für die Gesundheit oder vor Täuschung erforderlich sind«. Da die Behörden aufgrund des Wortlauts nicht nur ermächtigt,[452] sondern auch verpflichtet werden, zur Verfolgung der genannten

---

451 So könnten die in der englischen Fassung des Art. 2 UAbs. 2 EG-KontrolV jeweils separat definierten Begriffe »control«, »monitoring« und »surveillance« jeweils mit »Überwachung« übersetzt werden, ohne dass ihr natürlicher Wortsinn beeinträchtigt würde.

452 Zu § 39 Abs. 2 S. 1 LFGB als Ermächtigungsgrundlage s. u. S. 249 ff.

Zwecke tätig zu werden,[453] ist diese Vorschrift nicht nur als Befugnis- sondern auch als Aufgabenzuweisung zu verstehen:[454] Die Behörden haben also die Aufgabe, die in Abs. 2 S. 1 genannten Zwecke zu verfolgen. Das Aufgabenspektrum der Behörden lässt sich danach in zwei wesentliche Bereiche unterteilen: Zunächst geht es darum, durch Überprüfungen und Probenahmen festzustellen, ob bzw. inwieweit die lebensmittelrechtlichen Vorschriften eingehalten werden, also um die *Ermittlung der Rechtskonformität.* In einem zweiten Schritt sind aufgrund der getroffenen Feststellungen und Ermittlungsergebnisse ggf. Maßnahmen zur *Durchsetzung der Rechtskonformität* zu ergreifen, soweit die Vorschriften nicht eingehalten werden. Der Begriff der »Überwachung« wird in § 39 LFGB allerdings lediglich in Abs. 1 S. 1 verwendet, im unmittelbaren Zusammenhang mit den Maßnahmen des Abs. 1 S. 2, die sich auf den ersten Schritt, die Ermittlungstätigkeit, beziehen. Durchsetzungsmaßnahmen werden dagegen erst in Abs. 2 behandelt. Die Systematik der Vorschrift könnte also dafür sprechen, dass der Begriff der »Überwachung« in diesem Kontext lediglich die Ermittlung der Rechtskonformität bezeichnen soll. Allerdings ist zu beachten, dass der gesamte Abschnitt, unter dem die §§ 38 ff. LFGB zusammengefasst sind, die amtliche Überschrift »Überwachung« trägt. Dies lässt darauf schließen, dass der Begriff der Überwachung – zumindest im weiteren Sinne – auch die Durchsetzungsmaßnahmen i. S. d. § 39 Abs. 2 S. 1 LFGB umfassen soll. Sowohl die Ermittlung als auch die Durchsetzung der Rechtskonformität unter dem einheitlichen Begriff der Überwachung zusammenzufassen ist insofern zweckmäßig, als eine reine Beobachtungs- bzw. Ermittlungstätigkeit kein Selbstzweck sein kann:[455] Für sich allein genommen stellt sie kein geeignetes Instrument zur Gewährleistung der Einhaltung der Vorschriften des materiellen Lebensmittelrechts dar. Andererseits können Entscheidungen über das Ergreifen der erforderlichen Maßnahmen zur Durchsetzung der Rechtskonformität nur dann getroffen

453 Die Behörden »können« oder »sollen« die notwendigen Anordnungen und Maßnahmen nicht nur treffen, sie »treffen« sie, um die genannten Zwecke zu verfolgen (vgl. *Weiß,* Gewährleistung der Produktsicherheit, S. 386, zum insoweit gleich lautenden § 8 Abs. 4 S. 1 GPSG). Von einer Verpflichtung der Behörden durch § 39 Abs. 2 S. 1 LFGB geht auch der Gesetzgeber aus (s. Begründung zum insoweit gleich lautenden ursprünglichen *Regierungsentwurf des LFGB (BT),* BT-Drs. 429/04, S. 150).

454 Zum Rückschluss von einer Befugnis auf die Aufgabe s. *Knemeyer,* POR, Rn. 78.

455 Vgl. *Verfürth,* Effektive Lebensmittelüberwachung, S. 16, der unter den Begriff der Überwachung allerdings lediglich die Ermittlungstätigkeit fasst und im Übrigen von »weiteren Maßnahmen« spricht.

werden, wenn zuvor diejenigen Informationen verfügbar gemacht bzw. ermittelt wurden, aus denen sich im Einzelfall die Notwendigkeit eines behördlichen Tätigwerdens ergibt.[456] Die Ermittlungstätigkeit hat also die Funktion, durch die Beschaffung und Auswertung von Informationen über mögliche Verstöße und Gefahren eine ausreichende Grundlage für solche Entscheidungen zu schaffen. Unter dem Begriff der Lebensmittelüberwachung sollen daher auch im Rahmen der vorliegenden Untersuchung die miteinander in einem funktionalen Zusammenhang stehenden Aufgabenbereiche der Ermittlung der Rechtskonformität und der Durchsetzung zusammengefasst werden.[457] Sie stellen somit lediglich verschiedene Elemente einer einheitlichen Überwachungsaufgabe dar, deren Erfüllung der Gewährleistung der Einhaltung des materiellen Lebensmittelrechts und damit der Realisierung des zugrunde liegenden Verbraucherschutzgedankens dienen soll.

Nicht zur Aufgabe der Lebensmittelüberwachung im vorstehend erörterten Sinne gehört die Verhängung von Sanktionen im Rahmen von Ordnungswidrigkeiten- oder Strafverfahren. Diese dient nicht – bzw. zumindest nicht unmittelbar – der Ermittlung oder Durchsetzung der Rechtskonformität. Zwar kann eine gesetzliche Straf- oder Bußgeldbewehrung bestimmter lebensmittelrechtlicher Verstöße[458] eine abschreckende Wirkung begründen und daher der Verhütung künftiger Verstöße dienen. Die *Verhängung* einer Sanktion durch die Behörde im Falle eines bewehrten Verstoßes stellt jedoch allenfalls eine nachgeordnete, mittelbare Maßnahme zur Durchsetzung der Rechtskonformität dar,[459] indem die abstrakte gesetzliche Sanktionsdrohung tatsächlich verwirklicht und damit deren Abschreckungsfunktion gewährleistet wird. Das Ergreifen von Sanktionsmaßnahmen ist daher nicht als Teil der Aufgabe bzw. als Instrument der Lebensmittelüberwachung einzuordnen.

---

456 Vgl. *Hecker,* Marktoptimierende Wirtschaftsaufsicht, S. 15; *Reidt,* in: Jarass, Wirtschaftsverwaltungsrecht, § 11 Rn. 1

457 Diese beiden Komponenten finden sich auch im Zusammenhang mit dem Begriff der Wirtschaftsaufsicht in der Literatur: Auch dort wird zum Teil differenziert zwischen »Beobachtung« und »Berichtigung« (*Bullinger,* VVDStRL 22 (1965), 268 (274); *Scholz,* Wirtschaftsaufsicht und subjektiver Konkurrentenschutz, S. 35; vgl. auch *Hecker,* Marktoptimierende Wirtschaftsaufsicht, S. 10).

458 Lebensmittelrechtliche Straf- und Bußgeldbestimmungen finden sich u. a. in Abschn. 10 bzw. den §§ 58 ff. LFGB.

459 Vgl. *Verfürth,* Effektive Lebensmittelüberwachung, S. 5.

Maßstab der Lebensmittelüberwachung sind die in § 39 Abs. 1 S. 1 LFGB genannten Vorschriften, also diejenigen des LFGB selbst, der aufgrund des LFGB erlassenen Rechtsverordnungen und der unmittelbar geltenden Gemeinschaftsrechtsakte »im Anwendungsbereich« des LFGB. Die Lebensmittelüberwachung i. S. d. § 39 LFGB bezieht sich also auf die Einhaltung des gesamten materiellen Lebensmittelrechts im Sinne der vorliegenden Untersuchung. Sie soll im Folgenden als »allgemeine Lebensmittelüberwachung« bezeichnet werden.[460]

Von der allgemeinen Lebensmittelüberwachung ausgenommen sind bestimmte Bereiche der Lebensmittelwirtschaft bzw. des Lebensmittelrechts, für die gesonderte Überwachungsregimes bestehen. Dies gilt beispielsweise für die Weinüberwachung[461] oder die Überwachung der Marktordnungsvorschriften.[462] Die allgemeine Lebensmittelüberwachung i. S. d. §§ 39 LFGB – und daher auch die folgende Darstellung – beschränkt sich darüber hinaus auf eine Marktüberwachung[463], d. h. darauf zu überprüfen, ob die sich auf dem Markt befindlichen Produkte und die am Markt tätigen Unternehmer mit den geltenden Rechtsvorschriften in Einklang stehen bzw. diese beachten. Im Gegensatz dazu steht die Marktzugangsüberwachung[464]: Dabei wird die Aufnahme einer bestimmten unternehmerischen Tätigkeit durch einzelne Personen bzw. das Inverkehrbringen einzelner Produkte von bestimmten Voraussetzungen abhängig gemacht, deren Vorliegen im Rahmen eines vorgeschalteten Verfahrens (Erlaubnis-, Zulassungs-[465], Genehmigungsverfahren etc.) vorab überprüft wird.[466] Der

460 Zum Begriff s. *Verfürth,* Effektive Lebensmittelüberwachung, S. 4 f.

461 Vgl. *Verfürth,* Effektive Lebensmittelüberwachung, S. 123. Dementsprechend sind Weinerzeugnisse aus dem Anwendungsbereich des LFGB grundsätzlich ausgenommen, § 4 Abs. 1 Nr. 4 LFGB. Die amtliche Überwachung von Wein richtet sich stattdessen nach den §§ 27 ff. des *Weingesetzes* i. d. F. der Bekanntmachung v. 16.5.2001 (BGBl. I, S. 985).

462 Aufgrund des eigenständigen Überwachungsregimes sind »amtliche Kontrollen zur Verifizierung der Einhaltung der Vorschriften der gemeinsamen Marktorganisationen für Agrarerzeugnisse« aus dem Anwendungsbereich der EG-KontrollV gem. Art. 1 Abs. 2 EG-KontrollV ausgenommen (s. Egr. (10) EG-KontrollV). Zu den Marktordnungsvorschriften s. o. S. 37 f.

463 Zum Begriff s. *Weiß,* Gewährleistung der Produktsicherheit, S. 308.

464 S. *Weiß,* Gewährleistung der Produktsicherheit, S. 308, der allerdings den Begriff der »Marktzugangskontrolle« verwendet.

465 Der Begriff des Zulassungsverfahrens wird vor allem im Zusammenhang mit der produktbezogenen Marktzugangsüberwachung verwendet. Dazu unten S. 251 ff.

466 Vgl. *Hansmann,* Verwaltungsvollzug im europäischen Stoffrecht, S. 94; *Schenke,* POR, Rn. 583; *Weiß,* Gewährleistung der Produktsicherheit, S. 334.

Marktzugang ist also nur mit entsprechender Erlaubnis, Zulassung etc. rechtmäßig, sog. »Verbot mit Erlaubnisvorbehalt«.[467] Im Bereich des Lebensmittelrechts unterliegen einem Verbot mit Erlaubnisvorbehalt beispielsweise solche Produkte, die der Lebensmittelkategorie des sog. »Novel Food«[468] zuzuordnen sind.

Schließlich soll darüber hinaus in der folgenden Darstellung die Überwachung derjenigen Vorschriften insgesamt unberücksichtigt bleiben, die spezifische Regelungen für den grenzüberschreitenden Verkehr, also für die Ein- und Ausfuhr von Lebensmitteln treffen.

---

467 *Badura,* Wirtschaftsverfassung und Wirtschaftsverwaltung, Rn. 208; *Hansmann,* Verwaltungsvollzug im europäischen Stoffrecht, S. 94; *v. Jagow,* ZLR 2007, 479 (480); *Klindt,* ThürVBl. 2002, 7 (9); *Schenke,* POR, Rn. 583; *Stein,* Die Wirtschaftsaufsicht, S. 165. Vgl. auch *Bauschke,* Verbraucherschutz im öffentlichen Recht, S. 27; *Stober,* AllgWirtschaftsverwR, 15. A.; S. 203 f.

468 Als Novel Food bezeichnet man die gem. Art. 1 Abs. 2 der *Verordnung (EG) Nr. 258/97 des Europäischen Parlaments und des Rates v. 27.1.1997 über neuartige Lebensmittel und neuartige Lebensmittelzutaten* (ABl. EG Nr. L 43 v. 14.2.1997, S. 1 – *EG-Novel-FoodV*) in den Anwendungsbereich der Verordnung fallenden Lebensmittel und Lebensmittelzutaten, die in der EG vor dem Zeitpunkt des Inkrafttretens der Verordnung noch nicht in nennenswertem Umfang für den menschlichen Verzehr verwendet wurden und die unter bestimmte, näher definierte Gruppen neuartiger Erzeugnisse fallen. Dazu gehören beispielsweise Lebensmittel oder Lebensmittelzutaten »mit neuer oder gezielt modifizierter primärer Molekularstruktur« (Art. 1 Abs. 2 lit. c EG-Novel-FoodV) oder »bei deren Herstellung ein nicht übliches Verfahren angewandt worden ist und bei denen dieses Verfahren eine bedeutende Veränderung ihrer Zusammensetzung oder Struktur bewirkt hat, was sich auf ihren Nährwert, ihren Stoffwechsel oder auf die Menge unerwünschter Stoffe im Lebensmittel auswirkt« (Art. 1 Abs. 2 lit. f EG-Novel-FoodV). Nach § 3 Abs. 1 der *Verordnung zur Durchführung gemeinschaftsrechtlicher Vorschriften über neuartige Lebensmittel und Lebensmittelzutaten* i. d. F. der Bekanntmachung v. 14.2.2000 (BGBl. I, S. 123) dürfen solche Lebensmittel nicht ohne die in der EG-Novel-FoodV vorgesehene Genehmigung in den Verkehr gebracht werden. Nach Egr. (2) EG-Novel-FoodV bezweckt das Genehmigungserfordernis, dass aufgrund der durch die Neuartigkeit bedingten fehlenden Erkenntnisse über mögliche Risiken für die Verbraucher Novel Food einer Sicherheitsbewertung unterzogen wird, bevor es in den Verkehr gebracht werden darf. Dabei muss gem. Art. 3 Abs. 1 EG-Novel-FoodV nachgewiesen werden, dass die Lebensmittel oder Lebensmittelzutaten »keine Gefahr für den Verbraucher darstellen«, »keine Irreführung des Verbrauchers bewirken« und »sich von Lebensmitteln oder Lebensmittelzutaten, die sie ersetzen sollen, nicht so unterscheiden, dass ihr normaler Verzehr Ernährungsmängel für den Verbraucher brächte«.

II. Rechtsrahmen der allgemeinen Lebensmittelüberwachung

Im GG sind die Kompetenzen für den Vollzug nationalen Rechts in Art. 30 bzw. den Art. 83 ff. geregelt. Die für den Bereich des Lebensmittelrechts in besonderem Maße relevante Frage der Ausführung unmittelbar geltenden Gemeinschaftsrechts wird im GG nicht ausdrücklich beantwortet. Nach überwiegender Ansicht sind die Art. 83 ff. GG analog anzuwenden.[469] Die Ausübung der staatlichen Befugnisse und die Erfüllung der staatlichen Aufgaben ist nach Art. 30 GG Sache der Länder, soweit das GG keine andere Regelung trifft oder zulässt. Landesgesetze werden daher mangels anderweitiger Regelung allein durch die Länder ausgeführt.[470] Für Bundesgesetze gilt die Vorschrift des Art. 83 GG: Danach werden auch diese im Regelfall durch die Länder als eigene Angelegenheiten ausgeführt. Der Vollzug des Lebensmittelrechts als unmittelbar geltendes Gemeinschafts- bzw. Bundesrecht ist folglich grundsätzlich Aufgabe der Länder.[471]

Im Fall der Landeseigenverwaltung regeln die Länder auch die Einrichtung der Behörden und das Verwaltungsverfahren, Art. 74 Abs. 1 S. 1 GG. Der Bund kann jedoch diesbezügliche Bestimmungen erlassen.[472] Eine ausdrückliche Regelung für die Lebensmittelüberwachung findet sich in § 38 Abs. 1 LFGB. Danach richtet sich die »Zuständigkeit für die Überwachungsmaßnahmen« nach dem LFGB, den auf Grund des LFGB erlassenen Rechtsverordnungen und den unmittelbar geltenden Rechtsakten der Europäischen Gemeinschaft im Anwendungsbereich des LFGB nach Landesrecht, soweit das LFGB nichts anderes bestimmt. Grundlegende bundesrechtliche Regelungen zur Durchführung und Organisation der Überwa-

---

469 *BVerwG,* Urt. v. 17.10.1996 – 3 A 1.95 –, in: BVerwGE 102, 119 (125 f.); *Brenner,* ZLR 2001, 359 (371 f.); *Dittmann,* in: Sachs (Hrsg.), GG, Art. 83 Rn. 20; *Hebeler,* Jura 2002, 164 (171); *Oebbecke,* in: *Isensee/Kirchhof,* HdbStR VI, § 136 Rn. 5; *Pieroth,* in: Jarass/Pieroth, GG, Art. 83 Rn. 5; *Streinz,* Europarecht, Rn. 540; *ders.,* in: Schulze/Zuleeg (Hrsg.), Europarecht, § 24 Rn. 6; *Weiß,* Gewährleistung der Produktsicherheit, S. 117. Ob dies auch für EG-Rechtsakte gilt, die Sachmaterien betreffen, die nach innerstaatlichem Recht der ausschließliche Kompetenz der Länder zugeordnet werden (s. dazu *Dittmann,* a. a. O.; *Oebbecke,* a. a. O), kann hier dahin stehen, da dem Bund im Bereich des Lebensmittelrechts eine konkurrierende Gesetzgebungszuständigkeit zukommt (s. o. S. 50).

470 *BVerfG,* Beschl. v. 11.4.1967 – 2 BvG 1/62 –, in: BVerfGE 21, 312 (325); Beschl. v. 12.1.1983 – 2 BvL 23/81 –, in: BVerfGE 63, 1 (40); *Dittmann,* in: Sachs (Hrsg.), GG, Art. 83 Rn. 3; *Pieroth,* in: Jarass/Pieroth, GG, Art. 30 Rn. 2; *Weiß,* Gewährleistung der Produktsicherheit, S. 116.

471 *Gorny,* Grundlagen des europäischen Lebensmittelrechts, S. 128.

472 Dies ergibt sich aus Art. 84 Abs. 1 S. 2 GG: Danach können die Länder, »wenn Bundesgesetze etwas anderes bestimmen«, davon abweichende Regelungen treffen.

chung, insbesondere zu den Befugnissen und Maßnahmen der Überwachungsbehörden, finden sich in den §§ 38 ff. LFGB. Nach Art. 84 Abs. 2 GG kann die Bundesregierung mit Zustimmung des Bundesrates außerdem »allgemeine Verwaltungsvorschriften« erlassen. Dies ist im Bereich des Lebensmittelrechts u. a. durch die *Allgemeine Verwaltungsvorschrift über Grundsätze zur Durchführung der amtlichen Überwachung der Einhaltung lebensmittelrechtlicher, weinrechtlicher und tabakrechtlicher Vorschriften* v. 3.6.2008[473] (*AVV RÜb*) geschehen. Ziel ist die Gewährleistung einer einheitlichen Durchführung der Lebensmittelüberwachung, vor allem im Hinblick auf die Umsetzung der Vorgaben der EG-KontrollV.[474] Dazu werden – zum Teil auch in Ergänzung zur EG-KontrollV –[475] u. a. Bestimmungen zur sachlichen und personellen Ausstattung der für die Überwachung zuständigen Behörden, zur Durchführung von Ermittlungs- und Durchsetzungsmaßnahmen sowie zum Informationsaustausch und zur Zusammenarbeit zwischen den an der Überwachung beteiligten Personen bzw. Behörden und Stellen der Länder und des Bundes getroffen.[476]

Über die bundesrechtlichen Vorgaben hinaus haben die Länder bzw. die nach Landesrecht zuständigen Überwachungsbehörden gemeinschaftsrechtliche Vorgaben zu beachten. So enthält die EG-KontrollV nicht nur Vollzugsvorgaben für die Mitgliedstaaten sondern auch unmittelbar an die zuständigen Überwachungsbehörden gerichtete Vorschriften über die Art und Weise der Durchführung der Überwachung.

Ergänzend können auch die Länder eigene Vorschriften zur Durchführung der Überwachung erlassen, § 48 LFGB. Solche lebensmittelspezifischen Vorschriften enthält in Nordrhein-Westfalen das *Gesetz über den Vollzug des Lebensmittel-, Futtermittel- und Bedarfsgegenständerechts* v. 19.3.1985[477] (*LFBRVG NRW*). Dort werden insbesondere Bestimmungen über das einzusetzende Personal und einige wenige ergänzende Bestimmungen zur Durchführung getroffen. Soweit (abschließende) lebensmittelrechtsspezifische Vorschriften fehlen, gelten für die Tätigkeit der Überwachungsbehörden darüber hinaus die allgemeinen Vorschriften des *Verwaltungsver-*

---

473 GMBl., S. 426.
474 § 1 Abs. 1 AVV RÜb.
475 § 1 Abs. 2 AVV RÜb.
476 Vgl. § 2 Abs. 5 und 6 AVV RÜb.
477 GVBl. NRW, S. 259.

fahrensgesetzes für das Land Nordrhein-Westfalen i. d. F. der Bekanntmachung v. 12.11.1999[478] (*VwVfG NRW*).[479]

Neben den rechtlichen Vorgaben zur Gewährleistung einer einheitlichen Durchführung der Überwachung existieren verschiedene Länder- bzw. Bund-Länder Gremien, die dem Informationsaustausch und der Koordination dienen.[480] Im Bereich der allgemeinen Lebensmittelüberwachung sind dies insbesondere der »Arbeitskreis lebensmittelchemischer Sachverständiger der Bundesländer und des BVL[481]« (*ALS*) sowie die »VerbraucherSchutzMinisterKonferenz« (*VSMK*) als Fachministerkonferenz für verbraucherpolitische Themen bzw. die dort angesiedelte »Länderarbeitsgemeinschaft Verbraucherschutz« (*LAV*), in der die Leiter der für den Verbraucherschutz zuständigen Abteilungen in den Fachressorts der Länder sowie – als ständiger Gast – das »Bundesministerium für Ernährung, Landwirtschaft und Verbraucherschutz« (*BMELV*) vertreten sind.[482] In diesen Gremien werden sowohl rechtliche als auch fachliche Fragen im Zusammenhang mit der Lebensmittelüberwachung erörtert und einheitliche Verfahrensweisen und Interpretationen der rechtlichen Vorgaben zwischen den Ländern bzw. mit dem Bund abgestimmt.[483]

C. Die allgemeine Lebensmittelüberwachung in Nordrhein-Westfalen

I. Die Zuständigkeit der Kreisordnungsbehörden für die allgemeine Lebensmittelüberwachung

In Nordrhein-Westfalen sind die Zuständigkeiten auf dem Gebiet des Lebensmittelrechts grundlegend im LFBRVG NRW geregelt. Danach obliegt der »Vollzug des Lebensmittelrechts im Sinne des § 39 LFGB« – also die

478 GVBl. NRW, S. 602.

479 S. § 1 Abs. 1 i. V. m. Abs. 2 VwVfG NRW.

480 Vgl. *Drews/Hieke,* ZLR 1980, 1 (2); *Hey,* ZLR 1998, 193 (200); *Ringel,* Lebensmittelrecht als Sicherheitsrecht, S. 143; *Thomas/Freund/Gründig,* in: Frede (Hrsg.), Taschenbuch für Lebensmittelchemiker, S. 51 (54 f.); *Verfürth,* Effektive Lebensmittelüberwachung, S. 129.

481 Damit ist das »Bundesamt für Verbraucherschutz und Lebensmittelsicherheit« gemeint.

482 Weiterführend zu VSMK und LAV s. *http://www.verbraucherschutzministerkonferenz.de* (Stand: 06/2009).

483 Vgl. *Drews/Hieke,* ZLR 1980, 1 (2); *Ringel,* Lebensmittelrecht als Sicherheitsrecht, S. 143; *Verfürth,* Effektive Lebensmittelüberwachung, S. 129.

allgemeine Lebensmittelüberwachung –[484] den Kreisordnungsbehörden als Pflichtaufgaben zur Erfüllung nach Weisung, § 1 S. 1 lit. a LFBRVG NRW.

§ 1 S. 2 LFBRVG NRW lässt ausdrücklich abweichende Zuständigkeitsregelungen »der Landesregierung nach § 5 Abs. 3 Satz 1des Landesorganisationsgesetzes«[485] zu. Entsprechende Bestimmungen sowie eine detailliertere Auflistung der Zuständigkeiten der Kreisordnungsbehörden enthält die *Verordnung zur Regelung von Zuständigkeiten auf Gebieten des Verbraucherschutzes* v. 11.12.2007[486] (*ZustVOVS NRW*). In den §§ 2 und 3 ZustVOVS NRW finden sich diesbezüglich Ausnahmen von der grundsätzlichen Zuständigkeit der Kreisordnungsbehörde: Bestimmte, eng umgrenzte Aufgaben werden auf das »Landesamt für Natur, Umwelt und Verbraucherschutz« (*LANUV*) bzw. auf »das für Verbraucherschutz zuständige Ministerium«, zur Zeit das »Ministerium für Umwelt und Naturschutz, Landwirtschaft und Verbraucherschutz des Landes Nordrhein-Westfalen« (*MUNLV NRW*), übertragen. Für den Bereich der allgemeinen Lebensmittelüberwachung verbleibt es dabei im Wesentlichen bei der grundsätzlichen Zuständigkeit der Kreisordnungsbehörde. Sie soll daher im Folgenden als (allgemeine) Überwachungsbehörde bezeichnet werden. Auf vereinzelte, im Detail abweichende Zuständigkeiten wird im Rahmen der Darstellung der jeweiligen Aufgaben und Befugnisse der Lebensmittelüberwachung hingewiesen.

Soweit die mit der Lebensmittelüberwachung zusammenhängenden Aufgaben bereits materiell als solche der Gefahrenabwehr einzustufen sind, also die Abwehr von Gefahren für die öffentliche Sicherheit oder Ordnung betreffen, handelt es sich gem. § 1 Abs. 1 OBG NRW bei der Lebensmittelüberwachung um eine originär ordnungsbehördliche Aufgabe. Die öffentliche Sicherheit umfasst die Unverletzlichkeit der objektiven Rechtsordnung, der subjektiven Rechte und Rechtsgüter des einzelnen sowie den Bestand der Einrichtungen und Veranstaltungen des Staates oder sonstiger Träger

---

484 Zum Begriff s. o. S. 89.

485 Gem. § 5 Abs. 3 S. 1 des *Gesetzes über die Organisation der Landesverwaltung* v. 10.7.1962 (GVBl. NRW, S. 421) »bestimmt die Landesregierung nach Anhörung des fachlich zuständigen Ausschusses des Landtags durch Rechtsverordnung, welche Behörde sachlich und örtlich zuständig ist«, wenn »das Land oder die nach Landesrecht zuständige Stelle Bundesrecht oder Recht der Europäischen Gemeinschaften durchzuführen hat«.

486 GVBl. NRW, S. 664.

von Hoheitsgewalt.[487] Zur objektiven Rechtsordnung als Schutzgut der öffentlichen Sicherheit gehören insbesondere öffentlich-rechtliche Vorschriften, die Verhaltenspflichten begründen.[488] Da die Lebensmittelüberwachung die Aufgabe hat, Verstöße gegen lebensmittelrechtliche Ge- und Verbote im Einzelfall zu verhindern oder zu beseitigen, ist die Lebensmittelüberwachung also auch bereichsspezifische Gefahrenabwehr.[489] Im Übrigen greift die Vorschrift des § 1 Abs. 3 OBG NRW ein, nach der die Ordnungsbehörden andere Aufgaben insoweit wahrnehmen, als es durch Gesetz oder Verordnung bestimmt ist. Die Ordnungsbehörden führen gem. § 1 Abs. 2 S. 1 OBG NRW ihre Aufgaben nach den hierfür erlassenen Gesetzen und Verordnungen durch. Soweit jedoch gesetzliche Vorschriften fehlen oder keine abschließende Regelung enthalten, richtet sich die Aufgabenwahrnehmung nach den Vorschriften des OBG NRW, § 1 Abs. 2 S. 2 OBG NRW. Die Vorschriften des OBG NRW gelten also subsidiär auch für die Durchführung der Lebensmittelüberwachung.

II. Organisationseinheiten und Personal in der allgemeinen Lebensmittelüberwachung

Die Aufgaben der Kreisordnungsbehörden als Überwachungsbehörden nehmen die Kreise und kreisfreien Städte als Pflichtaufgaben zur Erfüllung nach Weisung[490] wahr, § 3 Abs. 1 OGB NRW. Hiervon zu unterscheiden

---

487 *Pieroth/Schlink/Kniesel,* POR, § 8 Rn. 3; *Rhein,* OBG NRW, § 1 Rn. 35; vgl. auch *Knemeyer,* POR, Rn. 100 f.

488 Vgl. *Rhein,* OBG NRW, § 1 Rn. 36; *Schenke,* POR, Rn. 58.

489 Die Abwehr von Gefahren für die öffentliche Ordnung, die alle mit der Verfassung kompatiblen Sozialnormen umfasst, deren Beachtung nach der jeweils herrschenden Anschauung als unerlässliche Vorraussetzung für ein geordnetes Zusammenleben angesehen wird (s. *Knemeyer,* POR, Rn. 102; *Pieroth/Schlink/Kniesel,* POR, § 8 Rn. 46; *Rhein,* OBG NRW, § 14 Rn. 13; *Schenke,* POR, Rn. 63), spielt in der Lebensmittelüberwachung dagegen keine Rolle.

490 Der Hinweis auf die Einordnung der Lebensmittelüberwachung als Pflichtaufgabe zur Erfüllung nach Weisung in § 1 S. 1 lit. a LFBRVG NRW hat also lediglich klarstellende Funktion, da sich dies schon aus § 3 Abs. 1 Hs. 1 OBG NRW ergibt. Diese Einordnung hat Bedeutung für die Frage der Aufsicht über die kommunalen Überwachungsbehörden: Die Aufsicht über die Gemeinden und Gemeindeverbände beschränkt sich aufgrund des verfassungsrechtlich geschützten Selbstverwaltungsrechts im Falle der Selbstverwaltungsangelegenheiten auf eine reine Rechtsaufsicht, d. h. die Aufsichtbehörden überprüfen lediglich, ob das Handeln mit den einschlägigen Rechtsvorschriften übereinstimmt. Eine Zweckmäßigkeitsprüfung findet dagegen nicht statt. Gem. Art. 78 Abs. 4 S. 2 LVerf NRW kann sich das Land bei Pflichtaufgaben zur Erfüllung nach Weisung jedoch ein weitergehendes Weisungs- und Aufsichtsrecht nach näherer gesetzlicher Vorschrift vorbehalten. Der Umfang der

ist die innerbehördliche Organisation, also insbesondere die Frage, welche Stellen und welches Personal innerhalb der Stadt- bzw. Kreisverwaltung mit der Überwachungsaufgabe betraut sind.

1. Überwachungsämter

Die Aufgabe der allgemeinen Lebensmittelüberwachung wird von gesonderten Dienststellen bzw. Abteilungen wahrgenommen,[491] die in der Regel die Bezeichnung »Lebensmittelüberwachungsamt«, bzw. »Veterinär- und Lebensmittelüberwachungsamt« tragen.[492]

Sowohl auf gemeinschaftsrechtlicher, als auch auf bundesrechtlicher Ebene finden sich Vorgaben hinsichtlich der personellen Ausstattung der Überwachungsbehörden. Gem. Art. 4 Abs. 2 lit. c EG-KontrollV tragen die zuständigen Behörden dafür Sorge, dass sie über »entsprechend qualifiziertes und erfahrenes Personal verfügen oder Zugang dazu haben, damit die amtlichen Kontrollen und Kontrollaufgaben effizient und wirksam durchgeführt werden können«. Die EG-KontrollV enthält zum Teil sehr detaillierte Anforderungen an die fachliche Qualifikation des »Kontrollpersonals«. Während Art. 6 lit. a S. 1 EG-KontrollV die allgemein gefasste Verpflichtung der zuständigen Behörde enthält, zur Gewährleistung einer fachkundigen und sachgerechten Aufgabenerfüllung eine dem jeweiligen Aufgabenbereich angemessene Ausbildung bzw. Schulung des Kontrollpersonals sicherzustellen, werden in S. 2 i. V. m. Anh. II Kap. I konkrete Vorgaben hinsichtlich der zu vermittelnden Inhalte formuliert. Danach gehören zum »Pflichtstoff« insbesondere:

- Futtermittel- und Lebensmittelrecht
- Gefahren bei der Tier-, Futtermittel- und Lebensmittelproduktion
- die verschiedenen Produktions-, Verarbeitungs- und Vertriebsstufen sowie möglicherweise damit verbundene Risiken für die menschliche Gesundheit

---

Weisungs- und Aufsichtsrechte im Falle der ordnungsbehördlichen Aufgaben ergibt sich aus den §§ 8 und 9 OBG NRW.

491 *Lühmann,* Die Lebensmittelüberwachung und ihre Finanzierung, S. 18.

492 Eine Übersicht über die Bezeichnungen und Adressen der für die Lebensmittelüberwachung zuständigen Dienststellen der 54 Kreise und kreisfreien Städte in Nordrhein-Westfalen findet sich unter *http://www.umwelt.nrw.de/verbraucherschutz/lebensmittel/verbraucherbeschwerde/index.php* (Stand: 06/2009).

- die verschiedenen Überwachungsmethoden, z. B. Überprüfung, Probenahmen und Inspektionen, sowie Kontrollverfahren
- Bewertung der Anwendung von sog. »HACCP-Verfahren«[493] und Qualitätsmanagementsystemen[494]
- Bewertung von Verstößen gegen das Futtermittel- und Lebensmittelrecht
- gerichtliche Schritte und rechtliche Aspekte amtlicher Kontrollen.

Diese Anforderungen spiegeln die verschiedenen Tätigkeiten und Herausforderungen wider, mit denen das Kontrollpersonal im Zusammenhang mit seinem Überwachungsauftrag konfrontiert wird.[495]

Auf Bundesebene schreibt § 42 Abs. 1 S. 1 LFGB vor, dass die Überwachung durch fachlich ausgebildete Personen durchzuführen ist. Dazu gehört zunächst das wissenschaftliche Personal, das sich aus Lebensmittelchemikern und Tierärzten zusammensetzt.[496] Die Voraussetzungen des Einsatzes anderer fachlich ausgebildeter Personen, insbesondere die erforderliche Qualifikation der sog. »Lebensmittelkontrolleure«, regelt die *Verordnung über die fachlichen Anforderungen gemäß § 41 Abs. 2 des Lebensmittel- und Bedarfsgegenständegesetzes an die in der Überwachung tätigen Lebensmittelkontrolleure* v. 17.8.2001[497].

In Nordrhein-Westfalen wurde darüber hinaus eine neue Berufsgruppe eingeführt, die der »amtlichen Kontrollassistenten«. Diese können einfache Überwachungsaufgaben in bestimmten, eng umgrenzten Bereichen übernehmen, die in § 2 Abs. 5 LFBRVG NRW abschließend aufgezählt sind. Zu den zulässigen Aufgaben gehört u. a. die Entnahme von Planproben und die Vornahme von Betriebskontrollen in Einzelhandelsbetrieben, die keine hygienisch empfindlichen Lebensmittel abgeben, letzteres unter fachlicher Aufsicht und Verantwortung eines Lebensmittelkontrolleurs oder eines wissenschaftlichen Sachverständigen. Außerdem unterstützen die amtlichen Kontrollassistenten Lebensmittelkontrolleure und wissenschaftliche Sachverständige bei allen Tätigkeiten und Maßnahmen im Rahmen der Betriebskontrollen und arbeiten bei Verwaltungs- und Überwachungsvorgängen mit. Anforderungen an die Qualifikation ergeben sich aus der *Verordnung über*

---

493 Zum Begriff s. u. S. 144 f.
494 S. o. S. 80.
495 Dazu unten S. 179 ff. und S. 237 ff.
496 Vgl. *Drews/Hieke,* ZLR 1980, 1 (3 f.).
497 BGBl. I, S. 2236.

die Ausbildung und Prüfung zur amtlichen Kontrollassistentin und zum amtlichen Kontrollassistenten v. 29.1.2008.[498]

Die Behörden haben nicht nur gem. § 3 Abs. 2 S. 1 AVV RÜb sicherzustellen, dass das Kontrollpersonal bei Aufnahme seiner Tätigkeit die erforderliche Qualifikation aufweist. Vielmehr haben sie auch dafür zu sorgen, dass es sich in seinem jeweiligen Aufgabenbereich regelmäßig weiterbildet und sich bei Bedarf regelmäßig einer Nachschulung unterzieht, Art. 6 lit. b EG-KontrollV. Außerdem müssen sie sicherstellen, dass die in der amtlichen Kontrolle tätigen Personen durch qualifiziertes Verwaltungspersonal unterstützt werden, § 3 Abs. 3 Nr. 1 AVV RÜb. Verwaltungsbeamte und -fachangestellte werden im Innendienst eingesetzt und übernehmen dort die Sachbearbeitung bzw. die Durchführung von Verwaltungsverfahren.[499] Durch die Zusammenarbeit zwischen fachlich ausgebildetem Kontrollpersonal und Verwaltungspersonal soll eine sowohl lebensmittelrechtlich als auch verwaltungsrechtlich korrekte Aufgabenwahrnehmung gewährleistet werden.[500]

Gem. Art. 4 Abs. 2 lit. b EG-KontrollV tragen die zuständigen Behörden dafür Sorge, dass die Kontrollen von Personen durchgeführt werden, die keinem Interessenskonflikt ausgesetzt sind. Zur Vermeidung derartiger Interessenskonflikte bzw. zur Kontrolle und Gewährleistung einer ordnungsgemäßen Aufgabenerfüllung durch das Kontrollpersonal regelt § 3 Abs. 3 Nr. 2 lit. a AVV RÜb, dass Beratungs-, Untersuchungs-, Analyse- oder Sachverständigentätigkeiten im Rahmen privatrechtlicher Dienst- oder Werkverträge durch das Kontrollpersonal nur im Rahmen der dienst- und arbeitsrechtlichen Vorschriften nach vorheriger Prüfung und Genehmigung der zuständigen Behörde erbracht werden dürfen. Außerdem schreibt § 3 Abs. 3 Nr. 2 lit. b AVV RÜb ein Rotationsprinzip vor: Das Kontrollpersonal, das für die Durchführung von Betriebskontrollen zuständig ist, hat grundsätzlich sein Kontrollgebiet regelmäßig[501] zu wechseln. Dies ist nicht

---

498 GVBl. NRW, S. 150.

499 *Neuhaus,* in: Frede (Hrsg.), Taschenbuch für Lebensmittelchemiker, S. 101 (117 f.).

500 Vgl. *Neuhaus,* in: Frede (Hrsg.), Taschenbuch für Lebensmittelchemiker, S. 101 (118).

501 Hinsichtlich der Rotationsfrequenz war in der entsprechenden Vorschrift des ursprünglichen *Regierungsentwurfs der AVV RÜb* – dort § 4 Abs. 3 Nr. 2 lit. b – noch ein Wechsel »im Regelfall nach Ablauf von jeweils fünf Jahren« vorgesehen (s. BR-Drs. 752/07, S. 15). Diese Formulierung wurde auf Betreiben des Bundesrates durch die o. g. Vorgabe eines »regelmäßigen« Wechsels ersetzt, da »im Hinblick auf die unterschiedlichen Erfordernisse in der Überwachung (insbesondere Spezialisierung)« fachliche Gründe einer solchen zeitlichen Vorgabe entgegenstünden (s.

notwendigerweise mit einem Wechsel des örtlichen Zuständigkeitsbereichs verbunden. In Betracht kommt auch die Übertragung anderer fachlicher Aufgaben oder die Übernahme von Kontrollaufgaben in anderen Betrieben innerhalb desselben örtlichen Gebiets.[502] Allerdings sind auch »andere ausgleichende Maßnahmen« möglich. Diese müssen nach Sinn und Zweck der Vorschrift ebenfalls geeignet sein, eine ordnungsgemäße Aufgabenerfüllung zu gewährleisten. In Betracht kommt etwa eine stichprobenartige Überprüfung der Arbeit des Kontrollpersonals oder die Anwendung des sog. »Vier-Augen-Prinzips«.[503] Das Vier-Augen-Prinzip bedeutet, dass bei der amtlichen Kontrolle von Betrieben zwei Kontrollpersonen gemeinsam eingesetzt werden. Die Anwendung des Prinzips ist gem. § 7 Abs. 2 Nr. 1 AVV RÜb für die Fälle vorgeschrieben, in denen dies aufgrund besonderer Gegebenheiten oder spezieller Erkenntnisse über den jeweiligen Betrieb angezeigt oder aus sonstigen Gründen erforderlich ist.

2. Untersuchungsämter

Gem. Art. 12 EG-KontrollV werden Laboratorien benannt, »welche die bei den amtlichen Kontrollen gezogenen Proben analysieren können«, sog. »amtliche Prüflaboratorien«. In Deutschland wird diese Aufgabe im Wesentlichen durch die »Untersuchungsämter« wahrgenommen. § 3 Abs. 1 LFBRVG NRW bestimmt daher, dass sich die Kreisordnungsbehörden »zur Durchführung ihrer Aufgaben der kommunalen und staatlichen Untersuchungsämter sowie der integrierten Untersuchungsämter, die Untersuchungen auf dem Gebiet des Lebensmittel-, Futtermittel- und Bedarfsgegenständerechts einschließlich der Tabakerzeugnisse durchführen (Untersuchungsämter) oder, in Ausnahmefällen, anderer geeigneter Untersuchungseinrichtungen« bedienen.

Beschluss des Bundesrates zur AVV RÜb, BR-Drs. 752/07(B), Anlage, S. 3). Daraus kann zumindest gefolgert werden, dass eine Rotation in kürzeren Abständen als fünf Jahre in der Regel nicht erforderlich ist.

502 Dies ergibt sich aus der Begründung des Bundesrats zur begehrten Änderung der im ursprünglichen Entwurf befindlichen Formulierung. Diese sah ausdrücklich einen Wechsel des »jeweiligen örtlichen Zuständigkeitsbereichs« vor. Mit der jetzigen Formulierung wollte man gerade auch die genannten anderen Zuständigkeitsänderungen als »gleichwertige Maßnahmen« zur Vermeidung von Interessenskonflikten berücksichtigen (s. *Beschluss des Bundesrates zur AVV RÜb*, BR-Drs. 752/07(B), Anlage, S. 3).

503 S. Begründung des Bundesrates zur Einfügung der entsprechenden Passage (*Beschluss des Bundesrates zur AVV RÜb*, BR-Drs. 752/07(B), Anlage, S. 3).

In Nordrhein-Westfalen existieren zur Zeit[504] zwei Untersuchungsämter in staatlicher Trägerschaft[505] sowie elf Untersuchungsämter in kommunaler Trägerschaft. Letztere haben untereinander jeweils Kooperationen gebildet.[506] Eine Neuorganisation der nordrhein-westfälischen Untersuchungsämter sieht das *Gesetz zur Bildung integrierter Untersuchungsanstalten für Bereiche des Verbraucherschutzes* v. 11.12.2007[507] (*IUAG NRW*) vor. Gem. § 2 Abs. 1 IUAG NRW können in den Regierungsbezirken »die staatlichen Veterinäruntersuchungsämter oder das Chemische Landes- und Staatliche Veterinäruntersuchungsamt und kommunale Untersuchungsämter sowie kommunale Untersuchungsämter miteinander als rechtsfähige Anstalten des öffentlichen Rechts zu integrierten Untersuchungsanstalten für Bereiche des Verbraucherschutzes zusammengeführt werden«. Gemeinsame Träger der jeweiligen Untersuchungsanstalt sind die Träger der zusammengeführten Untersuchungsämter, Abs. 3 S. 1. Als zusätzliche Träger kommen außerdem das Land sowie Kreise oder kreisfreie Städte, die regelmäßig Leistungen der Untersuchungsanstalt in Anspruch nehmen, in Betracht, Abs. 3 S. 2. Die Errichtung erfolgt durch das für Verbraucherschutz zuständige Ministerium, das hierzu auf der Grundlage übereinstimmender Beschlüsse der Vertretungen der kommunalen Träger ermächtigt wird, § 3 Abs. 1 Nr. 1 i. V. m. Abs. 2 S. 1 IUAG NRW. Allerdings ist unter bestimmten Umständen eine Errichtung ohne das Vorliegen entsprechender Beschlüsse möglich, § 3 Abs. 3 i. V. m. Abs. 4 IUAG NRW. In der Form des integrierten Untersuchungsamtes bestehen bereits das »Chemische und Veterinäruntersuchungsamt Ostwestfalen-Lippe«, das einen Zusammenschluss des »Staatlichen Veterinäruntersuchungsamts Detmold« und der »Chemischen Untersuchungsämter« in Bielefeld und Paderborn darstellt, sowie das »Chemische und Veterinäruntersuchungsamt Rhein-Ruhr-Wupper«, das das »Staatliche Veterinäruntersuchungsamt Krefeld« und die »Chemischen Untersuchungsämter« in Essen, Wesel und Wuppertal zusammenfasst.

504 Stand: 12/2008.

505 Dabei handelt es sich um das »Staatliche Veterinäruntersuchungsamt Arnsberg« und das »Chemische Landes- und Staatliche Veterinäruntersuchungsamt Münster«.

506 Kooperationen bestehen jeweils zwischen den kommunalen Untersuchungsämtern der Städte Bochum und Dortmund, der Städte Hamm und Hagen, der Stadt Düsseldorf und des Kreises Mettmann, der Städte Aachen, Bonn, Köln und Leverkusen sowie des Kreises Recklinghausen und der Stadt Gelsenkirchen.

507 GVBl. NRW, S. 662.

Das Personal der Untersuchungsämter besteht im Wesentlichen aus (lebensmittel-)chemischen, tierärztlichen und medizinischen Sachverständigen.[508] Über die Durchführung der Probenanalyse hinaus verpflichtet § 4 Abs. 5 AVV RÜb die Sachverständigen der amtlichen Prüflaboratorien, auf Anforderung im Rahmen ihrer Möglichkeiten an den Betriebskontrollen der Überwachungsbehörden teilzunehmen[509] und diese beratend zu unterstützen.

Gem. § 4 Abs. 1 S. 1 AVV RÜb tragen die zuständigen Behörden »dafür Sorge, dass die amtlichen Prüflaboratorien (...) hinsichtlich ihrer Kapazitäten die erforderlichen Untersuchungsaufgaben jederzeit in vollem Umfang wahrnehmen können und dass ihre Leistungsfähigkeit in qualitativer, apparativer und organisatorischer Hinsicht der Anzahl und Art der eingelieferten amtlichen Proben sowie den Untersuchungszielen und -parametern angepasst ist«. Die Zusammenarbeit von amtlichen Prüflaboratorien »mit Schwerpunktbildung« bleibt unberührt, S. 2. Es ist also nicht erforderlich, dass alle Untersuchungsämter derart ausgestattet sind, dass sie potentiell in der Lage sind, die gesamte Bandbreite der in der Lebensmitteluntersuchung praktizierten Untersuchungen durchzuführen. Dementsprechend bestimmt § 3 Abs. 2 Nr. 3 LFBRVG NRW, dass das Ministerium ermächtigt wird, »für die Untersuchungsämter zu regeln, dass die Untersuchung bestimmter Lebensmittel (...) sowie die Untersuchung auf bestimmte Stoffe oder nach bestimmten Untersuchungsverfahren nur in einem Untersuchungsamt oder in einzelnen Untersuchungsämtern durchzuführen sind, wenn hierfür eine besondere Erfahrung oder Ausstattung erforderlich ist.« Es kann also zwischen einer »horizontalen« Schwerpunktbildung nach Untersuchungsmethoden und einer »vertikalen« Schwerpunktbildung nach einzelnen Lebensmittelgruppen differenziert werden.[510] Eine horizontale apparative Schwerpunktbildung bietet sich für solche Untersuchungsmethoden an, die die Anwendung komplizierter und teurer Analysegeräte erforderlich machen,[511] z. B. Untersuchungsmethoden zum Nachweis bestimmter Stoffe in Lebensmitteln.[512] Dadurch kann sowohl die erforderliche Auslastung als auch eine angemessene Betreuung durch geschultes Personal sichergestellt

---

508 Vgl. *Meyer,* in: Ders./Streinz (Hrsg.), BasisV/LFGB, § 42 Rn. 4.
509 Vgl. *Drews/Hieke,* ZLR 1980, 1 (4); *Rathke,* ZLR 1985, 115 (117).
510 Vgl. *Drews/Hieke,* ZLR 1980, 1 (13).
511 *Drews/Hieke,* ZLR 1980, 1 (13).
512 Vgl. *Drews/Hieke,* ZLR 1980, 1 (13 f.).

werden.[513] Durch eine vertikale Schwerpunktbildung können Besonderheiten bei der Analyse von Proben bestimmter Lebensmittelgruppen verstärkt berücksichtigt werden, insbesondere durch das Vorhalten entsprechenden Know-hows.[514] Für die Frage des Standorts überörtlich spezialisierter Untersuchungseinrichtungen kann etwa von Bedeutung sein, an welchen Orten sich die Herstellung bestimmter Lebensmittelgruppen oder die Gewinnung bestimmter Rohstoffe konzentriert oder in welchen Untersuchungsämtern aufgrund des vorhandenen Personals besonders profilierter Sachverstand bezüglich eines bestimmten Analysebereichs zur Verfügung steht.[515]

Nach Art. 12 Abs. 2 EG-KontrollV besteht eine Akkreditierungspflicht für amtliche Prüflaboratorien. Bei der Akkreditierung handelt es sich um ein Verfahren, in dem im Wege einer Begutachtung durch einen entsprechend kompetenten und unabhängigen Dritten (Akkreditierungsstelle) das Vorhandensein der erforderlichen technischen und fachlichen Kompetenz überprüft wird.[516] Der jeweils einzuhaltende Standard wird dabei durch bestimmte Normen vorgegeben. Bei den für die Akkreditierung der amtlichen Prüflaboratorien maßgeblichen Normen handelt es sich um die EN ISO/IEC 17025 über »Allgemeine Anforderungen an die Kompetenz von Prüf- und Kalibrierlaboratorien« sowie die EN ISO/IEC 17011 über »Konformitätsbewertung – Allgemeine Anforderungen an Akkreditierungsstellen, die Konformitätsbewertungsstellen akkreditieren«, Art. 12 Abs. 2 EG-KontrollV.[517] Die Bewertung und Akkreditierung der amtlichen Prüflaboratorien erfolgt bundesweit durch die »Staatliche Anerkennungsstelle der Lebensmittelüberwachung« (*SAL*) beim »Hessischen Ministerium für Umwelt, ländlichen Raum und Verbraucherschutz« in Wiesbaden sowie durch die »Staatliche Akkreditierungsstelle Hannover« (*AKS Hannover*) im Niedersächsischen »Ministerium für ländlichen Raum, Ernährung, Landwirtschaft und Verbraucherschutz«, § 4 Abs. 3 i. V. m. Anl. 1 AVV RÜb.

513 *Drews/Hieke,* ZLR 1980, 1 (13).

514 Vgl. *Drews/Hieke,* ZLR 1980, 1 (14).

515 Vgl. *Drews/Hieke,* ZLR 1980, 1 (14).

516 Vgl. *Kirchhoff/Schulz,* in: Frede (Hrsg.), Taschenbuch für Lebensmittelchemiker, S. 215 (218); *Ringel,* Lebensmittelrecht als Sicherheitsrecht, S. 156.

517 Ausführlich zur Akkreditierung von amtlichen Prüflaboratorien s. *Kirchhoff/Schulz,* in: Frede (Hrsg.), Taschenbuch für Lebensmittelchemiker, S. 215 ff.

Zweiter Teil: Das materielle Lebensmittelrecht als Maßstab der allgemeinen Lebensmittelüberwachung

Aufgabe der allgemeinen Lebensmittelüberwachung ist es, die Einhaltung der Vorschriften des materiellen Lebensmittelrechts zu gewährleisten. Das materielle Lebensmittelrecht dient somit als Maßstab der Lebensmittelüberwachung und wird daher im Folgenden in seinen wesentlichen Grundzügen dargestellt. Dabei soll gezeigt werden, dass es trotz der auf den ersten Blick unübersichtlichen Normenvielfalt dennoch möglich ist, im Wege einer systematisierenden Darstellung anschaulich zu machen, welcher Anknüpfungspunkte und Regelungstechniken sich der europäische und nationale Gesetzgeber im Rahmen des materiellen Lebensmittelrechts bedient, um die anvisierten verbraucherschützenden Ziele zu erreichen.

Wie bereits oben definiert sollen unter dem Begriff des materiellen Lebensmittelrechts diejenigen Vorschriften zusammengefasst werden, die Anforderungen an Lebensmittel und deren Produktion bzw. entsprechende Verpflichtungen der Lebensmittelunternehmer beinhalten und dadurch unmittelbar den verbraucherschützenden Zwecken des Lebensmittelrechts dienen.[518] In Bezug auf die Unternehmerpflichten ist allerdings zu differenzieren zwischen »absoluten« Unternehmerpflichten, die gegenüber der Allgemeinheit bestehen, und »relativen« Unternehmerpflichten, die gegenüber den zuständigen Behörden zu erfüllen sind.[519] Die sich aus den unmittelbar verbraucherschützenden Anforderungen des materiellen Lebensmittelrechts ergebenden Verpflichtungen, beispielsweise Pflichten zur Kennzeichnung von Lebensmitteln, sind danach als absolute Unternehmerpflichten einzuordnen, da sie gegenüber jedermann einzuhalten sind. Aufgrund ihrer unmittelbar verbraucherschützenden Zielrichtung sind diese dem materiellen Lebensmittelrecht zuzurechnen. Relativen Unternehmerpflichten, die gegenüber den Behörden bestehen, fehlt dagegen diese unmittelbare Verknüpfung mit den Zwecken des Lebensmittelrechts. Sie dienen vielmehr der Durchführung und Unterstützung der Lebensmittelüberwachung, indem sie beispielsweise den zuständigen Behörden den Zugriff auf die zur Erfüllung ihrer Aufgaben notwendigen Informationen oder die Durchführung

518 S. o. S. 42 f.

519 Vgl. – bezogen auf Überwachungsrechtsverhältnisse im Allgemeinen – *Gröschner,* Das Überwachungsrechtsverhältnis, S. 244.

sonstiger Ermittlungsmaßnahmen ermöglichen. Dazu gehören insbesondere Auskunfts- und Mitteilungspflichten[520] sowie die Pflicht zur Duldung behördlicher Ermittlungsmaßnahmen.[521] Diese werden daher in die folgende Darstellung des materiellen Lebensmittelrechts nicht miteinbezogen, sondern aufgrund ihrer Bedeutung für die Lebensmittelüberwachung im Zusammenhang mit den Überwachungsinstrumenten behandelt.[522]

Ist die darzustellende Materie auf diese Weise eingegrenzt, stellt sich nunmehr die Frage nach tauglichen sowie zweckmäßigen Kriterien für ihre Systematisierung. Soweit in der Literatur überhaupt Ansätze einer Strukturierung der materiell-rechtlichen Vorschriften des Lebensmittelrechts im Hinblick auf ihren Regelungsgehalt erkennbar sind, wird zumeist – entsprechend der unterschiedlichen verbraucherschützenden Zielrichtungen – lediglich differenziert zwischen Vorschriften zum Gesundheitsschutz einerseits und Täuschungsschutz andererseits sowie – teilweise ergänzend – solchen, die der Verbraucherinformation dienen.[523] Eine konsequente Durchführung dieser Unterteilung ist bei eingehender Betrachtung jedoch problematisch. Denn zum einen lässt sich der Regelungszweck oftmals den Vorschriften selbst nicht eindeutig entnehmen, zum anderen können sich die Zwecke überschneiden, sodass viele Vorschriften nicht eindeutig dem Gesundheits- oder Täuschungsschutz bzw. der Verbraucherinformation zugeordnet werden können. So sollen bestimmte Vorschriften zwar vordergründig eine Irreführung der Verbraucher in Bezug auf bestimmte Tatsachen verhindern. Sofern es sich dabei allerdings um gesundheitsrelevante Tatsachen wie z. B. die (angeblich) Krankheiten heilende Wirkung eines Lebensmittels handelt, dienen sie letztendlich auch dem Schutz der Verbraucher vor irrtumsbedingten Gesundheitsbeeinträchtigungen. Vorschriften zur Verbraucherinformation können dem Schutz vor Täuschung dienen, indem sie für eine Aufklärung der Verbraucher über die für ihre Konsumentscheidung relevanten Tatsachen sorgen. Ihnen kann jedoch auch eine gesundheitsschützende Zielrichtung zugrunde liegen, wenn beispielsweise sichergestellt werden soll, dass über das Vorhandensein potentiell Allergien auslösender Stoffe in einem Lebensmittel informiert oder vor einem gesundheitsschädigenden »Fehlkonsum« gewarnt wird.

520 Zu den lebensmittelrechtlichen Auskunfts- und Mitteilungspflichten s. u. S. 186 ff.

521 S. u. S. 211 ff.

522 S. u. S. 179 ff. und S. 237 ff.

523 Als Beispiele für eine solche Differenzierung s. *Bauschke,* Verbraucherschutz im öffentlichen Recht, S. 128 ff.; *Rabe,* ZLR 2003, 151 (156 ff.); *Schomburg,* NVwZ 2007, 1373 (1375 f.); *Voß,* LFGB, S. 68 ff.

In der Regel eindeutig zu bestimmen und insofern als Unterscheidungskriterium geeigneter ist dagegen der jeweilige Regelungs- bzw. *Anknüpfungsgegenstand* lebensmittelrechtlicher Vorschriften. Eine diesbezüglich vorgenommene Einteilung des materiellen Lebensmittelrechts entspricht auch der Zielsetzung, die verbraucherschützenden Mechanismen aufzuzeigen. Welche der drei einzelnen Unterziele durch eine Vorschrift jeweils (primär) verfolgt werden soll, ist dagegen in diesem Zusammenhang zweitrangig.[524]

Grundsätzlich kann zwischen zwei verschiedenen Anknüpfungspunkten differenziert werden: Gegenstand lebensmittelrechtlicher Vorschriften kann zum einen die *Beschaffenheit* der Lebensmittel sein, indem diesbezüglich gewisse (Mindest-)Anforderungen festgelegt und das Inverkehrbringen derjenigen Lebensmittel untersagt wird, welche diesen Anforderungen nicht entsprechen. Zum anderen sorgen Regelungen hinsichtlich der den Verbrauchern zur Verfügung stehenden bzw. verfügbar zu machenden *Informationen* dafür, dass diese für sie relevante und vor allem wahrheitsgemäße Informationen über die Beschaffenheit der Lebensmittel erhalten. Dadurch sollen die Verbraucher in die Lage versetzt werden, sich frei von Irrtümern selbst zu schützen und eine ihren Interessen entsprechende Konsumentscheidung zu treffen.[525] Diese Differenzierung soll dem folgenden systematischen Überblick zugrunde gelegt werden. Dabei ergeben sich insoweit Parallelen zu der o. g. Differenzierung nach den einzelnen Schutzzwecken, als der Gesundheitsschutz zumeist durch Beschaffenheitsregelungen realisiert werden soll, wohingegen Informationsregelungen in der Regel – zumindest primär – einen Täuschungsschutz bezwecken.

Die folgende Darstellung wird sich dabei auf sog. »horizontale« Vorschriften beschränken, welche grundsätzlich für alle Lebensmittel bzw. Lebens-

524 Ob eine Vorschrift allein oder primär dem Gesundheitsschutz, dem Täuschungsschutz oder der (allgemeinen) Verbraucherinformation dient, kann allerdings in bestimmten Zusammenhängen Bedeutung erlangen, etwa – aufgrund des unterschiedlichen Stellenwerts der Schutzgüter – im Rahmen der Rechtfertigung grundrechtsrelevanter Eingriffe (s. o. S. 60 ff.) oder bei der Frage der Rechtsetzungskompetenzen (s. o. S. 45 ff.). Diese Fragestellungen stehen bei der folgenden Darstellung jedoch nicht im Vordergrund.

525 Regelungen der Information sind dabei nicht mit der Verbraucherinformation im Sinne der Einteilung nach Schutzzwecken gleichzusetzen. Die Information als Anknüpfungspunkt (und nicht als Ziel) haben auch solche Vorschriften, die eine Irreführung der Verbraucher aufgrund falscher Informationen verbieten (siehe im einzelnen unten S. 160 ff.), und die nach der o. g. Einteilung also dem Täuschungsschutz zugerechnet würden.

mittelkategorien gelten.[526] »Vertikale« Bestimmungen stellen dagegen spezifische Anforderungen an die Beschaffenheit und Kennzeichnung bestimmter Lebensmittelgattungen bzw. -gruppen,[527] wie z. B. Käse[528], Honig[529] oder Fruchtsaft.[530] Letztere in größerem Umfang in die Darstellung mit einzubeziehen würde aufgrund der äußerst detaillierten und sehr spezifischen Regelungen keinen messbaren Gewinn im Hinblick auf den o. g. Untersuchungszweck bringen, sondern vielmehr den Bemühungen um einen übersichtlichen und systematisierenden Überblick zuwiderlaufen.

Grundlegende horizontale Vorschriften enthält auf europäischer Ebene die EG-BasisV, die durch die Festlegung lebensmittelrechtlicher Grundsätze und Begriffe einen allgemeinen Rahmen für Maßnahmen im Bereich des lebensmittelrechtlichen Verbraucherschutzes auf gemeinschaftsrechtlicher und einzelstaatlicher Ebene schafft.[531] Im Hinblick auf konkrete Anforderungen an die Lebensmittelsicherheit bzw. Verpflichtungen der Lebensmittelunternehmer beschränkt sich die Verordnung dabei auf wenige, allgemeine Bestimmungen.[532] Das materielle Lebensmittelrecht wird daher im Wesentlichen durch Verordnungen und Richtlinien bestimmt, die jeweils einzelne spezifische lebensmittelrechtliche Regelungsbereiche betreffen.

Der ganzheitliche Ansatz des Gemeinschaftsrechts wurde im Zuge einer Neuordnung des nationalen Lebensmittelrechts auch in das deutsche Recht übernommen: Die ursprünglich getrennten Kodifikationen für Lebensmittel und Futtermittel, namentlich das *Lebensmittel- und Bedarfsgegenständegesetz* i. d. F. der Bekanntmachung v. 9.9.1997[533] (*LMBG*) auf der einen und das *Futtermittelgesetz* i. d. F. der Bekanntmachung v. 25.8.2000[534] (*FMG*)

526 Vgl. *Gallhoff/Rimkus,* in: Frede (Hrsg.), Taschenbuch für Lebensmittelchemiker, S. 1 (5); *Streinz,* GRUR 1996, 16 (17); *Thomas/Freund/Gründig,* in: Frede (Hrsg.), Taschenbuch für Lebensmittelchemiker, S. 51 (75).

527 Vgl. *Gallhoff/Rimkus,* in: Frede (Hrsg.), Taschenbuch für Lebensmittelchemiker, S. 1 (5); *Streinz,* GRUR 1996, 16 (17); *Thomas/Freund/Gründig,* in: Frede (Hrsg.), Taschenbuch für Lebensmittelchemiker, S. 51 (75).

528 Vgl. *Käseverordnung* i. d. F. der Bekanntmachung v. 14.4.1986 (BGBl. I, S. 412).

529 Vgl. *Honigverordnung* v. 16.1.2004 (BGBl. I, S. 92).

530 Vgl. *Verordnung über Fruchtsaft, einige ähnliche Erzeugnisse und Fruchtnektar* v. 24.5.2004 (BGBl. I, S. 1016).

531 Vgl. *Vorschlag der Kommission zur EG-BasisV,* KOM(2000) 716 endg., S. 5; *Gorny,* Grundlagen des europäischen Lebensmittelrechts, S. 11; *Weiß,* Gewährleistung der Produktsicherheit, S. 274. S. o. S. 21.

532 S. Art. 14 ff. EG-BasisV.

533 BGBl. I, S. 2296.

534 BGBl. I, S. 1358.

auf der anderen Seite wurden im neu geschaffenen LFGB zusammengefasst. Bedingt durch den in das LFGB überführten, nicht auf Lebensmittel beschränkten ursprünglichen Anwendungsbereich des alten LMBG,[535] enthält das LFGB allerdings nicht nur lebensmittelrechtliche und futtermittelrechtliche Regelungen, sondern auch Vorschriften für andere »Erzeugnisse«. Dazu gehören gem. § 2 Abs. 1 LFGB sog. Bedarfsgegenstände[536] und kosmetische Mittel[537]. Das LFGB regelt – überwiegend in Umsetzung, teilweise auch in Ergänzung gemeinschaftsrechtlicher Vorschriften – die grundlegenden Anforderungen, die für alle Lebensmittel gelten.[538] Darüber hinaus enthält es zahlreiche Verordnungsermächtigungen, aufgrund derer eine Vielzahl von Rechtsverordnungen erlassen wurden, die in Ergänzung und Konkretisierung der allgemeinen Bestimmungen des LFGB Detailregelungen für bestimmte lebensmittelrechtliche Bereiche treffen.[539]

---

535 Eine Ausnahme gilt für Tabak und Tabakerzeugnisse, die zwar vom LMBG erfasst waren, jedoch aus politischen Gründen als typischerweise »gesundheitsschädliche Produkte« nicht in das neue Lebensmittelrecht bzw. den Anwendungsbereich des LFGB miteinbezogen wurden (*Streinz,* in: Meyer/Streinz (Hrsg.) (Hrsg.), BasisV/LFGB, Einf. Rn. 3). Für diese Produkte gelten zunächst im Rahmen des *Vorläufigen Tabakgesetzes* i. d. F. der Bekanntmachung v. 9.9.1997 (BGBl. I, S. 2296) die für Tabak geltenden Vorschriften des alten LMBG – einschließlich der Vorschriften zur Überwachung – weiter.

536 Zu den Bedarfsgegenständen i. S. d. LFGB gehören gem. § 2 Abs. 6 Nr. 1 LFGB i. V. m. Art. 1 Abs. 2 EG-LebensmittelbedarfsgegenständeV zum einen sog. »Lebensmittelbedarfsgegenstände«, die durch ihren bestimmungsgemäßen Kontakt zu Lebensmitteln gekennzeichnet sind (Näheres s. u. S. 148 ff.), zum anderen gem. § 2 Abs. 6 Nr. 2 bis 9 LFGB weitere, abschließend aufgeführte Produktgruppen, denen gemeinsam ist, dass ihnen aufgrund ihres Verwendungszwecks eine erhöhte Einwirkungsmöglichkeit auf den menschlichen Körper zukommt. Dazu gehören beispielsweise Gegenstände zur Körperpflege (z. B. Waschlappen, Bürsten), Spielwaren und Scherzartikel, Reinigungs- und Pflegemittel für den häuslichen Bedarfs (Spülmittel, Scheuermilch) sowie Gegenstände, die dazu bestimmt sind, mit den Schleimhäuten des Mundes in Berührung zu kommen (z. B. Schnuller, Pfeifen etc.).

537 Kosmetische Mittel sind »Stoffe oder Zubereitungen aus Stoffen, die ausschließlich oder überwiegend dazu bestimmt sind, äußerlich am Körper des Menschen oder in seiner Mundhöhle zur Reinigung, zum Schutz, zur Erhaltung eines guten Zustandes, zur Parfümierung, zur Veränderung des Aussehens oder dazu angewendet zu werden, den Körpergeruch zu beeinflussen«, § 2 Abs. 5 LFGB.

538 Zum Teil handelt es sich dabei um gemeinsame Vorschriften für alle Erzeugnisse i. S. d. § 2 Abs. 1 LFGB. Da sich der Untersuchungsgegenstand der vorliegenden Darstellung jedoch auf die lebensmittelbezogenen Vorschriften beschränkt, wird im folgenden der Begriff des Erzeugnisses und der des Lebensmittels diesbezüglich synonym verwendet.

539 Vgl. *Thomas/Freund/Gründig,* in: Frede (Hrsg.), Taschenbuch für Lebensmittelchemiker, S. 51 (75); *Streinz,* in: Meyer/Streinz (Hrsg.), BasisV/LFGB, Einf. Rn. 82 ff.

§ 4 Beschaffenheitsbezogene Vorschriften

Die Beschaffenheit eines Lebensmittels bezeichnet seine stofflichen Eigenschaften.[540] Dazu gehört nicht nur seine Zusammensetzung, also insbesondere seine Zutaten und Inhaltsstoffe, sondern allgemein die physikalisch und chemisch definierbaren Zustände des Lebensmittels und seiner Bestandteile, also etwa Temperatur und Konsistenz. Beschaffenheitsbezogene Vorschriften dienen vorwiegend der Gewährleistung der Lebensmittelsicherheit, also im Wesentlichen dem Schutz der Verbraucher vor gesundheitsschädlichen Lebensmitteln.[541] Zum Teil soll darüber hinausgehend sichergestellt werden, dass die Lebensmittel in ihrer Beschaffenheit auch sonstigen legitimen Erwartungen der Verbraucher entsprechen.[542] Zu diesen Zwecken werden zum einen unmittelbar *produktbezogene* Anforderungen an die Beschaffenheit des Lebensmittels als Endprodukt gestellt. Zum anderen kann eine bestimmte Beschaffenheit mittelbar auch dadurch vorgegeben werden, dass andere, die Lebensmittelsicherheit potentiell negativ beeinflussende Faktoren, wie etwa Herstellungsbedingungen oder -methoden, zum Gegenstand lebensmittelrechtlicher Vorschriften gemacht werden. Diese sollen unter dem Begriff der *produktionsbezogenen* Vorschriften zusammengefasst werden. Der Begriff der Produktion ist dabei in einem weiten Sinne zu verstehen und umfasst lebensmittelunternehmerische Tätigkeiten auf allen Stufen bis zum Zeitpunkt des »Inverkehrbringens« des jeweiligen Produkts. Inverkehrbringen ist »das Bereithalten von Lebensmitteln (…) für Verkaufszwecke einschließlich des Anbietens zum Verkauf oder jeder anderen Form der Weitergabe, gleichgültig, ob unentgeltlich oder nicht, sowie den Verkauf, den Vertrieb oder andere Formen der Weitergabe selbst«, Art. 3 Nr. 8 EG-BasisV. Die dem Inverkehrbringen vorangehenden Produktionsprozesse werden unter den Begriffen des »Herstellens« und »Behandelns« zusammengefasst. Die Tätigkeit des Herstellens umfasst gem. § 3 Nr. 2 LFGB

540 *Zipfel/Rathke,* Lebensmittelrecht II, C 102, § 11 Rn. 93.

541 Zum Begriff der Lebensmittelsicherheit s. o. S. 26 f.

542 Da beschaffenheitsbezogene Vorschriften zumeist mit weitgehenden Eingriffen in die grundrechtlich geschützten Rechte und Interessen der Betroffenen verbunden sind, sind sie allerdings in der Regel lediglich im Falle einer gesundheitsschützenden Zielrichtung verhältnismäßig bzw. gerechtfertigt. Bloße Verbrauchererwartungen, etwa hinsichtlich einer bestimmten Qualität oder positiven Wirkung eines Lebensmittels, genügen dagegen meist nicht, um eine solche Regelung zu rechtfertigen. Hier kommen jedoch i. d. R. Informationsregelungen als milderes Mittel in Betracht (s. o. S. 63 f.).

»das Gewinnen, einschließlich des Schlachtens oder Erlegens lebender Tiere, deren Fleisch als Lebensmittel zu dienen bestimmt ist, das Herstellen, das Zubereiten, das Be- und Verarbeiten und das Mischen«. »Behandeln« meint dagegen »das Wiegen, Messen, Um- und Abfüllen, Stempeln, Bedrucken, Verpacken, Kühlen, Gefrieren, Tiefgefrieren, Auftauen, Lagern, Aufbewahren, Befördern sowie jede sonstige Tätigkeit, die nicht als Herstellen oder Inverkehrbringen anzusehen ist«, § 3 Nr. 3 LFGB. Die Begriffe Herstellen, Behandeln und Inverkehrbringen beschreiben also sämtliche Formen lebensmittelunternehmerischer Betätigung als Gegenstand beschaffenheitsbezogener Vorschriften.

A. Produktbezogene Vorschriften

Produktbezogene Beschaffenheitsvorschriften legen unmittelbar fest, welche Zusammensetzung, Eigenschaften, Wirkungen, Qualität usw. ein Lebensmittel aufweisen darf bzw. muss, um den Anforderungen an die Lebensmittelsicherheit zu genügen. Dies geschieht zum einen dadurch, dass im Wege einer Generalklausel ein Verbot »nicht sicherer« Lebensmittel ausgesprochen wird, und zwar unabhängig davon, worauf diese Eigenschaft zurückzuführen ist. Zum anderen werden solche Lebensmittel verboten, die Beschaffenheitsmerkmale aufweisen – z. B. das Vorhandensein bestimmter Inhaltsstoffe –, die von Seiten des Gesetzgebers ihrerseits als der Lebensmittelsicherheit abträglich bzw. insbesondere als potentiell gesundheitsschädlich eingestuft werden. Diese Vorschriften dienen also der näheren Konkretisierung der o. g. Generalklausel. Dabei wird in der Regel auf die Beschaffenheit des Lebensmittels zum Zeitpunkt des (erstmaligen) Inverkehrbringens abgestellt. An diesen Zeitpunkt anzuknüpfen ist für produktbezogene Regelungen insofern zweckmäßig, als das Lebensmittel nach Abschluss des Produktionsprozesses im verkaufsfertigen Zustand[543] die Herrschafts- und Risikosphäre des Herstellers bzw. Unternehmers verlässt. Dadurch wird erstmalig ein potentielles Risiko für die Verbraucher geschaffen.[544] Zwar beschränkt sich der Begriff des Inverkehrbringens nicht auf die Abgabe verzehrsfertiger Produkte an den Endverbraucher. Da auch Vor- und Zwischenerzeugnisse als Lebensmittel einzustufen sind, stellt auch die Lieferung an einen anderen Lebensmittelunternehmer zum Zwecke der

543 Vgl. *Gorny,* Grundlagen des europäischen Lebensmittelrechts, S. 51; *Zipfel/Rathke,* Lebensmittelrecht II, C 101, Art. 3 Rn. 43.

544 Vgl. *Schomburg,* NVwZ 2007, 1373 (1375), sowie allgemein zum Produktsicherheitsrecht *Klindt,* VersR 2004, 296 (296 f.).

Weiterverarbeitung ein Inverkehrbringen dar.[545] Ausgenommen ist daher lediglich die Be- oder Verarbeitung innerhalb der Lebensmittelunternehmen.[546] Entscheidend für die Anknüpfung an das Inverkehrbringen ist jedoch, dass der Lebensmittelunternehmer zu diesem Zeitpunkt das Lebensmittel aus seinem Einflussbereich entlässt und er daher seine lebensmittelrechtlichen Handlungs- und Sorgfaltspflichten nicht mehr ohne weiteres nachträglich erfüllen kann. Er muss daher bis zu diesem Zeitpunkt bereits alles Erforderliche getan haben, damit die von ihm in den Verkehr gebrachten Lebensmittel rechtskonform sind bzw. von diesen keine Gefahren für die Verbraucher ausgehen.

I. Verbot nicht sicherer Lebensmittel

Zentrale Bestimmung der EG-BasisV zur Gewährleistung der Lebensmittelsicherheit ist Art. 14 Abs. 1.[547] Danach dürfen Lebensmittel, die nicht sicher sind, nicht in den Verkehr gebracht werden.

Nach Art. 14 Abs. 2 EG-BasisV gelten Lebensmittel als nicht sicher, wenn davon auszugehen ist, dass sie gesundheitsschädlich (lit. a) oder[548] zum Verzehr durch den Menschen ungeeignet (verzehruntauglich) (lit. b) sind. Aufgrund der Wendung »gelten als« könnte es bei unbefangener Betrachtung so erscheinen, als seien die in lit. a und b genannten Fälle als Fiktion nicht sicherer Lebensmittel anzusehen.[549] Diese Interpretation würde jedoch bedeuten, dass zum einen neben gesundheitsschädlichen oder verzehruntauglichen Lebensmitteln noch weitere Fallgruppen nicht sicherer

---

545 Vgl. *Zipfel/Rathke,* Lebensmittelrecht II, C 101, Art. 14 Rn. 8.

546 *Zipfel/Rathke,* Lebensmittelrecht II, C 101, Art. 14 Rn. 8.

547 Vgl. *Zellner,* ZLR 2007, 295 (298); *Zipfel/Rathke,* Lebensmittelrecht II, C 101, Art. 14 Rn. 1.

548 Dass lit. a und lit. b in einem Alternativverhältnis stehen und nicht kumulativ vorliegen müssen, ergibt sich zwar nicht aus dem Wortlaut des Abs. 2. Dort sind die beiden Fälle lediglich durch ein Komma getrennt. Dieses Verständnis ist jedoch unter Berücksichtigung von Sinn und Zweck der Vorschrift und der näheren Konkretisierung der beiden Fälle – dazu sogleich unten – die einzig sinnvolle Betrachtungsweise. Bereits vom Wortlaut her eindeutiger ist dagegen beispielsweise die italienische Fassung des Abs. 2, in der zum Ausdruck kommt, dass es zwei verschiedene Fälle gibt, in denen Lebensmittel als nicht sicher gelten: »Gli alimenti sono considerati a rischio *nei casi seguenti* [*Hervorhebung nicht im Original*]«.

549 In diesem Sinne wohl *Gorny,* ZLR 2001, 501 (511), der von der Verzehruntauglichkeit als einem »Tatbestandsmerkmal« spricht, »das die Fiktion der Lebensmittelunsicherheit auslöst«. S. auch *ders.,* Grundlagen des europäischen Lebensmittelrechts, S. 113.

Lebensmittel denkbar wären und zum anderen eine Fiktion deshalb notwendig wäre, weil gesundheitsschädliche und verzehruntaugliche Lebensmittel ansonsten nicht unter das Tatbestandsmerkmal »nicht sicher« subsumiert werden könnten.[550] Beides trifft jedoch nicht zu. Aus den Erläuterungen zu Art. 12 Abs. 2 des ursprünglichen Verordnungsvorschlags der Kommission, der im Wesentlichen gleich lautend zum jetzigen Art. 14 Abs. 2 ist,[551] geht hervor, dass die Aufzählung in lit. a und b eine abschließende Konkretisierung des Tatbestandsmerkmals »nicht sicher« in Abs. 1 darstellen soll. Nach Vorstellung der Kommission sollte mit der Generalklausel eine Vorgabe für die Lebensmittelsicherheit eingeführt werden, »die zwei Komponenten umfasst: so dürfen Lebensmittel nicht potentiell gesundheitsschädlich oder zum Verzehr durch den Menschen untauglich (...) sein (...). Trifft nur einer dieser Faktoren zu, so hat das Lebensmittel als unsicher zu gelten«.[552] »Nicht sicher« ist demnach gleichbedeutend mit »gesundheitsschädlich oder für den Verzehr durch den Menschen ungeeignet« oder anders gesagt: ein Lebensmittel ist (jedenfalls) dann sicher, wenn davon auszugehen ist, dass es weder gesundheitsschädlich noch verzehruntauglich ist.[553] Abs. 2 konkretisiert somit den aus der EG-Produktsicherheits-RL entnommenen allgemeinen Begriff des sicheren Produkts[554] für den Bereich der Lebensmittel. Die Formulierung »gilt als« kann allerdings als Hinweis darauf verstanden werden, dass die Frage der Sicherheit eines Lebensmittels keine absolute bzw. naturwissenschaftlich feststehende Kategorie ist, sondern eine normative Wertung erfordert, da eine vollständige Sicherheit im Sinne eines Ausschlusses jedweden Risikos nicht denkbar ist.[555]

---

550 Bei der gesetzlichen Fiktion stellt das Gesetz bewusst zwei ungleiche Tatbestände gleich bzw. behandelt eine in Wahrheit nicht bestehende Tatsache als bestehend, um zu bestimmten erwünschten Rechtsfolgen zu gelangen (vgl. *Köbler,* Juristisches Wörterbuch, S. 146; *Rüthers,* Rechtstheorie, Rn. 136).

551 S. *Vorschlag der Kommission zur EG-BasisV,* KOM(2000) 716 endg., S. 44: »Lebensmittel gelten als unsicher, wenn sie a) potenziell gesundheitsschädlich sind, b) zum Verzehr durch den Menschen untauglich oder kontaminiert sind.«

552 *Vorschlag der Kommission zur EG-BasisV,* KOM(2000) 716 endg., Erläuterungen S. 11.

553 In diesem Sinne wohl auch *Gorny,* Grundlagen des europäischen Lebensmittelrechts, S. 113; *Schroeder/Kraus,* EuZW 2005, 423 (425). Ähnlich *Zipfel/Rathke,* Lebensmittelrecht II, C 101, Art. 14 Rn. 6: »Aus welchen Gründen der EG-Gesetzgeber anstelle des Wortes ›sind‹ das Wort ›gelten‹ verwendet, ist nicht erkennbar.«

554 S. o. S. 27.

555 Zum Begriff der Sicherheit und des Risikos s. o. S. 26 ff.

Für den Begriff der Gesundheitsschädlichkeit kann zunächst die allgemeine sprachliche Bedeutung dieses Begriffes bzw. desjenigen der Gesundheit herangezogen werden.[556] Gesundheit bezeichnet danach nicht lediglich die Abwesenheit von Krankheit, sondern darüber hinaus einen Zustand oder ein bestimmtes Maß körperlichen, psychischen oder geistigen Wohlbefindens.[557] Dementsprechend ist das Hervorrufen einer Krankheit nicht notwendigerweise Voraussetzung der Gesundheitsschädlichkeit.[558] Der Gesundheit schadet es vielmehr auch, wenn eine Person nur vorübergehend, jedoch nicht ganz geringfügig in ihrem normalen Verhalten bzw. Wohlbefinden beeinträchtigt wird, z. B. durch starken Durchfall oder Übelkeit,[559] oder eine nicht nur vorübergehende Störung des Nervensystems, der normalen geistigen und seelischen Funktionen oder des allgemeinen körperlichen Wohlbefindens eintritt.[560] Da jedoch nach Art. 14 Abs. 1 EG-BasisV das Inverkehrbringen, nicht aber der Verzehr der maßgebliche Beurteilungszeitpunkt ist, muss der Begriff der Gesundheitsschädlichkeit nach Abs. 2 lit. a im Sinne einer Eignung zur Gesundheitsschädigung verstanden werden.[561] Eine tatsächliche Schädigung muss also noch nicht eingetreten sein.[562] Zumindest die Eignung muss jedoch konkret festgestellt werden, d. h. das Lebensmittel muss eine Beschaffenheit aufweisen, die tatsächlich eine Gesundheitsschädigung verursachen kann.[563]

Über diesen allgemeinen Bedeutungsgehalt hinaus wird das Merkmal der Gesundheitsschädlichkeit durch Art. 14 Abs. 4 EG-BasisV näher konkretisiert und teilweise erweitert,[564] ohne jedoch eine in sich abgeschlossene, eigenständige Definition zu bieten:[565] Nach Abs. 4 sind bei der Entscheidung der Frage, ob ein Lebensmittel gesundheitsschädlich ist, zu berücksichtigen

- »die wahrscheinlichen sofortigen und/oder kurzfristigen und/oder langfristigen Auswirkungen des Lebensmittels nicht nur auf die Gesundheit des Verbrauchers, sondern auch auf nachfolgende Generationen«,

556 Vgl. *Zipfel/Rathke,* Lebensmittelrecht II, C 101, Art. 14 Rn. 37.
557 *Duden,* Deutsches Universalwörterbuch, S. 686 f. (Stichwort »Gesundheit«).
558 Vgl. *Zipfel/Rathke,* Lebensmittelrecht II, C 101, Art. 14 Rn. 38.
559 Vgl. *Zipfel/Rathke,* Lebensmittelrecht II, C 101, Art. 14 Rn. 38.
560 Vgl. *Zipfel/Rathke,* Lebensmittelrecht II, C 101, Art. 14 Rn. 38.
561 Vgl. *Zipfel/Rathke,* Lebensmittelrecht II, C 101, Art. 14 Rn. 39.
562 *Zipfel/Rathke,* Lebensmittelrecht II, C 101, Art. 14 Rn. 39.
563 *Zipfel/Rathke,* Lebensmittelrecht II, C 101, Art. 14 Rn. 39.
564 Vgl. *Zipfel/Rathke,* Lebensmittelrecht II, C 101, Art. 14 Rn. 43.
565 Vgl. *Voß,* LFGB, S. 69.

- »die wahrscheinlichen kumulativen toxischen Auswirkungen«[566] sowie
- »die besondere gesundheitliche Empfindlichkeit einer bestimmten Verbrauchergruppe, falls das Lebensmittel für diese Gruppe von Verbrauchern bestimmt ist«.

Durch diese »Auslegungshilfen«[567] wird zum Ausdruck gebracht, dass ein Lebensmittel nicht erst dann als gesundheitsschädlich angesehen werden soll, wenn bei einem Durchschnittsverbraucher aufgrund des Lebensmittelverzehrs unverzüglich bzw. unmittelbar kausal eine Schädigung der Gesundheit erwartet werden kann. Vielmehr ist auch das mögliche Hinzutreten weiterer Faktoren in die Beurteilung der Gesundheitsschädlichkeit mit einzubeziehen. Das Merkmal »gesundheitsschädlich« wird also in einem sehr weiten Sinne verstanden, was zu Schwierigkeiten in der praktischen Anwendung führen kann. Während es dem Hersteller, der Lebensmittel gerade für besonders empfindliche Verbrauchergruppen (z. B. Diabetiker, Allergiker, Schwangere oder Kinder) in den Verkehr bringen will, in der Regel möglich und zumutbar ist, durch wissenschaftliche Studien die gesundheitlichen Auswirkungen auf diese Gruppen zu erforschen und zu berücksichtigen, kann die Möglichkeit und Zumutbarkeit einer Prüfung aller potentiellen, nach Abs. 4 zu berücksichtigenden kumulativen toxischen Auswirkungen im Einzelfall durchaus in Frage gestellt werden. Die Möglichkeit gesundheitsschädlicher Auswirkungen auf folgende Generationen durch den Verzehr eines Lebensmittels[568] sind in der Praxis schließlich unmöglich abschließend zu beurteilen, weder durch die Unternehmen, die (neuartige) Lebensmittel auf den Markt bringen wollen, noch durch die Überwachungsbehörden, die über die Frage der Gesundheitsschädlichkeit eines Lebensmittels im konkreten Fall zu entscheiden haben.[569] Oft stehen gar keine ausreichenden wissenschaftlichen Methoden zur Verfügung. Bevor ein Lebensmittel auf den Markt gebracht werden könnte, wären zeitlich und

---

566 Damit werden beispielsweise diejenigen Fälle erfasst, in denen Lebensmittel bzw. deren Inhaltsstoffe für sich genommen unschädlich sind, jedoch im Zusammenwirken mit anderen Stoffen oder im Wege chemischer Reaktion eine toxische Wirkung entfalten können (*Voß,* LFGB, S. 69; *Zipfel/Rathke,* Lebensmittelrecht II, C 101, Art. 14 Rn. 51).

567 *Voß,* LFGB, S. 69; *Zipfel/Rathke,* Lebensmittelrecht II, C 101, Art. 14 Rn. 10.

568 Damit sind offensichtlich vor allem mögliche erbgutverändernde Eigenschaften von Lebensmitteln gemeint.

569 Vgl. *Bauschke,* Lebensmittelsicherheit, S. 78; *Rabe,* ZLR 2003, 151 (157); *Gorny,* Grundlagen des europäischen Lebensmittelrechts, S. 118; *Schroeder/Kraus,* EuZW 2005, 324 (425), *Simon,* Kooperative Risikoverwaltung, S. 213.

finanziell aufwendige Langzeitstudien erforderlich.[570] Dies spricht dafür, die genannten Auslegungskriterien eher als politische Programmsätze im Rahmen des allgemeinen Konzepts der Lebensmittelsicherheit denn als strikt zu erfüllende Subsumtionsvorgaben zu verstehen. Sie dienen als Hinweis, dass auch entferntere, mittelbar schädliche Auswirkungen nicht unberücksichtigt bleiben dürfen und dass im Einzelfall z. B. das erbgutverändernde Potential eines Lebensmittels auch dann zu einem Verbot nach Art. 14 Abs. 1 EG-BasisV führen kann, wenn für den Verbraucher, der es verzehrt, selbst keine unmittelbare Gesundheitsschädigung droht.

Bei der Frage der Verzehruntauglichkeit i. S. d. Art. 14 Abs. 2 lit. b EG-BasisV ist gem. Abs. 5 »zu berücksichtigen, ob das Lebensmittel infolge einer durch Fremdstoffe[571] oder auf andere Weise bewirkten Kontamination, durch Fäulnis, Verderb oder Zersetzung[572] ausgehend von dem beabsichtigten Verwendungszweck nicht [sic!][573] für den Verzehr durch den Menschen inakzeptabel geworden ist«. Im Gegensatz zum Tatbestandsmerkmal der Gesundheitsschädlichkeit, das zumindest bis zu einem gewissen Grad medizinisch-naturwissenschaftlich bzw. im Sinne eines davon abgeleiteten, allgemeinen Sprachgebrauchs bestimmt werden kann, ist die Verzehruntauglichkeit eines Lebensmittels ein rein wertender Rechtsbegriff.[574] Trotz des missverständlichen Wortlauts (»ist zu berücksichtigen«) ist Abs. 5 daher – ähnlich wie Abs. 2 in Bezug auf den Rechtsbegriff des nicht sicheren Lebensmittels – als abschließende Definition der Verzehr-

---

570 Vgl. *Gorny,* Grundlagen des europäischen Lebensmittelrechts, S. 117; *Simon,* Kooperative Risikoverwaltung, S. 213.

571 Fremdstoffe sind solche, die üblicherweise bzw. bei sorgfältiger Herstellung in einem Lebensmittel nicht vorhanden sind (*Voß,* LFGB, S. 105 f.; *Zipfel/Rathke,* Lebensmittelrecht II, C 101, Art. 14 Rn. 58).

572 Fäulnis, Verderb und Zersetzung beschreiben im Wesentlichen organische Abbauprozesse, die zur einer Abweichung der Beschaffenheit eines Lebensmittel von der Normalbeschaffenheit führen (vgl. *Voß,* LFGB, S. 106; *Zipfel/Rathke,* Lebensmittelrecht II, C 101, Art. 14 Rn. 61).

573 Da ein eher umgangssprachlicher Gebrauch als »Füllwort« nicht beabsichtigt sein dürfte, ist das Wort »nicht« hier offensichtlich fehl am Platz und wäre daher zu streichen. Denn es bewirkt eine Verneinung des Merkmals »für den Verzehr inakzeptabel« am Ende des Satzes und verkehrt damit die eigentlich relevante Frage, ob das Lebensmittel aufgrund der genannten Umstände inakzeptabel geworden ist, in ihr Gegenteil. Entsprechend taucht das Wort auch in den anderen sprachlichen Fassungen der Vorschrift nicht auf: So heißt es in der englischen Fassung beispielsweise: »In determining whether any food is unfit for human consumption, regard shall be had to whether the food is unacceptable for human consumption (…) for reasons of contamination (…)«.

574 Vgl. *Zipfel/Rathke,* Lebensmittelrecht II, C 101, Art. 14 Rn. 56.

untauglichkeit zu verstehen,[575] da der Begriff ansonsten zu unbestimmt wäre. Für die Annahme einer Verzehruntauglichkeit muss also entweder eine Kontamination durch Fremdstoffe oder auf andere Weise oder einer der genannten Veränderungs- bzw. Verschlechterungsprozesse vorliegen. Zu prüfen ist in einem weiteren Schritt, ob das Lebensmittel infolge der Kontamination oder des Veränderungsprozesses für den Verzehr inakzeptabel (geworden) ist. Dies ist eine Frage der Wertung,[576] in deren Rahmen u. a. allgemein anerkannte Vorstellungen der Verbraucher zu berücksichtigen sind.[577]

Fraglich ist, ob die »auf andere Weise« als durch Fremdstoffe bewirkte Kontamination in Anlehnung an die anderen, ausdrücklich genannten Fälle ebenfalls eine stoffliche Veränderung bzw. Beeinflussung voraussetzt. Dafür spricht die Tatsache, dass der Begriff der Kontamination nach allgemeinem Sprachgebrauch eine Verschmutzung, Verunreinigung oder Verseuchung (im stofflichen Sinne) bezeichnet.[578] In diesem Fall wären Umstände, die bei Verbrauchern regelmäßig Ekelgefühle hervorrufen würden, wie etwa die äußerst unhygienische Lagerung von Lebensmitteln in unmittelbarer Nähe von Abfällen und Schmutz, für die Verzehrstauglichkeit dann irrelevant, wenn sie tatsächlich keinerlei Auswirkungen auf die Beschaffenheit des Lebensmittels haben, also z. B. im genannten Fall ein direkter Kontakt bzw. eine Verunreinigung der Lebensmittel durch den Unrat nicht nachweisbar ist. Für das Erfordernis einer stofflichen Beeinflussung sprechen auch Ausführungen der Kommission, die das Merkmal der Verzehruntauglichkeit bzw. Kontamination in einen engen Zusammenhang mit dem Gesundheitsschutz stellen: Es geht offensichtlich vorrangig darum, typische Fälle stofflicher Veränderungen zu erfassen, in denen gesundheitsschädliche Auswirkungen z. T. nur schwer nachweisbar, aber nach allgemeiner Erfahrung nicht vollkommen ausgeschlossen sind und daher den Verbrauchern nicht zugemutet werden soll, diese Lebensmittel zu verzehren.[579] Die von der

575 Ähnlich i. Erg. *Zipfel/Rathke,* Lebensmittelrecht II, C 101, Art. 14 Rn. 57, die diesbezüglich von einer »konstitutiven Bedeutung« der Tatbestände des Abs. 5 sprechen.

576 Vgl. *Voß,* LFGB, S. 106; *Zipfel/Rathke,* Lebensmittelrecht II, C 101, Art. 14 Rn. 64.

577 Vgl. *Voß,* LFGB, S. 106; *Zipfel/Rathke,* Lebensmittelrecht II, C 101, Art. 14 Rn. 64.

578 S. *Duden,* Deutsches Universalwörterbuch, S. 995 (Stichwort »Kontamination«).

579 In der Begründung zum *Vorschlag der Kommission zur EG-BasisV* heißt es: »So können etwa angefaulte Lebensmittel potentiell gesundheitsschädlich sein oder nicht, sie sind auf jeden Fall für den menschlichen Verzehr nicht akzeptabel und möglicherweise auch gesundheitsschädlich. Es kann nahezu unmöglich sein, bei solchen Lebensmitteln eine Gesundheitsschädigung oder wahrscheinliche Gesundheitsschädi-

Kommission diesbezüglich beispielhaft genannten Fälle[580] betreffen ausnahmslos eine Abweichung der stofflichen Beschaffenheit der Lebensmittel vom Normalzustand. Dieser Ansatz ist auch insofern folgerichtig, als es bei der Frage der Lebensmittelsicherheit um den Schutz der Verbrauchergesundheit geht. Dieser Regelungszweck wird jedoch dann nicht mehr verfolgt, wenn bereits eine stoffliche Beeinflussung der Lebensmittel nicht nachweisbar ist oder sogar ausgeschlossen werden kann. Dementsprechend ging auch der nationale Gesetzgeber bei Erlass des LFGB davon aus, dass Art. 14 Abs. 2 lit. b EG-BasisV lediglich diejenigen Lebensmittel erfassen soll, »die aufgrund stofflicher Veränderungen oder Beeinträchtigungen Genuss untauglich [sic!] oder erkennbar von Ekel erregender *Beschaffenheit* sind [*Hervorhebung durch d. Verf.*]«.[581]

Reine »Ekelfälle«, also Fälle, »in denen ein Lebensmittel ohne äußerlich erkennbare Veränderung Ekel oder Widerwillen bei einer normal empfindenden Verbraucherin oder einem normal empfindenden Verbraucher auslösen würde, wenn sie oder er von bestimmten Herstellungs- oder Behandlungsverfahren Kenntnis hätte«,[582] sollen dagegen ergänzend von der nationalen Regelung des § 11 Abs. 2 Nr. 1 LFGB erfasst werden.[583] Danach dürfen andere als dem Verbot des Art. 14 Abs. 1 i. V. m. Abs. 2 lit. b

---

gung nachzuweisen, daher wird dieses separate Begriffsfeld im Zusammenhang mit der Lebensmittelsicherheit in dieser Verordnung vorgeschlagen. Ebenso sind Lebensmittel, die etwa mit Insektenteilen kontaminiert sind oder Rindfleisch, das mit Tierhaaren kontaminiert ist, möglicherweise nicht gesundheitsschädlich, dennoch kann nicht vernünftigerweise erwartet werden, dass sie vom Menschen verzehrt werden und der Nachweis, dass sie potentiell gesundheitsschädlich sind, sollte nicht notwendig sein, um sie für unsicher zu erklären« (KOM(2000) 716 endg., S. 12).

580 S. vorstehende Fn.

581 *Regierungsentwurf des LFGB (BT),* BT-Drs. 15/3657, S. 62.

582 *Regierungsentwurf des LFGB (BT),* BT-Drs. 15/3657, S. 62; *Meyer,* in: Ders./Streinz (Hrsg.), BasisV/LFGB, § 11 Rn. 123.

583 Vor Erlass der unmittelbar geltenden Vorschrift des Art. 14 EG-BasisV war das Verbot des Inverkehrbringens zum Verzehr nicht geeigneter Lebensmittel in § 17 Abs. 1 Nr. 1 LMBG enthalten und erfasste dort sowohl die nunmehr unter die Definition des Art. 14 Abs. 5 EG-BasisV fallenden stofflichen Veränderungs- und Kontaminationsprozesse als auch die sonstigen Fälle i. S. d. jetzigen § 11 Abs. 2 Nr. 1 LFGB (vgl. *Voß,* LFGB, S. 106 f.; *Zipfel/Rathke,* Lebensmittelrecht II, C 101, Art. 14 Rn. 55). Die letztgenannte Vorschrift wurde also offensichtlich eingeführt, um das umfassende Verbot des § 17 Abs. 1 Nr. 1 LMBG durch Ergänzung der tatbestandlich engeren gemeinschaftsrechtlichen Regelung aufrechtzuerhalten. Die Bestimmung des § 11 Abs. 2 Nr. 1 LFGB ist daher in einem direkten Bezug zu Art. 14 Abs. 1 i. V. m. Abs. 2 lit. b EG-BasisV zu sehen, sodass eine Erörterung bereits in diesem Zusammenhang sinnvoll ist, um die Vorschrift verständlich darstellen zu können.

EG-BasisV unterliegende Lebensmittel, die für den Verzehr durch den Menschen ungeeignet sind, nicht in den Verkehr gebracht werden. Anders als das gemeinschaftsrechtliche Verbot verzehruntauglicher Lebensmittel, bei dem der Gesundheitsschutz im Vordergrund steht, wird § 11 Abs. 2 Nr. 1 LFGB dem Täuschungsschutz zugeordnet:[584] Im Kern geht es darum, dass die Verbraucher derartig verzehruntaugliche Lebensmittel nicht im Handel erwarten[585] und in Kenntnis der Ekel erregenden Umstände die Lebensmittel nicht verzehren würden.[586] Fraglich ist, inwieweit der Regelung des § 11 Abs. 2 Nr. 1 LFGB eine eigenständige Bedeutung zukommt. Aufgrund der Regelungsdichte des Lebensmittelrechts liegen in den meisten in Rechtsprechung und Literatur im Zusammenhang mit § 11 Abs. 2 Nr. 1 LFGB bzw. der Vorgängerbestimmung des § 17 Abs. 1 Nr. 1 LMBG erörterten Fällen[587] bereits Verstöße gegen spezifische lebensmittelrechtliche (Produktions-)Standards, insbesondere in Form von Hygienevorschriften, vor.[588] Hygienevorschriften sollen eigens gewährleisten, dass Lebensmittel entsprechend der Verbrauchererwartung unter hygienischen bzw. »appetitlichen« Bedingungen produziert werden.[589] Derartige ausdrücklich

---

584 Dies ergibt sich zum einen aus den Ausführungen in der Begründung zum Entwurf des LFGB (*Regierungsentwurf des LFGB(BT),* BT-Drs. 15/3657, S. 62: »Erfasst vom Verbot des Absatzes 2 Nr. 1 werden (…) Fälle des Täuschungsschutzes«), zum anderen aus der Systematik, da § 11 LFGB insgesamt die Überschrift »Vorschriften zum Schutz vor Täuschung« trägt.

585 Vgl. *Voß,* LFGB, S. 107.

586 *Meyer/Reinhart,* WRP 2005, 1437 (1453).

587 S. insbesondere die Fälle bei *Voß,* LFGB, S. 108 ff., sowie *Zipfel/Rathke,* Lebensmittelrecht II, C 101, Art. 14 Rn. 69, bzw. LFGB, § 11 Rn. 313. Die Mehrheit der Fälle ohne nachgewiesene stoffliche Veränderungen der Lebensmittel betrifft ihre Herstellung oder Lagerung in unmittelbarer Nähe von Abfall, Fäkalien oder sonstigen Kontaminationsquellen. So beispielsweise der durch das BayObLG entschiedene Fall, in dem trotz fehlender äußerlich erkennbarer Kontamination bzw. Veränderung die Verzehruntauglichkeit von Speiseöl bejaht wurde, das in geschlossenen Behältnissen in unmittelbarer Nähe von durch Mäusekot verdreckten Fußböden gelagert wurde (*BayObLG,* Beschl. v. 8.2.1994 – 3 ObOWi 3/94 –, in: BayObLGSt 1994, 25 ff., zitiert bei *Zipfel/Rathke,* Lebensmittelrecht II, C 101, Art. 14 Rn. 69).

588 Vgl. *Meyer/Reinhart,* WRP 2005, 1437 (1453).

589 So dürfen gem. § 3 S. 1 i. V. m. § 2 Abs. 1 Nr. 1 der *Verordnung über Anforderungen an die Hygiene beim Herstellen, Behandeln und Inverkehrbringen von Lebensmitteln* v. 8.8.2007 (BGBl. I, S. 1817 – *LMHV*) Lebensmittel nur so hergestellt, behandelt oder in den Verkehr gebracht werden, dass sie bei Beachtung der im Verkehr erforderlichen Sorgfalt der Gefahr einer »nachteiligen Beeinflussung«, worunter eine Ekel erregende oder sonstige Beeinträchtigung der einwandfreien hygienischen Beschaffenheit von Lebensmitteln zu verstehen ist, nicht ausgesetzt sind. Diese Verbote würden insbesondere in den zahlreich entschiedenen bzw. zitierten Fälle greifen, in denen fertige Lebensmittel oder Ausgangsstoffe in un-

geregelte (Hygiene-)Standards sind im Sinne der Rechtssicherheit und Verhältnismäßigkeit besser geeignet, die Grenzen der Sorgfaltspflichten der Lebensmittelunternehmer und damit die Zumutbarkeit bestimmter Produktionsumstände für die Verbraucher konkret zu bestimmen, als die aufgrund des unbestimmten Rechtsbegriffs der Verzehruntauglichkeit nur schwer zu fassende bzw. konkretisierungsbedürftige Regelung des § 11 Abs. 2 Nr. 1 LFGB. Darüber hinaus wäre zu prüfen, ob sich ein Verkehrsverbot nicht bereits aufgrund des Vorliegens einer Irreführung ergibt,[590] also aufgrund einer potentiellen Täuschung der Verbraucher hinsichtlich der die Verzehruntauglichkeit auslösenden Umstände.[591] Voraussetzung wäre jedoch, dass die Verbraucher von den entsprechenden Umständen keine Kenntnis haben und davon auszugehen ist, dass sie mit dem Vorliegen derartiger Umstände auch nicht rechnen. Dies scheidet jedoch dann aus, wenn die Umstände, die eine Verzehruntauglichkeit begründen sollen, für die Verbraucher sichtbar sind.[592] In den Fällen, in denen weder ein Verstoß gegen spezifisch lebensmittelrechtliche (Hygiene-)Standards noch eine Irreführung vorliegt, ist die Vorschrift des § 11 Abs. 2 Nr. 1 LFGB aus Gründen der Verhältnismäßigkeit äußerst restriktiv anzuwenden: Eine stoffliche Beschaffenheitsveränderung aufgrund der Ekel erregenden Umstände sollte zwar nicht nachgewiesen werden müssen,[593] sie sollte aber zumindest nicht ausgeschlossen sein. Denn ein absolutes Verkehrsverbot für Lebensmittel, bei denen weder die abstrakte Gefahr einer Täuschung noch die einer Gesundheitsschädigung nachgewiesen werden kann und bei denen ausgeschlossen ist, dass sie in ihrer Beschaffenheit aufgrund der das Verkehrsverbot auslösenden Umstände beeinträchtigt wurden, ist als unverhältnismäßig anzusehen. Die bloße Tatsache, dass gewisse Produktionsbedingungen und -methoden oder sonstige Umstände bei den Verbrauchern Ekel hervorrufen würden, obwohl sie im Übrigen den ausdrücklich kodifizierten lebensmittelrechtlichen Standards genügen, kann für sich genommen nicht als

---

mittelbarer Nähe zu Abfall, Schmutz oder sonstigen Kontaminationsquellen gelagert oder produziert werden. Zu den Hygienevorschriften als produktionsbezogene Regelungen s. ausführlich unten B.I.

590 Vgl. *Meyer/Reinhart,* WRP 2005, 1437 (1453); *Voß,* LFGB, S. 105.

591 Zum Begriff der Irreführung s. o. S. 33 f. Zu den gesetzlichen Irreführungsverboten s. u. S. 160 ff.

592 So beispielsweise in dem vom BVerwG entschiedenen Fall, in dem es um die Abgabe unverpackter Kaugummikugeln aus verschmutzten Automaten ging (*BVerwG,* Urt. v. 21.2.1980 – BVerwG 3 C 123.79 –, in: ZLR 1980, 367).

593 Denn dann würde Art. 14 Abs. 1 i. V. m. Abs. 2 lit. b EG-BasisV eingreifen (s. o.).

ausreichend angesehen werden, um einen solchen Eingriff in die unternehmerische Freiheit zu rechtfertigen.

Auf den ersten Blick schwierig in die bisher aufgezeigte Systematik einzuordnen ist Art. 14 Abs. 3 EG-BasisV. Danach sind bei der Entscheidung der Frage, ob ein Lebensmittel »sicher« ist oder nicht, zu berücksichtigen

- »die normalen Bedingungen seiner Verwendung durch den Verbraucher und [sic!] auf allen Produktions-, Verarbeitungs- und Vertriebsstufen« (lit. a) sowie
- »die dem Verbraucher vermittelten Informationen einschließlich der Angaben auf dem Etikett oder sonstige ihm normalerweise zugängliche Informationen über die Vermeidung bestimmter die Gesundheit beeinträchtigender Wirkungen eines bestimmten Lebensmittels oder einer bestimmten Lebensmittelkategorie« (lit. b).[594]

Da die Frage, ob ein Lebensmittel nicht sicher ist, definitionsgemäß identisch ist mit der Frage seiner Gesundheitsschädlichkeit oder Verzehruntauglichkeit, ist Abs. 3 so zu verstehen, dass seine Kriterien jeweils schon bei der Frage der Gesundheitsschädlichkeit oder Verzehruntauglichkeit zu berücksichtigen sind und folglich diese beiden Begriffe als Unterfälle des Begriffs des nicht sicheren Lebensmittels durch Abs. 3 relativiert werden.[595] Die normalen Verwendungsbedingungen sind diejenigen, die nach vernünftigem Ermessen erwartet werden können.[596] Werden etwa bestimmte Lebensmittel normalerweise nicht roh, sondern erst nach weiterer Verarbeitung bzw. im gegarten Zustand verzehrt, so sind sie trotz eines herstellungstechnisch unvermeidbaren Vorhandenseins geringer Mengen schädlicher Bakterien nicht als gesundheitsschädlich einzustufen, sofern diese Bakterien durch die genannten Prozesse vollständig abgetötet werden.[597]

594 Obwohl sie auf die Verbraucherinformation Bezug nimmt, ist diese Regelung – bzw. die Vorschrift des Art. 14 insgesamt – ausschließlich den beschaffenheitsbezogenen Vorschriften zuzuordnen. Denn sie dient lediglich der Konkretisierung des Begriffs der Sicherheit, der an die Beschaffenheit des Lebensmittels anknüpft, allerdings durch die verfügbaren Informationen relativiert werden kann (dazu sogleich). Eine informationsbezogene Regelung in dem Sinne, dass bestimmt wird, welche Informationen den Verbrauchern zur Verfügung gestellt werden müssen oder dürfen, wird damit jedoch nicht getroffen.

595 So i. Erg. auch *Rabe,* ZLR 2003, 151 (157); *Schroeder/Kraus,* EuZW 423 (425); *Zipfel/Rathke,* Lebensmittelrecht II, C 101, Art. 14 Rn. 14.

596 *Voß,* LFGB, S. 68; *Zipfel/Rathke,* Lebensmittelrecht II, C 101, Art. 14 Rn. 15.

597 Vgl. *Vorschlag der Kommission zur EG-BasisV,* KOM(2000) 716 endg., S. 11; *Rabe,* ZLR 2003, 151 (157).

Es bleiben also solche potentiellen Gesundheitsschäden unberücksichtigt, die erst bei einer vollständig unüblichen Verwendung eines Lebensmittels, also etwa einem quantitativ über das vernünftige Maß hinausgehenden Verzehr drohen.[598] Die dem Verbraucher zugänglichen Informationen können die Annahme einer Gesundheitsschädlichkeit ebenfalls ausschließen.[599] Dies betrifft z. B. Fälle, in denen ein Lebensmittel lediglich unter bestimmten Verwendungsbedingungen gesundheitsschädlich ist und der Hersteller diesbezüglich ausreichende Warnhinweise auf dem Etikett erteilt.

Durch die Kriterien des Abs. 3 wird deutlich, dass auch das Merkmal der Gesundheitsschädlichkeit – für die Frage der Verzehruntauglichkeit muss dies ohnehin gelten – hier nicht in einem streng naturwissenschaftlichen und allein auf die stoffliche Zusammensetzung ausgerichteten Sinne verstanden wird, sondern vielmehr als flexibel anzusehen ist und zahlreiche Bewertungselemente enthält.[600] Andernfalls müsste jedes zuckerhaltige Lebensmittel aufgrund der möglichen negativen Folgeerscheinungen bei übermäßigem Konsum als gesundheitsschädlich und somit als nicht sicher i. S. d. Art. 14 Abs. 1 EG-BasisV angesehen werden. Selbst bei identischer stofflicher Beschaffenheit muss die Frage der Gesundheitsschädlichkeit oder Verzehruntauglichkeit eines Lebensmittels also ggf. unterschiedlich beantwortet werden, sofern sich der Verwendungszweck oder die dem Verbraucher vermittelten Informationen im Einzelfall unterscheiden.

Weiter konkretisiert wird der Begriff des nicht sicheren bzw. des gesundheitsschädlichen oder verzehruntauglichen Lebensmittels durch Art. 14 Abs. 7 und 9 EG-BasisV. Nach Abs. 7 gelten Lebensmittel, die spezifischen Bestimmungen der Gemeinschaft zur Lebensmittelsicherheit entsprechen, hinsichtlich der durch diese Bestimmungen abgedeckten Aspekte als sicher. Beim Fehlen spezifischer gemeinschaftsrechtlicher Bestimmungen gelten Lebensmittel als sicher, wenn sie mit den entsprechenden Bestimmungen des nationalen Lebensmittelrechts des Mitgliedstaats, in dessen Hoheitsgebiet sie vermarktet werden, in Einklang stehen, Abs. 9.[601] Ist also beispielsweise gesetzlich festgelegt, welche Höchstmengen an bestimmten Stoffen ein Lebensmittel enthalten darf, so kann es wegen des Gehalts an

---

598 *Zipfel/Rathke,* Lebensmittelrecht II, C 101, Art. 14 Rn. 14.

599 Vgl. *Rabe,* ZLR 2003, 151 (157); *Schroeder/Kraus,* EuZW 2005, 423 (425).

600 Vgl. *Bauschke,* Verbraucherschutz im öffentlichen Recht, S. 78 f.; *Rabe,* ZLR 2003, 151 (157).

601 Dies gilt allerdings nur, sofern diese Bestimmungen im Einklang mit dem europäischen Primärrecht, insbesondere mit Art. 28, 30 EGV stehen (dazu oben S. 55 f.).

diesen Stoffen nur dann als gesundheitsschädlich eingeordnet werden, wenn die erlaubten Grenzwerte überschritten werden.[602] Spezifische Bestimmungen gehen der Generalklausel des Art. 14 Abs. 1 EG-BasisV also insofern vor, als sie bezüglich ihres Regelungsgegenstandes die Frage bereits abschließend beantworten, welche Beschaffenheit eines Lebensmittels (noch) als sicher und welche (bereits) als nicht sicher einzustufen ist. Dies erscheint insofern geboten, als dem Erlass solcher Regelungen zumeist umfangreiche und langwierige Rechtsetzungsverfahren vorangehen. In deren Rahmen erfolgt sowohl eine wissenschaftliche Risikobewertung durch Behörden bzw. Personen mit besonderem wissenschaftlichen Sachverstand, als auch eine darauf gestützte Risikomanagemententscheidung, die den erforderlichen politischen Interessenausgleich in Bezug auf die schwierige Frage herstellt, welche Risiken für die Verbraucher jeweils noch toleriert werden sollten.[603] Das Ergebnis dieser aufwändigen Verfahren soll dann auch allgemeine Geltung beanspruchen können. Dieser Zweck würde unterlaufen, wenn im Rahmen des Rechtsetzungsverfahrens getroffene Entscheidungen ohne weiteres durch die Einstufung eines Lebensmittels als nicht sicher und das dadurch ausgelöste gesetzliche Verkehrsverbot umgangen werden könnten.

Der oben genannte Grundsatz wird jedoch möglicherweise durch Art. 14 Abs. 8 EG-BasisV aufgeweicht. Denn die Tatsache, dass ein Lebensmittel den für es geltenden spezifischen Bestimmungen entspricht, »hindert (...) die zuständigen Behörden nicht, geeignete Maßnahmen zu treffen, um Beschränkungen für das Inverkehrbringen dieses Lebensmittels zu verfügen oder seine Rücknahme vom Markt zu verlangen, wenn, obwohl es den genannten Bestimmungen entspricht, da [sic!][604] der begründete Verdacht besteht, dass es nicht sicher ist.« Auf den ersten Blick erscheint Abs. 8 wie eine Ausnahme zu Abs. 7. Allerdings produziert eine solche Interpretation Widersprüche: Wenn ein Lebensmittel wegen Übereinstimmung mit spezifischen Bestimmungen gem. Abs. 7 als sicher gilt, dann kann im Einzelfall nicht zugleich der Verdacht bestehen, es sei nicht sicher. Es sei denn, man sähe in Abs. 7 eine reine Vermutungsregel, die unter den Voraussetzungen des Art. 8 widerlegt werden kann. Dafür spräche zwar der Wortlaut (»gelten

602 Vgl. *Zipfel/Rathke,* Lebensmittelrecht II, C 101, Art. 14 Rn. 28.

603 Zu Risikobewertung und Risikomanagement als Teil der Risikoanalyse s. o. S. 67 ff.

604 Das Wort »da« ist hier ganz offensichtlich fehl am Platz und müsste gestrichen werden. In der englischen Fassung des Abs. 8 heißt es: »(...) where there are reasons to suspect that, despite such conformity, the food is unsafe«.

als«). Diese Formulierung wird allerdings auch in Art. 14 Abs. 2 EG-BasisV verwendet und ist dort nicht als Hinweis auf eine gesetzliche Vermutung, sondern als Definition des Merkmals »nicht sicher« anzusehen.[605] Außerdem bestünde bei einem solchen Verständnis das bereits beschriebene Problem der faktischen Umgehung gesetzgeberischer Entscheidungen. Daher erscheint folgende Auslegung angemessen: Nach Abs. 7 gelten Lebensmittel hinsichtlich der durch die spezifischen Bestimmungen abgedeckten Aspekte als sicher bzw. sind diesbezüglich als sicher einzustufen. Abs. 8 stellt dagegen klar, dass ein Lebensmittelunternehmer sich gegenüber einer Behörde, die ein Lebensmittel als nicht sicher einstufen will, nicht darauf berufen kann, das Lebensmittel erfülle alle einschlägigen *spezifischen* Anforderungen. Denn diese können nicht sämtliche Sicherheitsaspekte abdecken. Das Lebensmittel kann daher *insgesamt* als gesundheitsschädlich bzw. nicht sicher i. S. d. Abs. 1 aufgrund solcher Merkmale eingestuft werden, die nicht spezifisch geregelt sind und für die also Abs. 7 nicht greift. Ausgeschlossen werden soll also eine Fehlinterpretation des Abs. 7 dahingehend, dass es für eine Gesamtbeurteilung eines Lebensmittels als »sicher« hinreichend sei, dass sämtliche spezifischen gesetzlichen Anforderungen erfüllt werden. Für eine in diesem Sinne lediglich klarstellende Funktion des Abs. 8 sprechen u. a. auch die Ausführungen der Kommission bezüglich des ursprünglichen Vorschlags zur EG-BasisV, in dem zwar inhaltlich die Regelung des Abs. 7,[606] nicht jedoch eine dem Abs. 8 entsprechende Bestimmung vorgesehen war. Dort heißt es: »Soweit ein Lebensmittelunternehmer gewährleistet, dass ein bestimmtes Lebensmittel den für es geltenden spezifischen Vorschriften entspricht, wird angenommen, dass der Lebensmittelunternehmer seine Pflichten in Bezug auf die Anforderungen an die Lebensmittelsicherheit erfüllt hat. Wird aber ein Lebensmittel, das die für es geltenden spezifischen Vorschriften erfüllt, dennoch von den zuständigen Behörden als unsicher eingestuft, kann das Lebensmittel trotzdem von den Behörden aus dem Verkehr gezogen oder andere einschränkende Maßnahmen zu diesem Lebensmittel getroffen werden.«[607] Die Kommission ging also davon aus, dass diese Befugnis der Behörden bereits ohne eine dem jetzigen Abs. 8 entsprechende ausdrückliche Regelung bestand. Es ist daher anzunehmen, dass die Kommission lediglich die Bedeutung der Generalklausel hervorheben wollte: Durch die Einführung

605 S. o. S. 110 f.

606 Dort Art. 12 Abs. 7, s. *Vorschlag der Kommission zur EG-BasisV,* KOM(2000) 716 endg., S. 45.

607 *Vorschlag der Kommission zur EG-BasisV,* KOM(2000) 716 endg., S. 12.

einer der jetzigen Vorschrift des Art. 14 Abs. 1 EG-BasisV entsprechenden Regelung[608] sollte »eine der festgestellten Lücken im europäischen Lebensmittelrecht« geschlossen werden, die darin bestand, »dass es kein übergeordnetes Prinzip dahingehend [gab] (...), dass nur sichere Lebensmittel in den Verkehr gebracht werden dürfen.«[609] Vor der Einführung dieses übergeordneten Prinzips wurden die Anforderungen an die Lebensmittel bzw. die entsprechenden Sorgfaltspflichten der Lebensmittelunternehmer lediglich durch spezifische Vorschriften bestimmt. Den Behörden waren daher im Falle der Übereinstimmung eines Lebensmittels mit diesen Anforderungen grundsätzlich die Hände gebunden. Die o. g. Ausführungen der Kommission sollen also offensichtlich verdeutlichen, dass durch die Einführung eines allgemeinen, über die spezifischen Vorschriften hinausgehenden Verbots nicht sicherer Lebensmittel die Möglichkeit eröffnet wird, trotz der Rechtskonformität eines Lebensmittels bezüglich der spezifischen Anforderungen dessen Inverkehrbringen zu verhindern, soweit das Lebensmittel aufgrund anderer, nicht spezifische geregelter Aspekte als nicht sicher im Sinne der Generalklausel eingeordnet werden kann. Werden sämtliche spezifischen Anforderungen eingehalten, so ist das Lebensmittel zwar diesbezüglich als sicher einzustufen, und es spricht auch eine Vermutung dafür, dass es insgesamt sicher ist. Diese Vermutung ist jedoch widerlegbar, sodass für die Beurteilung der Sicherheit im Übrigen die Abs. 1 bis 5 des Art. 14 EG-BasisV anzuwenden sind. Gestützt wird diese Sichtweise durch die Ausführungen in den *Leitlinien des Ständigen Ausschusses für die Lebensmittelkette und Tiergesundheit zur EG-BasisV* v. 20.12.2004 zur Frage der Sicherheit eines Lebensmittels im Rahmen des Art. 19 EG-BasisV. Dort wird als Beispiel für den Fall, dass das Lebensmittel den spezifischen gemeinschaftlichen oder einzelstaatlichen Bestimmungen zur Lebensmittelsicherheit entspricht, jedoch Grund zu der Annahme besteht, dass es nicht sicher ist, u. a. »das Auftreten von Fremdstoffen, die Verletzungen verursachen können«, angeführt. Dieser Fall sei »nicht immer in den geltenden Rechtsvorschriften ausdrücklich erwähnt«, das Lebensmittel gelte dennoch als nicht sicher.[610] Auch diese Ausführungen sprechen dafür, dass Abs. 8 diejenigen Fälle meint, in denen spezifische Vorschriften

608 Ursprünglich Art. 12 Abs. 1, s. *Vorschlag der Kommission zur EG-BasisV*, KOM(2000) 716 endg., S. 44.

609 *Vorschlag der Kommission zur EG-BasisV*, KOM(2000) 716 endg., S. 11.

610 *Leitlinien des Ständigen Ausschusses für die Lebensmittelkette und Tiergesundheit zur EG-BasisV*, S. 23. Die Leitlinien sind abrufbar unter *http://ec.europa.eu/food/food/foodlaw/guidance/index_en.htm* (Stand: 06/2009).

gerade keine (abschließenden) Regelungen enthalten. Diese Interpretation dient auch der Rechtssicherheit: Zumindest in Bezug auf die durch spezifische Bestimmungen abgedeckten Aspekte können sich die Lebensmittelunternehmer darauf verlassen, dass die Einhaltung der diesbezüglich festgelegten gesetzlichen Anforderungen genügt.

Fraglich ist, ob möglicherweise dann eine Ausnahme gelten soll, wenn die Einstufung eines Lebensmittels als gesundheitsschädlich auf neue wissenschaftliche Erkenntnisse gestützt wird,[611] die zum Zeitpunkt der Vornahme der Sicherheitsbewertung bzw. der politischen Interessensabwägung im Rahmen des Rechtsetzungsverfahrens, durch das die spezifischen Anforderungen festgelegt wurden, noch nicht berücksichtigt werden konnten. Gegen diese Auffassung spricht allerdings, dass im Zusammenhang mit der Regelung des Verfahrens zum Erlass spezifischer Vorschriften bereits ausdrückliche Bestimmungen hinsichtlich neuer (wissenschaftlicher) Erkenntnisse getroffen werden. So bestimmt z. B. Art. 4 Abs. 1 S. 1 EG-Zusatzstoff-RL, dass ein Mitgliedstaat die Anwendung harmonisierter, gemeinschaftsrechtlicher Vorschriften über die Zulässigkeit der Verwendung einzelner Zusatzstoffe[612] in seinem Hoheitsgebiet vorübergehend aussetzen oder beschränken kann, sofern er aufgrund neuer Informationen oder einer seit dem Erlass der Bestimmungen getroffenen Neubewertung vorhandener Informationen triftige Gründe zu der Annahme hat, dass die Verwendung eines Zusatzstoffes in Lebensmitteln gesundheitlich nicht unbedenklich ist, obwohl sie den genannten Vorschriften entspricht. Er hat die anderen Mitgliedstaaten und die Kommission unverzüglich über solche Maßnahmen und die Gründe dafür zu unterrichten, S. 2. Die Kommission hat sobald wie möglich die von dem Mitgliedstaat geltend gemachten Gründe zu prüfen, umgehend hierzu Stellung zu nehmen und »die geeigneten Maßnahmen« zu treffen, Abs. 2. Ist die Kommission der Auffassung, dass zur Behebung der Schwierigkeiten und zum Schutz der menschlichen Gesundheit die gemeinschaftsrechtlichen Vorgaben geändert werden müssen, so hat sie zu diesem Zweck ein entsprechendes Verfahren einzuleiten, Abs. 3 Hs. 1. In diesem Fall kann der Mitgliedstaat die Aussetzung oder Beschränkung bis zur Verabschiedung der Änderungen beibehalten, Abs. 3 Hs. 2. Ähnliche Vorschriften finden sich u. a. im Zusammenhang mit der Zulassung von Novel Food[613] sowie

611 Vgl. *Voß,* LFGB, S. 69 und *Zipfel/Rathke,* Lebensmittelrecht II, C 101, Art. 14 Rn. 31.

612 Zu den Vorschriften über Zusatzstoffe s. u. S. 131 ff.

613 Art. 12 EG-Novel-FoodV. Zum Begriff und zur Zulassungspflicht s. o. S. 90.

der Festlegung von Höchstwerten für Kontaminanten[614] und Rückständen.[615] Diese Regelungen basieren auf Art. 95 Abs. 10 EGV, demzufolge Harmonisierungsmaßnahmen nach Art. 95 EGV, zu denen zum größten Teil auch die gemeinschaftsrechtlichen Lebensmittelvorschriften gehören,[616] »in geeigneten Fällen mit einer Schutzklausel verbunden [sind], welche die Mitgliedstaaten ermächtigt, aus einem oder mehreren der in Artikel 30 genannten nicht wirtschaftlichen Gründe[617] vorläufige Maßnahmen zu treffen, die einem gemeinschaftlichen Kontrollverfahren unterliegen«. Durch die Einordnung des Art. 14 Abs. 8 EG-BasisV als »übergeordnete« Schutzklausel[618] bzw. die Annahme einer entsprechenden Befugnis der Überwachungsbehörden, im Falle neuer wissenschaftlicher Erkenntnisse Bestimmungen – zumindest mittelbar – außer Acht zu lassen, würde das in den spezifischen Verfahrensregelungen beschriebene Prozedere umgangen. Dieses soll jedoch gerade sicherstellen, dass im Sinne des freien Warenverkehrs und eines funktionierenden Binnenmarkts eine nationale Abweichung von harmonisierten Gemeinschaftsbestimmungen nur unter engen Voraussetzungen erfolgt. Art. 14 Abs. 8 EG-BasisV kann daher auch nicht als Ausnahme zu Abs. 7 für den Fall neuer wissenschaftlicher Erkenntnisse angesehen werden. Es bleibt somit bei der Annahme einer lediglich klarstellenden Funktion dieser Vorschrift.

Hinsichtlich der Frage, ob ein Lebensmittel nicht sicher ist, ist schließlich die Vorschrift des Art. 14 Abs. 6 EG-BasisV zu beachten: Wenn ein nicht sicheres Lebensmittel »zu einer Charge, einem Posten oder einer Lieferung von Lebensmitteln gleicher Klasse oder Beschreibung« gehört, ist »davon auszugehen, dass sämtliche Lebensmittel in dieser Charge, diesem Posten oder dieser Lieferung ebenfalls nicht sicher sind, es sei denn, bei einer eingehenden Prüfung wird kein Nachweis dafür gefunden, dass der Rest der Charge, des Postens oder der Lieferung nicht sicher ist«. Zu einer »Charge« gehören alle Lebensmittel oder abgrenzbare Teilmengen eines Lebensmittels, die unter praktisch gleichen Bedingungen erzeugt, hergestellt oder

614 Art. 4 EG-KontaminantenV. Zur Zulässigkeit des Vorhandenseins von Kontaminanten in Lebensmitteln s. u. S. 135 f.

615 Art. 9 EG-TierarzneimittelrückständeV. Zu den Vorschriften über Rückstände in Lebensmitteln s. u. S. 137 ff.

616 S. o. S. 47 f.

617 Also insbesondere zum Schutz der Gesundheit und des Lebens von Menschen.

618 In diesem Sinne wohl *Meyer,* in: Ders./Streinz (Hrsg.), BasisV/LFGB, Art. 14 Rn. 46 ff.

verpackt wurden[619] und bei denen daher die berechtigte Vermutung einer gleichen bzw. ähnlichen Beschaffenheit der einzelnen Lebensmittel bzw. Teilmengen besteht. Ein »Posten« bzw. eine »Lieferung« beschreibt dagegen eine Menge von Lebensmitteln, die für den Verkauf im Handel bzw. für einen einzelnen Abnehmer zu einer Einheit zusammengefasst worden sind.[620] Mit der Regelung des Abs. 6 wird also eine (widerlegbare) Vermutung begründet:[621] Nicht nur dasjenige Lebensmittel, bei dem explizit festgestellt wurde, dass es gesundheitsschädlich oder verzehruntauglich i. S. d. Abs. 2 bis 5 ist, sondern auch alle Lebensmittel derselben Einheit sind als nicht sicher einzustufen und unterliegen somit dem materiellen Verkehrsverbot des Abs. 1. Hintergrund ist, dass eine gewisse Wahrscheinlichkeit dafür besteht, dass unter gleichen oder vergleichbaren Bedingungen hergestellte bzw. im Zusammenhang verkaufte oder gelieferte Lebensmittel ähnlichen Kontaminationsquellen oder sonstigen, die Lebensmittelsicherheit negativ beeinflussenden Umständen ausgesetzt waren und daher an dem gleichen lebensmittelrechtlichen »Mangel« leiden. Im Sinne der Effektivität des Verbraucherschutzes soll daher auf die Notwendigkeit des Nachweises der Gesundheitsschädlichkeit oder Verzehruntauglichkeit für jedes einzelne bzw. die Gesamtmenge des Lebensmittels verzichtet werden. Eine behördliche Durchsetzung des aufgrund der Vermutung eingreifenden Verkehrsverbots aus Abs. 1 bzw. das Ergreifen sonstiger Durchsetzungsmaßnahmen wird somit unter erleichterten materiellen Voraussetzungen möglich.[622] Welche Lebensmittel zu einer einheitlichen Charge gehören, lässt sich zumeist bereits anhand der nach § 1 Abs. 1 LosKennzV vorgeschriebenen Los-Kennzeichnung feststellen. Danach dürfen Lebensmittel nur in den

---

619 *Zipfel/Rathke,* Lebensmittelrecht II, C 101, Art. 14 Rn. 25. Vgl. die Definition des Begriffs »Los« in § 1 Abs. 2 der *Los-Kennzeichnungs-Verordnung* v. 23.6.1993 (BGBl. I, S. 1022 - *LosKennzV*), der synonym verwendet werden kann.

620 Vgl. *Zipfel/Rathke,* Lebensmittelrecht II, C 101, Art. 14 Rn. 25.

621 *Gorny,* Grundlagen des europäischen Lebensmittelrechts, S. 122; *Voß,* LFGB, S. 69.

622 Vgl. *Gorny,* Grundlagen des europäischen Lebensmittelrechts, S. 122 f. Bedeutung hat diese Regelung nicht nur für Durchsetzungsmaßnahmen, sondern bereits für Maßnahmen der Überwachungsbehörden zur Ermittlung der Rechtskonformität. So genügt es in der Regel, eine repräsentative Probe aus einer Charge, einer Lieferung oder einem Posten zu ziehen bzw. zu untersuchen, da im Falle eines negativen Ergebnisses sich dieses im Wege der gesetzlichen Vermutung auf die gesamte Einheit erstreckt (s. u. S. 228).

Verkehr gebracht werden, wenn sie mit einer Angabe gekennzeichnet sind, aus der das Los zu ersehen ist, zu dem sie gehören.[623]

Um die Vermutungswirkung zu beseitigen, darf nach dem Wortlaut des Abs. 6 im Rahmen einer eingehenden Prüfung kein Nachweis der fehlenden Sicherheit gefunden werden. Nach Sinn und Zweck der Vorschrift beschränkt sich die Prüfung dabei auf diejenigen Beschaffenheitsmerkmale, aufgrund derer das die Vermutung auslösende Lebensmittel als nicht sicher eingestuft wurde.[624] Diesbezüglich muss die Prüfung jedoch »eingehend« sein, sodass also erhöhte Anforderungen an Intensität und Qualität der Überprüfung bzw. Überprüfungsmethode zu stellen sind.[625] Der endgültige Nachweis bzw. Gegenbeweis, dass das zu überprüfende Lebensmittel insgesamt sicher ist, muss dagegen nicht erbracht werden.[626] Wer die Prüfung durchführt bzw. durchführen lässt, wird in Abs. 6 offen gelassen.[627] In der Regel wird dies jedoch derjenige sein, der ein Interesse an der Beseitigung der Vermutungswirkung hat, also zuvorderst der Lebensmittelunternehmer, der die Lebensmittel der betroffenen Einheit in den Verkehr bringen möchte.[628]

II. Verbote einzelner Inhaltsstoffe

Für bestimmte Stoffe und Stoffgruppen gelten spezifische Vorschriften, die Regelungen darüber treffen, ob bzw. unter welchen Bedingungen und in welcher Menge diese Stoffe in Lebensmitteln enthalten sein dürfen. Bei diesen Inhaltsstoffen handelt es sich um solche, die entweder an sich oder zumindest ab einer bestimmten Menge oder unter bestimmten Umständen – etwa in Kombination mit anderen Stoffen – als gesundheitsschädlich bewertet werden. Zwar wären Lebensmittel, die gesundheitsschädliche Stoffe enthalten, auch insgesamt als gesundheitsschädlich zu qualifizieren und würden daher bereits vom Verkehrsverbot der Generalklausel des Art. 14 Abs. 1 EG-BasisV erfasst. Voraussetzung dafür, dass die General-

623 Die Kennzeichnung muss aus einer Buchstaben-Kombination, Ziffern-Kombination oder Buchstaben-/Ziffern-Kombination bestehen. Gem. § 2 LosKennzV sind allerdings bestimmte Lebensmittel ausgenommen, so u. a. Agrarerzeugnisse oder unverpackte Lebensmittel.

624 *Voß,* LFGB, S. 69; *Zipfel/Rathke,* Lebensmittelrecht II, C 101, Art. 14 Rn. 27.

625 Vgl. *Zipfel/Rathke,* Lebensmittelrecht II, C 101, Art. 14 Rn. 27.

626 So aber etwas missverständlich die Formulierung bei *Zipfel/Rathke,* Lebensmittelrecht II, C 101, Art. 14 Rn. 26.

627 *Gorny,* Grundlagen des europäischen Lebensmittelrechts, S. 122.

628 Vgl. *Voß,* LFGB, S. 69; *Zipfel/Rathke,* Lebensmittelrecht II, C 101, Art. 14 Rn. 27.

klausel im Sinne eines effektiven Verbraucherschutzes bereits eine präventive, handlungssteuernde Wirkung auf Seiten der Lebensmittelunternehmer entfalten kann, ist jedoch, dass die Unternehmer ausreichende Kenntnis von der Gesundheitsschädlichkeit einzelner Inhaltsstoffe besitzen und sich also überhaupt eines Verstoßes gegen Art. 14 Abs. 1 EG-BasisV bewusst sind. Um in den Besitz dieser Erkenntnisse zu gelangen, müsste jeder Lebensmittelunternehmer eigene Untersuchungen zur Feststellung von Gesundheitsrisiken in Bezug auf alle Inhaltsstoffe der von ihm in den Verkehr gebrachten Lebensmittel durchführen. Unabhängig davon, dass vor allem im Handel bzw. in kleineren Betrieben in der Regel das hierfür notwendige Know-how bzw. die notwendige Ausrüstung fehlt, kann dies im Einzelfall mit einem unverhältnismäßig großen finanziellen Aufwand verbunden sein. Auch für eine behördliche Durchsetzung des allgemeinen Verkehrsverbots für gesundheitsschädliche Lebensmittel bedarf es einer Kenntnis der Behörden, dass überhaupt die Voraussetzungen für einen Verstoß gegeben sind. Auch sie hätten grundsätzlich in Bezug auf jedes einzelne Lebensmittel festzustellen bzw. nachzuweisen, dass dieses gesundheitsschädlich ist, was im Einzelfall eine äußerst komplexe und umfangreiche Sicherheitsbewertung erfordern kann.[629] Hinzu kommt, dass die Einordnung eines Lebensmittels als nicht sicher bzw. gesundheitsschädlich über die Berücksichtigung naturwissenschaftlicher Erkenntnisse hinaus regelmäßig einen normativen Abwägungs- und Wertungsprozess voraussetzt.[630] Die Frage, welcher Gehalt an bestimmten bedenklichen Inhaltsstoffen in einem Lebensmittel noch tolerabel ist bzw. wo die Grenze zur nicht mehr akzeptablen Gesundheitsschädlichkeit gezogen werden soll, kann nur im Rahmen einer politischen Risikomanagemententscheidung[631] beantwortet werden. Diese Entscheidung sollte jedoch grundsätzlich nicht den Lebensmittelunternehmern oder den allgemeinen Überwachungsbehörden überlassen, sondern vom Gesetzgeber getroffen werden.

Um zu gewährleisten, dass Lebensmittel keine gesundheitsschädlichen Stoffe enthalten, hat sich der europäische bzw. nationale Gesetzgeber daher dazu entschlossen, unabhängig von der Frage der Sicherheit des Endprodukts diesbezüglich spezifische Regelungen zu schaffen. Dies betrifft zunächst solche Stoffe, die dem Lebensmittel während der Herstellung absichtlich zugesetzt werden, um die Beschaffenheit bzw. Eigenschaften des

629 Vgl. *Taupitz*, ZLR 2008, 291 (296).
630 S. o. S. 112 ff.
631 S. o. S. 70.

Lebensmittels, wie z. B. Geschmack, Aussehen, Haltbarkeit etc., aus Sicht des Herstellers positiv zu beeinflussen. Diese sollen unter dem Begriff der *Zusatzstoffe* zusammengefasst werden. Davon zu unterscheiden sind Stoffe, die als (unerwünschter) »Nebeneffekt« bestimmter Produktionsbedingungen oder -methoden im Endprodukt vorhanden sind bzw. zurückbleiben. Dazu gehören *Rückstände* und *Kontaminanten.* Während bei den Zusatzstoffen aufgrund des aktiven Hinzufügens durch den Lebensmittelunternehmer eine direkte Steuerung des Vorhandenseins bzw. des Gehalts an diesen Stoffen möglich ist, kann bei den Rückständen und Kontaminanten allenfalls eine indirekte Beeinflussung durch Änderung der Produktionsbedingungen und -methoden erreicht werden.

Regelungstechnisch werden verschiedene Abstufungen vorgenommen: So unterliegen Lebensmittel, die Stoffe enthalten, die bereits in kleinsten Mengen per se als gesundheitsschädlich gelten, einem absoluten Verkehrsverbot. Für andere Stoffe werden dagegen – entweder allgemein oder bezogen auf einzelne Lebensmittelgruppen – Höchstmengen, Reinheitskriterien oder sonstige Beschränkungen festgelegt, je nachdem in welcher Menge oder welchem Zusammenhang sie gesundheitsschädliche Wirkungen entfalten können. Dabei kommt auf gemeinschaftsrechtlicher Ebene das Prinzip der »Gemeinschaftslisten«[632] zur Anwendung: In sog. »Positivlisten«[633] werden alle diejenigen Stoffe einer bestimmten Kategorie aufgenommen, die unter Ausschluss aller anderen in der Lebensmittelproduktion verwendet bzw. in oder auf Lebensmitteln vorhanden sein dürfen.[634] Auch die sonstigen Beschränkungen in Bezug auf grundsätzlich zulässige Stoffe werden in Form von Listen erlassen.[635] Die Listen finden sich in den Anhängen entsprechender gemeinschaftsrechtlicher Verordnungen oder Richtlinien. Das diesbezügliche Rechtsetzungsverfahren erfolgt unter Beteiligung der EBLS, sofern deren Anhörung bzw. Stellungnahme in Form eines wissenschaftlichen Gutachtens verbindlich vorgesehen ist.[636] Vor allem für die Fälle einer nachträgliche Änderungen der Listen zur Anpassung an neue

632 Zur Verwendung dieses Begriffs s. u. a. Art. 2 Abs. 3 UAbs. 2 EG-KontaminantenV.

633 Zur Verwendung dieses Begriffs s. z. B. Egr. (9) EG-VitaminzusatzV sowie *Weißbuch zur Lebensmittelsicherheit,* KOM(1999) 719 endg., S. 34.

634 S. z. B. Art. 3 Abs. 1 i. V. m. Anh. I und II EG-VitaminzusatzV.

635 S. z. B. die Liste mit Höchstgehalten für bestimmte Kontaminanten in Lebensmitteln im Anhang der EG-Kontaminanten-HöchstgehaltV.

636 S. z. B. Art. 6 EG-Zusatzstoff-RL; Art. 3 Abs. 3 EG-VitaminzusatzV; Art. 3 EG-KontaminantenV. Zu den Aufgaben der EBLS s. o. S. 69.

Entwicklungen und wissenschaftliche Erkenntnisse, beispielsweise durch die Aufnahme eines neu entwickelten Stoffes, ist der Erlass entsprechender Durchführungsvorschriften der Kommission im Wege des sog. »Komitologieverfahrens« vorgesehen. Das Komitologieverfahren ist im *Beschluss des Rates v. 28.6.1999 zur Festlegung der Modalitäten für die Ausübung der der Kommission übertragenen Durchführungsbefugnisse*[637] (*EG-Komitologie-Beschluss*) geregelt und sieht verschiedene Modellverfahren vor, in denen die Kommission bei der Wahrnehmung ihrer Kompetenzen zum Erlass von Durchführungsvorschriften[638] durch einen Ausschuss unterstützt wird. Das jeweils anzuwendende Verfahren bestimmt sich nach den Bestimmungen des jeweils durchzuführenden Sekundärrechtsaktes, der auf die entsprechenden Verfahrensvorschriften des EG-Komitologie-Beschlusses verweist.[639] Im hier maßgeblichen Bereich der Lebensmittelsicherheit kommt das sog. »Regelungsverfahren« der Art. 5 ff. EG-Komitologie-Beschluss zur Anwendung,[640] im Rahmen dessen die Kommission von einem spezialisierten Regelungsausschuss – in Lebensmittelbereich der »Ständige Ausschuss für die Lebensmittelkette und Tiergesundheit« –[641] unterstützt wird, der sich aus Vertretern der Mitgliedstaaten unter dem Vorsitz eines Vertreters der Kommission zusammensetzt, Art. 5 Abs. 1 EG-Komitologie-Beschluss.[642]

Soweit die Gemeinschaftslisten im Rahmen von Verordnungen ergehen, gelten diese unmittelbar in den Mitgliedstaaten. Im Fall der Richtlinien werden diese durch nationales Recht umgesetzt. Dabei werden die Listen

637 ABl. Nr. L 184 v. 17.7.1999, S. 23.

638 Gem. Art. 202 EGV überträgt der Rat der Kommission in den von ihm angenommenen Rechtsakten die Befugnisse zur Durchführung der Vorschriften, die er erlässt; er kann dabei bestimmte Modalitäten für die Ausübung dieser Befugnisse festlegen.

639 Vgl. *Gallhoff/Rimkus,* in: Frede (Hrsg.), Taschenbuch für Lebensmittelchemiker, S. 1 (14).

640 S. u. a. die entsprechenden Verweise in Art. 3 Abs. 3 i. V. m. Art. 11 Abs. 2 EG-Zusatzstoff-RL; Art. 3 Abs. 3 i. V. m. Art. 14 Abs. 2 EG-VitaminzusatzV; Art. 2 Abs. 3 i. V. m. Art. 8 Abs. 2 EG-KontaminantenV.

641 S. Art. 11 Abs. 1 EG-Zusatzstoff-RL; Art. 14 Abs. 1 EG-VitaminzusatzV, Art. 8 Abs. 1 EG-KontaminantenV. Vgl. auch *Gallhoff/Rimkus,* in: Frede (Hrsg.), Taschenbuch für Lebensmittelchemiker, S. 1 (13); *Falke,* ZUR 2002, 388 (392).

642 Der Vertreter der Kommission unterbreitet dem Ausschuss einen Entwurf der zu treffenden Maßnahme, zu dem der Ausschuss eine Stellungnahme abgibt, Art. 5 Abs. 2 EG-Komitologie-Beschluss. Sofern die beabsichtigte Maßnahme mit der Stellungnahme übereinstimmt, wird sie von der Kommission erlassen, Abs. 3. Andernfalls wird der Rat sowie das Europäische Parlament eingeschaltet, Abs. 4. Zum weiteren Verfahren s. Abs. 5 und 6.

entweder in die entsprechenden nationalen Rechtsakte vollständig integriert[643] oder aber es wird auf den Inhalt der entsprechenden Anhänge der Richtlinien verwiesen.[644]

1. Zusatzstoffe

Zusatzstoffe werden einem Lebensmittel bewusst hinzugefügt, um bestimmte Wirkungen zu erzielen. Neben den Vorteilen, welche die Verwendung solcher Stoffe u. a. auch für die Verbraucher mit sich bringen kann – beispielsweise eine längere Haltbarkeit oder ein verbesserter Geschmack des Lebensmittels –, können solche Stoffe jedoch auch unerwünschte Nebenwirkungen beim Verzehr des Lebensmittels hervorrufen und stellen somit eine potentielle Gefahrenquelle für die Gesundheit der Verbraucher dar, weshalb das Verwenden solcher Stoffe speziellen lebensmittelrechtlichen Vorschriften unterliegt.

Bei den Zusatzstoffen kann weiter danach differenziert werden, zu welchen Zwecken sie dem Lebensmittel hinzugefügt werden. »Technologische« Zusatzstoffe dienen der Herbeiführung einer bestimmten stofflichen Beschaffenheit des Lebensmittels, insbesondere im Hinblick auf sensorische Merkmale wie Geruch, Aussehen, Geschmack, Konsistenz. Die Verwendung »ernährungsphysiologischer« Zusatzstoffe soll dagegen die ernährungsbezogenen Eigenschaften der Lebensmittel beeinflussen, wie z. B. eine gesundheitsfördernde Wirkung bzw. allgemein die Einwirkung des Lebensmittels auf menschliche Körperfunktionen zum Zwecke der Ernährung.[645]

a) Technologische Zusatzstoffe

In Umsetzung des Art. 12 Abs. 2 der *Richtlinie 89/107/EWG des Rates v. 21.12.1988 zur Angleichung der Rechtsvorschriften der Mitgliedstaaten über Zusatzstoffe, die in Lebensmitteln verwendet werden dürfen*[646] (*EG-Zusatz-*

---

643 So entspricht die Liste der zum Süßen von Lebensmitteln zugelassenen Zusatzstoffe in Anl. 2 ZZulV inhaltlich der entsprechenden Liste im Anhang der *Richtlinie 94/35/EG des Europäischen Parlaments und des Rates v. 30.6.1994 über Süßungsmittel, die in Lebensmitteln verwendet werden dürfen* (ABl. Nr. L 237 v. 10.9.1994, S. 3).

644 S. z. B. Anl. 2 ZVerkV.

645 S. die entsprechende Definition der »ernährungsphysiologischen Wirkung« bei *Teufer*, ZLR 2007, 57 (585).

646 ABl. Nr. L 40 v. 11.2.1989, S. 27.

stoff-RL) definiert § 2 Abs. 3 S. 1 LFGB Lebensmittelzusatzstoffe als »Stoffe mit oder ohne Nährwert, die in der Regel weder selbst als Lebensmittel verzehrt noch als charakteristische Zutat eines Lebensmittels verwendet werden und die einem Lebensmittel *aus technologischen Gründen* beim Herstellen oder Behandeln zugesetzt werden, wodurch sie selbst oder ihre Abbau- oder Reaktionsprodukte mittelbar oder unmittelbar zu einem Bestandteil des Lebensmittels werden oder werden können [*Hervorhebung durch d. Verf.*]«.[647] Stoffe, die Lebensmitteln »zu Ernährungszwecken« beigefügt werden, wie z. B. Vitamine, sind dagegen gem. Art. 1 Abs. 3 lit. d EG-Zusatzstoff-RL vom Anwendungsbereich des geltenden gemeinschaftsrechtlichen Lebensmittelzusatzstoffrechts ausgenommen,[648] sodass der gemeinschaftsrechtliche Begriff des Lebensmittelzusatzstoffs sich auf technologische Zusatzstoffe beschränkt. Zu diesen gehören beispielsweise Farbstoffe, Konservierungsstoffe, Stabilisatoren, Geschmacksverstärker oder Süßstoffe.[649]

Nach § 6 Abs. 1 Nr. 2 i. V. m. Nr. 11 LFGB dürfen Lebensmittel nicht in den Verkehr gebracht werden, die nicht zugelassene technologische Zusatzstoffe enthalten oder »einer nach § 7 Abs. 1 oder 2 Nr. 1 oder 5 [LFGB] erlassenen Rechtsverordnung nicht entsprechen«. Zu diesen Rechtsverordnungen gehören die *Verordnung über die Zulassung von Zusatzstoffen zu Lebensmitteln zu technologischen Zwecken* v. 29.1.1998[650] (*ZZulV*) sowie die *Verordnung über Anforderungen an Zusatzstoffe und das Inverkehrbringen von Zusatzstoffen für technologische Zwecke* v. 29.1.1998[651] (*ZVerkV*). In der ZZulV nebst Anlagen sind diejenigen Farbstoffe, Süßungsmittel und sonstigen Zusatzstoffe aufgeführt, die für die Verwendung beim gewerbsmäßigen Herstellen und Behandeln von Lebensmitteln zu bestimmten technologischen Zwecken zugelassen sind.[652]. Daneben gelten in

647 Ausführlich zur Abgrenzung von Zusatzstoffen zu Nicht-Zusatzstoffen sowie zur Definition der einzelnen Tatbestandsmerkmale s. *Voß,* LFGB, S. 128 ff.; *Zipfel/ Rathke,* Lebensmittelrecht II, C 102, § 2 Rn. 24 ff. Zum Begriff der charakteristischen Lebensmittelzutat s. außerdem ausführlich *Kraft/Streit,* ZLR 2007, 453 (462 ff.), und die diesbezügliche Erwiderung von *Büttner,* ZLR 2008, 99 (99 ff.).

648 Nach deutschem Recht werden diese Stoffe allerdings z. T. gleichgestellt, dazu unten S. 133.

649 S. Anh. I EG-Zusatzstoff-RL.

650 BGBl. I, S. 231.

651 BGBl. I, S. 269.

652 S. § 1 Abs. 1 und §§ 3 bis 5. i. V. m. den entsprechenden Anlagen der ZZulV. Diese Vorschriften dienen der Umsetzung mehrerer europäischer Richtlinien, die ihrerseits die zugelassenen Zusatzstoffe auf gemeinschaftsrechtlicher Ebene festle-

einigen Fällen Höchstmengen, die nicht überschritten werden dürfen.[653] Die ZVerkV enthält weitere Bestimmungen für zugelassene Zusatzstoffe. So müssen bestimmte Zusatzstoffe festgelegten Reinheitsanforderungen entsprechen, § 3 Abs. 1 i. V. m. Anlage 2 ZVerkV. In der Anlage wird dabei jeweils auf die durch Gemeinschaftsrecht festgesetzten Reinheitsanforderungen[654] verwiesen.

b) *Ernährungsphysiologische Zusatzstoffe*

Den (technologischen) Zusatzstoffen im Sinne des Gemeinschaftsrechts werden nach nationalem Recht gem. § 2 Abs. 3 S. 2 Nr. 1 LFGB diejenigen Stoffe gleichgestellt, die einem Lebensmittel aus anderen als technologischen, insbesondere ernährungsphysiologischen bzw. dietätischen Gründen zugesetzt werden, im Übrigen aber der o. g. Zusatzstoff-Definition entsprechen. Ausgenommen werden jedoch Stoffe, die natürlicher Herkunft oder den natürlichen Stoffen chemisch gleich sind und nach allgemeiner Verkehrsauffassung überwiegend wegen ihres Nähr-, Geruchs- oder Geschmackswertes oder als Genussmittel verwendet werden. Gem. § 2 Abs. 3 S. 2 Nr. 2 bis 4 LFGB ebenfalls gleichgestellt sind Mineralstoffe und Spurenelemente, Aminosäuren und die Vitamine A und D. Auch diese Stoffe werden Lebensmitteln zugesetzt, um den ernährungsphysiologischen Wert von Lebensmitteln zu steigern.[655] Das Verkehrsverbot des § 6 Abs. 1 Nr. 2 i. V. m. Nr. 1 LFGB gilt also auch für solche Lebensmittel, die nicht

---

gen: Dabei handelt es sich um die *Richtlinie 94/35/EG des Europäischen Parlaments und des Rates v. 30.6.1994 über Süßungsmittel, die in Lebensmitteln verwendet werden dürfen* (ABl. Nr. L 237 v. 10.9.1994, S. 3), die *Richtlinie 94/36/EG des Europäischen Parlaments und des Rates v. 30.6.1994 über Farbstoffe, die in Lebensmitteln verwendet werden dürfen* (ABl. Nr. L 237 v. 10.9.1994, S. 13) sowie die *Richtlinie 95/2/EG des Europäischen Parlaments und des Rates v. 20.2.1995 über andere Lebensmittelzusatzstoffe als Farbstoffe und Süßungsmittel* (ABl. Nr. L 61 v. 18.3.1995, S. 1).

653 S. § 7 ZZulV.

654 Reinheitskriterien für zugelassene Stoffe bestimmen – gestützt auf die EG-Zusatzstoff-RL, insbesondere auf Art. 3 Abs. 3 lit. a – die *Richtlinie 2008/60/EG der Kommission v. 17.6.2008 zur Festlegung spezifischer Kriterien für Süßungsmittel, die in Lebensmitteln verwendet werden dürfen* (ABl. Nr. L 158 v. 18.6.2008, S. 17), die *Richtlinie 95/45/EG der Kommission v. 26.7.1995 zur Festlegung spezifischer Reinheitskriterien für Lebensmittelfarbstoffe* (ABl. Nr. L 226 v. 22.9.1995, S. 1) sowie die *Richtlinie 2008/84/EG der Kommission v. 27.8.2008 zur Festlegung spezifischer Reinheitskriterien für andere Lebensmittelzusatzstoffe als Farbstoffe und Süßungsmittel* (ABl. Nr. L 253 v. 20.9.2008, S. 1).

655 Vgl. *v. Rymon Lipinski/Lück,* in: Frede (Hrsg.), Taschenbuch für Lebensmittelchemiker, S. 313 (320 f.).

zugelassene ernährungsphysiologische Zusatzstoffe der genannten Kategorien enthalten.

Unmittelbar geltende gemeinschaftsrechtliche Vorschriften für ernährungsphysiologische Zusatzstoffe enthält die *Verordnung (EG) Nr. 1925/2006 des Europäischen Parlaments und des Rates v. 20.12.2006 über den Zusatz von Vitaminen und Mineralstoffen sowie bestimmten anderen Stoffen zu Lebensmitteln*[656] (*EG-VitaminzusatzV*). Der Zusatz dieser Stoffe wird dabei grundsätzlich positiv bewertet,[657] da davon ausgegangen wird, dass derart angereicherte[658] Lebensmittel dazu beitragen können, bestimmte Defizite auszugleichen, die hinsichtlich der Versorgung der Verbraucher mit diesen für die Gesundheit und das Wohlbefinden erforderlichen Stoffen bestehen.[659] Allerdings wird es dennoch als erforderlich angesehen, den Zusatz dieser Nährstoffe gewissen Beschränkungen zu unterwerfen, um die Verbraucher insbesondere vor den potentiellen Risiken zu schützen, die eine übermäßige Aufnahme dieser Stoffe birgt.[660]

Gem. Art. 3 Abs. 1 EG-VitaminzusatzV dürfen Lebensmitteln nur diejenigen Vitamine und Mineralstoffe bzw. Vitamin- und Mineralstoffverbindungen zugesetzt werden, die in den Positivlisten des Anh. I bzw. Anh. II aufgeführt sind. In diese Listen werden ausschließlich solche Vitamine und Mineralstoffe aufgenommen, die in der Ernährung normalerweise vorkommen bzw. verzehrt werden und die als essenzielle Nährstoffe betrachtet werden.[661] Der Zusatz von Vitaminen und Mineralstoffen zu nicht verarbeiteten Lebensmitteln, z. B. Obst, Gemüse oder Fleisch, sowie – mit wenigen Ausnahmen – zu Getränken mit einem Alkoholgehalt von mehr als 1,2 % vol. ist gem. Art. 4 UAbs. 1 lit. a und b EG-VitaminzusatzV allerdings vollständig verboten. Reinheitskriterien, Höchstgehalte sowie weitere Bedingungen für den Zusatz zugelassener Vitamine und Mineralstoffe bzw. von deren Verbindungen werden gem. Art. 5 bzw. 6 i. V. m. Art. 14 Abs. 2 EG-VitaminzusatzV durch die Kommission im Wege des Komitologieverfahrens[662] festgelegt. Insbesondere die Festlegung von Höchstmengen soll sicherstellen, dass der den Anweisungen des Herstellers entsprechende

656 ABl. Nr. L 404 v. 30.12.2006, S. 26.

657 *Teufer*, ZLR 2007, 577 (580).

658 Zur Verwendung des Begriffs der »Anreicherung« in diesem Zusammenhang s. *Teufer*, ZLR 2007, 577 (578).

659 Vgl. Egr. (7) EG-VitaminzusatzV.

660 Egr. (2) EG-VitaminzusatzV; *Teufer*, ZLR 2007, 577 (580).

661 Egr. (9) EG-VitaminzusatzV.

662 Zur Rechtsetzung im Wege des Komitologieverfahrens s. o. S. 130.

Verzehr der angereicherten Lebensmittel im Rahmen einer abwechslungsreichen Ernährung gesundheitlich unbedenklich ist.[663] Ebenfalls nach dem o. g. Verfahren ist gem. Art. 8 Abs. 1 i. V. m. Abs. 2 EG-VitaminzusatzV der Erlass von Verboten bzw. Beschränkungen zum Schutz der Gesundheit hinsichtlich des Zusatzes »anderer Stoffe« vorgesehen. Dies betrifft Stoffe, die eine ernährungsbezogene oder physiologische Wirkung haben, ohne Vitamine oder Mineralstoffe zu sein,[664] z. B. Aminosäuren, essenzielle Fettsäuren, Ballaststoffe sowie Pflanzen- und Kräuterextrakte.[665]

2. Kontaminanten

Kontaminant ist jeder Stoff, der einem Lebensmitteln »nicht absichtlich hinzugefügt wird, jedoch als Rückstand der Gewinnung (...), Fertigung, Verarbeitung, Zubereitung, Behandlung, Aufmachung, Verpackung, Beförderung oder Lagerung des betreffenden Lebensmittels oder infolge einer Verunreinigung durch die Umwelt im Lebensmittel vorhanden ist«.[666] Eine vollständige Vermeidung einer Kontamination von Lebensmitteln auf sämtlichen Produktionsstufen bis hin zur Abgabe an den Verbraucher ist kaum zu erreichen, da die potentiellen Kontaminationsquellen vielfältig sind und die Stoffe unbeabsichtigt bzw. ohne Zutun des Lebensmittelunternehmers in das Lebensmittel gelangen.[667] Ziel lebensmittelrechtlicher Vorschriften ist es jedoch, zum Schutz der Gesundheit der Verbraucher das Vorhandensein von Kontaminanten zumindest in toxikologisch vertretbaren Grenzen zu halten.[668]

Dementsprechend bestimmt Art. 2 Abs. 1 EG-KontaminantenV, dass kein Lebensmittel in den Verkehr gebracht werden darf, das einen Kontaminanten in einer gesundheitlich und insbesondere toxikologisch nicht vertretbaren Menge enthält. Darüber hinaus bestimmt Abs. 2, dass Kontaminanten »auf so niedrige Werte zu begrenzen [sind], wie sie durch gute Praxis [auf den

663 Egr. (14) f. EG-VitaminzusatzV.

664 Art. 2 Nr. 2 EG-VitaminzusatzV.

665 Egr. (1) EG-VitaminzusatzV.

666 Art. 1 Abs. 1 UAbs. 2 S. 1 der *Verordnung (EWG) Nr. 315/93 des Rates v. 8.2.1993 zur Festlegung von gemeinschaftlichen Verfahren zur Kontrolle von Kontaminanten in Lebensmitteln* (ABl. Nr. L 37 v. 13.2.1993, S. 1 – *EG-KontaminantenV*).

667 *Zipfel/Berg*, ZLR 1989, 427 (428).

668 S. Erwägungsgründe zur EG-KontaminantenV.

verschiedenen Produktions- und Vertriebsstufen] (…) sinnvoll erreicht werden können«.

Gestützt auf die EG-KontaminantenV, insbesondere auf Art. 2 Abs. 3, wurde im Wege des Komitologieverfahrens[669] die *Verordnung (EG) Nr. 1881/2006 der Kommission v. 19.12.2006 zur Festsetzung der Höchstgehalte für bestimmte Kontaminanten in Lebensmitteln*[670] (*EG-Kontaminanten-HöchstgehaltV*) erlassen. Hinsichtlich bestimmter Lebensmittel gelten danach beispielsweise Höchstgehalte für Nitrat, verschiedene Metalle wie Blei, Cadmium und Quecksilber sowie für Dioxine. Dabei gilt der Grundsatz, dass die Höchstgehalte so niedrig festzulegen sind, wie es durch eine gute Landwirtschafts-, Fischerei- und Herstellungspraxis vernünftigerweise erreichbar ist, jeweils unter Berücksichtigung des mit dem Lebensmittelverzehr verbundenen Risikos.[671] Dies trägt der bereits oben erwähnten Erkenntnis Rechnung, dass sich eine Kontamination niemals vollständig vermeiden lässt. Lebensmittel, die hinsichtlich ihres Gehalts an Kontaminanten den Anforderungen nicht entsprechen, dürfen gem. Art. 1 Abs. 1 der EG-Kontaminanten-HöchstgehaltV nicht in den Verkehr gebracht werden und gem. Art. 3 Abs. 1 und 2 auch weder als Lebensmittelzutat verwendet noch mit Lebensmitteln vermischt werden.

Zusätzliche Höchstgehalte für einzelne Kontaminanten in bestimmten Lebensmitteln enthalten auf nationaler Ebene u. a. die *Verordnung über Höchstmengen an Schadstoffen in Lebensmitteln* i. d. F. der Bekanntmachung v. 18.7.2007[672] sowie die *Verordnung über Höchstmengen an Mykotoxinen in Lebensmitteln* v. 2.6.1999.[673]

669 Zum Komitologieverfahren s. o. S. 130.

670 ABl. Nr. L 364 v. 20.12.2006, S. 5.

671 S. Egr. (4) EG-Kontaminanten-HöchstgehaltV.

672 BGBl. I, S. 1473.

673 BGBl. I, S. 1248. Soweit gemeinschaftsrechtlich festgesetzte Höchstwerte fehlen sind gem. Art. 5 Abs. 2 EG-KontaminantenV die einschlägigen einzelstaatlichen Vorschriften »unter Wahrung des Vertrags«, d. h. insbesondere unter Beachtung der Vorgaben der Art. 28, 30 EGV (s. o. S. 55), anzuwenden. Im Falle der Beibehaltung bzw. des Erlasses einzelstaatlicher Vorschriften hat der jeweilige Mitgliedstaat außerdem das in Art. 5 Abs. 3 EG-KontaminantenV festgelegte Verfahren einzuhalten.

3. Rückstände

Rückstände im lebensmittelrechtlichen Sinne sind Spuren bestimmter Stoffe, die als Nebeneffekt der Behandlung von Pflanzen oder Tieren, die der Lebensmittelgewinnung dienen, im Endprodukt auftreten können[674] und deren Vorhandensein zu einer potentiellen Gefährdung der menschlichen Gesundheit durch den Verzehr dieses Produkts führen kann.

a) Pflanzenschutzmittel- und Pestizidrückstände

Pflanzenschutzmittel sind Wirkstoffe und Zubereitungen, die dazu bestimmt sind, Pflanzen und Pflanzenerzeugnisse vor Schadorganismen zu schützen oder ihrer Einwirkung vorzubeugen, in einer anderen Weise als ein Nährstoff die Lebensvorgänge von Pflanzen zu beeinflussen (z. B. Wachstumsregler), Pflanzenerzeugnisse zu konservieren, unerwünschte Pflanzen oder Pflanzenteile zu vernichten oder ein unerwünschtes Wachstum von Pflanzen zu hemmen bzw. einem solchen Wachstum vorzubeugen.[675] Ihr Einsatz ist also unerlässlich, um Ernteerträge vor einer Vernichtung oder Minderung in quantitativer bzw. qualitativer Hinsicht durch tierische Schädlinge oder Unkraut zu schützen.[676] Diese Mittel haben allerdings nicht nur nützliche Auswirkungen auf die Pflanzenerzeugung, sondern bergen auch Risiken, da die in ihnen enthaltenen Wirkstoffe, sog. »Pestizide«, nicht nur die zu bekämpfenden Schädlinge abtöten bzw. abwehren, sondern auch für Menschen schädliche Wirkungen haben können.[677] So können Rückstände, die von diesen Mitteln in pflanzlichen oder – über den Einsatz von Pflanzen als Futtermittel – in tierischen Lebensmitteln verbleiben, gesundheitsschädliche Eigenschaften besitzen.[678] Um einen Ausgleich zwischen den Interessen der Lebensmittelunternehmer und der Allgemeinheit am Schutz der Ernteerträge bzw. an einer produktiven Landwirtschaft einerseits und dem Schutz der Gesundheit der Verbraucher andererseits herbeizuführen, gelten Verbote bzw. Höchstgrenzen für das Vorhandensein solcher Pflanzenschutzmittel- bzw. Pestizidrückstände in Lebensmitteln.

---

674 Vgl. *Zipfel/Berg*, ZLR 1989, 427 (427).
675 § 2 Nr. 9 PflSchG.
676 Vgl. Egr. (4) EG-PestizidrückständeV.
677 Vgl. Egr. (5) EG-PestizidrückständeV.
678 Vgl. Egr. (5) EG-PestizidrückständeV.

aa) Verbotene Rückstände

Lebensmittel, in oder auf denen nicht zugelassene Pflanzenschutzmittel oder solche, die bei den Lebensmitteln oder deren Ausgangsstoffen nicht angewendet werden dürfen, vorhanden sind, dürfen gem. § 9 Abs. 1 S. 1 Nr. 2 LFGB nicht in den Verkehr gebracht werden.[679] Die Zulassungspflicht für das Inverkehrbringen von Pflanzenschutzmitteln ergibt sich aus §§ 11 ff. PflSchG in Umsetzung gemeinschaftsrechtlicher Vorgaben.[680] Zulassungsvoraussetzung ist u. a., dass in dem Pflanzenschutzmittel nur bestimmte zugelassene Wirkstoffe verwendet werden[681] und eine Prüfung ergibt, dass das Pflanzenschutzmittel bei bestimmungsgemäßer und sachgerechter Anwendung oder als Folge einer solchen Anwendung keine unmittelbaren oder mittelbaren schädlichen Auswirkungen auf die Gesundheit des Menschen, z. B. im Wege des Verzehrs von Lebensmitteln, hat.[682] Zuständig für die Zulassung ist auf nationaler Ebene das BVL, § 11 Abs. 1 S. 1 PflSchG, das Verzeichnisse und Listen mit den aktuell zugelassenen Pflanzenschutzmitteln veröffentlicht.[683] Vollständige oder beschränkte Anwendungsverbote und Anwendungsbeschränkungen für bestimmte Pflanzenschutzmittel finden sich darüber hinaus in der *Verordnung über Anwendungsverbote für Pflanzenschutzmittel* v. 10.11.1992.[684]

bb) Rückstandshöchstmengen

Höchstmengen für Pestizidrückstände werden durch die *Verordnung (EG) Nr. 396/2005 des Europäischen Parlaments und des Rates v. 23.2.2005 über Höchstgehalte an Pestizidrückständen in oder auf Lebens- und Futtermitteln pflanzlichen und tierischen Ursprungs und zur Änderung der Richtlinie 91/*

679 Es sei denn, für diese Pflanzenschutzmittel wurden bestimmte Rückstandshöchstmengen festgesetzt, S. 2. Dazu sogleich unten S. 140.

680 *Richtlinie 91/414/EWG des Rates v. 15.7.1991 über das Inverkehrbringen von Pflanzenschutzmitteln* (ABl. Nr. L 230 v. 19.8.1991, S. 1 – *EG-Pflanzenschutzmittel-RL*). Einzelheiten des Zulassungsverfahrens regelt die *Verordnung über Pflanzenschutzmittel und Pflanzenschutzgeräte* i. d. F. der Bekanntmachung v. 9. 3.2005 (BGBl. I, S. 734).

681 § 15 Abs. 1 Nr. 2 PflSchG verweist insoweit auf die im Anh. I EG-Pflanzenschutzmittel-RL aufgeführten, gemeinschaftsrechtlich zugelassenen Wirkstoffe.

682 Vgl. § 15 Abs. 1 Nr. 3 lit. d PflSchG. Daneben verfolgt das Zulassungserfordernis auch andere Ziele: Gem. § 1 PflSchG sollen u. a. nicht nur Gefahren für die Gesundheit, sondern auch solche für den Naturhaushalt abgewendet werden.

683 Abrufbar unter *http://www.bvl.bund.de* (Stand: 06/2009).

684 BGBl. I, S. 1887.

414/EWG des Rates (ABl. Nr. L 70 v. 16.3.2005, S. 1 – *EG-Pestizidrückstände V*) festgelegt. In Anhang I findet sich eine Auflistung derjenigen Erzeugnisse, für die im Rahmen der Verordnung Rückstandshöchstgehalte festgelegt werden. Dazu gehören u. a. bestimmte Obst-, Gemüse-, Getreide-, Tee- und Kaffeesorten sowie Erzeugnisse tierischen Ursprungs wie Fleisch, Innereien und Milchprodukte. Die diesbezüglich geltenden Rückstandshöchstwerte finden sich in den Anhängen II und III. Diese Werte dürfen gem. Art. 18 Abs. 1 lit. a EG-PestizidrückständeV ab dem Zeitpunkt des Inverkehrbringens des jeweiligen Erzeugnisses nicht mehr überschritten werden. Für den Fall, dass für ein Erzeugnis keine spezifischen Rückstandshöchstgehalte festgesetzt wurden, gilt gem. Art. 18 Abs. 1 lit. b EG-PestizidrückständeV ein einheitlicher Grenzwert von 0,01 mg/kg, der nicht überschritten werden darf.

b) Tierarzneimittelrückstände

Gem. Art. 1 Abs. 1 lit. a der *Verordnung (EWG) Nr. 2377/90 des Rates v. 26.6.1990 zur Schaffung eines Gemeinschaftsverfahrens für die Festsetzung von Höchstmengen für Tierarzneimittelrückstände in Nahrungsmitteln tierischen Ursprungs*[685] (*EG-TierarzneimittelrückständeV*) sind Tierarzneimittelrückstände alle pharmakologisch wirksamen Stoffe – seien es wirksame Bestandteile, Arzneiträger oder Abbauprodukte – und ihre Stoffwechselprodukte, die in Lebensmitteln auftreten, welche von Tieren gewonnen wurden, denen das betreffende Tierarzneimittel verabreicht wurde. Um zu vermeiden, dass ein Lebensmittel aufgrund der in oder auf ihm vorhandenen Rückstände ein inakzeptables Gesundheitsrisiko darstellt, wurden durch den europäischen sowie den nationalen Gesetzgeber auch diesbezüglich Regelungen getroffen.

aa) Verbotene Rückstände

Art. 5 Abs. 2 i. V. m. Anh. IV EG-TierarzneimittelrückständeV enthält eine Auflistung derjenigen pharmakologisch wirksamen Stoffe, deren Verabreichung an Tiere, die zur Lebensmittelerzeugung genutzt werden, verboten ist, da Rückstände dieser Stoffe in jeder Konzentration eine Gefahr für die Gesundheit der Verbraucher darstellen. Finden sich diese Stoffe dennoch in oder auf einem Lebensmittel tierischen Ursprungs, so darf dieses gem. § 10

685 ABl. Nr. L 224 v. 18.8.1990, S. 1.

Abs. 1 Nr. 1 LFGB nicht in den Verkehr gebracht werden. Gleiches gilt gem. Nr. 4 für diejenigen tierischen Lebensmittel, auf denen sich Rückstände solcher Stoffe befinden, die nicht als Arzneimittel zur Anwendung bei dem Tier, von dem die Lebensmittel stammen, zugelassen oder registriert sind[686] oder aufgrund sonstiger arzneimittelrechtlicher Bestimmungen nicht angewendet werden dürfen.[687] Ein Verkehrsverbot gilt schließlich auch für Lebensmittel, die pharmakologisch wirksame Stoffe enthalten, die nicht als Futtermittelzusatzstoffe[688] für das Tier, von dem die Lebensmittel stammen, zugelassen sind oder als zugelassene Futtermittelzusatzstoffe in nicht zulässigen Gehalten verfüttert worden sind, § 10 Abs. 1 Nr. 5 lit. a bzw. b LFGB.[689]

bb) Rückstandshöchstmengen

Durch die EG-TierarzneimittelrückständeV werden darüber hinaus Höchstmengen für Tierarzneimittelrückstände festgelegt. Lebensmittel tierischen Ursprungs, die Rückstände entgegen den in der Verordnung festgelegten Anforderungen enthalten, dürfen gem. § 10 Abs. 1 Nr. 2 LFGB nicht in den Verkehr gebracht werden.

B. Produktionsbezogene Vorschriften

Unterschiedlichste Faktoren auf sämtlichen Produktionsstufen, angefangen von der Fütterung von Tieren, die der Lebensmittelgewinnung dienen, bis hin zur Lagerung des verzehrsfertigen Lebensmittels unmittelbar vor der Abgabe an den Endverbraucher, können unmittelbar oder mittelbar Einfluss auf die Beschaffenheit des Endprodukts und damit auf die Lebensmittelsicherheit haben. Dementsprechend ist die Konzeption des Lebensmittelrechts nicht darauf beschränkt, bestimmte risikobehaftete Lebensmittelgruppen oder Lebensmitteleigenschaften zu verbieten oder eine bestimmte Zusammensetzung vorzuschreiben. Das Lebensmittelrecht umfasst vielmehr

---

686 Die Zulassung und Registrierung von Tierarzneimitteln ist im *Arzneimittelgesetz* i. d. F. der Bekanntmachung v. 12.12.2005 (BGBl. I, S. 3394) geregelt.

687 Anwendungsverbote und -beschränkungen für bestimmte Stoffe bei bestimmten Tieren oder für bestimmte Anwendungsgebiete finden sich in der *Verordnung über Stoffe mit pharmakologischer Wirkung* i. d. F. der Bekanntmachung v. 7.3.2005 (BGBl. I, S. 730).

688 Zu den Futtermittelzusatzstoffen s. u. S. 152 f.

689 Zu den Vorschriften über den Einsatz von Tierarzneimitteln im Rahmen der Lebensmittelproduktion s. u. S. 147 f.

auch eine Vielzahl von Vorschriften, die an denjenigen Stellen im Produktionsprozess eingreifen, an denen es typischerweise zu einer »negativen Beeinflussung«[690] des Endprodukts Lebensmittel – etwa durch Kontamination mit unerwünschten Stoffen – kommen kann. Diese Regelungen sollen also bereits im Vorfeld möglichen Ursachen einer inakzeptablen Beschaffenheit des Endprodukts entgegenwirken.

Während sich produktbezogene Vorschriften auf die Lebensmittel »an sich« und somit auf das Ergebnis bzw. den Gegenstand lebensmittelunternehmerischer Tätigkeit beziehen, stellen produktionsbezogene Bestimmungen Anforderungen an die Art und Weise der Ausübung dieser Tätigkeit. Eine diesbezügliche allgemeine Generalklausel enthält § 5 Abs. 1 S. 1 LFGB. Danach ist es verboten, Lebensmittel für andere derart herzustellen oder zu behandeln,[691] dass ihr Verzehr gesundheitsschädlich im Sinne des Art. 14 Abs. 2 lit. a EG-BasisV[692] ist. Da das Verbot des Inverkehrbringens gesundheitsschädlicher Lebensmittel nach Art. 14 Abs. 1 i. V. m. Abs. 2 lit. a EG-BasisV auch das Inverkehrbringen von Rohstoffen oder Vor- und Zwischenprodukten erfasst,[693] verbleiben für die nationale Regelung des § 5 Abs. 1 S. 1 LFGB als Regelungsbereich lediglich betriebsinterne Produktionsprozesse.[694] Die Vorschrift ist daher als produktionsbezogen einzuordnen.

Neben der Generalklausel gelten zahlreiche spezifische Vorschriften, die Anforderungen für einzelne Tätigkeitsbereiche und Produktionsschritte normieren. Die Lebensmittelunternehmer können diesbezüglich also nicht selbst entscheiden und konkretisieren, auf welche Weise sie sicherstellen wollen, dass das Endprodukt ihrer Tätigkeit lebensmittelrechtskonform ist. Sie müssen vielmehr auch hinsichtlich der *Produktionsbedingungen* in ihren Betrieben und der angewendeten *Produktionsmethoden* lebensmittelrechtliche Vorgaben beachten. Vorschriften über Produktionsbedingungen stellen dabei allgemeine Anforderungen an die äußeren Umstände, unter denen typische bzw. notwendige Herstellungs- und Behandlungsvorgänge vorgenommen werden. Dabei soll insbesondere durch die Festlegung der anzuwendenden Sorgfalt eine mögliche negative Beeinflussung der Produkte

---

690 Zum Begriff der negativen Beeinflussung s. u. S. 143.

691 Zu den Begriffen des Herstellens und Behandelns s. o. S. 108 f.

692 S. o. S. 112 ff.

693 Denn diese werden ebenfalls vom Lebensmittelbegriff erfasst, s. o. S. 22.

694 *Meyer,* in: Ders./Streinz (Hrsg.), BasisV/LFGB, § 5 Rn. 1; *Schomburg,* NVwZ 2007, 1373 (1375).

aufgrund dieser Umstände weitestgehend vermieden werden. Dagegen verbieten oder beschränken Regelungen über die Zulässigkeit bestimmter, spezifischer Produktionsmethoden diejenigen Herstellungs- und Behandlungsarten, denen *an sich* eine Gefährdung der Lebensmittelsicherheit innewohnt. Die Gefährdung kann etwa darin liegen, dass die auf diese spezifische Art und Weise produzierten Lebensmittel typischerweise eine bestimmte, gesundheitlich bedenkliche Beschaffenheit aufweisen, z. B. schädliche Rückstände enthalten.

I. Produktionsbedingungen

Durch rechtliche Vorgaben hinsichtlich der Produktionsbedingungen sollen mögliche Kontaminationsquellen, die während der Ausübung bestimmter Tätigkeiten im Rahmen der Lebensmittelherstellung auftreten können, so weit wie möglich ausgeschaltet werden. Dies geschieht im Wesentlichen durch sog. »Hygienevorschriften«, die Handlungs- und Sorgfaltspflichten der Lebensmittelunternehmer bzw. der für die Produktionsprozesse verantwortlichen Personen festlegen. Das Lebensmittelhygienerecht wird fast vollständig durch unmittelbar geltendes Gemeinschaftsrecht bestimmt,[695] das sich an entsprechenden Regelungen des Codex Alimentarius[696] orientiert.[697] Grundlage bildet die *Verordnung (EG) Nr. 852/2004 des Europäischen Parlaments und des Rates v. 29.4.2004 über Lebensmittelhygiene*[698] (*EG-LebensmittelhygieneV*). Bei den nationalen Vorschriften der *Verordnung über Anforderungen an die Hygiene beim Herstellen, Behandeln und Inverkehrbringen von Lebensmitteln* v. 8.8.2007[699] (*LMHV*) handelt es

695 Vgl. *Wiemers,* ZLR 2006, 245 (245). Als eigenständiger Regelungsbereich für nationale Vorschriften verbleibt lediglich die Festlegung hygienischer Anforderungen für die Produktion von Primärerzeugnissen, die in kleinen Mengen durch den Erzeuger direkt an den Endverbraucher oder an lokale Einzelhandelsgeschäfte abgegeben werden, die die Erzeugnisse ihrerseits unmittelbar an den Endverbraucher abgeben, s. Art. 1 Abs. 3 i. V. m. Abs. 2 lit. c EG-LebensmittelhygieneV. Entsprechende Vorschriften finden sich in § 5 i. V. m. Anl. 2 LMHV. Zu diesen Primärerzeugnissen gehören Honig, Fischereierzeugnisse, Muscheln, erlegtes Wild und Eier, s. § 5 Abs. 2 LMHV.

696 Zum Codex Alimentarius s. o. S. 75 f.

697 *Neuhaus,* in: Frede (Hrsg.): Taschenbuch für Lebensmittelchemiker, S. 101 (123); *Schnellhardt,* Der Landkreis 2006, 72 (72). Die grundlegenden hygienebezogenen Standards des Codex Alimentarius sind zusammengefasst unter dem Titel »Recommended International Code of Practice, General Principles of Food Hygiene«, abrufbar unter *http://www.codexalimentarius.net* (Stand: 06/2009).

698 ABl. Nr. L 139 v. 30.4.2004, S. 1.

699 BGBl. I, S. 1816, 1817.

sich dagegen im Wesentlichen um lediglich ergänzende Regelungen bzw. Durchführungsvorschriften.

»Lebensmittel dürfen nur so hergestellt, behandelt oder in den Verkehr gebracht werden, dass sie bei Beachtung der im Verkehr erforderlichen Sorgfalt der Gefahr einer nachteiligen Beeinflussung nicht ausgesetzt sind«, § 3 S. 1 LMHV. Unter einer nachteiligen Beeinflussung ist »eine Ekel erregende oder sonstige Beeinträchtigung der einwandfreien hygienischen Beschaffenheit von Lebensmitteln« zu verstehen, verursacht etwa »durch Mikroorganismen, Verunreinigungen, Witterungseinflüsse, Gerüche, Temperaturen, Gase, Dämpfe, Rauch, Aerosole, tierische Schädlinge, menschliche und tierische Ausscheidungen sowie durch Abfälle, Abwässer, Reinigungsmittel, Pflanzenschutzmittel, Tierarzneimittel, Biozid-Produkte oder ungeeignete Behandlungs- und Zubereitungsverfahren«, § 2 Abs. 1 Nr. 1 LMHV. Dementsprechend bezeichnet »Lebensmittelhygiene« die Maßnahmen und Vorkehrungen, die notwendig sind, um die genannten Gefahren für die Lebensmittelsicherheit unter Kontrolle zu bringen und zu gewährleisten, dass ein Lebensmittel unter Berücksichtigung seines Verwendungszwecks für den menschlichen Verzehr tauglich ist.[700] Durch die Pflicht der Lebensmittelunternehmer zur Einhaltung bestimmter Hygienevorschriften soll eine negative Beeinflussung der Lebensmittelsicherheit im oben genannten Sinne, insbesondere durch chemische, biologische oder physikalische Veränderungsprozesse während des Produktionsprozesses so weit wie möglich vermieden und dadurch dem Entstehen von Gesundheitsgefahren vorgebeugt werden.[701] Außerdem soll unabhängig von einer Gesundheitsgefahr sichergestellt werden, dass der Umgang mit Lebensmitteln gemäß der legitimen Verbrauchererwartung unter hygienischen, also »appetitlichen« Bedingungen erfolgt und sog. »Ekelfälle«[702] vermieden werden.[703] Zu diesem Zweck werden u. a. Anforderungen an die Ausstattung von Betriebsstätten, das Herstellungsverfahren und die Ausbildung und Sachkunde der in den Lebensmittelunternehmen tätigen Personen festgelegt.

Nach Art. 1 Abs. 1 lit. a EG-LebensmittelhygieneV folgen die gemeinschaftsrechtlichen Hygienevorschriften dem bereits in der EG-BasisV

---

700 Vgl. Art. 2 Abs. 1 lit. a EG-LebensmittelhygieneV.

701 Vgl. *Neuhaus,* in: Frede (Hrsg.), Taschenbuch für Lebensmittelchemiker, S. 101 (123); *Voß,* LFGB, S. 125.

702 S. o. S. 116.

703 Vgl. *Neuhaus,* in: Frede (Hrsg.), Taschenbuch für Lebensmittelchemiker, S. 101 (123); *Weiß,* Gewährleistung der Produktsicherheit, S. 319.

niedergelegten[704] Grundsatz, dass die Hauptverantwortung für die Sicherheit der Lebensmittel beim Lebensmittelunternehmer liegt, der dieser Verantwortung u. a. durch die Einführung und Anwendung von Hygienestandards nachkommt. Die Lebensmittelunternehmer haben sicherzustellen, dass auf allen ihrer Kontrolle unterstehenden Produktions-, Verarbeitungs- und Vertriebsstufen die einschlägigen Hygienevorschriften erfüllt werden, Art. 3 EG-LebensmittelhygieneV. Allgemeine Hygienevorschriften für alle Lebensmittelunternehmer sind in Anh. II der EG-LebensmittelhygieneV niedergelegt.[705] Dort finden sich u. a.:

- Vorschriften für Betriebsstätten, in denen mit Lebensmitteln umgegangen wird (z. B. die Vorgabe, dass die Möglichkeit bestehen muss, die Räumlichkeiten angemessen zu reinigen und zu belüften, oder das »an geeigneten Standorten« genügend Handwaschbecken vorhanden sein müssen),
- Vorschriften zur Beförderung von Lebensmitteln (z. B. hinsichtlich der Reinigung von Transportbehältern),
- Vorschriften zu Lebensmittelabfällen (Sicherstellung einer angemessenen und raschen Entsorgung),
- Vorschriften zur persönlichen Hygiene des eingesetzten Personals (Vorschriften über geeignete und saubere Arbeits- und Schutzkleidung, Umgang mit erkranktem Personal) sowie
- Vorschriften über die Schulung des Personals hinsichtlich der geltenden hygienerechtlichen Anforderungen.

Eine wichtige Rolle im europäischen Hygienerecht spielen die sog. »HACCP-Grundsätze«, die auf Regelungen des Codex Alimentarius

---

704 S. u. a. Egr. (30) sowie Art. 17 Abs. 1 EG-BasisV.

705 Ausgenommen sind Lebensmittelunternehmer, die in der Primärproduktion tätig sind, also insbesondere landwirtschaftliche Betriebe. Für sie gelten stattdessen gem. Art. 4 Abs. 1 EG-LebensmittelhygieneV die Vorschriften des Anh. I Teil A. Vom Anwendungsbereich der EG-LebensmittelhygieneV vollständig ausgenommen ist gem. Art. 1 Abs. 2 EG-LebensmittelhygieneV die Primärproduktion für den privaten häuslichen Gebrauch, die häusliche Verarbeitung, Handhabung oder Lagerung von Lebensmitteln zum häuslichen privaten Verbrauch sowie die direkte Abgabe kleiner Mengen von Primärerzeugnissen durch den Erzeuger an den Endverbraucher oder an lokale Einzelhandelsgeschäfte, die die Erzeugnisse unmittelbar an den Endverbraucher abgeben (s. o. S. 142 (Fn. 695)).

basieren.[706] Gem. Art. 5 Abs. 1 EG-LebensmittelhygieneV haben die Lebensmittelunternehmer auf diesen Grundsätzen beruhende ständige Verfahren einzurichten, durchzuführen und aufrechtzuerhalten. HACCP steht für »Hazard Analysis and Critical Control Point«. Bei der Einrichtung und Durchführung von Verfahren auf HACCP-Basis geht es im Wesentlichen darum, aufgrund einer systematischen Gefahrenanalyse[707] der Produktionsvorgänge innerhalb des Betriebs diejenigen »kritischen Kontrollpunkte«[708] zu identifizieren, an denen es – vor allem durch Kontamination – typischerweise zu einer Gefahr für die Lebensmittelsicherheit kommen kann. Für diese Punkte werden Grenzwerte, die nicht überschritten werden dürfen, sowie ein System von Überwachungs- bzw. Korrekturmaßnahmen festgelegt, um die drohenden Gefahren abzuwenden bzw. zumindest auf ein akzeptables Maß zu reduzieren.[709] Zum Nachweis, dass diese Verpflichtungen erfüllt werden, haben die Lebensmittelunternehmer entsprechende Dokumente und Aufzeichnungen über die HACCP-Verfahren zu erstellen, Art. 5 Abs. 2 S. 1 lit. g EG-LebensmittelhygieneV.

Um die Umsetzung der hygienischen Anforderungen der EG-LebensmittelhygieneV sowie der HACCP-Grundsätze in der Praxis zu erleichtern, ist in Art. 7 ff. EG-LebensmittelhygieneV die Erarbeitung sowohl einzelstaatlicher als auch gemeinschaftsrechtlicher »Leitlinien für eine gute Hygienepraxis und für die Anwendung der HACCP-Grundsätze« vorgesehen.[710] Nationale Leitlinien, die an einzelne Lebensmittelbranchen gerichtet sind, werden gem. Art. 8 Abs. 1 EG-LebensmittelhygieneV von der Lebensmittelwirtschaft u. a. im Benehmen mit den zuständigen Behörden und Verbrauchervereinigungen und unter Berücksichtigung der einschlägigen Verfahrenskodizes des Codex Alimentarius erarbeitet. Nach einer Überprüfung durch die Mitgliedstaaten werden die so erstellten Leitlinien im Rahmen eines Notifizierungsverfahrens an die Kommission weitergeleitet und abschließend

706 *Neuhaus,* in: Frede (Hrsg.), Taschenbuch für Lebensmittelchemiker, S. 101 (123); *Simon,* Kooperative Risikoverwaltung, S. 49. Zu den entsprechenden Codex-Alimentarius-Regelungen s. »Recommended International Code of Practice, General Principles of Food Hygiene«, S. 21 ff., abrufbar unter *http://www.codexalimentarius.net* (Stand: 06/2009).

707 »Hazard Analysis«.

708 Also die »Critical Control Points«.

709 S. die Auflistung der einzelnen HACCP-Grundsätze in Art. 5 Abs. 2 EG-LebensmittelhygieneV.

710 Vgl. Art. 1 Abs. 1 S. 1 lit. e EG-LebensmittelhygieneV.

registriert, Art. 8 Abs. 3 und 4 EG-LebensmittelhygieneV.[711] Auch gemeinschaftsrechtliche Leitlinien werden gem. Art. 9 EG-LebensmittelhygieneV von oder zumindest im Benehmen mit Vertretern der Lebensmittelwirtschaft unter Beteiligung anderer betroffenen Interessengruppen erstellt und veröffentlicht[712]. Die Berücksichtigung der Leitlinien durch die Lebensmittelunternehmer erfolgt auf freiwilliger Basis.[713] Soweit allerdings ein Lebensmittelunternehmer betriebsinterne Abläufe bzw. Maßnahmen und Kontrollen auf der Grundlage bzw. nach den Vorgaben der jeweils einschlägigen Hygieneleitlinien konzipiert und durchführt, ist davon auszugehen, das er die ihm obliegenden hygienerechtlichen Verpflichtungen erfüllt.[714]

II. Produktionsmethoden

Im Gegensatz zu den Produktionsbedingungen, die bestimmen, in welchem Umfeld die Lebensmittelproduktion stattfindet, geht es bei den Produktionsmethoden um die gezielte Anwendung bestimmter Verfahren oder den Einsatz spezifischer Produktionsmittel durch den Lebensmittelunternehmer, durch die er sich einen positiven Effekt auf den Produktionsprozess bzw. auf das Endprodukt verspricht. Lebensmittelrechtliche Bestimmungen über Produktionsmethoden in Form von Verboten bzw. Beschränkungen und Anforderungen sollen sicherstellen, dass den Vorteilen, die diese Methoden beispielsweise im Hinblick auf eine Produktions- bzw. Qualitätssteigerung bringen können, nicht eine unverhältnismäßige negative Beeinflussung der Sicherheit des Endprodukts gegenübersteht.

Die Darstellung beschränkt sich dabei – wie bereits oben ausgeführt –[715] auf diejenigen Vorschriften, die Anforderungen an die Tätigkeit der Lebensmittelunternehmen, also an die Lebensmittelproduktion i. w. S. stellen. Zu diesen Tätigkeiten gehört das Verfüttern von Futtermitteln an Tiere, die der

711 Eine Liste der notifizierten nationalen Leitlinien ist abrufbar unter *http://www.bll.de/download/themen/hygiene/leitlinien_fuer_eine_gute_hygienepraxis_bezugsquellen.pdf* (Stand: 06/2009).

712 Die Titel und Fundstellen gemeinschaftlicher Leitlinien werden in der Reihe C des Amtsblatts der Europäischen Union veröffentlicht, Art. 9 Abs. 5 EG-LebensmittelhygieneV.

713 S. Art. 7 UAbs. 2 S. 2 EG-LebensmittelhygieneV.

714 *Wiemers,* ZLR 2006, 245 (262 f.). Ausführlich zur Frage der Rechtsnatur der Leitlinien s. *Wiemers,* a. a. O., 262 ff., der diese als technische Normen in Form antizipierter Sachverständigengutachten einordnet.

715 S. o. S. 30 ff.

Lebensmittelgewinnung dienen, sowie die Verwendung sog. Lebensmittelbedarfsgegenstände[716] im Rahmen der Lebensmittelproduktion, nicht jedoch die Herstellung und das Inverkehrbringen der Futtermittel oder Lebensmittelbedarfsgegenstände.

1. Bestrahlung von Lebensmitteln

Eine Bestrahlung mit ionisierenden oder ultravioletten Strahlen kann der Konservierung von Lebensmitteln dienen. Um damit verbundenen Gesundheitsgefahren vorzubeugen ist es gem. § 8 Abs. 1 LFGB verboten, bei Lebensmitteln gewerbsmäßig eine nicht zugelassene Bestrahlung mit ultravioletten oder ionisierenden Strahlen anzuwenden oder Lebensmittel in den Verkehr zu bringen, die entgegen diesem Verbot oder anderen für die Bestrahlung von Lebensmitteln geltenden Bedingungen bestrahlt sind. Die zugelassenen Bestrahlungen sowie weitere Bedingungen werden durch die Vorschriften der *Verordnung über die Behandlung von Lebensmitteln mit Elektronen-, Gamma- und Röntgenstrahlen, Neutronen oder ultravioletten Strahlen* v. 14.12.2000[717] bestimmt.[718]

2. Einsatz von Tierarzneimitteln

Spezifisch lebensmittelrechtliche Vorschriften enthält die EG-TierarzneimittelrückständeV. Art. 5 i. V. m. Anh. IV EG-Tierarzneimittelrückstände bestimmt diejenigen pharmakologisch wirksamen Stoffe, die an Tiere, die der Lebensmittelgewinnung dienen, deswegen nicht verabreicht werden dürfen, weil deren Rückstände in jeglicher Konzentration als gesundheitsschädlich eingestuft werden. Weitere Anwendungsbeschränkungen und -verbote, insbesondere für Stoffe wie Anabolika oder Hormone, die vornehmlich zu Mastzwecken eingesetzt werden, enthält die *Verordnung über Stoffe mit pharmakologischer Wirkung* i. d. F. der Bekanntmachung

---

716 S. u. S. 149.

717 BGBl. I, S. 1730.

718 Die Vorschriften dienen u. a. der Umsetzung der *Richtlinie 1999/2/EG des Europäischen Parlaments und des Rates v. 22.2.1999 zur Angleichung der Rechtsvorschriften der Mitgliedstaaten über mit ionisierenden Strahlen behandelte Lebensmittel und Lebensmittelbestandteile* (ABl. Nr. L 66 v. 13.3.1999, S. 16) sowie der *Richtlinie 1999/3/EG des Europäischen Parlaments und des Rates v. 22.2.1999 über die Festlegung einer Gemeinschaftsliste von mit ionisierenden Strahlen behandelten Lebensmitteln und Lebensmittelbestandteilen* (ABl. Nr. L 66 v. 13.3.1999, S. 24).

v.7.3.2005[719] (*PharmStV*). Gem. § 3 Abs. 1 PharmStV dürfen Lebensmittel, die von Tieren gewonnen werden, denen solche Stoffe entgegen den in der Verordnung festgesetzten Verboten und Beschränkungen zugeführt worden sind, nicht in den Verkehr gebracht werden.

Sind Stoffe mit pharmakologischer Wirkung, die als Arzneimittel nach dem AMG zugelassen oder registriert sind oder als Futtermittelzusatzstoffe zugelassen sind, einem lebenden Tier zugeführt worden, so dürfen von dem Tier Lebensmittel gewerbsmäßig nur gewonnen werden und von dem Tier gewonnene Lebensmittel gewerbsmäßig nur in den Verkehr gebracht werden, wenn die festgesetzten »Wartezeiten« eingehalten worden sind, § 10 Abs. 3 LFGB. Die Wartezeit ist die Zeit, die bei bestimmungsgemäßer Anwendung des Arzneimittels nach der letzten Anwendung bei einem Tier bis zur Gewinnung von Lebensmitteln, die von diesem Tier stammen, zum Schutz der öffentlichen Gesundheit einzuhalten ist und die sicherstellt, dass festgelegte Rückstandshöchstmengen nicht überschritten werden, § 4 Abs. 12 AMG. Die Wartezeit ist gem. § 23 Abs. 1 Nr. 1 AMG Gegenstand der Zulassung von Tierarzneimitteln und verpflichtender Bestandteil der Kennzeichnung bzw. Packungsbeilage, § 10 Abs. 5 Nr. 2 bzw. § 11 Abs. 4 Nr. 6 AMG.

3. Einsatz von Lebensmittelbedarfsgegenständen

Auch die Kontamination durch Kontakt mit bestimmten Materialien kann eine Gefahr für die Lebensmittelsicherheit darstellen, weshalb das Lebensmittelrecht auch Vorschriften bezüglich solcher Gegenstände umfasst, die typischerweise bzw. bestimmungsgemäß mit Lebensmitteln in Berührung kommen. Auf europäischer Ebene ist dies die *Verordnung (EG) Nr. 1935/2004 des Europäischen Parlaments und des Rates v. 27.10.2004 über Materialien und Gegenstände, die dazu bestimmt sind, mit Lebensmitteln in Berührung zu kommen und zur Aufhebung der Richtlinien 80/590/EWG und 89/109/EWG*[720] (*EG-LebensmittelbedarfsgegenständeV*). Im deutschen Recht werden diese Gegenstände zu den Bedarfsgegenständen[721] gezählt.[722] Dieser Begriff umfasst allerdings noch weitere Produktgruppen, wie z. B. Gegenstände, die zur Körperpflege bestimmt sind, oder

719 BGBl. I, S. 730.
720 ABl. Nr. L 338 v. 13.11.2004, S. 4.
721 Zum Begriff s. o. S. 107 (Fn. 536).
722 S. § 2 Abs. 6 S. 1 Nr. 1 LFGB.

Spielwaren.[723] Zur Abgrenzung der für die Lebensmittelsicherheit relevanten Bedarfsgegenstände soll im Folgenden der Begriff der »Lebensmittelbedarfsgegenstände« gemäß der Definition in § 2 Nr. 1 der *Bedarfsgegenständeverordnung* i. d. F. der Bekanntmachung v. 23.12.1997[724] (*BedGgstV*) verwendet werden.

Lebensmittelbedarfsgegenstände sind »Materialien und Gegenstände (...), die als Fertigerzeugnis (...) dazu bestimmt sind, mit Lebensmitteln in Berührung zu kommen oder (...) bereits mit Lebensmitteln in Berührung sind und dazu bestimmt sind, oder (...) die vernünftigerweise vorhersehen lassen, dass sie bei normaler oder vorhersehbarer Verwendung mit Lebensmitteln in Berührung kommen oder ihre Bestandteile an Lebensmittel abgeben«, Art. 1 Abs. 2 EG-LebensmittelbedarfsgegeständeV. Dies gilt insbesondere für Verpackungsmaterial, aber auch für Geschirr, Kochgeschirr, Aufbewahrungsgefäße oder Geräte zur Lebensmittelherstellung.[725] Maßgeblich für die Zweckbestimmung ist die Verkehrsauffassung.[726] Es ist nicht erforderlich, dass der Gegenstand ausschließlich als Lebensmittelbedarfsgegenstand Verwendung findet.[727] Die »missbräuchliche« Verwendung eines ausschließlich für andere Zwecke bestimmten Gegenstandes begründet allerdings noch keine Einordnung als Lebensmittelbedarfsgegenstand.[728]

Gem. § 31 Abs. 1 LFGB ist es verboten, Lebensmittelbedarfsgegenstände zu verwenden, die den Herstellungsanforderungen des Art. 3 Abs. 1 EG-LebensmittelbedarfsgegenständeV nicht entsprechen. Lebensmittel, die unter Verwendung solcher Gegenstände hergestellt oder behandelt worden sind, dürfen nicht als Lebensmittel gewerbsmäßig in den Verkehr gebracht werden, § 31 Abs. 3 LFGB. Gem. Art. 3 Abs. 1 lit. a EG-LebensmittelbedarfsgegenständeV sind Lebensmittelbedarfsgegenstände so herzustellen, dass sie unter den normalen oder vorhersehbaren Verwendungsbedingungen keine Bestandteile auf Lebensmittel in Mengen abgeben, die geeignet sind, die menschliche Gesundheit zu gefährden. Die verwendeten Materialien müssen

723 S. die Aufzählung in § 2 Abs. 6 S. 1 Nr. 2 bis 9.

724 BGBl. 1998 I, S. 5.

725 *Meyer,* in: Ders./Streinz (Hrsg.), BasisV/LFGB, § 2 Rn. 169 mit weiteren Beispielen.

726 Zum Begriff der Verkehrsauffassung s. o. S. 34 f.

727 *Meyer,* in: Ders./Streinz (Hrsg.), BasisV/LFGB, § 2 Rn. 170.

728 *Meyer,* in: Ders./Streinz (Hrsg.), BasisV/LFGB, § 2 Rn. 170.

also ausreichend »inert«[729] sein.[730] Der Kontakt darf auch nicht zu einer unvertretbaren Veränderung der Zusammensetzung oder einer Beeinträchtigung der organoleptischen Eigenschaften[731] der Lebensmittel führen, Art. 3 Abs. 1 lit. b und c EG-LebensmittelbedarfsgegenständeV.

Im Übrigen dürfen Lebensmittelbedarfsgegenstände gem. § 30 Nr. 3 LFGB bei dem gewerbsmäßigen Herstellen oder Behandeln von Lebensmitteln nicht so verwendet werden, dass sie geeignet sind, bei der Aufnahme der Lebensmittel die Gesundheit zu schädigen. Dies betrifft Fälle, in denen die Gesundheitsschädigung nicht durch den Übergang von Stoffen auf das Lebensmittel droht, sondern beispielsweise aufgrund der Beschaffenheit des Lebensmittelbedarfsgegenstandes eine Verletzungsgefahr des Mundes, der Mundhöhle oder der Speiseröhre während des Lebensmittelverzehrs gegeben ist.[732] Dies kann beispielsweise bei der Verwendung von Holzstäbchen bei Fleischspießen oder von Kunststoffteilen für Marzipanfiguren der Fall sein, wenn diese für den Verbraucher beim Verzehr nicht ohne weiteres zu erkennen sind.[733]

Weitere nationale Vorschriften enthält die BedGgstV, welche u. a. in Umsetzung von Gemeinschaftsrecht spezifische Anforderungen für einzelne Gruppen von Lebensmittelbedarfsgegenständen festlegt. Lebensmittelbedarfsgegenstände, die diesen Anforderungen nicht entsprechen, dürfen beim gewerbsmäßigen Herstellen oder Behandeln von Lebensmitteln nicht verwendet werden, § 7 Abs. 1 BedGgstV. So sind gem. § 4 Abs. 1 S. 1 i. V. m. Anl. 2 BedGgstV für die Herstellung von Lebensmittelbedarfsgegenständen aus Zellglasfolie grundsätzlich nur bestimmte Stoffe zugelassen.[734] Für zugelassene Stoffe gelten bestimmte Reinheitsanforderungen[735] und Höchstmengen.[736] Ähnliche Beschränkungen gelten für das

---

729 Als chemisch inert (*lat.* für untätig, unbeteiligt, träge) bezeichnet man Substanzen, die unter den jeweilig gegebenen Bedingungen mit anderen Stoffen und Materialien nicht oder nur in verschwindend geringem Maße reagieren.

730 S. Egr. (3) EG-LebensmittelbedarfsgegenständeV.

731 Organoleptisch bedeutet »erregend auf ein Sinnesorgan« beziehungsweise »erregend auf einen sensorischen Rezeptor«, also etwa Geruch, Geschmack und Aussehen.

732 *Meyer,* in: Ders./Streinz (Hrsg.), BasisV/LFGB, § 31 Rn. 13.

733 *Voß,* LFGB, S. 186.

734 Umsetzung der *Richtlinie 2007/42/EG der Kommission v. 29.6.2007 über Materialien und Gegenstände aus Zellglasfolien, die dazu bestimmt sind, mit Lebensmitteln in Berührung zu kommen (kodifizierte Fassung)* (ABl. Nr. L 172 v. 30.6.2007, S. 71).

735 § 4 Abs. 1 S. 2 i. V. m. Anl. 2 BedGgstV.

736 § 6 S. 1 Nr. 1 i. V. m. Anl. 2 BedGgstV.

gewerbsmäßige Herstellen von Bedarfsgegenständen aus Kunststoff.[737] Für bestimmte Lebensmittelbedarfsgegenstände gelten außerdem sog. spezifische »Migrationsgrenzwerte«, d. h. die für die Herstellung zugelassenen Stoffe dürfen beim Lebensmittelkontakt maximal in solchen Anteilen übergehen, die als unvermeidbar bzw. gesundheitlich noch vertretbar angesehen werden.[738]

4. Einsatz von Futtermitteln

Ausgehend von der Erkenntnis, dass die Qualität und Beschaffenheit der Futtermittel Einfluss auf die Sicherheit bzw. gesundheitliche Unbedenklichkeit der Lebensmittel haben kann, die von Tieren gewonnen werden,[739] enthält das Lebensmittelrecht einerseits *futtermittelbezogene* Verbote und Beschränkungen für das Verfüttern bestimmter Futtermittelerzeugnisse sowie andererseits *fütterungsbezogene* Sorgfaltsanforderungen für Lebensmittelunternehmer, die diese bei der Fütterung von Tieren, die der Lebensmittelgewinnung dienen, zu beachten haben.

a) Futtermittelbezogene Vorschriften

Eine futtermittelbezogene »Generalklausel« zum Schutz der Lebensmittelsicherheit stellt der dem Art. 14 strukturell ähnliche Art. 15 EG-BasisV dar, nach dessen Abs. 1 Futtermittel, die nicht sicher sind, nicht »an der Lebensmittelgewinnung dienende Tiere verfüttert werden« dürfen. Gem. Abs. 2 gelten Futtermittel dann als nicht sicher, wenn davon auszugehen ist, dass sie bewirken, dass die Lebensmittel, die aus den Tieren hergestellt werden, als nicht sicher für den Verzehr durch den Menschen anzusehen sind. Hierdurch wird der Zusammenhang zwischen Futtermittelsicherheit und Lebensmittelsicherheit zum Ausdruck gebracht.

§ 27 i. V. m. Anl. 6 der *Futtermittelverordnung* i. d. F. der Bekanntmachung v. 24.5.2007[740] (*FMV*) enthält eine Auflistung sog. »verbotener Stoffe«, die nicht verfüttert werden dürfen. Dazu gehören beispielsweise

---

737 S. § 4 Abs. 2, § 6 Nr. 2, jew. i. V. m. Anl. 3 BedGgstV in Umsetzung der *Richtlinie 2002/72/EG der Kommission v. 6.8.2002 über Materialien und Gegenstände aus Kunststoff, die dazu bestimmt sind, mit Lebensmitteln in Berührung zu kommen* (ABl. Nr. L 220 v. 15.8.2002, S. 18).

738 § 8 i. V. m. Anlage 3 BedGgstV.

739 S. o. S. 26.

740 BGBl. I, S. 772.

Kot und Urin sowie bestimmte Abfälle. Daneben dürfen gem. Art. 5 Abs. 6 der *Verordnung (EG) Nr. 183/2005 des Europäischen Parlaments und des Rates v. 12.1.2005 mit Vorschriften für die Futtermittelhygiene*[741] (*EG-FuttermittelhygieneV*) Landwirte[742] nur solche Futtermittel verwenden oder sich beschaffen, die aus registrierten bzw. zugelassenen Betrieben stammen.[743]

§ 21 Abs. 3 S. 1 Nr. 1 LFGB bestimmt, dass Futtermittel nicht verfüttert werden dürfen, die Futtermittelzusatzstoffe enthalten, die nicht zugelassen sind oder sonstigen rechtlichen Anforderungen nicht entsprechen. Nach Art. 2 Abs. 2 lit. a i. V. m. Art. 5 Abs. 3 der *Verordnung (EG) Nr. 1831/2003 des Europäischen Parlaments und des Rates v. 22.9.2003 über Zusatzstoffe zur Verwendung in der Tierernährung*[744] (*EG-FuttermittelzusatzstoffV*) sind Futtermittelzusatzstoffe »Stoffe, Mikroorganismen oder Zubereitungen, die keine Futtermittel-Ausgangserzeugnisse oder Vormischungen sind und bewusst Futtermitteln oder Wasser zugesetzt werden«, um bestimmte positive Wirkungen zu erzielen. Dabei wird zwischen unterschiedlichen Kategorien von Zusatzstoffen differenziert, wie etwa technologischen Zusatzstoffen (z. B. Konservierungsmittel und Emulgatoren), sensorischen Zusatzstoffen, die die organoleptischen Eigenschaften eines Futtermittels bzw. die optischen Eigenschaften des aus den Tieren gewonnenen Lebensmittels verbessern oder verändern (insbesondere Farb- und Aromastoffe), ernährungsphysiologischen Zusatzstoffen (Vitamine und Spurenelemente) und zootechnischen Zusatzstoffen, welche die Leistung von gesunden Tieren oder die Auswirkungen auf die Umwelt positiv beeinflussen sollen (z. B.

741 ABl. Nr. L 35 v. 8.2.2005, S. 1.

742 »Landwirte« sind diejenigen Lebensmittelunternehmer, die Futtermittel an Tiere verfüttern, die der Lebensmittelgewinnung dienen.

743 Die Zulassungs- und Registrierungspflicht für Futtermittelunternehmer ergibt sich aus Art. 11 i. V. m. Art. 9 bzw. 10 EG-FuttermittelhygieneV. Eine Zulassung ist gem. Art. 10 für solche Betriebe vorgesehen, die besonders risikobehaftete Tätigkeiten, wie z. B. die Herstellung von Futtermittelzusatzstoffen, ausüben. Die Zulassung wird von der zuständigen Behörde gem. Art. 13 EG-FuttermittelhygieneV grundsätzlich erst dann erteilt, wenn eine Besichtigung vor Ort vor Aufnahme der Tätigkeit erwiesen hat, dass die einschlägigen Vorschriften der Verordnung erfüllt werden. Im Übrigen sind alle Futtermittelunternehmer gem. Art. 9 Abs. 2 lit. a EG-FuttermittelhygieneV verpflichtet, der zuständigen Behörde »zwecks *Registrierung* alle ihrer Kontrolle unterstehenden Betriebe, die in einer der Herstellungs-, Verarbeitungs-, Lagerungs-, Transport- oder Vertriebsstufen von Futtermitteln tätig sind [*Hervorhebung nicht im Original*]«, zu melden.

744 ABl. Nr. L 268 v. 18.10.2003, S. 29.

Verdaulichkeitsförderer).[745] Das Zulassungserfordernis für Futtermittelzusatzstoffe ergibt sich aus Art. 3 Abs. 1 lit. a EG-FuttermittelzusatzstoffV. Die Voraussetzungen und das Verfahren der Zulassung sind in den Art. 4 ff. EG-FuttermittelzusatzstoffV geregelt. Eine Zulassung wird nur dann erteilt, wenn u. a. ausreichend nachgewiesen ist, dass der Zusatzstoff bei seiner Verwendung keinen Nachteil für den Verbraucher durch die Beeinträchtigung der Beschaffenheit der tierischen Erzeugnisse mit sich bringt und den Verbraucher bezüglich der Beschaffenheit der tierischen Erzeugnisse nicht irreführt, Art. 5 Abs. 1 i. V. m. Abs. 2 lit. a und c EG-FuttermittelzusatzstoffV. Die Zulassung eines Zusatzstoffes erfolgt durch Erlass einer entsprechenden Verordnung nach dem Verfahren des Art. 9 EG-FuttermittelzusatzstoffV, in der u. a. festgelegt wird, für welche Tierkategorie, unter welchen Bedingungen und unter Einhaltung welches Mindest- und Höchstgehalts der Stoff verwendet werden darf.[746] Jede Person, die diesen Stoff oder ein Futtermittel, dem dieser Stoff zugesetzt wurde, verwendet, hat für die Einhaltung aller Bedingungen oder Einschränkungen Sorge zu tragen, die in Bezug auf Inverkehrbringen, Verwendung und Handhabung des Zusatzstoffes oder der ihn enthaltenden Futtermittel festgelegt wurden, Art. 12 Abs. 1 EG-FuttermittelzusatzstoffV.

Futtermittel können auch sog. »unerwünschte Stoffe« enthalten, die als Rückstände in von Nutztieren gewonnenen Lebensmitteln eine Gefahr für die menschliche Gesundheit darstellen können.[747] Diese Stoffe zumindest in gesundheitlich unbedenklichen Mengen zu halten, ist Ziel der in den §§ 23 ff. FMV enthaltenen Vorschriften über Futtermittelkontaminanten.[748] § 23 Abs. 1 i. V. m. Anlage 5 FMV legt für einzelne Stoffe fest, welche Höchstgehalte in Futtermitteln nicht überschritten werden dürfen. Solche Höchstgehalte gelten u. a. für bestimmte Metalle und Dioxine. Futtermittel, bei denen diese Höchstgehalte überschritten werden, dürfen nicht verfüttert werden, § 21 Abs. 3 Nr. 2 lit. b LFGB, und nicht mit

745 Zu den Kategorien s. Art. 6 i. V. m Anh. I EG-FuttermittelzusatzstoffV.

746 S. z. B. *Verordnung (EG) Nr. 109/2007 der Kommission v. 5.2.2007 zur Zulassung von Monensin-Natrium (Coxidin) als Futtermittelzusatzstoff* (ABl. Nr. L 31 v. 6.2.2007, S. 6) oder *Verordnung (EG) Nr. 1750/2006 der Kommission v. 27.11.2006 zur Zulassung von Selenmethionin als Futtermittelzusatzstoff* (ABl. Nr. L 330 v. 28.11.2006, S. 9).

747 Vgl. § 3 Nr. 16 lit. a, b und d LFGB.

748 Diese Vorschriften dienen der Umsetzung der *Richtlinie 2002/32/EG des Europäischen Parlaments und des Rates v. 7.5.2002 über unerwünschte Stoffe in der Tierernährung* (ABl. Nr. L 140 v. 30.5.2002, S. 10).

anderen Futtermitteln oder Stoffen oder miteinander vermischt werden, § 23 Abs. 2 S. 1 und 2 FMV.

Schließlich werden durch die EG-PestizidrückständeV auch für Futtermittel Höchstmengen für Pestizidrückstände[749] festgelegt. Zum Zeitpunkt des Verfütterns eines Futtermittels dürfen die dort festgelegten Werte nicht überschritten werden, Art. 18 Abs. 1 EG-PestizidrückständeV.

b) Fütterungsbezogene Vorschriften

Die EG-FuttermittelhygieneV legt u. a. die von den Lebensmittelunternehmern in Bezug auf die Fütterung zu beachtenden hygienischen Anforderungen fest. Gem. Art. 4 Abs. 2 EG-FuttermittelhygieneV haben sie die allgemeine Verpflichtung, bei der Fütterung der Tiere Maßnahmen zu ergreifen und Verfahren anzuwenden, mit denen das Risiko einer biologischen, chemischen und physikalischen Kontamination von Futtermitteln, Tieren und tierischen Erzeugnissen so niedrig gehalten wird, wie es vernünftigerweise noch als vertretbar angesehen werden kann. Daneben gelten gem. Art. 5 Abs. 5 EG-FuttermittelhygieneV für die Fütterung außerdem die spezifischen Anforderungen des Anh. III, der Vorschriften zur »Guten Tierfütterungspraxis« enthält. Geregelt wird u. a. das Beweiden von Grasland, die Beschaffenheit von Fütterungseinrichtungen und die Lagerung der Futtermittel.

§ 5 Verbraucherinformationsbezogene Vorschriften

Lebensmittelrechtliche Vorschriften haben u. a. den Zweck, den Verbraucher in die Lage zu versetzen, Entscheidungen über den Erwerb bestimmter Lebensmittel seinen Interessen gemäß, sachkundig und frei von Irrtümern zu treffen.[750] Dies ist nur möglich, wenn er einerseits Zugang zu den für seine Entscheidung relevanten Informationen, wie etwa Zusammensetzung, Qualität und Herstellungsbedingungen, erhält[751] und andererseits die ihm mitgeteilten Informationen vollständig sind und der Wahrheit entsprechen. Verbraucherschützende Normen müssen also zum einen in Form positiver

749 Zu den Pestizidrückständen in Lebensmitteln s. o. S. 137 ff.

750 Vgl. Art. 8 S. 1 EG-BasisV.

751 Vgl. *Simon,* Kooperative Risikoverwaltung, S. 45.

Informations- bzw. Kennzeichnungspflichten gewährleisten, dass dem Verbraucher die wesentlichen Informationen zur Verfügung stehen, zum anderen jedoch auch Anforderungen an die dem Verbraucher von Seiten der Unternehmer – etwa in Form von Werbung – zur Verfügung gestellten Informationen festlegen und ggf. Informationsverbote und -beschränkungen zum Schutz vor Irreführung anordnen. Dabei sind nicht nur ausdrückliche Aussagen über ein Produkt einzubeziehen, sondern auch konkludente Aussagen, die beispielsweise in der Bezeichnung oder Aufmachung eines Produkts liegen können. Als konkludente Aussage kann auch das Verschweigen bestimmter Eigenschaften eingeordnet werden, welches die Verbraucher zur irrtümlichen Annahme ihres Nichtvorhandenseins verleiten kann.

Die Informationsgebote und -verbote haben zwar vordergründig den Zweck, eine Täuschung der Verbraucher zu vermeiden bzw. eine ausreichende und angemessene Information zu gewährleisten, letzten Endes dienen sie in vielen Fällen jedoch auch dem Gesundheitsschutz. Die Verbraucher sollen durch die Verfügbarkeit bestimmter Informationen in die Lage versetzt werden, sich in denjenigen Fällen selbst zu schützen, in denen eine Gesundheitsbeeinträchtigung erst aufgrund individueller, spezifischer Veranlagung oder Verhaltensweisen einzelner Verbraucher droht. Denn in diesen Konstellationen greifen häufig keine generellen Verkehrsverbote bzw. Regelungen zur Beschaffenheit ein, da es unverhältnismäßig bzw. unpraktikabel wäre, jede mögliche Veranlagung (z. B. Lebensmittelallergien) oder Verhaltensweise (z. B. der äußerst einseitige oder übermäßige Konsum eines bestimmten Lebensmittels) zum Anlass zu nehmen, derartige Vorschriften zu erlassen. Informationsregelungen greifen häufig auch dann ein, wenn es nicht um unmittelbare Gesundheitsrisiken, sondern um die Ermutigung der Verbraucher zu einer gesunden Ernährung geht. Dies betrifft insbesondere Informationen, die sich auf bestimmte ernährungsbezogene Wirkungen und Eigenschaften beziehen und die unter dem Begriff der »ernährungsphysiologischen« Informationen zusammengefasst werden sollen. In diesen Fällen sollen die Verbraucher ihr individuelles Verhalten aufgrund ausreichender, vollständiger und richtiger Produktinformationen entsprechend gesundheitsbewusst und unter Berücksichtigung individueller Ernährungsbedürfnisse ausrichten können, ohne diesbezüglich dadurch bevormundet zu werden, dass etwa der Gesetzgeber vorab entscheidet, was die Verbraucher im Rahmen einer gesunden Ernährung essen sollten und welche Lebensmittel daher überhaupt in den Verkehr gebracht werden dürfen. Dies beinhaltet auf der anderen Seite natürlich auch die Möglichkeit und das Recht der

Verbraucher, sich ungesund zu ernähren, dann allerdings »wider besseren Wissens«.

Im folgenden Abschnitt werden also diejenigen Vorschriften des materiellen Lebensmittelrechts dargestellt, die eine angemessene Information der Verbraucher sicherstellen sollen. Ausgenommen werden dagegen Vorschriften über Kennzeichnungs- und Informationspflichten der Unternehmer, die lediglich der Erleichterung behördlicher Kontrollen oder Durchsetzungsmaßnahmen dienen, indem sie beispielsweise die Identifizierung einzelner Produkte ermöglichen oder die Behörden auf überwachungsbedürftige Sachverhalte aufmerksam machen. Sie werden daher im Zusammenhang mit den Überwachungsinstrumenten erörtert.[752] Gleiches gilt für Vorschriften über Pflichten bzw. Befugnisse der Behörden zur Information der Verbraucher, da es auch in diesen Fällen um Überwachungs- bzw. Durchsetzungsmaßnahmen geht.

A. Informationspflichten

Zu den positiven Informationsregelungen im Lebensmittelrecht gehören insbesondere Kennzeichnungsvorschriften. Die Verbraucher sollen auf diesem Wege im unmittelbaren Zusammenhang mit einem einzelnen Produkt umfassend über dessen Art und Merkmale informiert werden, damit sie in Kenntnis aller relevanten Umstände ihre Kauf- bzw. Konsumentscheidung treffen können.[753] Die Verpflichtung der Lebensmittelunternehmer, bestimmte Angaben zu machen, soll die Verbraucher vor Täuschungen schützen. Informationsbedarf hinsichtlich bestimmter Produkteigenschaften, wie z. B. den Zutaten eines Lebensmittels, besteht darüber hinaus vor allem bei denjenigen Verbrauchern, die aus gesundheitlichen Gründen oder persönlicher Überzeugung Produkte mit bestimmten Eigenschaften meiden müssen bzw. wollen, z. B. Allergiker oder Vegetarier.

I. Allgemeine Lebensmittelkennzeichnung

Horizontale Kennzeichnungsvorschriften für alle Lebensmittel sind auf europäischer Ebene im Wesentlichen in der *Richtlinie 2000/13/EG des Europäischen Parlaments und des Rates v. 20.3.2000 zur Angleichung der Rechtsvorschriften der Mitgliedstaaten über die Etikettierung und Aufma-*

752 S. u. S. 186 ff.

753 Vgl. Egr. 8 EG-Kennzeichnungs-RL.

chung von Lebensmitteln sowie die Werbung hierfür[754] (*EG-Kennzeichnungs-RL*) geregelt, die durch die *Verordnung über die Kennzeichnung von Lebensmitteln* i. d. F. der Bekanntmachung v. 15.12.1999[755] (*LMKV*) in nationales Recht umgesetzt wurde. Die Vorschriften der LMKV gelten für Fertigpackungen i. S. d. § 6 Abs. 1 des *Gesetzes über das Mess- und Eichwesen* i. d. F. der Bekanntmachung v. 23.3.1992[756], die dazu bestimmt sind, an Verbraucher abgegeben zu werden, § 1 Abs. 1 LMKV. Die wesentlichen Kennzeichnungselemente sind in § 3 Abs. 1 LMKV aufgeführt. Dazu gehören

- die Verkehrsbezeichnung des Lebensmittels,
- Name oder Firma und Anschrift des Herstellers, Verpackers oder Verkäufers,
- das Zutatenverzeichnis,
- das Mindesthaltbarkeitsdatum sowie
- das Vorhandensein bzw. der Gehalt an bestimmten Zutaten oder Stoffen.

Bei der »Verkehrsbezeichnung« handelt es sich entweder um die in Rechtsvorschriften festgelegte oder – falls eine solche Festlegung fehlt – die nach allgemeiner Verkehrsauffassung[757] übliche Bezeichnung, § 4 Abs. 1 Nr. 1 LMKV. Die Verkehrsbezeichnung ist dann als gesetzlich festgelegt anzusehen, wenn ihre Verwendung für das betreffende Lebensmittel bindend vorgeschrieben ist.[758] Beispiele finden sich in zahlreichen vertikalen Vorschriften für einzelne Lebensmittel und Lebensmittelgruppen:[759] So legt § 3 Abs. 1 i. V. m. Anl. 1 der *Verordnung über Fruchtsaft, einige ähnliche Erzeugnisse und Fruchtnektar* v. 24.5.2004[760] die zu verwendenden Verkehrbezeichnungen für verschiedene Fruchtsafterzeugnisse fest.[761] Die

---

754 ABl. Nr. L 109 v. 6.5.2000, S. 29.

755 BGBl. I, S. 2464.

756 BGBl. I, S. 711. Danach sind Fertigpackungen »Erzeugnisse in Verpackungen beliebiger Art, die in Abwesenheit des Käufers abgepackt und verschlossen werden, wobei die Menge des darin enthaltenen Erzeugnisses ohne Öffnen oder merkliche Änderung der Verpackung nicht verändert werden kann«.

757 Zum Begriff der Verkehrsauffassung s. o. S. 34 f.

758 *Voß,* LFGB, S. 75.

759 Zu den vertikalen Vorschriften des Lebensmittelrechts s. o. S. 106.

760 BGBl. I, S. 1016.

761 Die jeweils vorgeschriebene Bezeichnung (Fruchtsaft, Fruchtsaftkonzentrat, Fruchtnektar usw.) hängt dabei insbesondere von der Zusammensetzung bzw. der Art der Herstellung des jeweiligen Erzeugnisses ab.

nach allgemeiner Verkehrsauffassung übliche Bezeichnung kann durch eine Beschreibung des Lebensmittels bzw. seiner Verwendung ersetzt werden, durch die die Verbraucher die Art des Lebensmittels zu erkennen und es von verwechselbaren Produkten zu unterscheiden in der Lage sind, § 4 Abs. 1 Nr. 2 LMKV. Diese Regelung gibt Aufschluss über Sinn und Zweck der verpflichtenden Angabe der Verkehrsbezeichnung: Die Verbraucher sollen erkennen können, um welches Lebensmittel es sich handelt bzw. wozu es verwendet werden kann, um diesbezügliche Fehlvorstellungen zu vermeiden. Daher darf die Bezeichnung, unter der das Lebensmittel in einem anderen EG-Mitgliedstaat rechtmäßig hergestellt und in den Verkehr gebracht wird, nur dann als Verkehrsbezeichnung verwendet werden, wenn das Erreichen der genannten Zwecke – ggf. durch das Hinzufügen beschreibender Angaben – gewährleistet ist, § 4 Abs. 2 S. 1 und 2 LMKV, und das Lebensmittel nicht von einem unter der verwendeten Verkehrsbezeichnung bekannten Lebensmittel derart abweicht, dass selbst diese zusätzlichen Angaben eine Unterrichtung der Verbraucher nicht gewährleisten können, Abs. 3.

Vorgeschrieben ist weiterhin ein Verzeichnis der Zutaten. Zutat ist jeder Stoff, der bei der Herstellung eines Lebensmittels verwendet wird und unverändert oder verändert im Enderzeugnis vorhanden ist, § 5 Abs. 1 LMKV. In das Verzeichnis sind die Zutaten grundsätzlich in absteigender Reihenfolge ihres Gewichtsanteils zum Zeitpunkt ihrer Verwendung bei der Herstellung aufzunehmen, § 6 Abs. 1 LMKV.[762]

Das »Mindesthaltbarkeitsdatum« ist das Datum, bis zu dem das Lebensmittel unter angemessenen Aufbewahrungsbedingungen seine spezifischen Eigenschaften behält, § 7 Abs. 1 LMKV. In der Regel ist die Angabe von Tag, Monat und Jahr vorgeschrieben, Abs. 2. Bei sehr leicht verderblichen Lebensmitteln, bei denen nach kurzer Zeit eine unmittelbare Gesundheitsgefahr gegeben sein kann, ist stattdessen gem. § 7a Abs. 1 das »Verbrauchsdatum« anzugeben. Die genannten Kennzeichnungselemente sind gem. § 3 Abs. 3 S. 1 LMKV auf der Fertigpackung oder einem mit ihr verbundenen Etikett an gut sichtbarer Stelle in deutscher Sprache, leicht verständlich, deutlich lesbar und unverwischbar anzubringen.

Besondere Kennzeichnungsvorschriften gelten u. a. für Lebensmittel, die Alkohol[763] oder Koffein[764] enthalten. Weitere Kennzeichnungsvorschrif-

762 Zu den zahlreichen Ausnahmeregelungen s. Abs. 2.

763 § 3 Abs. 1 Nr. 5 i. V. m. § 7b LMKV.

ten, die sich auf bestimmte Beschaffenheitsmerkmale von Lebensmitteln beziehen, sind im Zusammenhang mit den jeweiligen Beschaffenheitsvorgaben geregelt: Enthält ein Lebensmittel Zusatzstoffe[765], so ist dies entsprechend kenntlich zu machen. So schreibt § 9 Abs. 1 ZZulV Angaben wie »mit Farbstoff«, »mit Konservierungsstoff«, »mit Geschmacksverstärker« oder »geschwefelt« vor, sofern ein Lebensmittel entsprechende Stoffe enthält. Bestrahlte getrocknete aromatische Kräuter und Gewürze[766] müssen nach der Vorschrift des § 3 LMBestrV ebenfalls entsprechend kenntlich gemacht werden.

II. Ernährungsphysiologische Lebensmittelkennzeichnung

Vorschriften über ernährungsbezogene Informationen enthält die *Verordnung über nährwertbezogene Angaben bei Lebensmitteln und die Nährwertkennzeichnung von Lebensmitteln* v. 25.11.1994[767] (*NKV*). Nährwertkennzeichnung bezeichnet gem. § 2 Nr. 2 NKV »jede in der Etikettierung eines Lebensmittels erscheinende Angabe über

a) den Brennwert,

b) den Gehalt an Eiweiß, Kohlenhydraten, Fett, Ballaststoffen,

c) die [...] in signifikanten Mengen vorhandenen Vitamine und Mineralstoffe sowie Natrium,

d) Stoffe, die einer der Nährstoffgruppen nach den Buchstaben b und c angehören oder deren Bestandteil bilden, einschließlich Cholesterin«.

Eine Nährwertkennzeichnung ist bei Lebensmitteln grundsätzlich freiwillig.[768] Gem. § 4 Abs. 1 S. 1 NKV ist sie jedoch verpflichtend, sobald bezüglich eines Lebensmittels bestimmte »nährwertbezogene Angaben«, d. h. Angaben bzgl. des Brennwerts oder des Gehalts an den o. g. Stoffen[769] gemacht werden bzw. Lebensmittel mit solchen Angaben beworben

---

764 § 8 Abs. 5 LMKV.

765 Zu den Vorschriften über Lebensmittelzusatzstoffe s. im Übrigen oben S. 131 ff.

766 Zur Zulässigkeit der Bestrahlung von Lebensmitteln s. o. S. 147.

767 BGBl. I, S. 3526. Sie dient der Umsetzung der *Richtlinie 90/496/EWG des Rates v. 24.9.1990 über die Nährwertkennzeichnung von Lebensmitteln* (ABl. Nr. L 276 v. 6.10.1990, S. 40).

768 *Thomas/Freund/Gründig*, in: Frede (Hrsg.), Taschenbuch für Lebensmittelchemiker, S. 51 (82).

769 § 3 i. V. m. § 2 Nr. 1 NKV.

werden.[770] In diesem Fall sind entweder der Brennwert und der Gehalt an Eiweiß, Kohlenhydraten und Fett (Gruppe 1) oder der Brennwert und der Gehalt an Eiweiß, Kohlenhydraten, Zucker, Fett, gesättigten Fettsäuren, Ballaststoffen und Natrium (Gruppe 2) anzugeben. Die Angabe der Stoffe der Gruppe 2 ist immer dann zu wählen, wenn sich die nährwertbezogene Angabe auf Zucker, gesättigte Fettsäuren, Ballaststoffe, Natrium oder Kochsalz bezieht, § 4 Abs. 1 S. 2 NKV. Bezieht sich die nährwertbezogene Aussage auf andere als die in § 4 Abs. 1 S. 1 genannten Stoffe, so ist der dementsprechende Gehalt anzugeben, § 4 Abs. 3 S. 1 NKV. Die Art und Weise der Kennzeichnung regelt § 5 NKV. Die Pflicht zur Nährwertkennzeichnung im Zusammenhang mit nährwertbezogenen Angaben soll verhindern, dass die Lebensmittelunternehmer behaupten oder damit werben, ein Lebensmittel hätte bestimmte positive nährwertbezogene Eigenschaften, z. B. in Form eines besonders hohen oder niedrigen Gehalts an bestimmten Stoffen, ohne den tatsächlichen Nährwert bzw. Gehalt an diesen Stoffen anzugeben. Durch die Nährwertkennzeichnung soll der Verbraucher also in die Lage versetzt werden, diesbezügliche Aussagen zu überprüfen.

Eine Pflicht zur Nährwertkennzeichnung, und zwar unter Verwendung der Angaben der Gruppe 2, ergibt sich aus Art. 7 Abs. 3 EG-VitaminzusatzV für Lebensmittel, denen Vitamine und Mineralstoffe zugesetzt wurden. Es ist außerdem der Gesamtgehalt an Vitaminen und Mineralstoffen anzugeben, den das Lebensmittel nach dem Zusetzen dieser Stoffe aufweist.

B. Informationsverbote

Verbote und Beschränkungen bezüglich bestimmter Aussagen und Informationen haben den Schutz der Verbraucher vor Irreführung zum Ziel. Zwar ist es grundsätzlich zu begrüßen, wenn Lebensmittelunternehmer den Verbrauchern Informationen über ihre Produkte zur Verfügung stellen. Aufgrund teilweise widerstreitender Interessen, insbesondere bei Werbeaussagen, die den Verbraucher zum Erwerb eines Produkts verleiten sollen, besteht jedoch die Gefahr, dass diese Angaben falsch, einseitig oder irreführend sind. Davor sollen die Verbraucher geschützt werden. Auf der anderen Seite kann auch im Unterlassen bzw. Verschweigen bestimmter, für die Verbraucher relevanter Informationen, beispielsweise über die Beschaffenheit eines Lebensmittels oder die Produktionsumstände, eine Irreführung

770 Zu den für nährwertbezogene Angaben geltenden Verboten und Beschränkungen s. u. S. 170 ff.

liegen:[771] Denn dies kann im Einzelfall als konkludente Aussage dahingehend interpretiert werden, es sei »alles in Ordnung« und das Produkt entspreche den legitimen Verbrauchererwartungen.[772]

I. Irreführungsverbote

Art. 16 EG-BasisV bestimmt, dass »unbeschadet spezifischer Bestimmungen des Lebensmittelrechts (...) die Kennzeichnung, Werbung und Aufmachung von Lebensmitteln in Bezug auf ihre Form, ihr Aussehen oder ihre Verpackung, die verwendeten Verpackungsmaterialien, die Art ihrer Anordnung und den Rahmen ihrer Darbietung sowie die über sie verbreiteten Informationen, gleichgültig über welches Medium, die Verbraucher nicht irreführen [dürfen]«. Spezifische Bestimmungen zum Irreführungsschutz bei Lebensmitteln enthalten u. a. die §§ 11 und 12 LFGB, die wiederum zum Teil Vorschriften der EG-Kennzeichnungs-RL umsetzen. Da diese Vorschriften, insbesondere § 11 Abs. 1 S. 1 LFGB,[773] zum Teil ebenfalls generalklauselartig gefasst sind und einen im Ergebnis identischen, wenn nicht sogar weitergehenden Irreführungsschutz bieten, kommt der Auffangnorm des Art. 16 EG-BasisV keine eigenständige Bedeutung zu. Daher soll sich die folgende Darstellung auf die genannten spezifischen Vorschriften beschränken.

§ 11 Abs. 1 S. 1 LFGB verbietet es, Lebensmittel unter irreführender Bezeichnung, Angabe oder Aufmachung gewerbsmäßig in den Verkehr zu bringen oder für Lebensmittel allgemein oder im Einzelfall mit irreführenden Darstellungen oder sonstigen Aussagen zu werben. Die »Bezeichnung« ist die Benennung des Lebensmittels, durch die Art und Identität des Lebensmittels beschrieben und eine Abgrenzung von Lebensmitteln anderer Beschaffenheit ermöglicht wird.[774] »Angaben« sind Tatsachenerklärungen,[775] während mit der »Aufmachung« das äußere, stoffliche Erscheinungsbild des Lebensmittels einschließlich der Art und Weise seiner

---

771 Vgl. *BGH,* Urt. v. 6.11.1981 – I ZR 164/79 –, in: GRUR 1982, 374 (375); *OLG Köln,* Urt. v. 6.11.1987 – 6 U 45/87 –, in: GRUR 1988, 920 (920); *OLG* Hamm, Urt. v. 28.11.1991 – 4 U 227/91 –, in: GRUR 1992, 714 (717); *Zipfel/Rathke,* Lebensmittelrecht II, C 102, § 11 Rn. 56.

772 Vgl. *OLG Hamburg,* Urt. v. 1.2.2001 – 3 U 187/99 –, in: ZLR 2001, 607 (609); *OLG Köln,* Urt. v. 6.11.1987 – 6 U 45/87 –, in: GRUR 1988, 920 (920 f.); *OLG Hamm,* Urt. v. 28.11.1991 – 4 U 227/91 –, in: GRUR 1992, 714 (714).

773 Dazu sogleich.

774 Vgl. *Zipfel/Rahtke,* Lebensmittelrecht II, C 102, § 11 Rn. 79/87.

775 *Zipfel/Rahtke,* Lebensmittelrecht II, C 102, § 11 Rn. 80.

Verpackung gemeint ist.[776] Der Begriff der »Aussage« umfasst nach dem Wortlaut der Vorschrift zwar lediglich Darstellungen und sonstige Werbeaussagen,[777] also Äußerungen der Lebensmittelunternehmer, die das Ziel haben, den Absatz der Lebensmittel zu fördern.[778] Der Begriff der Aussage soll hier jedoch als Oberbegriff für alle genannten Anknüpfungspunkte verwendet werden. Denn auch eine Bezeichnung, Angabe oder Aufmachung enthält eine – im Fall der Aufmachung zumindest konkludente – Aussage über das jeweilige Lebensmittel. Eine Aussage ist dann irreführend, wenn die Möglichkeit besteht, dass sie eine irgendwie geartete Fehlvorstellung über die Beschaffenheit eines Lebensmittels hervorruft.[779] Eine Fehlvorstellung liegt vor, wenn die tatsächliche Beschaffenheit des Lebensmittels von derjenigen Sollbeschaffenheit abweicht, die das Lebensmittel dem Inhalt der Aussage zufolge unter Berücksichtigung der Verkehrsauffassung haben müsste.[780] Die Verkehrsauffassung und damit die Sollbeschaffenheit kann normativ determiniert, also bereits durch allgemeinverbindliche Regelungen festgelegt sein, die spezifische Anforderungen an die Verwendung bestimmter Aussagen stellen.[781] Dies betrifft insbesondere eine gem. § 4 S. 1 LMKV zu verwendende, normativ festgelegte Verkehrsbezeichnung.[782] Eine möglicherweise abweichende *tatsächliche* Verbrauchererwartung ist in diesen Fällen unbeachtlich.[783] So regelt beispielsweise die *Verordnung (EG) Nr. 834/2007 des Rates v. 28.6.2007 über die ökologische/biologische Produktion und die Kennzeichnung von ökologischen/ biologischen Erzeugnissen und zur Aufhebung der Verordnung (EWG)*

776 Vgl. *Zipfel/Rahtke,* Lebensmittelrecht II, C 102, § 11 Rn. 81

777 Vgl. *Zipfel/Rahtke,* Lebensmittelrecht II, C 102, § 11 Rn. 83.

778 Vgl. den gemeinschaftsrechtlichen Begriff der Werbung in Art. 2 lit. a der *Richtlinie 2006/114/EG des Europäischen Parlaments und des Rates v. 12.12.2006 über irreführende und vergleichende Werbung* (ABl. Nr. L 376 v. 27.12.2006, S. 21) sowie *Zipfel/Rahtke,* Lebensmittelrecht II, C 102, § 11 Rn. 8a f.

779 S. o. S. 34.

780 S. o. S. 34.

781 *Voß,* LFGB, S. 116; *Zipfel/Rathke,* Lebensmittelrecht II, C 102, § 11 Rn. 283. Diesbezüglich sind vor allem die zahlreichen vertikalen lebensmittelrechtlichen Bestimmungen (s. o. S. 106) von Bedeutung, die spezifische Vorschriften für einzelne Lebensmittel bzw. Lebensmittelgruppen festlegen und damit die Verkehrsauffassung in Bezug auf diese Lebensmittel normieren (*Streinz,* GRUR 1996, 16 (18)).

782 S. o. S. 157.

783 *Streinz,* GRUR 1996, 16 (22); *Voß,* LFGB, S. 116; *Zipfel/Rathke,* Lebensmittelrecht II, C 102, § 11 Rn. 283. Vgl. auch *BayObLG,* Urt. v. 10.12.1959 – 4 St 242/1959 –, in: LRE 2, 251 (254); *KG Berlin,* Urt. v. 17.10.1957 – (2) 1 Ss 273/57 (169/57) –, in: LRE 1, 183 (187 f.).

Nr. 2092/91,[784] unter welchen Voraussetzungen Lebensmittel den Zusatz »Öko« oder »Bio« tragen dürfen und normiert damit die Verkehrsauffassung zur Bedeutung einer derartigen Bezeichnung[785] unabhängig davon, was Verbraucher tatsächlich mit den Begriffen ökologisch und biologisch im Zusammenhang mit Lebensmitteln assoziieren. Andererseits ist eine Irreführung i. S. d. § 11 Abs. 1 LFGB dann zu verneinen, wenn eine Bezeichnung, Angabe oder Aufmachung in Bezug auf das in Rede stehende Lebensmittel aufgrund spezifischer gesetzlicher Bestimmungen ausdrücklich zugelassen ist, selbst wenn sie möglicherweise aufgrund tatsächlich vorhandener Verbrauchervorstellungen zur Täuschung geeignet wäre.[786] Denn diese spezifischen Bestimmungen konkretisieren die Informationspflichten der Unternehmer insofern abschließend.[787] So ist es gem. § 8 i. V. m. dem Anh. der *Verordnung (EG) Nr. 1924/2006 des Europäischen Parlaments und des Rates v. 20.12.2006 über nährwert- und gesundheitsbezogene Angaben über Lebensmittel*[788] (*EG-Health-ClamisV*) zulässig und damit nicht irreführend, Lebensmittel bereits dann als »fettfrei« zu bezeichnen, wenn sie nicht mehr als 0,5 g Fett pro 100 g oder 100 ml enthalten, obwohl Verbraucher zu dem Schluss kommen könnten, es sei überhaupt kein Fett enthalten. Es ist im Einzelfall allerdings sorgfältig zu prüfen, ob der möglicherweise täuschungsgeeignete Gesichtspunkt tatsächlich abschließend von den spezifischen Bestimmungen erfasst wird. Beim Fehlen spezifischer gesetzlicher Bestimmungen ist bezogen auf den Einzelfall zu bestimmen, welche inhaltliche Bedeutung einer bestimmten Aussage, ausgehend von der Verbrauchererwartung bzw. der Verkehrsauffassung, zukommt.[789] Dies kann vor allem im Rahmen behördlicher oder gerichtlicher Verfahren erhebliche Schwierigkeiten bereiten.[790] Als Anhaltspunkte können neben dem

784 ABl. Nr. L 189 v. 20.7.2007, S. 1.

785 *Voß*, LFGB, S. 86.

786 *Voß*, LFGB, S. 79.

787 *Voß*, LFGB, S. 75. Dies entspricht zum einen dem Grundsatz der Rechtssicherheit bzw. im Fall spezifischer gemeinschaftsrechtlicher Bestimmungen auch dem Vorrang des Gemeinschaftsrechts (vgl. *Streinz*, GRUR 1996, 16 (23)).

788 ABl. Nr. L 404 v. 30.12.2006, S. 9.

789 *Meyer*, in: Ders./Streinz (Hrsg.), BasisV/LFGB, § 11 Rn. 18 f.; *Voß*, LFGB, S. 116.

790 Zur diesbezüglichen Beweisermittlung im gerichtlichen Verfahren s. *Meyer*, in: Ders./Streinz (Hrsg.), BasisV/LFGB, § 11, Rn. 32 ff. Der EuGH hat im Rahmen eines Vorabentscheidungsverfahrens klargestellt, dass die (nationalen) Gerichte i. d. R. selbst zu beurteilen haben, ob eine Irreführungsgefahr zu bejahen ist. Bereite diese Beurteilung Schwierigkeiten, so verbiete es das Gemeinschaftsrecht jedoch nicht, nach Maßgabe des nationalen Rechts diesbezüglich ein Sachverständigengut-

allgemeinen Sprachgebrauch[791] die »Leitsätze des Deutschen Lebensmittelbuches«[792], andere anerkannte Leitsätze und Richtlinien,[793] Handelsbräuche sowie Lehrbücher, Rezept- und Kochbücher[794] herangezogen werden.[795] Im Übrigen ist bei der Frage der Verbrauchererwartung bzw. der Irreführungsgefahr auf das Leitbild des verständigen Verbrauchers, also eines durchschnittlich informierten, aufmerksamen und verständigen Durchschnittsverbrauchers abzustellen.[796] Dabei sind einzelne Elemente der Aufmachung oder einzelne Angaben nicht isoliert zu betrachten, sondern der Beurteilung ist das Gesamterscheinungsbild zugrunde zu legen.[797] So können beispielsweise Aufklärungshinweise im Zutatenverzeichnis die aufgrund einer bestimmten Aufmachung drohende Gefahr einer Irreführung über die tatsächliche Zusammensetzung eines Lebensmittels beseitigen:[798] Nach der Rechtsprechung des EuGH ist davon auszugehen, dass der verständige Verbraucher die im Zutatenverzeichnis enthaltenen Informationen in seine

---

achten einzuholen oder eine Verbraucherbefragung durchzuführen (*EuGH* Urt. v. 16.7.1998 – Rs. C-210/96 (»Gut Springheide«) –, in: Slg. 1998, I-4657 Rn. 37).

791 *Zipfel/Rathke,* Lebensmittelrecht II, C 102, § 11 Rn. 65.

792 Dies sind vom zuständigen Bundesministerium – zurzeit ist dies das BMELV – veröffentlichte Leitsätze, »in denen Herstellung, Beschaffenheit oder sonstige Merkmale von Lebensmitteln, die für die Verkehrsfähigkeit der Lebensmittel von Bedeutung sind, beschrieben werden«, § 16 Abs. 1 LFGB. Die Leitsätze werden gem. Abs. 2 »von der Deutschen Lebensmittelbuch-Kommission unter Berücksichtigung des von der Bundesregierung anerkannten internationalen Lebensmittelstandards beschlossen.« Diese Kommission ist zu gleichen Teilen mit Mitgliedern aus den Kreisen der Wissenschaft, der Lebensmittelüberwachung, der Verbraucherschaft und der Lebensmittelwirtschaft besetzt, s. § 16 Abs. 2 LFGB. Die Leitsätze sind nicht rechtsverbindlich, lösen als Sachverständigengutachten von besonderer Bedeutung bzw. Qualität jedoch eine – wenn auch widerlegbare – Vermutungswirkung zugunsten einer bestimmten Verkehrsauffassung aus (*BVerwG,* Urt. v. 10.12.1987 – 3 C 18/87 –. in: ZLR 1988, 556 (562); *OVG Lüneburg,* Urt. v. 19.1.1993 – 10 L 136/89 –, in: ZLR 1994, 49 (54); *Streinz,* GRUR 1996, 16 (18); *Voß,* LFGB, S. 117; *Weiß,* Gewährleistung der Produktsicherheit, S. 325. Zur Bindungswirkung der Leitsätze s. ausführlich *Pfleger,* ZLR 1994, 58 (58 ff.)).

793 Beispielsweise die Leitsätze und Richtlinien des *ALS* (s. o. S. 93) oder des »Bundes für Lebensmittelrecht und Lebensmittelkunde e. V.« (*BLL*), dazu *Adam,* Veterinärrecht, S. 117 f. sowie *Streinz,* GRUR 1996, 16 (18).

794 Diesbezüglich ist allerdings zu bedenken, dass diese Werke möglicherweise lediglich die Meinung des Verfassers zum Ausdruck bringen (vgl. *Zipfel/Rathke,* Lebensmittelrecht II, C 102, § 11 Rn. 300).

795 Vgl. *Meyer,* in: Ders./Streinz (Hrsg.), BasisV/LFGB, § 11 Rn. 23; *Voß,* LFGB, S. 116 f.; *Zipfel/Rathke,* Lebensmittelrecht II, C 102, § 11 Rn. 65/287 ff.

796 Zum maßgeblichen Verbraucherleitbild s. o. S. 35.

797 *Voß,* LFGB, S. 79; *Zipfel/Rathke,* Lebensmittelrecht II, C 102, § 11 Rn. 77.

798 Vgl. *Voß,* LFGB, S. 79; *Zipfel/Rathke,* Lebensmittelrecht II, C 102 Rn. 77.

Vorstellung über die Zusammensetzung eines Lebensmittels mit einbezieht.[799] Allerdings ist im Einzelfall sorgfältig zu prüfen, ob der Aufklärungshinweis tatsächlich geeignet und ausreichend ist, eine durch die Aufmachung oder Einzelaussage möglicherweise zunächst hervorgerufene Fehlvorstellung vollständig zu beseitigen.[800]

§ 11 Abs. 1 S. 2 LFGB enthält die Generalklausel konkretisierende Regelbeispiele.[801] Danach ist eine Irreführung insbesondere in den Fälle zu bejahen, in denen

- »bei einem Lebensmittel zur Täuschung geeignete Bezeichnungen, Angaben, Aufmachungen, Darstellungen oder sonstige Aussagen über Eigenschaften, insbesondere über Art, Beschaffenheit, Zusammensetzung, Menge, Haltbarkeit, Ursprung, Herkunft oder Art der Herstellung oder Gewinnung verwendet werden« (Nr. 1),[802]
- »einem Lebensmittel Wirkungen beigelegt werden, die ihm nach den Erkenntnissen der Wissenschaft nicht zukommen oder die wissenschaftlich nicht hinreichend gesichert sind« (Nr. 2),[803]
- »zu verstehen gegeben wird, dass ein Lebensmittel besondere Eigenschaften hat, obwohl alle vergleichbaren Lebensmittel dieselben Eigenschaften haben« (Nr. 3),[804] oder

---

799 *EuGH,* Urt. v. 26.10.1995 – Rs C-51/94 (»Sauce hollandaise«) –, in: Slg 1995, I-3599 Rn. 34; Urt. v. 4.4.2000 – Rs C-465/98 (»Darbo«) –, in: Slg. 2000, I-2297 Rn. 22.

800 Vgl. *BGH,* Urt. v. 18.10.2000 – 1 B 45/00 –, in: ZLR 2001, 449 (449); *KG Berlin,* Beschl. v. 19.7.1994 – Ss 169/93 – 5 Ws (B) 324/93 –, in: LRE 30, 236 (240 f.); *Voß,* LFGB, S. 79.

801 *Zipfel/Rathke,* Lebensmittelrecht II, C 102, § 11 Rn. 22.

802 Zahlreiche Fallbeispiele aus der Rechtsprechung finden sich bei *Meyer,* in: Ders./ Streinz (Hrsg.), BasisV/LFGB, § 11 Rn. 64 ff., und *Zipfel/Rathke,* Lebensmittelrecht II, C 102, § 11 Rn. 87 ff.

803 Erfasst werden also nicht nur objektiv falsche, sondern auch »pseudowissenschaftliche« bzw. wissenschaftlich umstrittene Behauptungen (vgl. *Voß,* LFGB, S. 101; *Zipfel/Rathke,* Lebensmittelrecht II, C 102, § 11 Rn. 184). In diesen Fällen besteht die Irreführung des Verbrauchers darin, dass dieser grundsätzlich erwartet, dass Aussagen richtig bzw. ausreichend wissenschaftlich gesichert sind (*Zipfel/ Rathke,* Lebensmittelrecht II, C 102, § 11 Rn. 191).

804 Dies betrifft etwa Fälle, in denen mit einer bestimmten Beschaffenheit eines Lebensmittels geworben wird, z. B. dass dieses frei von Konservierungsstoffen sei, ohne darauf hinzuweisen, dass diese Beschaffenheit für Lebensmittel dieser Art ohnehin gesetzlich vorgeschrieben ist. Es geht also um die besondere Hervorhebung von Selbstverständlichkeiten (vgl. *BayObLG,* Beschl. v. 25.8.1994 – 4 St rr 100/ 94 –, in: ZLR 1995, 335 (338); *Voß,* LFGB, S. 103; *Zipfel/Rathke,* Lebensmittelrecht II, C 102, § 11 Rn. 216 f.)

- »einem Lebensmittel der Anschein eines Arzneimittels gegeben wird« (Nr. 4).[805]

Allerdings ist auch bei Vorliegen der Tatbestandsmerkmale der einzelnen Regelbeispiele jeweils zu prüfen, ob über das Vorliegen der genannten Merkmale der Regelbeispiele hinaus auch tatsächlich eine Irreführung im Sinne des S. 1, also die Eignung zur Täuschung zu bejahen ist.[806] Dies ergibt sich für das Regelbeispiel der Nr. 1 bereits aus dem Wortlaut (»zur Täuschung geeignete Bezeichnungen [etc.]«). In den Fällen der Nr. 2 bis 4 fehlt zwar eine solche ausdrückliche Einschränkung, sodass der Schluss nahe liegt, der Gesetzgeber habe dies bewusst unterlassen und der Erfüllung eines Regelbeispiels – ggf. in Erweiterung des Irreführungsbegriffs des S. 1 – konstitutive Wirkung für das Vorliegen einer Irreführung zusprechen wollen.[807] In den meisten Fällen der Nr. 2 bis 4 wird auch tatsächlich zugleich eine Irreführung i. S. d. S. 1 zu bejahen sein. Relevant wird die angesprochene Auslegungsfrage jedoch beispielsweise in den Fällen, in denen zwar mit Selbstverständlichkeiten i. S. d. Nr. 3 geworben wird, jedoch davon auszugehen ist, dass der verständige Verbraucher[808] aufgrund allgemeiner Lebenserfahrung weiß, dass es sich um keine besondere bzw. eine gesetzlich vorgeschriebene Eigenschaft handelt, weshalb eine Irreführung i. S. d. S. 1 zu verneinen wäre. In diesen Fällen ist jedoch zu berücksichtigen, dass die Regelbeispiele der Nr. 2 und 3 der Umsetzung von Gemeinschaftsrecht dienen, nämlich der Vorschrift des Art. 2 Abs. 1 lit. a Ulit. ii und iii i. V. m. Abs. 3 EG-Kennzeichnungs-RL. Danach dürfen die Etikettierung und Aufmachung eines Lebensmittels bzw. die Werbung hierfür nicht geeignet sein, den Käufer[809] irrezuführen, und zwar insbesondere nicht »durch Angabe von Wirkungen oder Eigenschaften, die das Lebensmittel nicht besitzt« oder »indem zu verstehen gegeben wird, daß das Lebensmittel besondere Eigenschaften besitzt, obwohl alle vergleichbaren Lebensmittel dieselben Eigenschaften besitzen«. Hier sind die Beispiele dem Wortlaut nach also lediglich als Möglichkeiten zu verstehen, auf welche

805 Zur Abgrenzung von Lebensmitteln und Arzneimitteln s. o. S. 24 (Fn. 144).

806 *Zipfel/Rathke,* Lebensmittelrecht II, C 102, § 11 Rn. 22/86.

807 Vgl. *Zipfel/Rathke,* Lebensmittelrecht II, C 102, § 11 Rn. 86.

808 Zum Leitbild des verständigen Verbrauchers s. o. S. 35.

809 Da der Anwendungsbereich der EG-Kennzeichnungs-RL gem. ihres Art. 1 Abs. 1 ausschließlich für Lebensmittel gilt, die ohne weitere Verarbeitung an den Endverbraucher abgegeben werden sollen, ist »Käufer« hier gleichbedeutend mit »Verbraucher«.

Weise eine Irreführung bewirkt werden kann.[810] Ob tatsächlich eine Eignung zur Täuschung vorliegt, ist jedoch gesondert zu prüfen. Aufgrund des Gebots der richtlinienkonformen Auslegung[811] sind die Regelbeispiele der Nr. 2 und 3 ebenfalls in diesem Sinne zu verstehen.[812] Für die Nr. 4 kann dann aus systematischen Gründen nichts anderes gelten.

Gem. § 11 Abs. 2 Nr. 2 LFGB dürfen

- nachgemachte Lebensmittel (lit. a),
- solche Lebensmittel, die hinsichtlich ihrer Beschaffenheit von der Verkehrsauffassung[813] abweichen und dadurch in ihrem Wert, insbesondere in ihrem Nähr- oder Genusswert oder in ihrer Brauchbarkeit nicht unerheblich gemindert sind (lit. b) sowie
- solche Lebensmittel, die geeignet sind, den Anschein einer besseren als der tatsächlichen Beschaffenheit zu erwecken (lit. c)

ohne ausreichende Kenntlichmachung, also ohne einen Hinweis auf die genannten »Mängel«, nicht in den Verkehr gebracht werden. Nachgemachte Lebensmittel sind solche, die nach dem Gesamteindruck zwar den äußeren Schein, nicht aber den inneren Gehalt eines bestimmten Lebensmittels aufweisen, da sie völlig oder weitgehend aus anderen Stoffen bestehen.[814] Im Unterschied zum Fall des lit. b wird eine Wertminderung jedoch nicht

---

810 Vgl. *Zipfel/Rathke,* Lebensmittelrecht II, C 102, § 11 Rn. 86.

811 Das Gebot der richtlinienkonformen Auslegung verlangt, dass die Auslegung des nationalen Rechts soweit wie möglich am Wortlaut und Zweck der Richtlinie auszurichten ist (*EuGH,* Urt. v. 10.4.1984 – Rs. C-14/83 (»von Colson und Kamann«) –, in: Slg. 1984, 1891 Rn. 26; Urt. v. 13.11.1990 – Rs. C-106/89 (»Marleasing«) –, in: Slg. 1990, I-4135 Rn. 8; Urt. v. 22.5.2003 – Rs. C-462/99 (»Connect Austria«) –, in: Slg. 2003, I-5197 Rn. 38; *Kahl,* in: Calliess/Ruffert (Hrsg.), EUV/EGV, Art. 10 Rn. 58).

812 Gem. Art. 18 Abs. 1 EG-Kennzeichnungs-RL ist ausdrücklich geregelt, dass die Mitgliedstaaten »den Verkehr mit Lebensmitteln, die den Bestimmungen dieser Richtlinie entsprechen, nicht durch die Anwendung nichtharmonisierter einzelstaatlicher Vorschriften verbieten [dürfen], die die Etikettierung und Aufmachung einzelner Lebensmittel oder der Lebensmittel im allgemeinen regeln«. Eine Ausnahme gilt gem. Abs. 2 für dem Täuschungsschutz dienende Vorschriften nur dann, wenn sie aufgrund dieses Schutzzwecks gerechtfertigt sind und »nicht bewirken, dass die Anwendung der in der Richtlinie vorgesehenen Definitionen und Bestimmungen beeinträchtigt wird«. Verbote, die in den Fällen greifen, in denen zwar ein Regelbeispiel erfüllt, jedoch keine Irreführung zu bejahen ist, sind zum Täuschungsschutz jedoch gerade nicht erforderlich.

813 Zur Verkehrsauffassung und deren Bestimmung s. o. S. 162 ff.

814 *Meyer,* in: Ders./Streinz (Hrsg.), BasisV/LFGB, § 11 Rn. 133; *Zipfel/Rathke,* Lebensmittelrecht II, C 102, § 11 Rn. 314.

vorausgesetzt.[815] Im Rahmen des lit. b ist nicht nur hinsichtlich der Frage einer Beschaffenheitsabweichung, sondern auch für die Feststellung, ob damit eine Wertminderung verbunden ist, die allgemeine Verkehrsauffassung bzw. Verbrauchererwartung[816] zu berücksichtigen.[817] Lit. c erfasst schließlich die Fälle, in denen Lebensmittel, z. B. durch Einfärben oder Zugabe von Duft- und Aromastoffen, »geschönt« werden.[818] Diese Vorschrift ist als besondere Ausprägung des allgemeinen Irreführungsverbots anzusehen, da bei fehlender Kennzeichnung aufgrund der Aufmachung oder Bezeichnung des Lebensmittels regelmäßig eine Irreführung i. S. d. § 11 Abs. 1 LFGB vorliegt.[819] Ihr kommt daher im Grunde genommen keinerlei eigenständige Bedeutung zu.[820] In allen drei Fällen wird den Verbrauchern aufgrund des äußeren Scheins suggeriert, es handele sich um ein Lebensmittel einer bestimmten Beschaffenheit, obwohl dies tatsächlich nicht der Fall ist. Diese Information wird durch § 11 Abs. 2 Nr. 2 LFGB verboten. Werden die Verbraucher dagegen im Wege der Kenntlichmachung über die eigentliche bzw. abweichende Beschaffenheit informiert, ist ein solches Verbot nicht erforderlich. Ausreichend i. S. d. § 11 Abs. 2 LFGB ist eine Kenntlichmachung daher dann, wenn sie geeignet ist, die Gefahr der Täuschung der Verbraucher über die Beschaffenheit des Lebensmittels zu beseitigen. Dabei ist auf das gemeinschaftsrechtliche Leitbild des durchschnittlich informierten, aufmerksamen und verständigen Durchschnittsverbrauchers[821] abzustellen, dessen Informationsbedürfnis über die Beschaffenheit von Lebensmitteln grundsätzlich durch entsprechende Angaben im Zutatenverzeichnis Genüge getan wird.[822]

---

815 *Meyer,* in: Ders./Streinz (Hrsg.), BasisV/LFGB, § 11 Rn. 133; *Zipfel/Rathke,* Lebensmittelrecht II, C 102, § 11 Rn. 318.

816 S. o. S. 162 ff.

817 Vgl. *OLG Koblenz,* Urt. v. 17.9.1980 – 1 Ss 450/80 –, in: ZLR 1981, 174 (175) (zum insoweit gleich lautenden § 17 Abs. 1 Nr. 2 lit. b LMBG); *Zipfel/Rathke,* Lebensmittelrecht II, C 102, § 11 Rn. 343.

818 *Voß,* LFGB, S. 121; *Zipfel/Rathke,* Lebensmittelrecht II, C 102, § 11 Rn. 376.

819 Vgl. *Zipfel/Rathke,* Lebensmittelrecht II, C 102, § 11 Rn. 19.

820 Vgl. *Zipfel/Rathke,* Lebensmittelrecht II, C 102, § 11 Rn. 315.

821 S. o. S. 35.

822 *Voß,* LFGB, S. 112. Vgl. oben S. 64.

II. Gesundheits- und ernährungsbezogene Informationsverbote

Spezifische Informationsverbote bzw. -beschränkungen gelten für bestimmte Aussagen mit Gesundheits- bzw. ernährungsphysiologischem[823] Bezug. Im Kern sollen Vorstellungen und Erwartungen der Verbraucher über gesundheits- und ernährungsbezogene Eigenschaften und Wirkungen von Lebensmitteln vermieden werden, die zu einem unbewusst gesundheitsbedenklichen und einseitigen Ernährungsverhalten führen können. Dabei geht es nicht nur um Gesundheitsrisiken, die sich aus unerwünschten Nebenwirkungen eines erhöhten Konsums bestimmter, als besonders »gesund« angepriesener Lebensmittel ergeben können. Es soll auch vermieden werden, dass Verbraucher im Fall ernährungsbezogener Mangelerscheinungen oder Krankheiten auf den Einsatz wirksamer Arzneimittel verzichten, da sie von einer gleichartigen Wirksamkeit bestimmter Lebensmittel überzeugt sind.[824]

Ein abschließendes[825] Verbot bestimmter Formen der »krankheitsbezogenen Werbung« normiert § 12 Abs. 1 LFGB. Danach ist es verboten, allgemein oder im Einzelfall

- Aussagen, die sich auf die Beseitigung, Linderung oder Verhütung von Krankheiten[826] beziehen (Nr. 1),[827]
- Hinweise auf ärztliche Empfehlungen oder ärztliche Gutachten (Nr. 2),
- Krankengeschichten oder Hinweise auf solche (Nr. 3),
- Äußerungen Dritter, insbesondere Dank-, Anerkennungs- oder Empfehlungsschreiben, soweit sie sich auf die Beseitigung oder Linderung von Krankheiten beziehen, sowie Hinweise auf solche Äußerungen (Nr. 4),
- bildliche Darstellungen von Personen in der Berufskleidung oder bei der Ausübung der Tätigkeit von Angehörigen der Heilberufe, des Heilgewerbes oder des Arzneimittelhandels (Nr. 5),

823 Zum Begriff der ernährungsphysiologischen Wirkung s. o. S. 131 (Fn. 645).

824 *Taupitz,* ZLR 2008, 291 (292).

825 Dies ergibt sich bereits aus dem Wortlaut. Bei anderen Formen krankheitsbezogener Werbung ist jedoch das Eingreifen des allgemeinen Irreführungsverbots des § 11 Abs. 1 LFGB zu prüfen (*Voß,* LFGB, S. 146).

826 Zum Krankheitsbegriff s. ausführlich *Sosnitza,* in: Meyer/Streinz (Hrsg.), BasisV/LFGB, § 12 Rn. 26 ff.

827 Z. B. Aussagen wie »Schützt vor Krebs« oder »Beugt Herzkrankheiten vor«. Weitere Beispiele aus der Rechtsprechung bei *Voß,* LFGB, S. 148 f.

- Aussagen, die geeignet sind, Angstgefühle hervorzurufen oder auszunutzen (Nr. 6) oder
- Schriften oder schriftliche Angaben, die dazu anleiten, Krankheiten mit Lebensmitteln zu behandeln (Nr. 7),

zu verwenden. Das Verbot der aufgeführten Angaben und Aussagen gilt unabhängig davon, ob diese sachlich zutreffend sind oder nicht. Zweck der Regelungen ist somit in erster Linie nicht der Schutz vor Täuschung. Vielmehr soll bei Lebensmitteln, welche grundsätzlich der Ernährung und nicht der Beseitigung oder Linderung von Krankheiten dienen, die Furcht vor Krankheiten nicht zu Werbezwecken instrumentalisiert und eine Selbstmedikation der Verbraucher anstelle eines Arztbesuchs verhindert werden.[828] Daher gelten die Verbote gem. § 12 Abs. 2 S. 1 LFGB nicht für die Werbung gegenüber Angehörigen der Heilberufe, des Heilgewerbes oder der Heilhilfsberufe.

Von § 12 LFGB nicht erfasst werden »gesundheitsbezogene Angaben«, also solche, die sich auf den Erhalt oder die Kräftigung der Gesundheit beziehen,[829] wie z. B. »Regt das Immunsystem an« oder »Hilft der Verdauung«. Für diese sowie für sog. »nährwertbezogene Angaben« gelten die Vorschriften der EG-Health-ClaimsV, die die allgemeinen Vorschriften der EG-Kennzeichnungs-RL ergänzen.[830] Ziel der Verbote und Beschränkungen, die aufgrund der Verordnung für die o. g. Angaben gelten, ist es, Verbraucher vor einer falschen oder einseitigen Ernährung zu bewahren. Denn nährwert- oder gesundheitsbezogene Angaben können den Eindruck erwecken, derart »beworbene« Produkte böten gegenüber anderen Lebensmitteln einen ernährungsphysiologischen oder gesundheitlichen Vorteil. Vor allem im Falle der Unrichtigkeit der Angaben kann dies das Ernährungsverhalten gerade besonders gesundheits- und ernährungsbewusster Verbrauchergruppen – gemessen an den allgemeinen wissenschaftlichen Ernäh-

---

828 *OLG Köln,* Urt. v. 1.6.2001– 6 U 10/01 –, in: ZLR 2001, 873 (878); *Jung,* WRP 2007, 489 (490); *Sosnitza,* in: Meyer/Streinz (Hrsg.), BasisV/LFGB, § 12 Rn. 4; *Schomburg,* NVwZ 2007, 1373 (1376); *Taupitz,* ZLR 2008, 291 (300); *Voß,* LFGB, S. 145.

829 *OLG Köln,* Urt. v. 1.6.2001– 6 U 10/01 –, in: ZLR 2001, 873 (880) (zum insoweit wortgleichen § 18 LMBG); *Voß,* LFGB, S. 148. Zu § 18 LMBG vgl. auch *OLG Hamburg,* Urt. v. 30.11.2000 – 3 U 85/00 –, ZLR 2001, 147 (152).

830 Egr. (3) EG-Health-ClaimsV. Zum Verhältnis der Regelungen der Verordnung zu anderen nationalen Werbeverboten und -beschränkungen, insbesondere derjenigen des § 12 LFGB, s. ausführlich *Sosnitza,* ZLR 2007, 423 (424 ff.).

rungsempfehlungen – negativ beeinflussen[831] und somit dem Bemühen dieser Verbraucher um eine ausgewogene, gesunde Ernährung entgegenstehen.

Der Anwendungsbereich der EG-Health-ClaimsV erstreckt sich gem. Art. 1 Abs. 2 S. 1 Hs. 1 auf alle nährwert- und gesundheitsbezogenen Angaben, »die in kommerziellen Mitteilungen bei der Kennzeichnung und Aufmachung von oder bei der Werbung für Lebensmittel gemacht werden, die als solche an den Endverbraucher abgegeben werden sollen«, oder die gem. S. 2 »für Restaurants, Krankenhäuser, Schulen, Kantinen und ähnliche Einrichtungen zur Gemeinschaftsverpflegung bestimmt sind«. Nährwertbezogen ist gem. Art. 2 Nr. 4 EG-Health-ClaimsV jede Angabe, mit der erklärt, suggeriert oder auch nur mittelbar zum Ausdruck gebracht wird, ein Lebensmittel besitze aufgrund eines (erhöhten, verminderten oder fehlenden) Brennwerts bzw. Gehalts an Nährstoffen oder anderen Substanzen besondere positive Nährwerteigenschaften. Unter einer gesundheitsbezogenen Angabe ist dagegen jede Angabe zu verstehen, mit der erklärt, suggeriert oder auch nur mittelbar zum Ausdruck gebracht wird, dass zwischen einer Lebensmittelkategorie, einem Lebensmittel oder einem seiner Bestandteile einerseits und der Gesundheit andererseits ein Zusammenhang bestehe, Art. 2 Nr. 5 EG-Health-ClaimsV. Solche nährwert- und gesundheitsbezogenen Angaben dürfen gem. Art. 3 S. 1 EG-Health-ClaimsV nur verwendet werden, wenn sie den Vorschriften der Verordnung entsprechen.

Allgemeine Vorschriften für alle Arten von Angaben enthalten die Art. 3 ff. EG-Health-ClaimsV.[832] Nach Art. 3 S. 2 dürfen die Angaben – entsprechend den oben genannten Zwecken –

- nicht falsch, mehrdeutig oder irreführend sein,
- keine Zweifel an der Sicherheit oder der ernährungsphysiologischen Eignung anderer Lebensmittel wecken,
- nicht zum übermäßigen Verzehr eines Lebensmittels ermutigen oder diesen wohlwollend darstellen,
- grundsätzlich nicht erklären, suggerieren oder auch nur mittelbar zum Ausdruck bringen, dass eine ausgewogene und abwechslungsreiche

831 Vgl. Egr. (9) EG-Health-ClaimsV.

832 Zu den Nährwertkennzeichnungspflichten, die sich aus der Verwendung nährwert- oder gesundheitsbezogener Angaben ergeben, s. o. S. 159 f.

Ernährung – ohne den Konsum des beworbenen Lebensmittels – generell nicht die erforderlichen Mengen an Nährstoffen liefern könne und

- nicht derart auf Veränderungen von Körperfunktionen Bezug nehmen, dass beim Verbraucher Ängste ausgelöst oder solche Ängste ausgenutzt werden könnten.

Zusätzlich müssen gem. Art. 5 f. u. a. folgende Bedingungen erfüllt sein:

- Alle Angaben und insbesondere die positiven ernährungsbezogenen oder physiologischen Wirkungen oder Eigenschaften des Lebensmittels, auf die Bezug genommen wird, müssen sich auf allgemein akzeptierte wissenschaftliche Erkenntnisse stützen und durch diese abgesichert sein.
- Der Nährstoff oder die Substanz, auf dessen bzw. deren Vorhandensein sich die Angabe bezieht, muss in einer für den Körper verfügbaren Form und in einer zum Hervorrufen der behaupteten Wirkung geeigneten Menge Bestandteil des Lebensmittels sein, und zwar bezogen auf die Gesamtmenge des Produkts, deren Verzehr vernünftigerweise erwartet werden kann. Entsprechendes gilt für das Nichtvorhandensein oder ein geringeres Vorhandensein eines Nährstoffes oder einer Substanz in einem Lebensmittel: Dieses muss ebenfalls tatsächlich geeignet sein, die behauptete Wirkung zu erzielen.
- Es kann von einem durchschnittlichen Verbraucher[833] erwartet werden, dass er die positive Wirkung so, wie sie dargestellt wird, (richtig) versteht.
- Der Lebensmittelunternehmer muss die Verwendung der Angabe begründen.

Generell verboten sind gesundheits- oder nährwertbezogene Angaben bei Getränken mit einem Alkoholgehalt von mehr als 1,2 % vol., es sei denn, sie beziehen sich auf eine Reduzierung des Alkoholgehalts oder des Brennwerts.[834]

---

833 Nach Egr. (15) EG-Health-ClaimsV dient hier der normal informierte, aufmerksame und verständige Durchschnittsverbraucher im Sinne der EuGH-Rechtsprechung (s. o. S. 35) als Maßstab. Bei Angaben, die sich an besondere Verbrauchergruppen, wie z. B. Kinder, richtet, ist allerdings auf die Sicht eines Durchschnittsmitglieds dieser Gruppe abzustellen.

834 Art. 4 Abs. 3 EG-Health-ClaimsV. Werbung für »Light«-Bier ist danach also grundsätzlich zulässig.

Art. 4 EG-Health-ClaimsV sieht darüber hinaus die Festlegung spezifischer »Nährwertprofile« für Lebensmittel und Lebensmittelkategorien durch die Kommission auf der Grundlage wissenschaftlicher Erkenntnisse vor.[835] Die einzelnen Nährwertprofile werden danach ausgerichtet, welche Nährstoffe und Substanzen mit ernährungsbezogener oder physiologischer Wirkung in einem Lebensmittel enthalten sind, Art. 4 Abs. 1 UAbs. 2 lit. a. Dabei geht es insbesondere um den Gehalt an solchen Stoffen, wie etwa Fett, gesättigte Fettsäuren, trans-Fettsäuren, Salz bzw. Natrium und Zucker, deren übermäßige Aufnahme im Rahmen der Gesamternährung nicht empfohlen wird.[836] Die Nährwertprofile legen diesbezüglich Höchstgrenzen für einzelne Lebensmittel fest.[837] Außerdem werden der Stellenwert und die Rolle dieser Lebensmittel in der Gesamternährung berücksichtigt, Art. 4 Abs. 1 UAbs. 2 lit. b. Lebensmittel, die den Nährwertprofilen nicht entsprechen, dürfen grundsätzlich keine nährwert- und gesundheitsbezogenen Angaben tragen, Art. 4 Abs. 1 UAbs. 1. Für die verschiedenen Nährwertprofile werden weitere Bedingungen festgelegt, unter denen einzelne gesundheits- und ernährungsbezogene Angaben in Bezug auf diejenigen Lebensmittel zulässig sind, die dem jeweiligen Profil entsprechen, Art. 4 Abs. 1 UAbs. 1 a. E. Eine Pflicht zur Beachtung der festgelegten Vorgaben soll sicherstellen, dass nährwert- und gesundheitsbezogene Angaben nicht den tatsächlichen Ernährungsstatus eines Lebensmittels verschleiern und so die Verbraucher irreführen.[838] Es soll also vermieden werden, dass Produkte, die an sich ein »ungünstiges« Nährwertprofil haben, also beispielsweise viel Fett oder Zucker enthalten, mit einzelnen positiven gesundheits- oder nährwertbezogenen Angaben wie etwa »salzarm« oder »reich an Vitaminen« einseitig beworben werden, sodass bei den Verbrauchern der unzutreffende Eindruck erweckt werden kann, das Produkt sei insgesamt gesund.[839] Dabei kommt es nicht darauf an, ob die Angaben zutreffend wären oder nicht.[840]

---

835 Die Ausarbeitung dieser Nährwertprofile erfolgt durch die Kommission im Wege des Komitologieverfahrens (s. o. S. 130) nach Art. 25 Abs. 2 EG-Health-ClaimsV und soll bis Anfang 2009 abgeschlossen werden.

836 Egr. (12) EG-Health-ClaimsV.

837 *Jung,* WRP 2007, 389 (390).

838 Egr. (10) EG-Health-ClaimsV.

839 Vgl. *Buchner/Rehberg,* GRUR Int 2007, 394 (398 f.); *Loosen,* ZLR 2006, 521 (533).

840 *Buchner/Rehberg,* GRUR Int 2007, 394 (399).

Nährwertbezogene Angaben dürfen im Übrigen gem. Art. 8 EG-Health-ClaimsV nur dann gemacht werden, wenn sie im Anhang der Verordnung aufgeführt und die dort festgelegten Bedingungen erfüllt sind. So ist beispielsweise die Angabe »zuckerarm« sowie jede Angabe, die für den Verbraucher voraussichtlich dieselbe Bedeutung hat, nur dann zulässig, wenn das Lebensmittel im Fall fester Lebensmittel nicht mehr als 5 g Zucker pro 100 g bzw. im Fall flüssiger Lebensmittel nicht mehr als 2,5 g Zucker pro 100 ml enthält.

Für gesundheitsbezogene Angaben gelten gem. Art. 10 ff. EG-Health-ClaimsV strengere Anforderungen. Diese müssen gem. Art. 10 Abs. 2 insbesondere durch folgende Informationen ergänzt werden:

- einen Hinweis auf die Bedeutung einer abwechslungsreichen und ausgewogenen Ernährung und einer gesunden Lebensweise,
- Informationen zu der Menge des Lebensmittels, deren Aufnahme erforderlich ist, bzw. zu dem Verzehrsmuster, welches eingehalten werden muss, um die behauptete positive Wirkung zu erzielen,
- ggf. einen Hinweis an Personen, die es vermeiden sollten, das Lebensmittel zu verzehren, und
- einen geeigneten Warnhinweis bei Produkten, die bei übermäßigem Verzehr eine Gesundheitsgefahr darstellen können.

Generell verboten sind gem. Art. 12 EG-Health-ClaimsV solche Angaben,

- die den Eindruck erwecken, durch Verzicht auf das Lebensmittel könnte die Gesundheit beeinträchtigt werden,
- die sich auf Dauer und Ausmaß einer Gewichtsabnahme beziehen oder
- die auf Empfehlungen einzelner Ärzte bzw. Vertreter medizinischer Berufe oder von Vereinigungen[841] verweisen.

Im Übrigen dürfen Angaben über die Verringerung eines Krankheitsrisikos sowie Angaben über die Entwicklung und die Gesundheit von Kindern gem. Art. 14 Abs. 1 EG-Health-ClaimsV nur verwendet werden, wenn sie nach Durchlaufen eines Antragsverfahrens für die Aufnahme in eine entsprechende Gemeinschaftsliste zugelassen wurden. Das Verfahren der Gemeinschaftszulassung, in dem die Vereinbarkeit der zuzulassenden Angaben mit

---

841 Zulässig sind allerdings Hinweise auf Empfehlungen nationaler Vereinigungen von Fachleuten der Bereiche Medizin, Ernährung oder Diätetik oder karitativer gesundheitsbezogener Einrichtungen, Art. 12 lit. c i. V. m. Art. 11 EG-Health-ClaimsV.

den Vorschriften der EG-Health-ClaimsV geprüft wird, richtet sich nach den Art. 15 ff. EG-Health-ClaimsV. In Bezug auf diese gesundheitsbezogenen Angaben hat sich der europäische Gesetzgeber also dazu entschlossen, die Überwachung der Einhaltung der Vorschriften nicht der (nachträglichen) allgemeinen Lebensmittelüberwachung zu überlassen, sondern ein präventives Verbot mit Erlaubnisvorbehalt[842] zu schaffen.[843] Andere gesundheitsbezogene Angaben[844] dürfen gem. Art. 10 Abs. 1 i. V. m. Art. 13 Abs. 1 und 3 EG-Health-ClaimsV ohne gesondertes Zulassungsverfahren verwendet werden, wenn sie in einer von der Kommission erstellten Positivliste enthalten sind,[845] sich auf allgemein anerkannte wissenschaftliche Nachweise stützen und vom durchschnittlichen Verbraucher richtig verstanden werden. Aufgrund der Komplexität und Individualität der zu beurteilenden physischen Vorgänge und Wirkzusammenhänge ist es grundsätzlich schwierig, hinreichend wissenschaftlich nachgewiesene Erkenntnisse über die positiven Wirkungen bestimmter Lebensmittel oder Stoffe zu erhalten.[846] Je nachdem, welche (neuen) wissenschaftlichen Studien und Daten zugrunde gelegt werden, widersprechen sich ernährungswissenschaftliche Aussagen daher oftmals und unterliegen einem stetigen Wandel. Ein entsprechender Grundkonsens darüber, welche Aussagen zutreffend bzw. hinreichend wissenschaftlich abgesichert sind, ist daher häufig nicht erkennbar.[847] Durch eine vorgeschaltete, wissenschaftlich basierte Prüfung soll gewährleistet werden, dass nur solche Aussagen verwendet werden, die zumindest ein gewisses Maß an Objektivität, wissenschaftlicher Fundiertheit und Verständlichkeit aufweisen.[848]

---

842 S. o. S. 89 f.

843 *Buchner/Rehberg,* GRUR Int 2007, 394 (396 f.); *Jung,* WRP 2007, 389 (391); *Meisterernst/Haber,* WRP 2007, 363 (377); *Sosnitza,* ZLR 2004, 1 (4).

844 Dies sind gem. Art. 13 Abs. 1 gesundheitsbezogene Angaben, die die Bedeutung eines Nährstoffs oder einer anderen Substanz für Wachstum, Entwicklung und Körperfunktionen (lit. a), die psychischen Funktionen oder Verhaltensfunktionen (lit. b) oder die schlank machenden oder gewichtskontrollierenden Eigenschaften des Lebensmittels oder die Verringerung des Hungergefühls oder ein verstärktes Sättigungsgefühl oder eine verringerte Energieaufnahme durch den Verzehr des Lebensmittels (lit. c) beschreiben oder darauf verweisen.

845 Zu den Übergangsregelungen, die bis zur Verabschiedung der Liste gelten, die gem. Art. 13 Abs. 3 EG-Health-ClaimsV spätestens am 31.1.2010 durch die Kommission erfolgen soll, s. Art. 28 EG-Health-ClaimsV.

846 Vgl. *Buchner/Rehberg,* GRUR Int 2007, 394 (398); *v. Danwitz,* ZLR 2005, 201 (202).

847 Vgl. *Buchner/Rehberg,* GRUR Int 2007, 394 (400 f.); *Sosnitza,* ZLR 2004, 1 (12).

848 *Buchner/Rehberg,* GRUR Int 2007, 394 (400 f.). Vgl. auch *Vorschlag der Kommission zur EG-Health-ClaimsV,* KOM(2003) 424 endg., S. 10.

Dritter Teil: Instrumente der allgemeinen Lebensmittelüberwachung

Die Aufgabe der Kreisordnungsbehörden, im Rahmen der Lebensmittelüberwachung die Rechtskonformität zu ermitteln und für ihre Durchsetzung zu sorgen, beinhaltet noch keine Aussage darüber, welche Maßnahmen[849] diesbezüglich im Einzelfall in Betracht kommen und welche allgemeinen oder besonderen Vorschriften ggf. zu beachten sind. Im Folgenden soll daher das den Behörden zur Erfüllung ihrer Überwachungsaufgabe zur Verfügung stehende Instrumentarium dargestellt werden.

Da sowohl die Ermittlungs- als auch die Durchsetzungsmaßnahmen der Überwachungsbehörden verwaltungs- bzw. ordnungsbehördliches Handeln in Erfüllung einer hoheitlichen Aufgabe darstellen, sind in beiden Bereichen gewisse allgemeine Grundvoraussetzungen und Grenzen zu beachten. Jedenfalls dann,[850] wenn durch das Tätigwerden der Behörden grundrechtlich geschützte Rechtspositionen betroffen sind, bedarf es aufgrund des Vorbehalts des Gesetzes einer ausdrücklichen gesetzlichen Ermächtigungsgrundlage.[851] In Betracht kommen etwa Eingriffe in die Berufsfreiheit[852], Eigentumsfreiheit,[853] Unverletzlichkeit der Wohnung[854], informations- und datenbezogene Grundrechtspositionen,[855] z. B. das Recht auf informationelle Selbstbestimmung,[856] oder – subsidiär – die allgemeine Handlungsfreiheit[857] der überwachten Lebensmittelunternehmer. Lebensmittelrechtliche Ermächtigungsgrundlagen für behördliche Maßnahmen sind

---

849 Der Begriff der Maßnahme wird im Folgenden in einem weiten Sinne verwendet und bezeichnet jedes nach außen wirkende Tätigwerden der Überwachungsbehörden im Einzelfall zum Zwecke der Erfüllung ihres Überwachungsauftrags.

850 Zur (umstrittenen) Reichweite des Gesetzesvorbehalts s. *Jarass,* in: Ders./Pieroth, GG, Art. 20 Rn. 46 ff.; *Maurer,* AllgVerwR, § 6 Rn. 10 ff.

851 Vgl. *BVerfG,* Beschl. v. 8.8.1978 – 2 BvL 8/77 –, in: BVerfGE 49, 89 (126); Beschl. v. 20.10.1982 – 1 BvR 1470/80 –, in: BVerfGE 61, 260 (275); Beschl. v. 29.10.1987 – 2 BvR 624/83 u. a. –, in: BVerfGE 77, 170 (230 f.); *BVerwG,* Urt. v. 7.10.1983 – 7 C 54/82 –, in: BVerwGE 68, 69 (72); *Jarass,* in: Ders./Pieroth, GG, Art. 20 Rn. 46; *Maurer,* AllgVerwR, § 6 Rn. 12.

852 S. o. S. 56 f.

853 S. o. S. 57 f.

854 Die Unverletzlichkeit der Wohnung spielt dann eine Rolle, wenn Ermittlungsmaßnahmen vor Ort auf einem Betriebsgrundstück durchgeführt werden, s. u. S. 216 ff.

855 Dies gilt ebenfalls vor allem für den Bereich der Ermittlung der Rechtskonformität, s. u. S. 186 ff.

856 S. u. S. 191.

857 S. o. S. 59 f.

insbesondere in den §§ 39 ff. LFGB geregelt. Neben den Voraussetzungen und Grenzen dieser Ermächtigungsgrundlagen haben die Behörden auch die sonstigen formellen und materiellen Rechtmäßigkeitsvoraussetzungen zu beachten, die nicht nur spezifisch für das Handeln der Lebensmittelüberwachungsbehörden, sondern für das (ordnungsbehördliche) Verwaltungshandeln allgemein – zumindest subsidiär – gelten. Dies betrifft insbesondere die Beachtung allgemeiner Rechtsgrundsätze sowie der Vorschriften des VwVfG NRW[858] und des OBG NRW[859]. Im Rahmen der formellen Rechtmäßigkeit ist die Zuständigkeit der Behörde zu prüfen.[860] Im Übrigen hängt die Anwendbarkeit von Verfahrens- und Formvorschriften u. a. von der jeweils gewählten Handlungsform ab,[861] insbesondere davon, ob es sich bei der jeweiligen Maßnahme um einen Verwaltungsakt i. S. d. § 35 VwVfG NRW handelt,[862] für den besondere rechtliche Regelungen gelten.[863] Da sich die Art der Maßnahmen bzw. die Handlungsformen im Bereich der Ermittlung der Rechtskonformität einerseits und im Bereich der Durchsetzung andererseits aufgrund der unterschiedlichen Zielrichtungen unterscheiden, werden diese Fragen für die beiden o. g. Aufgabenbereiche jeweils getrennt erörtert. Die allgemeinen Vorschriften sollen dabei allerdings nur insoweit Erwähnung finden, als ihnen gerade im Rahmen der Lebensmittelüberwachung bzw. im Zusammenhang mit einzelnen lebensmittelrechtsspezifischen Maßnahmen eine besondere Bedeutung zukommt. Gleiches gilt für die Anforderungen an die materielle Rechtmäßigkeit behördlicher Maßnahmen, insbesondere für die jeweiligen Voraussetzungen der einzelnen Ermächtigungsgrundlagen sowie die Frage der Ausübung behördlichen Ermessens. In jedem Fall haben die Behörden im Rahmen ihrer Tätigkeit das allgemeine Verhältnismäßigkeitsprinzip zu beachten: Ihre Maßnahmen müssen einem legitimen Zweck dienen – im Fall der Lebensmittelüberwachung dem jeweiligen Überwachungszweck – und zur Ver-

---

858 Zur Geltung des VwVfG NRW für die Tätigkeit der Überwachungsbehörden s. o. S. 92 f.

859 Zur Anwendbarkeit des OBG NRW s. o. S. 95.

860 Zur Zuständigkeit der Kreisordnungsbehörde für die allgemeine Lebensmittelüberwachung s. o. S. 93 f.

861 Vgl. *Scholl,* Behördliche Prüfungsbefugnisse, S. 69.

862 Gem. § 35 S. 1 VwVfG NRW ist ein Verwaltungsakt jede Verfügung, Entscheidung oder andere hoheitliche Maßnahme, die eine Behörde zur Regelung eines Einzelfalls auf dem Gebiet des öffentlichen Rechts trifft und die auf unmittelbare Rechtswirkung nach außen gerichtet ist.

863 Besondere Vorschriften für Verwaltungsakte enthalten u. a. die Vorschriften der §§ 35 ff. VwVfG NRW.

folgung dieses Zwecks geeignet, erforderlich und angemessen sein.[864] Eine ausdrückliche Normierung dieses allgemeinen Grundsatzes für das Handeln der Ordnungsbehörden findet sich in § 15 OBG NRW. Nach Abs. 1 haben die Ordnungsbehörden von mehreren möglichen und geeigneten Maßnahmen diejenige zu treffen, die den Einzelnen und die Allgemeinheit voraussichtlich am wenigsten beeinträchtigt. Eine Maßnahme darf nicht zu einem Nachteil führen, der zu dem erstrebten Erfolg erkennbar außer Verhältnis steht, Abs. 2. Nach Abs. 3 ist schließlich eine Maßnahme nur solange zulässig, bis ihr Zweck erreicht ist oder sich zeigt, dass er nicht erreicht werden kann. Diese Regelung erfasst auch Verwaltungsakte mit Dauerwirkung, die also ein fortdauerndes Handeln oder Unterlassen gebieten.[865]

§ 6 Instrumente zur Ermittlung der Rechtskonformität

Ziel der Maßnahmen zur Ermittlung der Rechtskonformität ist es, Informationen über die Einhaltung der Vorschriften bzw. die für die Beurteilung der Rechtskonformität relevanten Tatsachen zu erhalten, um auf dieser Grundlage entscheiden zu können, ob bzw. welche Maßnahmen zur Durchsetzung des materiellen Lebensmittelrechts zu ergreifen sind. Dazu stehen den Behörden unterschiedliche Instrumente bzw. »Informationsquellen« zur Verfügung. Unterschieden werden kann zwischen dem Einholen und der Nutzung von *Fremdinformationen* über einen lebensmittelrechtlich relevanten Sachverhalt, die von behördenexternen Personen stammen, und der *Selbstinformation* der Behörde in Form eigener aktiver Tatsachenermittlung.[866] Zu den Fremdinformationen zählen dabei zunächst solche Informationen, die der Behörde unabhängig von einem entsprechenden Auskunftsersuchen übermittelt werden bzw. werden müssen. Zu welchen Sachverhalten und in welchem Umfang Informationen im konkreten Fall zur Verfügung stehen, hängt von der Ausgestaltung der jeweils zugrunde liegenden Informationspflicht bzw. bei freiwilligen Mitteilungen, etwa von Seiten der Verbraucher, vom Zufall ab[867] und entzieht sich somit dem Einfluss

864 Zum Prinzip der Verhältnismäßigkeit s. o. S. 60 ff.

865 *Rhein,* OBG NRW, § 15 Rn. 7.

866 Zum Begriffspaar Fremdinformation – Selbstinformation vgl. *Teuber,* NWVBl. 2008, 249 (250) (dort verwendet im Zusammenhang mit parlamentarischen Informationsrechten).

867 Vgl. *David,* Inspektionen im Europäischen Verwaltungsrecht, S. 20.

der Behörde. Dies gilt auch für solche Fremdinformationen, die die Behörde zwar aus eigener Initiative zu einem bestimmten Zeitpunkt »abruft«, die jedoch unabhängig von einer Nachfrage der Behörde dauerhaft zur Verfügung stehen, etwa Informationen, die in einer Datenbank gespeichert sind. Davon zu unterscheiden sind dagegen solche Fremdinformationen, die erst aufgrund eines konkreten Auskunftsverlangens bzw. -ersuchens der Behörde im Einzelfall zur Verfügung gestellt bzw. »generiert« werden, etwa in Form der Beantwortung konkreter Fragen der Behörde durch einen Unternehmer. Der Vorteil der Nutzung von Fremdinformationen gegenüber der Selbstinformation liegt darin, dass die Behörde den Sachverhalt nicht selbst ermitteln und – abgesehen vom Einholen bzw. Verarbeiten der Fremdinformationen –zunächst keine eigenen Aktivitäten zur Informationsgewinnung einleiten muss. Andererseits stellen Fremdinformationen immer Auskünfte bzw. Aussagen anderer Personen über einen Sachverhalt dar, die nicht notwendigerweise zutreffend sein müssen. Im Zweifelsfall muss die Behörde also zusätzlich Maßnahmen zur Selbstinformation ergreifen, um den Wahrheitsgehalt der Fremdinformation zu überprüfen. Als Fremdinformationsquellen kommen Verbraucher, andere Behörden sowie die Unternehmer in Betracht. Selbstinformationen werden von Seiten der Überwachungsbehörden dagegen im Wege der Durchführung eigener Ermittlungsmaßnahmen gewonnen, in deren Rahmen sie das Vorliegen der für die Beurteilung der Rechtskonformität relevanten Tatsachen selbst überprüfen können.

Zur Bezeichnung der Maßnahmen der Behörden zur Ermittlung der Rechtskonformität wird im Gemeinschaftsrecht der Begriff der »amtlichen Kontrolle« verwendet. Eine amtliche Kontrolle ist gem. Art. 2 UAbs. 2 Nr. 1 EG-KontrollV »jede Form der Kontrolle, die von den zuständigen Behörden oder der Gemeinschaft zur Verifizierung der Einhaltung der Rechtsvorschriften durchgeführt wird«. »Verifizierung« ist in Nr. 2 definiert und beinhaltet »die Kontrolle durch Prüfungen und Berücksichtigung objektiver Nachweise, ob festgelegte Anforderungen erfüllt werden«. Im Gegensatz zum Begriff der (Lebensmittel-)Über-wachung, der allgemein bzw. übergeordnet die staatliche Aufgabe bzw. das System bezeichnet, das die Gewährleistung einschließlich der Ermittlung der Einhaltung des materiellen Lebensmittelrechts zum Gegenstand hat, bedeutet die Durchführung einer Kontrolle ein Tätigwerden der Behörden im Rahmen dieses Systems zu einem bestimmten Zeitpunkt, bezogen auf einen bestimmten Gegenstand oder Sachverhalt, z. B. die Kontrolle eines bestimmten Betriebs oder eines

Produkts. Sie beinhaltet also das Vergleichen von »Soll« und »Ist« im konkreten Fall.[868]

Gem. Art. 3 Abs. 1 Hs. 1 EG-KontrollV haben die Mitgliedstaaten für die regelmäßige Durchführung amtlicher Kontrollen zu sorgen. Auf nationaler Ebene bestimmt § 39 Abs. 1 S. 2 LFGB, dass die zuständigen Behörden zur Erfüllung ihres Überwachungsauftrags aus S. 1 »regelmäßige Überprüfungen und Probenahmen« vorzunehmen haben. Trotz der unterschiedlichen Begrifflichkeiten stellt diese Regelung die Umsetzung der o. g. mitgliedstaatlichen Verpflichtung zur Gewährleistung regelmäßiger amtlicher Kontrollen dar. Denn Überprüfungen und Probenahmen sind nichts anderes als Instrumente einer amtlichen Kontrolle im oben definierten Sinne. Dieser Terminologie entsprechend sollen diejenigen Dienstkräfte der Überwachungsbehörden, die Kontrollmaßnahmen durchführen, unter dem Begriff des »Kontrollpersonals« zusammengefasst werden.[869]

»Regelmäßig« bedeutet, dass die Kontrollen in bestimmten, im Voraus zu definierenden zeitlichen Intervallen erfolgen.[870] Daraus folgt im Umkehrschluss, dass ihre Durchführung nicht von unregelmäßig auftretenden Ereignissen oder Sachverhalten abhängig sein darf, auf deren Eintrittszeitpunkt bzw. -häufigkeit die Überwachungsbehörde selbst keinen Einfluss hat. Kontrollen müssen daher insbesondere (auch) unabhängig von etwaigen konkreten Verdachtssituationen stattfinden. Die Behörden sind also zur Durchführung verdachtsunabhängiger »Routinekontrollen« verpflichtet. Über die Routinekontrollen hinaus müssen die Behörden jedoch auch dann tätig werden, wenn sie konkrete Hinweise auf mögliche Verstöße erhalten. Solche Verdachtsmomente können aufgrund bzw. anlässlich routinemäßig durchgeführter Kontrollen entstehen, sich aber beispielsweise auch aufgrund von Fremdinformationen ergeben, in der Praxis insbesondere in Form von Hinweisen aus der Verbraucherschaft oder anderer Behörden.[871] Aus der Pflicht zur Durchführung von Routinekontrollen lässt sich schließen, dass die Behörden im Sinne ihres Überwachungsauftrags *erst recht* die Pflicht haben, konkreten Verdachtsmomenten im Einzelfall nachzugehen und nach Bedarf auch verdachtsbezogene außerplanmäßige Kontrollen durchzuführen.

---

868 Vgl. *Mösbauer,* Staatsaufsicht über die Wirtschaft, S. 5.

869 Zum Personal s. bereits oben S. 97 f.

870 Vgl. *Duden,* Deutsches Universalwörterbuch, S. 1370, Stichwort »regelmäßig«: »einer bestimmten festen Ordnung, Regelung (die bes. durch zeitlich stets gleiche Wiederkehr, gleichmäßige Aufeinanderfolge gekennzeichnet ist) entsprechend, ihr folgend«.

871 Zu den Fremdinformationen s. u. S. 185 ff.

Auf ein Tätigwerden der Behörden im Verdachtsfall bezieht sich ausdrücklich allerdings erst § 39 Abs. 2 S. 1 LFGB. Danach treffen die zuständigen Behörden u. a. auch die notwendigen Anordnungen und Maßnahmen[872] »zur Feststellung oder zur Ausräumung eines *hinreichenden* Verdachts eines Verstoßes [*Hervorhebung nicht im Original*]«. Der Begriff des hinreichenden (Tat-)Verdachts stammt aus dem Strafrecht und setzt dort voraus, dass eine Verurteilung des Beschuldigten wahrscheinlich ist.[873] Auf das Lebensmittelrecht übertragen würde ein hinreichender Verdacht also voraussetzen, dass das Vorliegen eines Verstoßes gegen lebensmittelrechtliche Vorschriften wahrscheinlich ist, die bloße Möglichkeit eines Verstoßes genügt dagegen nicht.[874] Dies bedeutet jedoch nicht, dass die Behörden in den Fällen eines geringeren Verdachtsgrades untätig bleiben dürften oder müssten. Zwar können sie in diesen Fällen Anordnungen und Maßnahmen nicht auf § 39 Abs. 2 S. 1 LFGB stützen. Aufgrund des o. g. Erst-Recht-Schlusses stehen den Behörden allerdings auch im nicht qualifizierten Verdachtsfall zumindest dieselben Kontrollmaßnahmen und -befugnisse zur Verfügung wie im Rahmen bloßer Routinekontrollen. Denn in Fällen, in denen konkrete Anhaltspunkte auf die Möglichkeit eines Rechtsverstoßes im Einzelfall hindeuten und daher ein erhöhter Handlungsbedarf besteht, begegnet die Durchführung von Kontrollmaßnahmen geringeren Bedenken in Bezug auf die Legitimierung damit verbundener Eingriffe in die Rechte der Betroffenen, als im Fall der Routinekontrollen. Der ausdrückliche Hinweis auf behördliche Maßnahmen bei hinreichendem Verdacht eines Verstoßes in § 39 Abs. 2 S. 1 LFGB wurde erst im Laufe des Gesetzgebungsverfahrens auf Vorschlag des Bundesrates[875] aufgenommen.[876] Zur Begründung wurde ausgeführt, dass dieser Maßnahmezweck bisher » allein bei den exemplarisch aufgezählten Maßnahmen in Satz 2« zum Ausdruck komme,

---

872 Aufgrund des hier verwendeten weiten Maßnahmebegriffs (s. o. S. 177 (Fn. 849)) ist die Anordnung als spezielle Form der Maßnahme zu sehen, durch die einer anderen Person einseitig ein Handeln, Dulden oder Unterlassen auferlegt wird (vgl. die Definition der Anordnung bei *Köbler,* Juristisches Wörterbuch, S. 20: »die einseitige Bestimmung eines anderen zu einem Verhalten«).

873 Vgl. *Beulke,* Strafprozessrecht, § 7 Rn. 114; *Kindhäuser,* Strafprozessrecht, § 10 Rn. 2; *Meyer-Goßner,* StPO, § 170 Rn. 1; *Zipfel/Rathke,* Lebensmittelrecht II, C 102, § 39 Rn. 20.

874 *Zipfel/Rathke,* Lebensmittelrecht II, C 102, § 39 Rn. 20.

875 S. *Stellungnahme des Bundesrates zum Regierungsentwurf des LFGB,* BR-Drs. 429/04(B), S. 19.

876 Im ursprünglichen Regierungsentwurf waren lediglich Maßnahmen zur »Beseitigung festgestellter Verstöße und Verhütung künftiger Verstöße« vorgesehen (s. *Regierungsentwurf des LFGB (BT),* BT-Drs. 15/3657, S. 23).

»aber keine Entsprechung im Einleitungssatz« finde. Dieser Hinweis bezieht sich auf die bereits im ursprünglichen Entwurf vorgesehene Anordnung einer Prüfung bzw. der Anzeige des Eingangs eines Erzeugnisses durch den Unternehmer nach § 39 Abs. 2 S. 2 Nr. 1 LFGB. Diese Anordnungen sind nach dem Wortlaut in den Fällen möglich, in denen »Grund zur Annahme« für die fehlende Rechtskonformität eines Lebensmittels besteht, und dienen der weiteren Sachverhaltsaufklärung in diesen Verdachtsfällen.[877] Da die Maßnahmen nach § 39 Abs. 2 S. 2 LFGB lediglich die Funktion von Beispielen für S. 1 haben und daher den in S. 1 genannten Zwecken dienen müssen,[878] erschien es somit zweckmäßig, die den Anordnungen nach S. 2 Nr. 1 zugrunde liegende Zielrichtung ebenfalls in S. 1 aufzunehmen. Die Beschränkung auf die Fälle eines hinreichenden Verdachts ist daher lediglich auf die genannten Anordnungen zu beziehen, nicht jedoch auf die behördliche Tätigkeit zur Ermittlung der Rechtskonformität *insgesamt*. Die folgenden Erörterungen zu den Instrumenten bzw. Befugnissen im Rahmen der Ermittlung der Rechtskonformität gelten daher grundsätzlich sowohl für routinemäßig als auch für verdachtsbezogene Kontrollen. Auf im Einzelfall bestehende Besonderheiten und Beschränkungen – wie im Fall der bereits erwähnten Anordnungen nach § 39 Abs. 2 S. 2 Nr. 1 LFGB – wird dabei jeweils gesondert eingegangen.

Lebensmittelspezifische Ermächtigungsgrundlagen für bestimmte Kontrollmaßnahmen finden sich in den §§ 42 ff. LFGB. Darüber hinaus ist die Durchführung der Kontrollen vor allem in der AVV RÜb[879] geregelt. Außerdem enthält auch die EG-KontrollV grundlegende Vollzugsvorgaben, die unmittelbar an die zuständigen Überwachungsbehörden gerichtet sind. Diese Vorschriften sollen jeweils im Zusammenhang mit der Darstellung der Instrumente zur Durchführung der Kontrollen erörtert werden.

Bei den Kontrollmaßnahmen handelt es sich überwiegend um sog. »schlichtes Verwaltungshandeln«[880] der Behörden, das nicht auf die Herbeiführung einer Rechtsfolge, sondern auf einen tatsächlichen Erfolg, nämlich den

---

877 Ausführlich zu diesen Anordnungen s. u. S. 196 ff.

878 Dazu ausführlich unten S. 254.

879 S. o. S. 92.

880 Die Terminologie in der Literatur ist uneinheitlich, teilweise werden diese Maßnahmen auch als »schlicht-hoheitliches« Verwaltungshandeln, »Realakte« oder »Tathandlungen« bezeichnet, vgl. *Schenke,* POR, Rn. 652; *Schmitz,* in: Stelkens/Bonk/Sachs (Hrsg.), VwVfG, § 1 Rn. 144/148; *Maurer,* AllgVerwR, § 15 Rn. 1; *Meyer,* in: Knack, VwVfG, § 1 Rn. 66. Ausführlich dazu *Rasch,* DVBl. 1992, 207 (207 ff.); *Robbers,* DÖV 1987, 272 (272 ff.); *Schoch,* JuS 1995, 215 (218 f.).

Erhalt bestimmter Informationen gerichtet ist, sodass mangels Regelung kein Verwaltungsakt i. S. d. § 35 VwVfG NRW vorliegt.[881] Dies gilt beispielsweise für die Inaugenscheinnahme von Örtlichkeiten, die Entnahme und Untersuchung von Proben oder die Einsichtnahme in Unterlagen.[882] Soweit ein mit diesen Maßnahmen verbundener Eingriff in grundrechtlich geschützte Rechtspositionen des Betroffenen, beispielsweise in verfassungsrechtlich geschützte Betriebs- und Geschäftsgeheimnisse,[883] vorhersehbar ist und gezielt herbeigeführt wird, dürfen auch solche Maßnahmen nur aufgrund einer gesetzlichen Befugnis der Behörde durchgeführt werden.[884]

Die Konstellation, dass die Behörde Ermittlungen vornimmt, um auf der Grundlage der so gewonnenen Informationen Entscheidungen über Maßnahmen zu treffen, liegt den Regelungen der §§ 24 und 26 f. VwVfG NRW zugrunde. Nach § 24 Abs. 1 VwVfG NRW ermittelt die Behörde den Sachverhalt von Amts wegen und bestimmt Art und Umfang der Ermittlungen. Sie bedient sich dabei der Beweismittel, die sie nach pflichtgemäßem Ermessen zur Ermittlung des Sachverhalts für erforderlich hält, § 26 Abs. 1 S. 1 VwVfG NRW. Nach S. 2 kann sie insbesondere Auskünfte jeder Art einholen, Beteiligte anhören, Zeugen und Sachverständige vernehmen oder die schriftliche oder elektronische Äußerung von Beteiligten, Sachverständigen und Zeugen einholen, Urkunden und Akten beiziehen und den Augenschein einnehmen. Diese Vorschriften gelten jedoch lediglich für Sachverhaltsermittlungen im Rahmen eines »Verwaltungsverfahrens«.[885] Verwaltungsverfahren i. S. d. VwVfG NRW ist die nach außen wirkende Tätigkeit der Behörden, die auf die Prüfung der Voraussetzungen, die Vorbereitung und den Erlass eines Verwaltungsakts oder auf den Abschluss eines öffentlich-rechtlichen Vertrags gerichtet ist, § 9 Hs. 1 VwVfG NRW. Nach § 22 VwVfG NRW entscheidet die Behörde nach pflichtgemäßem Ermessen, ob und wann sie ein Verwaltungsverfahren durchführt, es sei denn, sie ist gesetzlich dazu verpflichtet, von Amts wegen oder auf Antrag

---

881 *Kopp/Ramsauer,* VwVfG, § 35 Rn. 48; *Maurer,* AllgVerwR, § 15 Rn. 1. Zu den Abgrenzungsproblemen zwischen schlichtem Verwaltungshandeln und Verwaltungsakten s. *Stelkens,* in: Stelkens/Bonk/Sachs (Hrsg.), VwVfG, § 35 Rn. 82 ff./ 91 ff.

882 Zu diesen Kontrollmaßnahmen s. u. S. 210 ff. und S. 221 ff.

883 S. u. S. 190 ff.

884 *Schenke,* POR, Rn. 653. Zum Vorbehalt des Gesetzes s. o. S. 177.

885 Die Vorschriften befinden sich im Teil II des VwVfG NRW, der die Überschrift »Allgemeine Vorschriften über das Verwaltungsverfahren« trägt. Vgl. auch *Clausen,* in: Knack, VwVfG, Vor § 9 Rn. 2; *Kopp/Ramsauer,* VwVfG, § 9 Rn. 1; *Schmitz,* in: Stelkens/Bonk/Sachs (Hrsg.), VwVfG, § 9 Rn. 4.

tätig zu werden, oder darf nur auf Antrag tätig werden und ein solcher liegt nicht vor. Die Überwachungsbehörden sind zwar von Amts wegen verpflichtet, im Rahmen ihres Überwachungsauftrags sowohl ermittelnd tätig zu werden als auch die erforderlichen Durchsetzungsmaßnahmen zu erlassen. Zumindest die Durchführung routinemäßiger Kontrollen stellt jedoch noch keine Einleitung eines Verwaltungsverfahrens dar. Denn diese Ermittlungen sind nicht auf den Erlass eines Verwaltungsakts *gerichtet*. Zum Zeitpunkt der Vornahme einer solchen Kontrollmaßnahme steht noch nicht fest, ob überhaupt Anlass zum Ergreifen behördlicher Durchsetzungsmaßnahmen besteht, geschweige denn, welche Maßnahmen ggf. in Frage kommen. Denn die Routinekontrollen zielen nicht auf die Überprüfung eines bestimmten Sachverhalts, also etwa die Einhaltung einer bestimmten Vorschrift, sondern auf die Ermittlung der Rechtskonformität insgesamt ab. Erst wenn die Informationen aus den Routinekontrollen vorliegen, trifft die Behörde die Entscheidung, ob bzw. welche Maßnahmen möglicherweise zur Durchsetzung der Rechtskonformität erforderlich sind. Es fehlt also an der erforderlichen Finalität der Routinekontrollen:[886] Sie dienen nicht zielgerichtet der Prüfung der Voraussetzungen, der Vorbereitung und dem Erlass eines bestimmten Verwaltungsakts.[887] Anders könnte der Fall allerdings bei verdachtsbezogenen Kontrollen zu beurteilen sein: Hat die Behörde bereits konkrete Anhaltspunkte für einen bestimmten (drohenden) Verstoß im Einzelfall, so dienen (weiterführende) Ermittlungsmaßnahmen dazu festzustellen, ob eine bestimmte Maßnahme zu ergreifen ist, die zur Beseitigung oder Verhütung des zu überprüfenden Verstoßes in Betracht käme. Handelt es sich bei dieser Maßnahme um einen Verwaltungsakt, so sind die Vorschriften des Teil II des VwVfG NRW und damit auch die §§ 24 und 25 f. – zumindest subsidiär –[888] anwendbar.

A. Einholen und Verwerten von Fremdinformationen

Als Informationsquellen über Rechtsverstöße, Gefahren oder andere Zustände, die ein Einschreiten erfordern, kommen nicht nur Erkenntnisse aufgrund eigener routinemäßiger oder anlassbezogener Kontrollen in Betracht, sondern auch Informationen von Seiten der zu überwachenden Lebensmittelunternehmer oder von Seiten Dritter, die diese allgemein oder im Einzelfall

886 Vgl. *Schmitz*, in: Stelkens/Bonk/Sachs (Hrsg.), VwVfG, § 9 Rn. 131.
887 Vgl. *Schmitz*, in: Stelkens/Bonk/Sachs (Hrsg.), VwVfG, § 9 Rn. 131.
888 Zur lediglich subsidiären Geltung des VwVfG NRW s. o. S. 92 f.

aufgrund einer konkreten Anfrage der Behörden oder eigeninitiativ zur Verfügung stellen oder stellen müssen. Dritte sind in diesem Fall andere Behörden oder Verbraucher.

I. Informationen der Unternehmer

Informationen von Seiten der Unternehmer können zum einen im Wege konkreter Anfragen der Behörden als Kontrollmaßnahme im Einzelfall gewonnen werden, also durch das Einholen bestimmter *Auskünfte*.[889] Zum anderen können Informationen in Form von *Mitteilungen*[890] durch den Unternehmer eigeninitiativ übermittelt werden.[891] Letztere stellen also eine von der behördlichen Kontrolltätigkeit unabhängige, eigenständige Informationsquelle dar. Soll der Unternehmer verpflichtet werden, die geforderten Auskünfte zu erteilen bzw. bestimmte Informationen zu übermitteln, so bedarf es aufgrund der Grundrechtsrelevanz einer ausdrücklichen gesetzlichen Regelung dieser Pflichten.[892] Gem. § 26 Abs. 1 S. 2 Nr. 1 i. V. m. S. 1 VwVfG NRW kann die Behörde zur Ermittlung des Sachverhalts insbesondere »Auskünfte jeder Art einholen«. Abgesehen davon, dass diese Vorschrift nur im Rahmen von Verwaltungsverfahren gilt und damit jedenfalls im Falle bloßer Routinekontrollen keine Anwendung findet,[893] beschreibt sie lediglich eine zulässige Handlungsoption der Behörde. Eine gesetzliche Auskunftspflicht Privater wird durch sie nicht begründet.[894] Spezifische lebensmittelrechtliche Informationspflichten der Unternehmer finden sich allerdings sowohl im Gemeinschaftsrecht, insbesondere in der EG-BasisV, als auch im LFGB.

1. Auskünfte

Unter den Begriff der Auskunft fallen alle Informationen, die die Unternehmer auf ein konkretes Auskunftsverlangen der Behörde hin übermitteln.

889 Zum Auskunftsbegriff in diesem Sinne s. *Scholl,* Behördliche Prüfungsbefugnisse, S. 115.

890 Teilweise wird in Rechtsvorschriften und in der Literatur statt dessen auch der Begriff der »Anzeige« verwendet. Diesen unterschiedlichen Begrifflichkeiten kommt jedoch keine inhaltliche Bedeutung zu.

891 Vgl. *Scholl,* Behördliche Prüfungsbefugnisse, S. 115.

892 Zum Vorbehalt des Gesetzes s. o. S. 177.

893 S. o. S. 184 f.

894 *Kopp/Ramsauer,* VwVfG, § 26 Rn. 18; *Kallerhoff,* in: Stelkens/Bonk/Sachs (Hrsg.), VwVfG, § 26 Rn. 41. Vgl. auch *Clausen,* in: Knack, VwVfG, § 26 Rn. 18.

Im Folgenden sollen entsprechende behördliche Befugnisse bzw. unternehmerische Pflichten zur Erteilung allgemeiner bzw. spezifischer Auskünfte dargestellt werden.

a) Allgemeine Auskünfte

Soweit es zur Überwachung der Einhaltung des Lebensmittelrechts erforderlich ist, sind »die mit der Überwachung beauftragten Personen« gem. § 42 Abs. 2 Nr. 4 LFGB befugt, »von natürlichen und juristischen Personen und nicht rechtsfähigen Personenvereinigungen alle erforderlichen Auskünfte, insbesondere solche über die Herstellung, das Behandeln, die zur Verarbeitung gelangenden Stoffe und deren Herkunft, das Inverkehrbringen und das Verfüttern zu verlangen«.

Zu den mit der Überwachung beauftragten Personen gehören die als Kontrollpersonal eingesetzten Dienstkräfte der Überwachungsbehörden einschließlich der teilweise unterstützend tätig werdenden wissenschaftlichen Sachverständigen aus den Untersuchungsämtern.[895] Unerheblich ist, ob die Dienstkräfte daneben auch andere Verwaltungsaufgaben wahrzunehmen haben.[896] Das Kontrollpersonal ist auf das Einholen von Auskünften vor allem dann angewiesen, wenn es für die Überwachung relevante Informationen durch eigenen Augenschein oder Untersuchungen nicht oder nur mit großem Aufwand selbst ermitteln kann.[897] Unter den Begriff »Auskunft« fallen alle Angaben über wahrnehmbare Tatsachen.[898] Tatsachen sind äußere oder innere Vorgänge oder Zustände der Vergangenheit oder Gegenwart, die dem Beweis zugänglich sind.[899] Aufgrund des Schutzes des Art. 5 Abs. 1 S. 1 GG (Meinungsfreiheit), der in seiner negativen Ausprägung auch das Recht schützt, *keine* Meinung zu äußern,[900] sind

895 Vgl. *Meyer,* in: Ders./Streinz (Hrsg.), BasisV/LFGB, § 42 Rn. 4; *Zipfel/Rathke,* Lebensmittelrecht II, C 102, § 42 Rn. 18. Zu den Dienstkräften der Überwachungs- und Untersuchungsämter s. o. S. 95 ff.

896 *Zipfel/Rathke,* Lebensmittelrecht II, C 102, § 42 Rn. 18.

897 Vgl. *Scholl,* Behördliche Prüfungsbefugnisse, S. 114.

898 *Feldmann,* ZLR 1993, 652 (654) (zum insoweit wortgleichen § 41 Abs. 3 Nr. 4 LMBG); *Meyer,* in: Ders./Streinz (Hrsg.), BasisV/LFGB, § 42 Rn. 32; *Voß,* LFGB, S. 234; *Zipfel/Rathke,* Lebensmittelrecht II, C 102, § 42 Rn. 72.

899 Vgl. *Cramer/Perron,* in: Schönke/Schröder, StGB, § 263 Rn. 8; *Fischer,* StGB; § 263 Rn. 6; *Köbler,* Juristisches Wörterbuch, S. 410.

900 *BVerfG,* Beschl. v. 5.2.1981 – 2 BvR 646/80 – in: BVerfGE 57, 170 (192); Urt. v. 15.12.1983 – 1 BvR 209/83 u. a. –, in: BVerfGE 65, 1 (40 f.); *Jarass,* in: Ders./ Pieroth, GG, Art. 5 Rn. 6b; *Pieroth/Schlink,* Grundrechte, Rn. 559; *Schultze-Fielitz* in: Dreier (Hrsg.), GG I, Art. 5 Rn. 74.

dagegen Werturteile, Mutmaßungen und Schlussfolgerungen nicht vom Begriff der Auskunft i. S. d. § 42 Abs. 2 Nr. 4 LFGB erfasst.[901] Die Frage nach der lebensmittelrechtlichen Bewertung eines Produkts oder eines sonstigen Sachverhalts muss daher nicht beantwortet werden.[902] Andererseits muss sich das Auskunftsverlangen nicht notwendigerweise auf Tatsachen beziehen, von denen der Betroffene persönliche Kenntnis hat. Es genügt vielmehr, dass er sich diese Kenntnis durch Nachforschungen in seinem Einflussbereich, insbesondere in seinem Betrieb verschaffen kann.[903] Andernfalls würde dies dazu führen, dass von denjenigen, die Verantwortlichkeiten in Großunternehmen mit hoher Arbeitsteilung tragen, bezogen auf den Inhalt in geringerem Umfang Auskünfte verlangt werden könnten, als etwa von denjenigen, die einen Betrieb als Einzelperson führen.[904]

Das Auskunftsverlangen muss gem. § 42 Abs. 2 Hs. 1 LFGB zur Überwachung der Einhaltung lebensmittelrechtlicher Vorschriften »erforderlich« sein. Erforderlichkeit meint in diesem Zusammenhang, dass das Auskunftsverlangen dem allgemeinen Überwachungszweck dient.[905] Dieses Merkmal fehlt bei sachfremden Erkundigungen etwa nach den Einkommensverhältnissen oder den allgemeinen wirtschaftlichen Verhältnissen des Betriebs.[906] Konkrete Anhaltspunkte für einen Verstoß müssen zum Zeitpunkt des Auskunftsverlangens dagegen nicht vorgelegen haben.[907] Die Befugnis soll gerade auch im Rahmen der u. a. von § 39 Abs. 1 S. 2 LFGB geforderten, nicht anlass- bzw. verdachtsbezogenen Routinekontrollen bestehen.[908] Darüber hinaus ist der allgemeine Grundsatz der Verhältnismäßigkeit zu be-

901 *Meyer,* in: Ders./Streinz (Hrsg.), BasisV/LFGB, § 42 Rn. 32; *Rathke,* ZLR 1985, 115 (124) (zum insoweit wortgleichen § 41 Abs. 3 Nr. 4 LMBG); *Scholl,* Behördliche Prüfungsbefugnisse, S. 117 f.; *Voß,* LFGB, S. 234; *Zipfel/Rathke,* Lebensmittelrecht II, C 102, § 42 Rn. 72.

902 Vgl. *Scholl,* Behördliche Prüfungsbefugnisse, S. 117.

903 *Scholl,* Behördliche Prüfungsbefugnisse, S. 118.

904 *Scholl,* Behördliche Prüfungsbefugnisse, S. 118.

905 *Meyer,* in: Ders./Streinz (Hrsg.), BasisV/LFGB, § 42 Rn. 10. *Scholl* bezeichnet diese als (gesetzesspezifische) »Erforderlichkeit i. w. S.« im Gegensatz zur »Erforderlichkeit i. e. S.« im Rahmen des Verhältnismäßigkeitsgrundsatzes, die das Fehlen eines milderen Mittels voraussetzt (*Scholl,* Behördliche Prüfungsbefugnisse, S. 56/66). Zum Verhältnismäßigkeitsgrundsatz s. o. S. 60 ff.

906 *Rathke,* ZLR 1985, 115 (124) (zum insoweit wortgleichen § 41 Ab. 3 Nr. 4 LMBG).

907 *BayObLG,* Beschl. v. 18.12.1992 – 3 Ob OWi 108/92 –, in: OLGSt 6, 3 (4) = NVwZ-RR 1993, 243 (243) (zum insoweit wortgleichen § 41 Abs. 3 Hs. 1 LMBG); *Meyer,* in: Ders./Streinz (Hrsg.), BasisV/LFGB, § 42 Rn. 10; *Voß,* LFGB, S. 229.

908 Vgl. *Voß,* LFGB, S. 229.

achten,[909] d. h. das Einholen der Auskunft muss zur Verfolgung des Überwachungszwecks geeignet sein[910] und es darf kein ebenso geeignetes, milderes Mittel zur Verfügung stehen, das die Erforderlichkeit[911] ausschließen würde.[912] Als milderes Mittel kommt beispielsweise die Ausschöpfung anderer Informationsquellen ohne Inanspruchnahme des Unternehmers in Betracht,[913] soweit diese die gewünschten Informationen ebenfalls erbringen könnten und würden und die Dringlichkeit der Informationsbeschaffung oder ein für die Behörde unverhältnismäßiger zeitlicher oder finanzieller Aufwand der Nutzung der anderen Informationsquellen nicht entgegensteht.[914] Darüber hinaus muss das Einholen der Auskunft auch angemessen sein, d. h. der damit verbundene Eingriff in die Rechte und Interessen der Betroffenen darf nicht außer Verhältnis zum konkreten Überwachungszweck der Maßnahme stehen.[915] Dies kann beispielsweise dann der Fall sein, wenn eine aus Sicht der Behörde relativ unbedeutende Auskunft nur unter Einsatz eines großen Nachforschungs- und Untersuchungsaufwands auf Seiten des Unternehmers erteilt werden könnte.

Das Auskunftsverlangen kann an natürliche und juristische Personen sowie nicht rechtsfähige Personenvereinigungen gerichtet werden. Entsprechend sind diese gem. § 44 Abs. 2 S. 1 LFGB verpflichtet, die Auskünfte auf Verlangen unverzüglich, d. h. ohne schuldhaftes Zögern[916] zu erteilen. Dem Auskunftspflichtigen ist allerdings – soweit erforderlich – eine angemessene Überlegungsfrist zuzugestehen, um beispielsweise Erkundigungen bei Dritten zur Absicherung der Richtigkeit der zu erteilenden Auskunft zu ermöglichen.[917] Zu den auskunftspflichtigen natürlichen Personen gehören die Betriebsinhaber sowie alle Personen, denen ein eigener Verantwortungsbereich im Zusammenhang mit lebensmittelrechtlich relevanten Tätigkeiten wie dem Herstellen oder dem Inverkehrbringen von Lebensmitteln über-

---

909 *Meyer,* in: Ders./Streinz (Hrsg.), BasisV/LFGB, § 42 Rn. 11.

910 *Scholl,* Behördliche Prüfungsbefugnisse, S. 65.

911 Hier ist nunmehr die Erforderlichkeit i. e. S. gemeint, s. o. S. 188 (Fn. 905).

912 *Scholl,* Behördliche Prüfungsbefugnisse, S. 66. Zum Verhältnismäßigkeitsgrundsatz s. auch oben S. 60 ff.

913 *Scholl,* Behördliche Prüfungsbefugnisse, S. 67.

914 *Scholl,* Behördliche Prüfungsbefugnisse, S. 67.

915 Vgl. *BVerwG,* Urt. v. 5.6.1959 – VII C 44.59 –, in: BVerwGE 8, 336 (337); Urt. v. 28.2.1969 – I B 1868 –, in; GewArch 1969, 207 (208); *Scholl,* Behördliche Prüfungsbefugnisse, S. 68 f.

916 *Meyer,* in: Ders./Streinz (Hrsg.), BasisV/LFGB, § 44 Rn. 16; *Voß,* LFGB, S. 234.

917 *Meyer,* in: Ders./Streinz (Hrsg.), BasisV/LFGB, § 44 Rn. 16.

tragen wurde.[918] Bei letzteren beschränkt sich die Auskunftspflicht auf Informationen, die den jeweils übertragenen Verantwortungsbereich betreffen.[919] Mit den juristischen Personen sind beispielsweise Lebensmittelunternehmen erfasst, die in der Rechtsform der Aktiengesellschaft oder GmbH betrieben werden. Auskunftsverlangen können also unmittelbar an ein solches Unternehmen gerichtet werden, ohne dass zuvor eine innerhalb des Unternehmens verantwortliche natürliche Auskunftsperson ermittelt werden müsste. Das Unternehmen als juristische Person handelt dann durch seine Organe.[920] Im Hinblick auf die nicht rechtsfähigen Personenvereinigungen gehören zu den auskunftspflichtigen Personen bei einem nicht eingetragenen Verein alle Vereinsmitglieder bzw. – in der Praxis – der Vorstand, bei OHG und KG die persönlich haftenden Gesellschafter und im Falle der GbR alle Gesellschafter.[921]

Ein behördliches Auskunftsverlangen kann sich insbesondere auch auf die Art und Weise der Herstellung und Verarbeitung von Lebensmitteln sowie die verwendeten Rohstoffe und Zutaten beziehen. Dadurch können sog. »Betriebs- und Geschäftsgeheimnisse« berührt sein. Zu den Betriebs- oder Geschäftsgeheimnissen zählt jede Tatsache, die in Zusammenhang mit einem wirtschaftlichen Geschäftsbetrieb steht, nur einem eng begrenzten Personenkreis bekannt, also nicht offenkundig ist, nach dem (ausdrücklich oder konkludent) bekundeten Willen des Unternehmers geheim gehalten werden soll und den Gegenstand eines berechtigten wirtschaftlichen Geheimhaltungsinteresses des Unternehmers bildet.[922] Dabei sind Betriebsgeheimnisse dem technischen, Geschäftsgeheimnisse dagegen dem kaufmän-

---

918 *Feldmann,* ZLR 1993, 652 (654) (zum insoweit wortgleichen § 41 Abs. 3 Nr. 4 LMBG); *Meyer,* in: Ders./Streinz (Hrsg.), BasisV/LFGB, § 42 Rn. 31; *Voß,* LFGB, S. 234; vgl. auch *Zipfel/Rathke,* Lebensmittelrecht II, C 102, § 42 Rn. 68 f.

919 Vgl. *Rathke,* ZLR 1985, 115 (120) (zu den insoweit wortgleichen §§ 41, 43 LMBG); *Voß,* LFGB, S. 234.

920 *Meyer,* in: Ders./Streinz (Hrsg.), BasisV/LFGB, § 42 Rn. 31; *Zipfel/Rathke,* Lebensmittelrecht II, C 102, § 42 Rn. 70.

921 *Meyer,* in: Ders./Streinz (Hrsg.), BasisV/LFGB, § 42 Rn. 31; *Zipfel/Rathke,* Lebensmittelrecht II, C 102, § 42 Rn. 71.

922 *BGH,* Urt. v. 15.3.1955 – I ZR 111/53 –, in: GRUR 1955, 424 (425); Urt. v. 1.7.1960 – I ZR 72/59 –, in: GRUR 1961, 40 (43) = NJW 1960, 1999 (2000); *BAG,* Urt. v. 16.3.1982 – 3 AZR 83/79 –, in: BAGE 41, 21 (29) = NJW 1983, 134 (134); *Berg,* GewArch 1996, 177 (178); *Breuer,* NVwZ 1986, 171 (172); *Kraßer,* GRUR 1977, 177 (178); *Rebentisch,* NJW 1980, 99 (100); *Tyczewski/Elgeti,* NWVBl. 2006, 281 (282).

nischen Bereich des Unternehmens zuzuordnen.[923] Betriebs- und Geschäftsgeheimnisse sind grundsätzlich verfassungsrechtlich geschützt.[924] Sie werden von der »informationellen Selbstbestimmung des Unternehmers«[925] umfasst, die wiederum eine unternehmensbezogene Variante des allgemeinen Grundrechts auf informationelle Selbstbestimmung darstellt.[926] Das Recht auf informationelle Selbstbestimmung und damit der Schutz von Geschäfts- und Betriebsgeheimnissen kann allerdings im überwiegenden Allgemeininteresse unter Wahrung des Grundsatzes der Verhältnismäßigkeit durch Gesetz oder aufgrund eines Gesetzes beschränkt werden.[927] Der Grad des Geheimnisschutzes im Einzelfall bestimmt sich daher nach den einschlägigen einfachgesetzlichen Vorschriften. Vorliegend wird der Schutz von Geschäfts- und Betriebsgeheimnissen durch § 42 Abs. 2 Nr. 4 bzw. § 44 Abs. 2 S. 1 LFGB wirksam eingeschränkt,[928] eine Auskunftsverweigerung unter Berufung auf den Schutz von Geschäfts- und Betriebsgeheimnissen ist also unzulässig. Andernfalls könnten gerade die für die Lebensmittelüberwachung besonders relevanten Informationen über Produkte und Produktionsvorgänge weitestgehend zurückgehalten werden.

---

923 *Berg,* GewArch 1996, 177 (178); *Breuer,* NVwZ 1986, 171 (172); *Kraßer,* GRUR 1977, 177 (179); *Rebentisch,* NJW 1980, 99 (100); *Stürner,* JZ 1985, 453 (453); *Tyczewski/Elgeti,* NWVBl. 2006, 281 (283).

924 *Tyczewski/Elgeti,* NWVBl. 2006, 281 (283).

925 *Breuer,* NVwZ 1986, 171 (172).

926 Das Grundrecht auf informationelle Selbstbestimmung, das durch das BVerfG erstmalig im sog. »Volkszählungsurteil« als Bestandteil des allgemeinen Persönlichkeitsrechts aus Art. 2 Abs. 1 i. V. m. Art. 1 Abs. 1 GG entwickelt wurde, schützt die Grundrechtsträger gegen unbegrenzte Erhebung, Speicherung, Verarbeitung und Weitergabe der auf sie bezogenen, individualisierten oder individualisierbaren Daten (*BVerfG,* Urt. v. 15.12.1983 – 1 BvR 209/83 u. a. –, in: BVerfGE 65, 1 (43) = NJW 1984, 419 (422); Urt. v. 17.7.1984 – 2 BvE 11/83 u. 15/83 –, in: BVerfGE 67, 100 (143)). Der Schutz ist dabei nicht auf die Privatsphäre betreffende Daten natürlicher Personen beschränkt. Unter Einbeziehung der Art. 14 und 19 Abs. 3 GG erstreckt er sich vielmehr umfassend auf Daten, die berufliche, betriebliche, unternehmerische oder sonstige wirtschaftliche Verhältnisse natürlicher und juristischer Personen betreffen (vgl. *BVerfG,* Urt. v. 17.7.1984 – 2 BvE 11/83 u. 15/83 –, in: BVerfGE 67, 100 (142 f.) = NJW 1984, 2271 (2275)).

927 *BVerfG,* Urt. v. 15.12.1983 – 1 BvR 209/83 u. a. –, in: BVerfGE 65, 1 (44) = NJW 1984, 419 (422); Urt. v. 17.7.1984 – 2 BvE 11/83 u. 15/83 –, in: BVerfGE 67, 100 (143) = NJW 1984, 2271 (2275 f.); *Breuer,* NVwZ 1986, 171 (172).

928 Vgl. *Meyer,* in: Ders./Streinz (Hrsg.), BasisV/LFGB, § 42 Rn. 30.

Eine effektive und wirksame Lebensmittelüberwachung liegt jedoch im Interesse der Allgemeinheit. Auf der anderen Seite besteht auch im Rahmen des § 42 Abs. 2 Nr. 4 LFGB zumindest ein *relativer* Geheimnisschutz.[929] Denn die Überwachungsbehörde unterliegt in Bezug auf die erlangten Informationen Verschwiegenheits- und Geheimhaltungspflichten.[930] So bestimmt § 3b S. 1 VwVfG NRW, dass eine Behörde Angaben über persönliche und sachliche Verhältnisse einer natürlichen Person sowie Betriebs- oder Geschäftsgeheimnisse nicht unbefugt offenbaren darf. Es ist also eine ausdrückliche Befugnis zur Offenbarung der Betriebs- und Geschäftsgeheimnisse erforderlich, die sich im Einzelfall aufgrund gesetzlicher Ermächtigung oder der Zustimmung des Betroffenen ergeben kann.[931] Die Geheimhaltungspflichten sind auch strafrechtlich abgesichert:[932] Nach § 203 Abs. 2 S. 1 StGB wird bestraft, wer unbefugt ein fremdes Geheimnis, insbesondere ein Betriebs- oder Geschäftsgeheimnis, offenbart, das ihm als Amtsträger oder für den öffentlichen Dienst besonders Verpflichteten anvertraut worden oder sonst bekannt geworden ist.

Zu beachten ist darüber hinaus das Auskunftsverweigerungsrecht nach § 44 Abs. 2 S. 2 LFGB. Danach kann der zur Auskunft Verpflichtete die Auskunft auf solche Fragen verweigern, deren Beantwortung ihn selbst oder einen der in § 383 Abs. 1 Nr. 1 bis 3 ZPO bezeichneten Angehörigen[933] der Gefahr strafrechtlicher Verfolgung oder eines Verfahrens nach dem Gesetz über Ordnungswidrigkeiten aussetzen würde. Diese Einschränkung der Auskunftspflicht ist Ausdruck des aus dem Strafprozessrecht bekann-

929 Zum Begriff s. *Breuer,* NVwZ 1986, 171 (174).

930 *Meyer,* in: Ders./Streinz (Hrsg.), BasisV/LFGB, § 42 Rn. 30.

931 Vgl. *Scholl,* Behördliche Prüfungsbefugnisse, S. 105 f.

932 *Rathke,* ZLR 1985, 115 (118) (zu den insoweit wortgleichen §§ 41, 43 LMBG); *Voß,* LFGB, S. 235.

933 Dies sind der Verlobte oder derjenige, mit dem der Auskunftspflichtige das Versprechen eingegangen ist, eine Lebenspartnerschaft zu begründen, der Ehegatte oder Lebenspartner, auch wenn die Ehe bzw. Lebenspartnerschaft nicht mehr besteht, sowie diejenigen, die mit dem Auskunftspflichtigen in gerader Linie verwandt oder verschwägert, in der Seitenlinie bis zum dritten Grad verwandt oder bis zum zweiten Grad verschwägert sind oder waren.

ten[934] verfassungsrechtlich abgesicherten[935] »Nemo-Tenetur«[936]-Grundsatzes.[937]

b) Auskünfte zur Rückverfolgbarkeit

Das Auskunftsverweigerungsrecht erstreckt sich allerdings nicht auf eine durch § 44 Abs. 3 LFGB begründete Auskunftspflicht. Nach § 44 Abs. 3 S. 1 LFGB ist ein Lebensmittelunternehmer verpflichtet, dem Kontrollpersonal auf Verlangen solche Informationen zu übermitteln, die er aufgrund eines betriebseigenen Systems oder Verfahrens zur Rückverfolgbarkeit nach Art. 18 Abs. 2 UAbs. 2 EG-BasisV besitzt und die »zur Rückverfolgbarkeit bestimmter Lebensmittel oder Futtermittel[938] erforderlich sind«.[939]

Rückverfolgbarkeit bedeutet die Möglichkeit, ein Lebensmittel oder Futtermittel, ein der Lebensmittelgewinnung dienendes Tier oder einen Stoff, der dazu bestimmt ist oder von dem erwartet werden kann, dass er in einem Lebensmittel oder Futtermittel verarbeitet wird (Ausgangsstoff), durch alle Produktions-, Verarbeitungs- und Vertriebsstufen zu verfolgen, Art. 3 Nr. 15 EG-BasisV. Sinn und Zweck der durch Art. 18 Abs. 1 EG-BasisV vorgeschriebenen Sicherstellung der Rückverfolgbarkeit ist es, die Wege eines nicht rechtskonformen bzw. gefährlichen Ausgangsstoffs oder Produkts

---

934 Dieser Grundsatz liegt insbesondere den § 55 Abs. 1 StPO (Auskunftsverweigerungsrecht des Zeugen) und § 136 Abs. 1 S. 2 StPO (Aussageverweigerungsrecht des Beschuldigten) zugrunde.

935 *BVerfG,* Beschl. v. 8.10.1974 – 2 BvR 747/73 u. a. –, in: BVerfGE 38, 105 (114 f.); Beschl. v. 22.10.1980 – 2 BvR 1172/79, 2 BvR 1238/79 –, in: BVerfGE 55, 144 (150); Beschl. v. 13.1.1981 – 1 BvR 116/77 –, in: BVerfGE 56, 37 (43); Beschl. v. 21.8.2000 – 2 BvR 1372/00 –, in: NStZ 2001, 103 (104) = NJW 2000, 3775 (3776); *BGH,* Urt. v. 27.2.1951 – 1 StR 14/51 –, in: BGHSt 1, 39 (40); *Dreier*, in: Ders. (Hrsg.), GG I, Art. 1 Rn. 140.

936 »Nemo tenetur se ipsum accusare«: Niemand ist verpflichtet, sich selbst zu belasten.

937 *Meyer,* in: Ders./Streinz (Hrsg.), BasisV/LFGB, § 44 Rn. 17; *Scholl,* Behördliche Prüfungsbefugnisse, S. 125.

938 Die Rückverfolgbarkeit von Futtermitteln spielt im Rahmen der vorliegenden Untersuchung im Zusammenhang mit möglichen Verstößen gegen Verfütterungsverbote oder -beschränkungen (s. o. S. 151 ff.) eine Rolle.

939 Angesichts der Verwendung des Wortes »und« und nicht »oder« zur Verknüpfung der Nrn. 1 und 2 müssen diese Voraussetzungen kumulativ vorliegen. Die Informationspflicht wird also nicht alternativ auf die in Nr. 2 genannten Informationen *erweitert* (so aber anscheinend das Verständnis bei *Zipfel/Rathke,* Lebensmittelrecht II, C 102, § 44 Rn. 36), sondern schränkt vielmehr den Kreis der zu übermittelnden Informationen auf die zur Rückverfolgbarkeit erforderlichen ein.

entlang der Lebensmittelkette offen legen zu können, um im Bedarfsfall einerseits die Quelle des Verstoßes bzw. der Gefahr und andererseits nachfolgend betroffene Betriebe und Produkte identifizieren und lokalisieren zu können. Dies bietet den Überwachungsbehörden die Möglichkeit, gezielt auf bestimmte betroffene Betriebe oder Produkte zuzugreifen und potentiell betroffene Verbraucher und Lebensmittelunternehmen entsprechend zu informieren.[940]

Gem. Art. 18 Abs. 2 UAbs. 1 EG-BasisV müssen die Lebensmittelunternehmer daher in der Lage sein, jede Person festzustellen, von der sie ein Lebensmittel, Futtermittel, ein der Lebensmittelgewinnung dienendes Tier oder einen Ausgangsstoff erhalten haben. Dies betrifft also Informationen über die unmittelbar *vorangehende* Produktionsstufe.[941] Außerdem müssen sie nach UAbs. 2 Systeme und Verfahren einrichten, mit denen diese Informationen den zuständigen Behörden auf Aufforderung mitgeteilt werden können. Daraus lässt sich eine Pflicht zur fortlaufenden Aufzeichnung und Speicherung dieser Informationen ableiten.[942] Um eine Zuordnung zu den einzelnen Lieferungen zu ermöglichen, müssen die Aufzeichnungen mindestens den Namen und die Anschrift des Lieferanten, die Art der gelieferten Produkte sowie das Datum der Lieferung enthalten.[943] Letzteres ist notwendig, da sonst in den Fällen, in denen mehrmals durch dieselbe Person dieselbe Produktart geliefert wird, keine eindeutige Zuordnung möglich wäre.[944] Soweit dies, insbesondere bei größeren Lebensmittelunternehmen, die fortwährend umfangreiche Lieferungen gleicher Art erhalten, zur Rückverfolgbarkeit bzw. zur eindeutigen Identifizierung einzelner Lieferungen bzw. Produkte notwendig wäre, sind darüber hinaus auch Informationen über den jeweiligen Umfang der Lieferung, die Chargen- bzw. Losnummer[945] sowie eine genauere Beschreibung der gelieferten Produkte aufzunehmen.[946] Darüber hinaus muss sichergestellt sein, dass ein schneller

---

940 Vgl. Egr. (28) EG-BasisV; *Leitlinien des Ständigen Ausschusses für die Lebensmittelkette und Tiergesundheit zur EG-BasisV,* S. 11; *Gorny,* Grundlagen des europäischen Lebensmittelrechts, S. 132.

941 Vgl. Egr. (29) EG-BasisV; *Schroeder/Kraus,* EuZW 2005, 423 (425 f.).

942 *Zipfel/Rathke,* Lebensmittelrecht II, C 101, Art. 18 Rn. 13.

943 *Leitlinien des Ständigen Ausschusses für die Lebensmittelkette und Tiergesundheit zur EG-BasisV,* S. 16.

944 *Leitlinien des Ständigen Ausschusses für die Lebensmittelkette und Tiergesundheit zur EG-BasisV,* S. 16.

945 Zur Loskennzeichnung s. o. S. 126 f.

946 Vgl. *Leitlinien des Ständigen Ausschusses für die Lebensmittelkette und Tiergesundheit zur EG-BasisV,* S. 16.

Zugriff auf die im Einzelfall angeforderten Informationen möglich ist, was eine gewisse Ordnung bzw. Systematisierung der Aufzeichnungen erfordert.[947] Im Übrigen ist es im wesentlichen Sache des Unternehmers, auf welche Weise er seinen Verpflichtungen aus Art. 18 Abs. 2 UAbs. 2 EG-BasisV nachkommt und wie er sein Rückverfolgbarkeitssystem im Detail gestaltet.[948] Für bestimmte Produkte und Branchen sind allerdings gesonderte Vorschriften über gesetzliche Rückverfolgbarkeitssysteme vorgesehen,[949] so z. B. im Bereich der tierischen Lebensmittel.[950]

Die Pflicht, die aufgezeichneten Informationen auf Anfrage den Behörden zu übermitteln, soweit diese »zur Rückverfolgbarkeit bestimmter Lebensmittel oder Futtermittel erforderlich sind«, ergibt sich aus dem eingangs zitierten § 44 Abs. 3 S. 1 LFGB. Eine Erforderlichkeit ist zu bejahen, wenn die Behörden die jeweilige Information benötigen, um die Herkunft eines bestimmten Lebensmittels oder Futtermittels zu ermitteln.[951]

Auch zur Feststellung derjenigen Unternehmen, an die ihre Produkte wiederum *weitergeliefert* wurden,[952] sind gem. Art. 18 Abs. 3 S. 1 EG-BasisV von den Lebensmittelunternehmern Systeme und Verfahren einzurichten. Die Pflicht, entsprechende Informationen den Behörden auf Aufforderung zur Verfügung zu stellen, ist hier in S. 2 im unmittelbaren

---

947 Vgl. *Zipfel/Rathke,* Lebensmittelrecht II, C 101, Art. 3 Rn. 101/Art. 18 Rn. 14.

948 *Gorny,* Grundlagen des europäischen Lebensmittelrechts, S. 135.

949 *Gorny,* Grundlagen des europäischen Lebensmittelrechts, S. 135.

950 So dürfen bestimmte tierische Erzeugnisse gem. Art. 5 Abs. 1 lit. a der *Verordnung (EG) Nr. 853/2004 des Europäischen Parlaments und des Rates v. 29.4.2004 mit spezifischen Hygienevorschriften für Lebensmittel tierischen Ursprungs* (ABl. Nr. L 226 v. 25.6.2004, S. 22 – *EG-Tierprodukt-HygieneV*) nur in den Verkehr gebracht werden, wenn sie mit einem Identitätskennzeichen nach Anh. II Abschn. I der VO versehen sind, welches u. a. einen Hinweis auf das Herkunftsland sowie die Zulassungsnummer des Betriebes, in dem sie verarbeitet wurden, enthalten muss und von Seiten des Lebensmittelunternehmers nur angebracht werden darf, wenn die lebensmittelrechtlichen Anforderungen der EG-Tierprodukt-HygieneV eingehalten worden sind, Art. 5 Abs. 2 EG-Tierprodukt-HygieneV.

951 Vgl. *Zipfel/Rathke,* Lebensmittelrecht II, C 102, § 44 Rn. 38. Nach Sinn und Zweck der Vorschrift müsste es in § 44 Abs. 3 S. 1 Nr. 2 LFGB richtigerweise »zur *Rückverfolgung* (…) erforderlich« heißen, da die Informationsübermittlung die tatsächlichen Rückverfolgung eines Erzeugnisses im Einzelfall durch die Behörde ermöglichen soll (vgl. *Zipfel/Rathke,* Lebensmittelrecht II, C 102, § 44 Rn. 37).

952 Eine Lieferung an den Endverbraucher i. S. d. Art. 3 Nr. 18 EG-BasisV (s. o. S. 38) wird also *nicht* erfasst (*Zipfel/Rathke,* Lebensmittelrecht II, C 101, Art. 18 Rn. 18; vgl. *Leitlinien des Ständigen Ausschusses für die Lebensmittelkette und Tiergesundheit zur EG-BasisV,* S. 12: »Die Lebensmittelunternehmer müssen die direkten Abnehmer nicht ermitteln, wenn es sich um Endverbraucher handelt.«).

Zusammenhang geregelt. Erfasst werden soll – trotz des nicht ganz eindeutigen Wortlauts –[953] lediglich die unmittelbar folgende Stufe, an die das Lebensmittelunternehmen geliefert hat.[954]

Dem Nemo-Tenetur-Grundsatz wird in den Fällen der Informationen zur Rückverfolgbarkeit dadurch Rechnung getragen, dass nach § 44 Abs. 4 S. 1 Nr. 2 LFGB entsprechende Mitteilungen eines Unternehmers weder zu dessen strafrechtlicher Verfolgung noch für ein Verfahren nach dem Gesetz über Ordnungswidrigkeiten gegen ihn verwendet werden dürfen.

c) Auskünfte im Verdachtsfall

Über das allgemeine Auskunftsverlangen hinausgehende behördliche Befugnisse bzw. Auskunftspflichten der Unternehmer in besonderen Fällen begründet § 39 Abs. 2 S. 1 i. V. m. S. 2 Nr. 1 LFGB. Für den Fall, dass Grund zur Annahme besteht, dass ein Erzeugnis nicht den lebensmittelrechtlichen Vorschriften entspricht, kann die Behörde nach § 39 Abs. 2 S. 2 Nr. 1 anordnen, dass derjenige, der dieses Erzeugnis herstellt, behandelt oder in den Verkehr gebracht hat oder dies beabsichtigt, eine »Prüfung« durchführt oder durchführen lässt und das Ergebnis der Prüfung mitteilt (lit. a) oder ihr den Eingang des Erzeugnisses anzeigt (lit. b).[955] Aus dem Zusammenhang ergibt sich, dass Gegenstand der Prüfung diejenigen Umstände sind, auf denen die Annahme der fehlenden Rechtskonformität beruht. Die Prüfung hat also den Zweck, die begründeten Verdachtsmomente entweder zu entkräften oder zu bestätigen. Die Anordnung, den Eingang eines Erzeugnisses anzuzeigen, ergibt dagegen dann einen Sinn, wenn ein Lebensmittelunternehmer ein möglicherweise nicht rechtskonformes Lebensmittel zu behandeln bzw. zu verarbeiten oder in den Verkehr zu bringen

---

953 Der Wortlaut beschränkt die Feststellung nicht auf die Unternehmen, an die die Lebensmittelunternehmer selbst unmittelbar ihre Produkte geliefert haben. Erfasst sein könnte also auch die gesamte nachfolgende Lieferkette.

954 So heißt es in den Leitlinien zur EG-BasisV u. a.: »Nach Art. 18 müssen Lebensmittelunternehmer (…) feststellen können, von wem sie ein Erzeugnis erhalten haben und *an wen sie ein Erzeugnis geliefert haben* (…) [*Hervorhebung nicht im Original*]« (*Leitlinien des Ständigen Ausschusses für die Lebensmittelkette und Tiergesundheit zur EG-BasisV,* S. 11). Vgl. auch *Gorny,* Grundlagen des europäischen Lebensmittelrechts, S. 134; *Holle,* ZLR 2004, 307 (319); *Schroeder/Kraus,* EuZW 2005, 423 (425 f.); *Simon,* Kooperative Risikoverwaltung, S. 216 f.

955 Trotz des anders lautenden Wortlauts sind diese Pflichten als Auskunfts- und nicht als Mitteilungs- bzw. Anzeigepflichten einzuordnen, da die Pflicht zur Übermittlung des Prüfungsergebnisses bzw. die Information über den Eingang des Produkts erst durch entsprechende Anfrage bzw. Anordnung der Behörde begründet wird.

beabsichtigt, das er nicht selbst herstellt, sondern dessen Lieferung durch einen anderen Unternehmer noch zu erfolgen hat. Die Eingangsanzeige kann in diesen Fällen dazu dienen, die Behörde in die Lage zu versetzen, unverzüglich nach Eingang des betroffenen Erzeugnisses Maßnahmen zu ergreifen, um dem Verdacht der fehlenden Rechtskonformität nachzugehen.

Bereits der Wortlaut, dass »Grund zur Annahme« bestehen muss, setzt allerdings voraus, dass über eine reine Vermutung hinaus Tatsachen vorliegen müssen, die auf die mangelnde Rechtskonformität des Lebensmittels hinweisen.[956] Darüber hinaus ist zu beachten, dass es sich bei der Prüfungsanordnung um eines der in § 39 Abs. 2 S. 2 LFGB genannten Beispiele für gem. S. 1 zu treffenden Anordnungen und Maßnahmen handelt, sodass einer der in S. 1 genannten Überwachungszwecke verfolgt werden muss, in diesem Fall die Feststellung oder Ausräumung eines hinreichenden Verdachts eines Verstoßes.[957] Voraussetzung einer Prüfungsanordnung bzw. Anordnung einer Eingangsanzeige ist also, dass die fehlende Rechtskonformität des betroffenen Lebensmittels wahrscheinlich ist.[958]

Das Vorhandensein eines konkreten Verdachts ist auch wegen des Nemo-Tenetur-Grundsatzes erforderlich. Denn die Anordnung zwingt den Betroffenen dazu, Beweismaterial gegen sich selbst zu liefern.[959] Dies ist jedoch dann gerechtfertigt, wenn der Betroffene durch sein Verhalten bereits einen konkreten Verdacht gesetzt hat.[960] Der Betroffene wird also nicht dazu gezwungen, etwas zu offenbaren, was nicht auch die Überwachungsbehörde, die auf den möglicherweise nicht rechtskonformen Sachverhalt ohnehin bereits aufmerksam gemacht worden ist, selbst ermitteln könnte.[961] Die Vorschrift führt also lediglich dazu, dass dem Unternehmer die Vornahme der Prüfung und die damit verbundenen finanziellen Aufwendungen aufgebürdet werden.[962]

Im Rahmen der Erforderlichkeits- bzw. allgemeinen Verhältnismäßigkeitsprüfung[963] ist insbesondere die mit der Durchführung einer Prüfungs-

956 Vgl. *Meyer,* in: Ders./Streinz (Hrsg.), BasisV/LFGB, § 39 Rn. 13; *Zipfel/Rathke,* Lebensmittelrecht II, C 102, § 39 Rn. 25.

957 S. o. S. 183.

958 S. o. S. 182.

959 *Verfürth,* Effektive Lebensmittelüberwachung, S. 154.

960 *Verfürth,* Effektive Lebensmittelüberwachung, S. 154.

961 *Verfürth,* Effektive Lebensmittelüberwachung, S. 154.

962 *Verfürth,* Effektive Lebensmittelüberwachung, S. 154.

963 Zum Verhältnismäßigkeitsgrundsatz s. o. S. 60 ff.

anordnung einhergehende, auch finanzielle Belastung des betroffenen Lebensmittelunternehmers zu berücksichtigen. Die Anordnung kann daher rechtswidrig sein, wenn die Behörde ohne weiteres bzw. mit geringerem (finanziellen) Aufwand selbst die Prüfung durchführen oder von Dritten durchführen lassen könnte.

Nach § 39 Abs. 3 Nr. 2 LFGB können die Anordnungen nach Abs. 2 S. 2 Nr. 1 »auch in Bezug auf das Verfüttern eines Futtermittels ergehen«. In die letztgenannte Vorschrift »hineingelesen« bedeutet dies, dass eine Prüfungsanordnung bzw. die Anordnung einer Eingangsanzeige auch demjenigen gegenüber ergehen kann, der ein Futtermittel verfüttert hat oder dies beabsichtigt, sofern Grund zur Annahme besteht, dass das *Verfüttern* dieses Futtermittels gegen lebensmittelrechtliche Vorschriften verstößt.[964] In Betracht kommen hier mögliche Verstöße gegen *futtermittelbezogene* Vorschriften, die also den Einsatz bestimmter Futtermittel verbieten oder beschränken, beispielsweise das Verbot des Art. 15 Abs. 1 EG-BasisV, nicht sichere Futtermittel an Tiere zu verfüttern, die der Lebensmittelgewinnung dienen.[965] Demgegenüber ist davon auszugehen, dass mögliche Verstöße gegen *fütterungsbezogene* Vorschriften, die Sorgfaltsanforderungen an den Fütterungsvorgang oder damit zusammenhängende Handlungen wie die Futtermittellagerung stellen (also etwa die Nichteinhaltung von Hygienevorschriften),[966] nicht erfasst werden sollen. Dies ergibt sich im Falle der Eingangsanzeige bereits aus der Natur der Anordnung, da nur der Eingang eines Produkts, also hier des Futtermittels, angezeigt werden kann. Der wahrscheinliche Verstoß muss sich also aus der Beschaffenheit des Futtermittels ergeben. Aber auch die Anordnung einer Prüfung hat sich auf ein

964 Hierdurch nicht erfasst werden sollen dagegen die Fälle, in denen die Anordnung gegenüber einem Futtermittelunternehmer ergeht oder ein Futtermittel *an sich* nicht rechtskonform ist. Dieser Fall wird bereits durch Abs. 2 S. 2 Nr. 1 erfasst, da dort allgemein von »Erzeugnissen« die Rede ist, zu denen nach § 2 Abs. 1 LFGB auch Futtermittel gehören. Dies ist allerdings nicht Gegenstand der Darstellung, da die Vorschriften, die Anforderungen an Futtermittel bzw. an die Tätigkeit der Futtermittelunternehmen stellen, nicht zum Lebensmittelrecht im Sinne der vorliegenden Untersuchung gehören (s. o. S. 31 f.) und nicht Gegenstand der allgemeinen Lebensmittelüberwachung sind. Vorschriften hinsichtlich des *Verfütterns* eines Futtermittels im Rahmen der Lebensmittelproduktion sind dagegen vom hier verwendeten Begriff des Lebensmittelrechts erfasst (s. o. S. 32), weshalb diesbezügliche Anordnungen als Maßnahmen der Lebensmittelüberwachung einzuordnen sind.

965 Zu den lebensmittelrechtlichen Vorschriften über den Einsatz von Futtermitteln s. o. S. 151 ff.

966 Zu den fütterungsbezogenen Vorschriften s. o. S. 154.

bestimmtes Produkt zu beziehen, wenn der ursprüngliche Charakter der Anordnungen nach § 39 Abs. 2 S. 2 Nr. 1 lit. a LFGB nicht vollkommen verändert werden soll. Denn wäre der Anlass der Anordnung ein möglicher Verstoß etwa gegen Hygienevorschriften, so müsste zur Feststellung oder Ausräumung des Verdachts nicht das Futtermittel, sondern der Betrieb bzw. die dortigen Abläufe durch den Betriebsinhaber selbst geprüft werden. Im Übrigen gelten jedoch die obigen Ausführungen hier entsprechend.

2. Mitteilungen

Mitteilungspflichten begründen eine fortwährende allgemeine Verpflichtung der Lebensmittelunternehmer, die Behörden über bestimmte Vorgänge und Sachverhalte auch unabhängig von einem konkreten Auskunftsverlangen eigeninitiativ zu informieren.[967] Sie können daher als unmittelbar selbständige Offenbarungspflichten bezeichnet werden.[968] Im Zuge der allgemeinen Tendenz, die Unternehmer stärker in die Verantwortung zu nehmen bzw. als die für die Lebensmittelsicherheit primär Verantwortlichen zu bezeichnen und die Eigenkontrollpflichten zu betonen,[969] sind diese Pflichten erweitert worden, vor allem durch Regelungen des Gemeinschaftsrechts. Dahinter verbirgt sich die Hoffnung einer Entlastung der Überwachungsbehörden, indem diese auf die übermittelten Informationen zurückgreifen können, ohne im Wege eigener Auskunftsverlangen oder sonstiger Kontrollmaßnahmen selbst ermittelnd tätig werden zu müssen. Allerdings können auch Mitteilungspflichten die Durchführung eigener behördlicher Kontrollen nur ergänzen, jedoch nicht vollständig ersetzen, denn die Behörde muss zumindest stichprobenartig überprüfen, ob die Pflichten von den Lebensmittelunternehmern eingehalten werden.[970]

Mitteilungspflichten können einerseits im Zusammenhang mit der *Aufnahme* einer dem Lebensmittelrecht unterworfenen Tätigkeit stehen.[971] Hierdurch kann die Überwachungsbehörde insbesondere Kenntnis darüber erlangen, welche Betriebe in ihrem örtlichen Zuständigkeitsbereich eine bestimmte lebensmittelunternehmerische Tätigkeit ausüben und daher in die Durchführung von Routinekontrollen mit einzubeziehen sind. Andererseits können

967 *Scholl,* Behördliche Prüfungsbefugnisse, S. 115.

968 *Scholl,* Behördliche Prüfungsbefugnisse, S. 16.

969 S. o. S. 78 ff.

970 *Scholl,* Behördliche Prüfungsbefugnisse, S. 17.

971 Vgl. *Scholl,* Behördliche Prüfungsbefugnisse, S. 16.

diese Pflichten an bestimmte Sachverhalte geknüpft sein, die regelmäßig im Zusammenhang mit der *Ausübung* einer solchen Tätigkeit auftreten können.[972]

Eine Mittelungs- bzw. »Registrierungspflicht« für alle Lebensmittelunternehmer im Zusammenhang mit der Aufnahme ihrer Tätigkeit begründet Art. 6 Abs. 2 UAbs. 1 EG-LebensmittelhygieneV. Danach haben die Lebensmittelunternehmer der Überwachungsbehörde in der von dieser verlangten Weise die einzelnen ihrer Kontrolle unterstehenden Betriebe, die auf einer der Stufen der Produktion, der Verarbeitung oder des Vertriebs von Lebensmitteln tätig sind, zwecks Eintragung zu melden. Sie stellen außerdem sicher, dass die Kenntnisse der zuständigen Behörde über die Betriebe stets auf dem aktuellen Stand sind, indem sie u. a. alle wichtigen Tätigkeitsänderungen sowie Betriebsschließungen melden, UAbs. 2. Die Behörden haben eine Liste der registrierten Unternehmen zu erstellen und diese fortwährend auf dem neuesten Stand zu halten, Art. 31 Abs. 1 UAbs. b S. 1 EG-KontrollV.

Art. 19 Abs. 3 S. 1 EG-BasisV betrifft dagegen eine fortwährende Mitteilungspflicht im Zusammenhang mit der Ausübung einer lebensmittelunternehmerischen Tätigkeit. Danach ist ein Lebensmittelunternehmer für den Fall, dass er erkennt oder Grund zu der Annahme hat, dass ein von ihm in Verkehr gebrachtes Lebensmittel möglicherweise gesundheitsschädlich ist, verpflichtet, den Behörden unverzüglich eine entsprechende Mitteilung zu machen. Dadurch soll sichergestellt werden, dass die zuständige Behörde Kenntnis von diesen potentiell gefährlichen Sachverhalten erlangt und zeitnah die erforderlichen Abwehrmaßnahmen ergreifen kann.[973] Zumindest dann, wenn die (potentielle) Gesundheitsschädlichkeit auf eine Pflichtverletzung des zur Information verpflichteten Unternehmers zurückzuführen ist, ist eine Erfüllung der Pflicht in der Praxis allerdings fraglich, da dies einer »Selbstanschwärzung« gleichkäme.[974] Allerdings darf gem. § 44 Abs. 4 S. 1 Nr. 1 LFGB eine solche Mitteilung nicht zur strafrechtlichen Verfolgung des Mitteilenden oder für ein gegen ihn gerichtetes Ordnungswidrigkeitenverfahren, sondern nur zum Zwecke der Abwehr von Gesundheitsgefahren verwertet werden, § 44 Abs. 4 S. 2 LFGB. Der Unternehmer

---

972 Vgl. *Scholl,* Behördliche Prüfungsbefugnisse, S. 16.

973 Vgl. *Leitlinien des Ständigen Ausschusses für die Lebensmittelkette und Tiergesundheit zur EG-BasisV,* S. 26.

974 Vgl. *Klindt,* VersR 2004, 296 (300), zur vergleichbaren Regelung des Art. 5 Abs. 3 EG-Produktsicherheits-RL.

hätte aber dennoch zumindest verwaltungsrechtliche Konsequenzen zu befürchten, beispielsweise den Erlass von Verkehrsverboten,[975] die sich wirtschaftlich bzw. finanziell ebenfalls negativ auswirken können.

II. Informationen Dritter

Als weitere Informationsquellen kommen neben den Unternehmern andere Behörden sowie die Verbraucher in Betracht.

Informationen von Seiten anderer Behörden können zum einen im Wege einer direkten Anfrage erlangt werden, ggf. im Wege der Amtshilfe. Bestimmte Informationen erhält die Überwachungsbehörde bereits aufgrund gesetzlicher Mitteilungspflichten anderer Behörden. So hat eine Überwachungsbehörde, die eine Maßnahmen in Bezug auf ein nicht lebensmittelrechtskonformes Produkt ergriffen hat, diejenigen anderen Überwachungsbehörden hierüber zu unterrichten, die für eine andere Produktions-, Verarbeitungs- oder Vertriebsstufe des betroffenen Produkts zuständig sind, soweit sie Grund zu der Annahme hat, dass eine solche Unterrichtung zum Schutz der Verbraucher erforderlich ist, § 18 Abs. 2 AVV RÜb. § 42 Abs. 5 S. 1 LFGB begründet eine Pflicht der Staatsanwaltschaft, die zuständige Überwachungsbehörde unverzüglich über die Einleitung solcher Strafverfahren zu unterrichten, die sich auf Verstöße gegen lebensmittelrechtliche Verbote und Beschränkungen beziehen.

Daneben kommt auch ein Rückgriff auf Informationen in Betracht, die durch andere Behörden und Stellen, insbesondere durch andere Lebensmittelüberwachungsbehörden, in Datenbanken oder sonstige Informationssysteme eingestellt wurden. In Nordrhein-Westfalen können die an der Lebensmittelüberwachung beteiligten Behörden auf das »Informations- und Kommunikationssystem Lebensmittelüberwachung« (*ILM*) zugreifen.[976] In dieses System werden von den beteiligten Behörden u. a. Informationen über Proben eingestellt, die im Rahmen der amtlichen Lebensmittelüberwachung in Nordrhein-Westfalen entnommen wurden.[977] Diese Daten können von den ILM-Anwendern landesweit abgerufen und ausgewertet werden.[978] Auf diesem Wege können die Behörden u. a. Informationen

---

975 Zum Verkehrsverbot als behördliche Durchsetzungsmaßnahme s. u. S. 255 f.

976 Vgl. *http://www.ilm.nrw.de* (Stand: 06/2009).

977 Vgl. *http://www.ilm.nrw.de* (Stand: 12/2008). Zur amtlichen Probenahme im Rahmen der Lebensmittelüberwachung s. u. S. 221 ff.

978 Vgl. *http://www.ilm.nrw.de* (Stand: 06/2009).

darüber erhalten, welche Produkte welches Lebensmittelunternehmers beprobt wurden, auf welchen Parameter entnommene Proben untersucht wurden, ob es zu Beanstandungen gekommen ist und ob behördliche Maßnahmen eingeleitet wurden.[979] Darüber hinaus können über das ILM auch Meldungen abgerufen werden, die im Rahmen des sog. europäischen »Schnellwarnsystems« (»Rapid Alert System Food and Feed«) veröffentlicht werden. Das Schnellwarnsystem dient der Sammlung und Weitergabe von Meldungen über unmittelbare oder mittelbare Risiken für die menschliche Gesundheit, die von Lebensmitteln oder Futtermitteln ausgehen.[980] Mitglieder des Netzes sind jeweils eigens benannte Kontaktstellen der Mitgliedstaaten, der Kommission sowie der EBLS.[981] Kontaktstelle für Deutschland ist das BVL.[982] Liegen einem Mitglied des Netzes Informationen über das Vorhandensein eines ernsten unmittelbaren oder mittelbaren Risikos für die menschliche Gesundheit vor, das von Lebensmitteln oder Futtermitteln ausgeht, so werden diese Informationen der Kommission unverzüglich über das Schnellwarnsystem gemeldet.[983] Die Kommission leitet diese Informationen wiederum unverzüglich an die Mitglieder des Netzes weiter.[984] Die Meldungen enthalten Informationen zur Art, Herkunft und zu den Vertriebswegen des Produkts sowie zur Gefahr, die von dem Produkt ausgeht. Das BVL informiert seinerseits die hierfür vorgesehenen Kontaktstellen der Bundesländer über die Meldungen, die in das Schnellwarnsystem eingestellt wurden.[985]

Als Informationsquelle kommen schließlich auch die Verbraucher in Betracht. Diese sind in der Regel auch ohne tiefer gehende Kenntnisse des Lebensmittelrechts in der Lage, zumindest offensichtlich nicht rechtskonforme, insbesondere verdorbene oder durch Fremdstoffe kontaminierte Lebensmittel zu identifizieren.[986] In diesen Fällen können sie die zuständigen Überwachungsbehörden im Wege der sog. »Verbraucherbeschwerde«

979 Vgl. *http://www.ilm.nrw.de* (Stand: 06/2009).

980 Vgl. Art. 50 Abs. 1 S. 1, Abs. 2 EG-BasisV.

981 Art. 50 Abs. 1 S. 3 EG-BasisV.

982 S. § 1 S. 1 Nr. 1 lit. a der *Verordnung zur Übertragung von Befugnissen auf das Bundesamt für Verbraucherschutz und Lebensmittelsicherheit* v. 21.2.2003 (BGBl. I, S. 244).

983 Art. 50 Abs. 2 S. 1 EG-BasisV.

984 Art. 50 Abs. 2 S. 2 EG-BasisV.

985 Vgl. § 12 Abs. 3 i. V. m. § 3 Abs. 1 der *Allgemeinen Verwaltungsvorschrift für die Durchführung des Schnellwarnsystems für Lebensmittel und Futtermittel sowie für Meldungen über Futtermittel* v. 20.12.2005 (BAnz. Nr. 245, S. 17096).

986 Vgl. *Verfürth,* Effektive Lebensmittelüberwachung, S. 3.

auf entsprechende Sachverhalte aufmerksam machen[987] bzw. den Behörden die betroffenen Lebensmittel als »Beschwerdeprobe« überlassen.[988]

B. Instrumente der Selbstinformation

Nach § 39 Abs. 1 S. 2 LFGB haben sich die zuständigen Behörden durch regelmäßige Überprüfungen und Probenahmen von der Einhaltung der lebensmittelrechtlichen Vorschriften zu überzeugen. Dies beinhaltet also die Durchführung von Routinekontrollen. Eine Kontrolle soll allerdings nicht bereits dann als Routinekontrolle bezeichnet werden, sofern sie unabhängig von einer konkreten Verdachtssituation durchgeführt wird. Vielmehr soll der Begriff auf solche Kontrollen beschränkt werden, die dem allgemeinen Überwachungszweck i. S. d. § 39 Abs. 1 S. 1 LFGB dienen, indem sie auf die Überprüfung der Einhaltung der lebensmittelrechtlichen Anforderungen *insgesamt* gerichtet sind. Dagegen sind Kontrollen, die von vornherein lediglich bestimmte Aspekte, insbesondere die Einhaltung ausgewählter Vorschriften zum Gegenstand haben, nicht zu den Routinekontrollen zu zählen. Dies betrifft insbesondere Kontrollmaßnahmen im Rahmen des »Lebensmittel-Monitorings«[989], des »Nationalen Rückstandskontrollplans«[990] sowie der übrigen spezifischen Kontrollprogramme des

---

987 Vgl. *Verfürth,* Effektive Lebensmittelüberwachung, S. 3.

988 Zu den Beschwerdeproben s. u. S. 224. Informationen des MUNLV NRW für Verbraucher über die Möglichkeit einer Verbraucherbeschwerde finden sich unter *http://www.umwelt.nrw.de/verbraucherschutz/lebensmittel/verbraucherbeschwerde/index.php* (Stand: 06/2009).

989 Das Lebensmittel-Monitoring ist »ein System wiederholter Beobachtungen, Messungen und Bewertungen von Gehalten an gesundheitlich nicht erwünschten Stoffen wie Pflanzenschutzmitteln, Stoffen mit pharmakologischer Wirkung, Schwermetallen, Mykotoxinen und Mikroorganismen in und auf Erzeugnissen, die zum frühzeitigen Erkennen von Gefahren für die menschliche Gesundheit unter Verwendung repräsentativer Proben einzelner Erzeugnisse oder Tiere, der Gesamtnahrung oder einer anderen Gesamtheit von Erzeugnissen durchgeführt werden«, § 50 LFGB. Die Durchführung des Monitorings wird durch die §§ 51, 52 LFGB i. V. m. der *Allgemeinen Verwaltungsvorschrift zur Durchführung des Lebensmittel-Monitorings* v. 22.8.2005 (GMBl., S. 937) geregelt.

990 Der Nationale Rückstandskontrollplan für Lebensmittel tierischen Ursprungs ist ein auf gemeinschaftsrechtlichen Vorgaben beruhendes, jährlich durchgeführtes Kontrollprogramm, in dessen Rahmen u. a. lebende Tiere, Fleisch, Milch, Eier und Honig auf Rückstände untersucht werden. Die Durchführung der Rückstandskontrollen ist geregelt in § 10 der *Verordnung über Anforderungen an die Hygiene beim Herstellen, Behandeln und Inverkehrbringen von bestimmten Lebensmitteln tierischen Ursprungs* v. 8.8.2007 (BGBl. I, S. 1816, 1828) i. V. m. Anh. I Abschn. I Kap. II lit. F Nr. 1 lit. c der *Verordnung (EG) Nr. 854/2004 des Europäischen Parlaments und des Rates v. 29.4.2004 mit besonderen Verfahrensvorschriften für*

»Bundesweiten Überwachungsplans«[991].[992] Ebenfalls ausgenommen werden sollen spezifische Kontrollmaßnahmen, die – in Ergänzung der allgemeinen Kontrollmaßnahmen –[993] lediglich bestimmte Lebensmittelbranchen betreffen. Dies gilt insbesondere für Kontrollen bezüglich »Lebensmittel tierischen Ursprungs«.[994]

---

die amtliche Überwachung von zum menschlichen Verzehr bestimmten Erzeugnissen tierischen Ursprungs (ABl. Nr. L 226 v. 25.6.2004, S. 83 – *EG-Tierprodukt-KontrollV*) i. V. m. dem jährlichen Rückstandskontrollplan. Der Rückstandskontrollplan wird gem. § 2 Abs. 1 Nr. 10 des *Gesetzes über die Errichtung eines Bundesamtes für Verbraucherschutz und Lebensmittelsicherheit* v. 6.8.2002 (BGBl. I, S. 3082, 3084) durch das BVL unter Beteiligung der für die Rückstandskontrollen zuständigen Behörden der Länder nach Maßgabe der *Richtlinie 96/23/EG des Rates v. 29.4.1996 über Kontrollmaßnahmen hinsichtlich bestimmter Stoffe und ihrer Rückstände in lebenden Tieren und tierischen Erzeugnissen und zur Aufhebung der Richtlinien 85/358/EWG und 86/469/EWG und der Entscheidungen 89/187/EWG und 91/664/EWG* (ABl. Nr. L 125 v. 23.5.1996, S. 10) erstellt.

991 Der Bundesweite Überwachungsplan (*BÜp*) dient der zwischen den Ländern abgestimmten Durchführung amtlicher Kontrollen durch die zuständigen Behörden, § 11 Abs. 1 S. 1 AVV RÜb. Dazu werden bestimmte Kontrollprogramme zu einzelnen Themen festgelegt, die zum einen die Kontrolle von Betrieben hinsichtlich der Einhaltung bestimmter Anforderungen (beispielsweise die Einhaltung spezifischer Hygienevorschriften) und zum anderen die Kontrolle von Erzeugnissen betreffen (z. B. Programme zur Untersuchung des Gehalts an bestimmten Kontaminanten in Lebensmitteln), § 11 Abs. 2 S. 1 AVV RÜb. Der BÜp wird gem. § 11 Abs. 3 AVV RÜb als Arbeitsplan jeweils für ein Jahr vom BVL in Zusammenarbeit mit den Ländern erstellt und in Form einer Allgemeinen Verwaltungsvorschrift festgelegt.

992 Angesichts der Tatsache, dass für diese spezifischen Kontrollen und Kontrollprogramme z. T. vollständig eigene Vorschriften zur Durchführung und zu den Befugnissen der Überwachungsbehörden gelten, soll zugunsten der Übersichtlichkeit und Verständlichkeit der vorliegenden Untersuchung auf eine eingehendere Darstellung verzichtet werden.

993 Spezifische Kontrollen, die nicht kumulativ, sondern alternativ zu den allgemeinen amtlichen Kontrollen im Rahmen eines eigenständigen Überwachungsbereichs außerhalb des Anwendungsbereichs des LFGB eingreifen (z. B. Kontrollen von Weinerzeugnissen), wurden bereits vom Gegenstand der Untersuchung ausgenommen (s. o. S. 89).

994 Zu den Lebensmitteln tierischen Ursprungs gehören insbesondere Fleisch, Fischereierzeugnisse, Milch, Eier, und bestimmte Verarbeitungserzeugnisse, s. Anh. I EG-Tierprodukt-HygieneV. Für diese Lebensmittel gelten nicht nur – im Rahmen der vorstehend genannten Verordnung – besondere Vorschriften im Hinblick auf das Herstellen und Inverkehrbringen dieser Produkte, sondern – u. a. aufgrund der Vorschriften der EG-Tierprodukt-KontrollV – auch für die diesbezüglichen amtlichen Kontrollen. Da es sich dabei häufig um besonders sensible bzw. zumeist auch leicht verderbliche Produkte handelt, soll durch eine besonders gründliche und lückenlose Überwachung den hiermit verbundenen erhöhten Gesundheitsrisiken Rechnung getragen werden.

Dem ganzheitlichen Konzept des europäischen Lebensmittelrechts entsprechend[995] stellt Art. 3 Abs. 3 S. 1 EG-KontrollV klar, dass amtliche Kontrollen auf jeder Produktions-, Verarbeitungs- und Vertriebsstufe durchzuführen sind. Es sind also nicht nur die Hersteller oder (ersten) Inverkehrbringer zu überwachen, sondern gem. S. 2 u. a. auch diejenigen Betriebe, die Erzeugnisse lediglich lagern oder transportieren oder damit Handel treiben. Nach Art. 3 Abs. 2 S. 1 EG-KontrollV werden amtliche Kontrollen ohne Vorankündigung durchgeführt, es sei denn, eine vorherige Unterrichtung des Unternehmers ist erforderlich. Dies kann z. B. dann der Fall sein, wenn die Anwesenheit bzw. Mitwirkung einer bestimmten Person, wie etwa des Betriebsinhabers, zur Durchführung der geplanten Kontrollmaßnahme erforderlich ist. Die Überwachung hat außerdem »risikoorientiert« zu erfolgen.[996]

Wesentlicher Bestandteil der Routinekontrollen ist die Durchführung von *Betriebskontrollen,* in deren Rahmen die zum Betrieb gehörigen Grundstücke, Räume, Produktionsmittel, Produkte etc. vor Ort auf ihre Lebensmittelrechtskonformität hin untersucht werden. Daneben kommt der *Probenahme zu Untersuchungszwecken* eine besondere Bedeutung zu, was u. a. auch im Wortlaut der Vorschrift des § 39 Abs. 1 S. 2 LFGB zum Ausdruck kommt, wonach sich die zuständigen Behörden durch regelmäßige Überprüfungen und Probenahmen von der Einhaltung der lebensmittelrechtlichen Vorschriften zu überzeugen haben.

I. Betriebskontrollen

Eine wesentliche Aufgabe der in der Überwachung tätigen Personen ist es, sich durch Besichtigungen und Nachforschungen in den einzelnen Betrieben vor Ort ein Bild davon zu machen, ob diese die lebensmittelrechtlichen Anforderungen erfüllen. Die Entscheidung, welche Betriebe zu welchem Zeitpunkt kontrolliert werden, wird dabei nicht nach dem Zufallsprinzip bzw. *ad hoc* getroffen. Betriebskontrollen erfolgen vielmehr aufgrund eines systematischen Vorgehens nach zuvor festgelegten Plänen.[997] Dies

995 Dazu s. o. S. 25 f.

996 Zur Umsetzung dieser Vorgabe s. u. S. 206 f.

997 Vgl. *Neuhaus,* in: Frede (Hrsg.), Taschenbuch für Lebensmittelchemiker, S. 101 (105).

erfordert insbesondere die durch Gemeinschaftsrecht vorgegebene »Risikoorientierung«.[998]

1. Risikoeinstufung und Festlegung der Kontrollfrequenzen

Risikoorientierte Kontrolle bedeutet, dass nicht jeder Betrieb bzw. jede Betriebsart im selben Abstand kontrolliert wird. Vielmehr ist für jeden einzelnen Betrieb anhand festgelegter Bewertungskriterien eine Risikoeinstufung vorzunehmen, nach deren Ergebnis sich die festzulegende Kontrollfrequenz zu richten hat.[999] Detaillierte Vorgaben hinsichtlich des anzuwendenden Verfahrens der Risikoeinstufung und der zugrunde zu legenden Kriterien enthält die AVV RÜb. Nach § 6 Abs. 1 S. 1 AVV RÜb sind die zu kontrollierenden Betriebe in Risikokategorien einzustufen und es ist die Kontrollhäufigkeit zu bestimmen. Verbindliche Vorgaben für das dabei anzuwendende risikoorientierte Beurteilungssystem ergeben sich aus § 6 Abs. 1 S. 2 i. V. m. Anlage 2 Nr. 1 bis 4 AVV RÜb. Anlage 2 Nr. 5 AVV RÜb stellt den Behörden ein Beispielmodell zur Verfügung, welches sie gem. § 6 Abs. 3 AVV RÜb nutzen können, bestehend aus einem Beurteilungsbogen nebst Leitfaden und Durchführungsanleitung.

Im Rahmen des Beurteilungssystems sind zunächst die sog. »Beurteilungsmerkmale« festzulegen.[1000] Dies sind Kontrollgrundsätze und Risikokriterien, anhand derer das Risiko eines Betriebs beurteilt wird. Beurteilungsmerkmale können zu »Hauptmerkmalen« zusammengefasst werden, die einen bestimmten Beurteilungsbereich kennzeichnen. Dabei ist die Berücksichtigung folgender Hauptmerkmale zwingend vorgeschrieben:

- die Betriebsart (verpflichtende Beurteilungsmerkmale: Risikokategorie des Betriebs und Risikostufe des Produkts),
- das Verhalten des Lebensmittelunternehmers (mögliche Beurteilungsmerkmale: Einhaltung der lebensmittelrechtlichen Bestimmungen, Maßnahmen zur Rückverfolgbarkeit, Mitarbeiterschulung),
- die Verlässlichkeit der Eigenkontrollsysteme (mögliche Beurteilungsmerkmale: HACCP-Systeme, Qualität eigener Untersuchungen von Produkten) und

998 S. Art. 3 Abs. 1 EG-KontrollV.
999 § 7 Abs. 1 S. 1 AVV-RÜb.
1000 Zum Folgenden s. Anl. 2 AVV RÜb.

- das Hygienemanagement (mögliche Beurteilungsmerkmale: bauliche Beschaffenheit, Reinigung und Desinfektion, Personal- und Produktionshygiene, Schädlingsbekämpfung).

Dies entspricht der Regelung des Art. 3 Abs. 1 EG-KontrollV, der im Rahmen der risikoorientierten Kontrolle u. a. die Berücksichtigung des jeweiligen Betriebs- und Produktrisikos, des bisherigen Verhaltens des Unternehmers sowie der Verlässlichkeit der bereits durchgeführten Eigenkontrollen vorschreibt. Bei der Ermittlung des Risikos sind also sowohl produkt- bzw. betriebsbezogene Faktoren, als auch personen- bzw. verhaltensbezogene Faktoren zu berücksichtigen.

Die Festlegung der Risikokategorie eines Betriebs erfolgt nach den Unterkriterien »Produktionsstufe« (Primärproduktion oder nachfolgende Stufe), »Umgang mit dem Produkt« (Umgang mit offenen, umhüllten oder verpackten Lebensmitteln), »Ort der Abgabe« (z. B. im Einzelhandel: Abgabe am Ort der Herstellung), »Kontaminationsrisiko« (z. B. Zerkleinerungsgrad) und »Risikostufe des Produkts«. Für die Festlegung des Produktrisikos sind wiederum bekannte chemische, mikrobiologische und physikalische Gefahren im Zusammenhang mit dem jeweiligen Produkt relevant, die abhängig vom Ausmaß der Auswirkungen im Falle ihres Eintritts, der Häufigkeit ihres Vorkommens und eines ggf. bestimmungsgemäßen Verzehrs des Produkts durch besonders empfindliche Verbrauchergruppen zu bewerten sind. Für die einzelnen Beurteilungsmerkmale sind jeweils mindestens drei Beurteilungsstufen festzulegen, die einer bestimmten Punktzahl oder Note entsprechen. Maßstab für die Zuordnung zu einer bestimmten Beurteilungsstufe sind zuvor festgelegte Kriterien zur Beurteilung der Beurteilungsmerkmale, sog. »Beurteilungskriterien«. Diese enthalten – bezogen auf das jeweilige Beurteilungsmerkmal – eine Beschreibung der von dem zu beurteilenden Betrieb einzuhaltenden Anforderungen oder die Angabe zählbarer Ereignisse (z. B. die Anzahl festgestellter Verstöße im Rahmen der Beurteilung des Verhaltens des Lebensmittelunternehmers).

Die Kontrollhäufigkeiten sind dann gem. § 6 Abs. 2 S. 4 AVV RÜb entsprechend dem Ergebnis der Risikobeurteilung festzulegen, wobei Kontrollfrequenzen zwischen täglich bis in der Regel höchstens alle drei Jahre möglich sind. Die Durchführung der Risikobeurteilung liegt gem. § 6 Abs. 2 S. 2 AVV RÜb im Verantwortungsbereich des örtlich zuständigen Kontrollpersonals. Wissenschaftlich ausgebildete Dienstkräfte sind dafür verantwortlich, dass das zugrunde gelegte Beurteilungssystem den vorstehend erläuterten Vorgaben entspricht, § 6 Abs. 2 S. 1 AVV RÜb.

Die Einstufung ist für jeden Betrieb zu dokumentieren und fortzuschreiben, § 6 Abs. 2 S. 3 AVV RÜb. Außerdem muss der Unternehmer gem. § 7 Abs. 6 AVV RÜb über das Ergebnis der Einstufung des seiner Verantwortung unterstehenden Betriebs informiert werden.

2. Durchführung der Betriebskontrollen

Auch die Durchführung der Betriebskontrollen unterliegt rechtlichen Bestimmungen. Zu beachten sind u. a. Vorgaben über die zu kontrollierenden Gegenstände und Sachverhalte sowie die Befugnisse zur Vornahme bestimmter Kontrollmaßnahmen. Die Betriebskontrollen werden in der Regel durch Lebensmittelkontrolleure[1001] durchgeführt.[1002] Allerdings ist im Einzelfall festzustellen, ob es aufgrund der Art des Betriebes oder der geplanten Kontrollmaßnahmen eines speziellen Sachverstandes bedarf, etwa wenn besonders sensible oder komplexe Erzeugnisse oder komplizierte Herstellungsverfahren bewertet werden sollen[1003] oder es um die Kontrolle größerer Betriebe geht.[1004] In diesen Fällen kann neben dem Einsatz der Lebensmittelkontrolleure die zusätzliche oder alternative Beauftragung von Sachverständigen bzw. wissenschaftlichem Personal – auch aus den Untersuchungsämtern – erforderlich bzw. sinnvoll sein.[1005]

a) Kontrollgegenstand

Aufgabe einer Betriebskontrolle ist es zu ermitteln, ob die lebensmittelrechtlichen Anforderungen erfüllt werden. Es sind daher sämtliche Gegebenheiten zu untersuchen, für die derartige Anforderungen gelten. Gegenstand der Betriebskontrollen sind daher zum einen die Produkte, die im Betrieb hergestellt, verarbeitet, gelagert, transportiert, vertrieben etc. werden einschließlich der Ausgangsstoffe, Zutaten und Behandlungsstoffe.[1006] Zum

---

1001 Zum in der Überwachung eingesetzten Personal s. o. S. 97 f.

1002 *Drews/Hieke,* ZLR 1980, 1 (4); *Neuhaus,* in: Frede (Hrsg.), Taschenbuch für Lebensmittelchemiker, S. 101 (121).

1003 Zum Gegenstand der Kontrollen im Einzelnen sogleich.

1004 *Neuhaus,* in: Frede (Hrsg.), Taschenbuch für Lebensmittelchemiker, S. 101 (121).

1005 Vgl. *Drews/Hieke,* ZLR 1980, 1 (4); *Meyer,* in: Ders./Streinz (Hrsg.), BasisV/LFGB, § 42 Rn. 4; *Neuhaus,* in: Frede (Hrsg.), Taschenbuch für Lebensmittelchemiker, S. 101 (121).

1006 Vgl. Art. 10 Abs. 2 lit. b UAbs. ii EG-KontrollV. Zu den produktbezogenen Anforderungen des materiellen Lebensmittelrechts s. o. S. 109 ff.

anderen ist auch die Einhaltung der produktionsbezogenen Anforderungen[1007] zu überprüfen, insbesondere im Hinblick auf lebensmittelhygienische Anforderungen.[1008] Zu diesem Zweck sind u. a. Räumlichkeiten, Produktionsanlagen und Transportmittel[1009] sowie Reinigungsmittel und -verfahren[1010] in Augenschein zu nehmen.

Aus Sicht des europäischen Gesetzgebers liegt allerdings ein besonderer Schwerpunkt auf der Kontrolle der unternehmerischen Eigenkontrollsysteme,[1011] also insbesondere der Qualitätsmanagement- und HACCP-Systeme und deren Ergebnisse,[1012] sog. »Kontrolle der Kontrolle«.[1013] Dies lässt sich u. a. daraus schließen, dass diese Aufgabe nunmehr an erster Stelle der Aufzählung der behördlichen Kontrolltätigkeiten in Art. 10 Abs. 2 EG-KontrollV genannt wird.[1014] Für die Beurteilung der Eigenkontrollsysteme sind besondere Fachkenntnisse erforderlich, da das Kontrollpersonal Kenntnisse über die Anforderungen an HACCP- und Qualitätsmanagementsysteme bzw. deren Funktionsweise einschließlich der Betriebsabläufe und Herstellungsprozesse benötigt.[1015] Daher wird insbesondere bei großen Betrieben häufig das Hinzuziehen von Fachleuten sinnvoll bzw. erforderlich sein.[1016] Dementsprechend sind gem. § 7 Abs. 2 Nr. 2 AVV RÜb in diesen Fällen bei Bedarf interdisziplinäre Kontrollteams zu bilden.

1007 Zu den produktionsbezogenen Vorschriften des materiellen Lebensmittelrechts s. o. S. 140 ff.

1008 Vgl. *Neuhaus,* in: Frede (Hrsg.), Taschenbuch für Lebensmittelchemiker, S. 101 (122 f.); *Verfürth,* Effektive Lebensmittelüberwachung, S. 85. Zum Hygienerecht s. o. S. 142 ff.

1009 Vgl. Art. 10 Abs. 2 lit. b UAbs. i EG-KontrollV.

1010 Vgl. Art. 10 Abs. 2 lit. b UAbs. v EG-KontrollV.

1011 *Preuß,* ZLR 2005, 225 (231); *Wiemers,* ZLR 2006, 383 (392).

1012 Zur Verpflichtung der Lebensmittelunternehmer zur Durchführung von Eigenkontrollen s. o. S. 78 ff.

1013 *Hey,* ZLR 1998, 193 (203); *Preuß,* ZLR 2005, 225 (231); *Streinz,* in: Achterberg/Püttner/Würtenberger (Hrsg.), BesVerwR II, § 24 Rn. 28; *Verfürth,* Effektive Lebensmittelüberwachung, S. 95.

1014 *Preuß,* ZLR 2005, 225 (231); *Wiemers,* ZLR 2006, 383 (393). In Art. 5 Nr. 5 der *Richtlinie 89/397/EWG des Rates v. 14.6.1989 über die amtliche Lebensmittelüberwachung* (Abl. Nr. L 186 v. 30.6.1989, S. 23) – der entsprechenden Vorschrift der Vorgänger-Richtlinie – nahm diese Tätigkeit bei der Aufzählung noch den letzten Platz ein.

1015 Vgl. *Binnemann,* ZLR 2003, 518 (519 f.); *Otto,* Der Landkreis 2006, 83 (83).

1016 *Hey,* ZLR 1998, 193 (203); *Neuhaus,* in: Frede (Hrsg.), Taschenbuch für Lebensmittelchemiker, S. 101 (121).

b) Kontrollbefugnisse

Um die Einhaltung der lebensmittelrechtlichen Vorschriften im Rahmen der Betriebskontrolle überprüfen zu können, muss das Kontrollpersonal Zugang zu bestimmten Informationen über die o. g. zu beurteilenden Vorgänge, Gegenstände, Produkte etc. erlangen. Auf das Einholen diesbezüglicher Fremdinformationen im Wege des Auskunftsverlangens[1017] kann die Behörde allerdings grundsätzlich nicht verwiesen werden, da sie im Zweifel in der Lage sein muss, den Wahrheitsgehalt der erteilten Auskünfte durch eigenen Augenschein und Untersuchungen zu überprüfen. Es ist jedoch nicht davon auszugehen, dass dies von Seiten der Betriebe ohne weiteres ermöglicht wird. Denn selbst dann, wenn ein Betrieb keine Feststellung von Verstößen durch das Kontrollpersonal befürchten muss, dürfte die Durchführung von (unangemeldeten) Routinekontrollen in der Regel als unangenehm empfunden werden, da mit den Kontrollmaßnahmen regelmäßig eine gewisse Störung des Betriebsablaufs einhergeht. Aus diesen Gründen ist es für die Durchführung und Effektivität der Kontrollen unerlässlich, das Kontrollpersonal mit Befugnissen zur Vornahme bestimmter Maßnahmen zur Selbstinformation auszustatten bzw. die zum Betrieb gehörenden verantwortlichen Personen zur Duldung dieser Maßnahmen bzw. – bis zu einem gewissen Grad – zur Kooperation zu verpflichten. Dadurch wird gewährleistet, dass der Überwachungsauftrag notfalls auch gegen den Willen des Betriebsinhabers bzw. -personals erfüllt werden kann bzw. könnte. Auf der anderen Seite sind natürlich auch die Rechte und Interessen des Betriebsinhabers und der Angestellten angemessen zu berücksichtigen, die im Rahmen einer gesetzlichen Befugnisregelung mit den legitimen Überwachungszwecken in Abwägung gebracht werden müssen. Die Ausgestaltung und Reichweite entsprechender Ermächtigungsgrundlagen hat dabei insbesondere die sich aus Grundrechten ergebenden verfassungsrechtlichen Vorgaben zu beachten bzw. zu konkretisieren.[1018]

aa) Gemeinsame Voraussetzungen und Regelungen

Art. 8 Abs. 2 EG-KontrollV verpflichtet die Mitgliedstaaten sicherzustellen, dass rechtliche Verfahren bestehen, durch die gewährleistet wird, dass das

---

1017 S. o. S. 187.

1018 Vgl. *Voßkuhle,* DVBl. 1994, 611 (612). Zum Erfordernis ausdrücklicher Ermächtigungsgrundlagen aufgrund des Vorbehalts des Gesetzes s. o. S. 177.

Kontrollpersonal im Interesse einer ordnungsgemäßen Wahrnehmung seiner Aufgaben Zugang zu den Räumlichkeiten der Lebensmittelunternehmer und zu den von diesen geführten Unterlagen erhält. Entsprechende Betretungs- und Einsichtsbefugnisse werden nach nationalem Recht den mit der Überwachung beauftragten Personen durch die Vorschrift des § 42 Abs. 2 Nr. 1 bis 3 LFGB verliehen, soweit dies zur Überwachung der Einhaltung der lebensmittelrechtlichen Vorschriften erforderlich ist. In Bezug auf den Kreis der befugten Personen und das Merkmal der Erforderlichkeit kann auf die Ausführungen zum Auskunftsverlangen gem. § 42 Abs. 2 Nr. 4 LFGB[1019] verwiesen werden. Dies gilt auch hinsichtlich der Beachtung des allgemeinen Verhältnismäßigkeitsprinzips[1020] sowie des Schutzes von Betriebs- und Geschäftsgeheimnissen.[1021] Während allerdings im Fall des Auskunftsverlangens, das naturgemäß an eine konkrete Person gerichtet ist, der Kreis der (auskunfts-)pflichtigen Personen näher bestimmt wird,[1022] werden Betretungs- und Einsichtsrechte sachbezogen auf bestimmte Räumlichkeiten bzw. Gegenstände beschränkt.[1023] Wer »Adressat« bzw. faktisch betroffen ist, bestimmt sich daher erst mittelbar danach, wer Eigentümer, Besitzer, Besitzdiener oder auf andere Weise für die jeweiligen Räume und Gegenstände verantwortlich ist oder in räumlichem Kontakt zu diesen steht. Allerdings muss auch hier zumindest der Kreis derjenigen Personen näher eingegrenzt werden, die im Rahmen der Wahrnehmung der Befugnis unmittelbar in Anspruch genommen werden können. Denn nur soweit entsprechende Mitwirkungspflichten bestehen, müssen Anordnungen, etwa zur Herausgabe von Unterlagen oder zum Öffnen von Räumen, befolgt werden.[1024]

Eine entsprechende gesetzliche Regelung trifft § 44 Abs. 1 LFGB. Danach sind die Inhaber der Räume und Gegenstände, auf die sich die Befugnisse beziehen, und die von ihnen bestellten Vertreter verpflichtet, die Kontrollmaßnahmen zu dulden und die in der Überwachung tätigen Personen bei der Erfüllung ihrer Aufgaben zu unterstützen.

1019 S. o. S. 187 ff.
1020 S. o. S. 189.
1021 S. o. S. 190 ff.
1022 S. o. S. 189 f.
1023 Dazu sogleich unten S. 215 ff.
1024 *Scholl,* Behördliche Prüfungsbefugnisse, S. 27.

Die Duldungspflicht bedeutet, dass jegliche Behinderung der Maßnahmen zu unterlassen ist.[1025] So darf das Kontrollpersonal beispielsweise nicht der Betriebsräume verwiesen werden,[1026] Räume und Gefäße dürfen nicht verschlossen[1027] und zu überprüfende Unterlagen oder Lebensmittel nicht versteckt[1028] oder beseitigt werden. Eine Berufung auf seine Rechte als Betriebsinhaber, insbesondere sein Hausrecht, ist dem Betroffenen lediglich in Ausnahmefällen dann zuzugestehen, wenn ihm aus schwerwiegenden Gründen im Einzelfall die Duldung der Kontrollmaßnahmen nicht zuzumuten ist.[1029] Dies kann unter Umständen in Fällen angenommen werden, in denen aus persönlichen Gründen eine feindliche Beziehung zwischen dem Kontrollpersonal und dem Betroffenen besteht.[1030] Bloße Bedenken gegen die Neutralität und Objektivität des Kontrollpersonals genügen jedoch nicht.[1031] Ein allgemeines Ablehnungsrecht wegen Besorgnis der Befangenheit, wie es beispielsweise im Verwaltungsgerichtsverfahren gegenüber einem Sachverständigen besteht,[1032] kennt das Verwaltungsverfahrensrecht nicht.[1033] Eine analoge Anwendung der VwGO- bzw. ZPO-Vorschriften scheidet mangels Regelungslücke aus. Denn das VwVfG NRW behandelt in § 21 Abs. 1 S. 1[1034] ausdrücklich das Problem der (behaupteten) Befangenheit einer für die Behörde in einem Verwaltungsverfahren

1025 *Meyer,* in: Ders./Streinz (Hrsg.), BasisV/LFGB, § 44 Rn. 5; *Rathke,* ZLR 1985, 115 (116) (zum insoweit wortgleichen § 43 LMBG); *Zipfel/Rathke,* Lebensmittelrecht II, C 102, § 44 Rn. 16.

1026 *Meyer,* in: Ders./Streinz (Hrsg.), BasisV/LFGB, § 44 Rn. 5; *Zipfel/Rathke,* Lebensmittelrecht II, C 102, § 44 Rn. 16.

1027 Vgl. *Rathke,* ZLR 1985, 115 (116) (zum insoweit wortgleichen § 43 LMBG).

1028 Vgl. *Meyer,* in: Ders./Streinz (Hrsg.), BasisV/LFGB, § 44 Rn. 5; *Rathke,* ZLR 1985, 115 (116) (zum insoweit wortgleichen § 43 LMBG); *Zipfel/Rathke,* Lebensmittelrecht II, C 102, § 44 Rn. 16.

1029 *Meyer,* in: Ders./Streinz (Hrsg.), BasisV/LFGB, § 42 Rn. 23; *Scholl,* Behördliche Prüfungsbefugnisse, S. 49; *Voß,* LFGB, S. 230; *Zipfel/Rathke,* Lebensmittelrecht II, C 102, § 42 Rn. 38/§ 44 Rn. 18.

1030 *Voß,* LFGB, S. 230; vgl. auch *Meyer,* in: Ders./Streinz (Hrsg.), BasisV/LFGB, § 42 Rn. 23; *Zipfel/Rathke,* Lebensmittelrecht II, C 102, § 42 Rn. 38/§ 44 Rn. 18.

1031 *Rathke,* ZLR 1985, 115 (117) (zum insoweit wortgleichen § 43 LMBG). Vgl. auch *Scholl,* Behördliche Prüfungsbefugnisse, S. 48; *Zipfel/Rathke,* Lebensmittelrecht II, C 102, § 42 Rn. 38.

1032 § 98 VwGO erklärt § 406 ZPO für entsprechend anwendbar, wonach Sachverständige aus denselben Gründen wie Richter abgelehnt werden können, also in den Fällen des § 41 ZPO, in denen typischerweise die Besorgnis der Befangenheit besteht.

1033 *VGH Kassel,* Urt. v. 29.5.1969 – V OE 6/69 –, in: JZ 1971, 257 (258); *Scholl,* Behördliche Prüfungsbefugnisse, S. 49; *Voß,* LFGB, S. 230.

1034 Eine wortgleiche Regelung enthält auch § 21 Abs. 1 S. 1 des VwVfG des Bundes.

handelnden Person. Danach hat diese Person jedoch lediglich den Behördenleiter oder dessen Beauftragten über die Umstände zu unterrichten und sich auf dessen Anordnung der Mitwirkung am Verwaltungsverfahren zu enthalten. Es handelt sich also um eine ausschließlich behördeninterne Vorschrift, subjektiv-öffentliche (Ablehnungs-)Rechte des Betroffenen sind damit nicht verbunden.[1035] Dem Betroffenen verbleibt allerdings die Möglichkeit, schikanöses oder ähnlich unvertretbares Auftreten des Kontrollpersonals im Wege der Dienstaufsichtsbeschwerde überprüfen zu lassen.[1036] Im Übrigen hat er die Vornahme der Kontrollmaßnahme zunächst zu dulden und kann etwaige Bedenken hinsichtlich der Unparteilichkeit oder Fachkompetenz – deren Fehlen ebenso wenig ein Verweigerungsrecht begründet[1037] – erst im Rahmen der rechtlichen Überprüfung einer auf dem Ergebnis der Kontrollmaßnahme basierenden Verwaltungsentscheidung geltend machen.[1038]

»Unterstützen« meint dagegen ein aktives Handeln der Betroffenen.[1039] Diese haben dem Kontrollpersonal »insbesondere« auf Verlangen die Räume und Geräte zu bezeichnen und Räume und Behältnisse zu öffnen, § 44

1035 *OVG Münster,* Urt. v. 25.4.1978 – X A 1246/76 –, in: GewArch 1978, 366 (367 f.); *VGH Mannheim,* Urt. v. 4.6.2002 – 8 S 460/01 –, in: NVwZ-RR 2003, 412 (415); *OVG Schleswig,* Urt. v. 2.4.1992 – 3 L 78/91 –, in: NVwZ-RR 1993, 395 (395 f.); *Bonk/Schmitz,* in: Stelkens/Bonk/Sachs (Hrsg.), VwVfG, § 21 Rn. 4; *Clausen,* in: Knack, VwVfG, § 21 Rn. 2; *Kopp/Ramsauer,* VwVfG, § 21 Rn. 3; *Scholl,* Behördliche Prüfungsbefugnisse, S. 49; *Voß,* LFGB, S. 230.

1036 *Rathke,* ZLR 1985, 115 (118) (zum insoweit wortgleichen §§ 41, 43 LMBG); *Scholl,* Behördliche Prüfungsbefugnisse, S. 50; *Voß,* LFGB, S. 231.

1037 Dies folgt aus dem Wortlaut des § 42 Abs. 2 LFGB, wonach die Befugnis allen »mit der Überwachung beauftragten Personen« zusteht. Vgl. auch *OVG Münster,* Urt. v. 25.4.1978 – X A 1246/76 –, in: LRE 11, 381 (384); *Rathke,* ZLR 1985, 115 (117) (zum insoweit wortgleichen § 41 Abs. 3 LMBG); *Scholl,* Behördliche Prüfungsbefugnisse, S. 48; *Voß,* LFGB, S. 230; *Zipfel/Rathke,* Lebensmittelrecht II, C 102, § 42 Rn. 38.

1038 *Scholl,* Behördliche Prüfungsbefugnisse, S. 48; *Voß,* LFGB, S. 231. So kann ein unter Mitwirkung eines befangenen Bearbeiters ergangener Verwaltungsakt als verfahrensfehlerhaft angefochten werden (*Bonk/Schmitz,* in: Stelkens/Bonk/Sachs (Hrsg.), VwVfG, § 21 Rn. 26; vgl. auch *BVerwG,* Urt. v. 26.1.1968 – VII C 6.66 –, in: BVerwGE 29, 70 (72); *Clausen,* in: Knack, VwVfG, § 21 Rn. 12; *Kopp/Ramsauer,* VwVfG, § 21 Rn. 26). Soweit der Verwaltungsakt nicht gem. § 44 VwVfG NRW nichtig ist, führt dies (allein) gem. § 46 VwVfG NRW allerdings dann nicht zur Aufhebung des Verwaltungsakts, wenn offensichtlich ist, dass die Befangenheit des Bearbeiters die Entscheidung in der Sache nicht beeinflusst hat.

1039 *Meyer,* in: Ders./Streinz (Hrsg.), BasisV/LFGB, § 44 Rn. 6; *Rathke,* ZLR 1985, 115 (116) (zum insoweit wortgleichen § 43 LMBG); *Zipfel/Rathke,* Lebensmittelrecht II, C 102, § 44 Rn. 19.

Abs. 1 Hs. 2 LFGB. Zwar bezieht sich die Einschränkung »auf Verlangen« nach dem Wortlaut des § 44 Abs. 1 LFGB lediglich auf diese beispielhaft genannten Unterstützungsleistungen. Aufgrund des Nemo-Tenetur-Grundsatzes[1040] ist jedoch davon auszugehen, dass auch andere Unterstützungsleistungen erst nach entsprechender Aufforderung durch das Kontrollpersonal erbracht werden müssen.[1041] Die geforderte Unterstützungshandlung muss allerdings sofort vorgenommen werden, das Kontrollpersonal darf nicht auf einen späteren Zeitpunkt verwiesen werden.[1042] Wie umfangreich und weitgehend die geforderte Unterstützungshandlung sein muss bzw. darf, hängt von den Umständen des Einzelfalls ab.[1043] Dabei kann die Unterstützungspflicht allerdings nicht über die Befugnisse des Kontrollpersonals hinausgehen.[1044] Insbesondere ist auch hier der Grundsatz der Verhältnismäßigkeit zu beachten, die geforderte Unterstützungsleistung darf also insbesondere nicht außer Verhältnis zum Zweck der Kontrollmaßnahme stehen. Dies wäre beispielsweise dann der Fall, wenn sie mit einer ernsthaften und unzumutbaren Störung des Betriebsablaufs verbunden wäre.[1045]

Verpflichtet sind die Inhaber und die von ihnen bestellten Vertreter. Letzteres umfasst alle Personen in leitender Stellung wie Vorstände und Geschäftsführer sowie Mitarbeiter mit eigenem Verantwortungsbereich, nicht aber ausschließlich weisungsabhängige Personen.[1046] Ein Verstoß gegen die Duldungs- und Unterstützungspflichten aus § 44 Abs. 1 LFGB kann gem. § 60 Abs. 2 Nr. 20 LFGB als Ordnungswidrigkeit geahndet werden. Dabei kann die Verweigerung der Kooperation durch einen Mitarbeiter dem Betriebsinhaber zugerechnet werden, soweit sie auf seinen Anweisungen

---

1040 S. o. S. 192 f.

1041 *Meyer,* in: Ders./Streinz (Hrsg.), BasisV/LFGB, § 44 Rn. 9. A. A. *Zipfel/Rathke,* Lebensmittelrecht II, C 102, § 44 Rn. 21.

1042 *Meyer,* in: Ders./Streinz (Hrsg.), BasisV/LFGB, § 44 Rn. 11; Zipfel/Rathke, Lebensmittelrecht II, C 102, § 44 Rn. 20.

1043 *Meyer,* in: Ders./Streinz (Hrsg.), BasisV/LFGB, § 44 Rn. 6.

1044 *Meyer,* in: Ders./Streinz (Hrsg.), BasisV/LFGB, § 44 Rn. 3; *Rathke,* ZLR 1985, 115 (116) (zum insoweit wortgleichen § 43 LMBG); *Zipfel/Rathke,* Lebensmittelrecht II, C 102, § 44 Rn. 8.

1045 *Meyer,* in: Ders./Streinz (Hrsg.), BasisV/LFGB, § 44 Rn. 12; *Zipfel/Rathke,* Lebensmittelrecht II, C 102, § 44 Rn. 19.

1046 *Meyer,* in: Ders./Streinz (Hrsg.), BasisV/LFGB, § 44 Rn. 4; *Zipfel/Rathke,* Lebensmittelrecht II, C 102, § 44 Rn. 11.

beruht oder von ihm veranlasst wurde.[1047] Wird Widerstand gegen Maßnahmen des Kontrollpersonals geleistet, so kommt eine Strafbarkeit nach § 113 StGB in Betracht.[1048] Danach macht sich strafbar, wer einem Amtsträger bei der Vornahme einer Vollstreckungshandlung mit Gewalt oder durch Drohung mit Gewalt Widerstand leistet oder ihn dabei tätlich angreift. In diesem Zusammenhang ist auch von Bedeutung, ob sich das Kontrollpersonal als solches ausgewiesen hat. Denn eine Strafbarkeit nach § 113 StGB scheidet dann aus, wenn der Widerstand Leistende keinen Vorsatz in Bezug auf die Amtsträgereigenschaft bzw. die Vollstreckungshandlung hat.[1049] Als Dienstkräfte der Kreisordnungsbehörden hat das Kontrollpersonal gem. § 13 S. 2 OBG NRW die Pflicht, einen behördlichen Ausweis bei sich zu führen und diesen auf Verlangen vorzuzeigen.[1050] Im Umkehrschluss ergibt sich hieraus jedoch, dass es für die Inanspruchnahme der Befugnis nicht erforderlich ist, dass sich das Kontrollpersonal von sich aus als solches zu erkennen gibt.[1051] Duldungs- und Mitwirkungspflichten bestehen allerdings erst dann, wenn die Kontrollperson sich ausgewiesen hat.[1052]

bb) Betreten bzw. Besichtigen von Räumlichkeiten

Wichtigste Grundvoraussetzung für die Durchführung der Betriebskontrolle und die Vornahme von Ermittlungsmaßnahmen ist, dass das Kontrollpersonal Zugang zum Betriebsgelände und den Betriebsräumen erlangt. Daher bestimmt § 42 Abs. 2 Nr. 1 LFGB, dass das Kontrollpersonal Grundstücke, Betriebsräume und Transportmittel, in oder auf denen Erzeugnisse gewerbs-

---

1047 *Voß,* LFGB, S. 232; ähnlich *Zipfel/Rathke,* Lebensmittelrecht II, C 102, § 44 Rn. 12. Vgl. *OLG Koblenz,* Beschl. v. 30.10.1987 – 1 Ss 407/87 –, in: ZLR 1988, 422 (423)= LRE 21, 135 (135).

1048 *Rathke,* ZLR 1985, 115 (118) (zu den insoweit wortgleichen §§ 41, 43 LMBG); *Voß,* LFGB, S. 232; *Zipfel/Rathke,* Lebensmittelrecht II, C 102, § 42 Rn. 29 f./37.

1049 Vgl. *Eser,* in: Schönke/Schröder (Hrsg.), StGB, § 113 Rn. 50; *Fischer,* StGB, § 113 Rn. 29; *Pflieger,* in: Dölling/Duttge/Rössner (Hrsg.), Gesamtes Strafrecht, § 113 StGB Rn. 34; *Rhein,* OBG NRW, § 13 Rn. 7.

1050 Dies wird auch unabhängig von der ausdrücklichen Regelung im OBG NRW so vertreten, s. *Neuhaus,* in: Frede (Hrsg.), Taschenbuch für Lebensmittelchemiker, S. 101 (122). Vgl. auch *BVerwG,* Urt. v. 5.11.1987 – 3 C 52.85 –, in: BVerwGE 78, 251 (256) = DVBl. 1988, 440 (442) (zum insoweit wortgleichen § 41 Abs. 3 Nr. 1 LMBG a. F.).

1051 *Rathke,* ZLR 1985, 115 (118) (zum insoweit wortgleichen § 43 LMBG a. F.); *Scholl,* Behördliche Prüfungsbefugnisse, S. 47.

1052 *Rathke,* ZLR 1985, 115 (118) (zum insoweit wortgleichen § 43 LMBG a. F.); *Scholl,* Behördliche Prüfungsbefugnisse, S. 47.

mäßig hergestellt, behandelt oder in den Verkehr gebracht werden (lit. a), sich lebende Tiere im Sinne des § 4 Abs. 1 Nr. 1 LFGB befinden (lit. b) oder Futtermittel verfüttert werden (lit. c) sowie die dazugehörigen Geschäftsräume während der üblichen Betriebs- oder Geschäftszeit betreten darf. Die zeitliche Einschränkung korrespondiert mit den in Art. 13 GG enthaltenen bzw. von der Rechtsprechung entwickelten verfassungsrechtlichen Vorgaben für Beeinträchtigungen des Grundrechts der Unverletzlichkeit der Wohnung im Zusammenhang mit der Wahrnehmung behördlicher Betretungs- und Kontrollrechte. Betriebs- und Geschäftsräume werden zwar nach der Rechtsprechung[1053] und der überwiegenden Literatur[1054] in den Begriff der Wohnung i. S. d. Art. 13 Abs. 1 GG[1055] und damit in dessen Schutzbereich miteinbezogen. Allerdings werden die Eingriffs- und Beeinträchtigungsschranken der Abs. 2 und 7 zum Teil lediglich modifiziert angewendet, was mit einem geringeren Schutzbedürfnis bei Geschäfts- und Betriebsräumen begründet wird.[1056] Im Fall behördlicher Betretungs-, Besichtigungs- und Kontrollrechte greift der Richtervorbehalt des Abs. 2 für Durchsuchungen nicht, da die Lage des jeweiligen Kontrollgegenstands (Räumlichkeiten, Anlagen, Maschinen, Erzeugnisse etc.) in der Regel bekannt bzw. offensichtlich ist und daher mangels ziel- und zweckgerichteter Suche[1057] keine Durchsuchung vorliegt.[1058] Soweit reine Betriebs-

1053 *BVerfG,* Beschl. v. 13.10.1971 – 1 BvR 280/66 –, in: BVerfGE 32, 54 (70 f.); Beschl. v. 26.5.1976 – 2 BvR 294/76 –, in: BVerfGE 42, 212 (219); Beschl. v. 16.6.1987 – 1 BvR 1202/84 –, in: BVerfGE 76, 83 (88); Urt. v. 17.2.1998 – 1 BvF 1/91 –, in: BVerfGE 97, 228 (265); *BVerwG,* Urt. v. 5.11.1987 – 3 C 52.85 –, in: BVerwGE 78, 251 (254); *BFH,* Urt. v. 4.10.1988 – VII R 59/86 –, in: BFHE 154, 435 (437)= NJW 1989, 855 (855); *BAG,* Urt. v. 14.2.1967 – 1 AZR 494/65 –, in: BAGE 19, 217 (225).

1054 *Herdegen,* in: Dolzer/Vogel/Graßhof (Hrsg.), Bonner Kommentar, Stand: 8/2008, Art. 13 Rn. 34; *Jarass,* in: Ders./Pieroth, GG, Art. 13 Rn. 5; *Kunig,* in: v. Münch/Kunig (Hrsg.), GG I, Art. 13 Rn. 11; *Pieroth/Schlink,* Grundrechte, Rn. 876.

1055 »Wohnung« bezeichnet die räumliche Privatsphäre als elementaren Lebensraum, innerhalb dessen jedermann das Recht hat, in Ruhe gelassen zu werden (*BVerfG,* Beschl. v. 16.7.1969 – 1 BvL 19/63 –, in: BVerfGE 27, 1 (6); Beschl. v. 26.5.1976 – 2 BvR 294/76 –, in: BVerfGE 42, 212 (219); Urt. v. 15.12.1983 – 1 BvR 209/83 u. a. –, in: BVerfGE 65, 1 (40); *Voßkuhle,* DVBl. 1994, 611 (612)).

1056 *BVerfG,* Urt. v. 13.10.1971 – 1 BvR 280/66 –, in: BVerfGE 32, 54 (75 ff.).

1057 Nach allgemeiner Auffassung verlangt eine Durchsuchung das ziel- und zweckgerichtete Suchen staatlicher Organe nach Personen oder Sachen oder zur Ermittlung eines Sachverhalts, um etwas aufzuspüren, was der Inhaber der Wohnung von sich aus nicht offen legen oder herausgeben will (*BVerfG,* Urt. v. 13.10.1971 – 1 BvR 280/66 –, in: BVerfGE 32, 54 (73 ff.); Beschl. v. 5.5.1987 – 1 BvR 1113/85 –, in: BVerfGE 75, 318 (327); Beschl. v. 16.6.1987 – 1 BvR 1202/84 –, in: BVerfGE 76, 83 (89); *BVerwG,* Urt. v. 6.9.1974 – I C 17.73 –, in: BVerwGE 47, 31 (37); Urt. v. 5.11.1987 – 3 C 52/85 –, in: BVerwGE 78,

und Geschäftsräume betroffen sind, handelt es sich nach der Rechtsprechung auch nicht um sonstige »Eingriffe und Beschränkungen« i. S. d. Abs. 7,[1059] die lediglich unter engen Voraussetzungen vorgenommen werden dürften.[1060] Für das behördliche Betreten und Besichtigen dieser Räume hat das BVerfG stattdessen eigene Kriterien entwickelt, die diesbezüglich die weniger strengen verfassungsrechtlichen Vorgaben des Art. 2 Abs. 1 GG und des Verhältnismäßigkeitsgrundsatzes konkretisieren sollen.[1061] Danach muss das Betreten, Besichtigen und Prüfen einem erlaubten Zweck dienen, hierfür erforderlich sein und auf einer gesetzlichen Ermächtigungsgrundlage beruhen, die Zweck, Gegenstand und Umfang der Befugnis deutlich erkennen lässt.[1062] Außerdem ist die Wahrnehmung der Befugnis »nur in den Zeiten statthaft, zu denen die Räume normalerweise für die jeweilige geschäftliche oder betriebliche Nutzung zur Verfügung stehen«,[1063] also zu den in § 42 Abs. 2 Nr. 1 LFGB genannten üblichen

---

251 (254); *Hermes,* in: Dreier (Hrsg.), GG I, Art. 13 Rn. 44; *Pieroth/Schlink,* Grundrechte, Rn. 878; *Voßkuhle,* DVBl. 1994, 611 (615)).

1058 So *BVerfG,* Urt. v. 13.10.1971 – 1 BvR 280/66 –, in: BVerfGE 32, 54 (73 ff.) bzgl. handwerksrechtlicher Betretungs- und Besichtigungsrechte. Ausdrücklich zur routinemäßigen Lebensmittelkontrolle s. *BVerwG,* Urt. v. 5.11.1987 – 3 C 52/85 –, in: BVerwGE 78, 251 (254). Allgemein s. *Hermes,* in: Dreier (Hrsg.), GG I, Art. 13 Rn. 46. Sollten die Voraussetzungen im Einzelfall dennoch gegeben sein – etwa weil der Inhaber bestimmte Kontrollgegenstände versteckt hat –, so sind die Vorgaben des Abs. 2 dagegen zu beachten (*BVerfG,* Beschl. v. 5.5.1987 – 1 BvR 1113/85 –, in: BVerfGE 75, 318 (327); *Hermes,* in: Dreier (Hrsg.), GG I, Art. 13 Rn. 44; *Voßkuhle,* DVBl. 1994, 611 (618).

1059 Zum gleich lautenden Art. 13 Abs. 3 GG a. F.: *BVerfG,* Urt. v. 13.10.1971 – 1 BvR 280/66 –, in: BVerfGE 32, 54 (75 f.); (ausdrücklich zur Lebensmittelkontrolle:) *BVerwG,* Urt. v. 5.11.1987 – 3 C 52/85 –, in: BVerwGE 78, 251 (255). Begründet wird diese »teleologische Reduktion« (*Voßkuhle,* DVBl. 1994, 611 (614)) im Wesentlichen mit der geringeren Schutzbedürftigkeit im Vergleich zu privaten Wohnräumen aufgrund der nach ihrer Zweckbestimmung bestehenden größeren Offenheit und Wirkung nach außen und der damit verbundenen Unentbehrlichkeit behördlicher Kontrollen (*BVerfG,* Urt. v. 13.10.1971 – 1 BvR 280/66 –, in: BVerfGE 32, 54 (75 f.)). Die Anwendung der strengen Voraussetzungen des Abs. 7 wird daher als unangemessen empfunden.

1060 Nach Abs. 7 dürfen diese »nur zur Abwehr einer gemeinen Gefahr oder einer Lebensgefahr für einzelne Personen sowie auf Grund eines Gesetzes auch zur Verhütung dringender Gefahren für die öffentliche Sicherheit und Ordnung, insbesondere zur Behebung der Raumnot, zur Bekämpfung von Seuchengefahr oder zum Schutz gefährdeter Jugendlicher vorgenommen werden«.

1061 *BVerfG,* Urt. v. 13.10.1971 – 1 BvR 280/66 –, in: BVerfGE 32, 54 (76 f.); *BVerwG,* Urt. v. 5.11.1987 – 3 C 52/85 –, in: BVerwGE 78, 251 (255); *Hermes,* in: Dreier (Hrsg.), GG I, Art. 13 Rn. 25; *Voßkuhle,* DVBl. 1994, 611 (613).

1062 *BVerfG,* Urt. v. 13.10.1971 – 1 BvR 280/66 –, in: BVerfGE 32, 54 (77).

1063 *BVerfG,* Urt. v. 13.10.1971 – 1 BvR 280/66 –, in: BVerfGE 32, 54 (77).

Betriebs- und Geschäftszeiten. Diese Formulierung bezieht sich also nicht auf die allgemeine, ortsübliche Geschäftszeit, sondern auf die Zeiten des jeweiligen Betriebs.[1064]

Liegen diese Voraussetzungen nicht vor oder sollen private Wohnräume i. e. S. betreten werden, sind dagegen die engen Voraussetzungen des Art. 13 Abs. 7 GG zu beachten. Dementsprechend bestimmt § 42 Abs. 2 Nr. 2 LFGB, dass die in § 42 Abs. 2 Nr. 1 LFGB genannten Grundstücke, Räume etc. *außerhalb* der genannten Zeiten sowie Wohnräume auskunftspflichtiger Personen[1065] (nur) zur Verhütung dringender Gefahren für die öffentliche Sicherheit und Ordnung betreten werden dürfen. Da hierdurch den Vorgaben des Abs. 7 genügt werden soll, ist der Begriff der dringenden Gefahr für die öffentliche Sicherheit und Ordnung[1066] also seinem dortigen, verfassungsrechtlichen Bedeutungsgehalts entsprechend zu verstehen. Da die Wahrnehmung der Befugnisse des § 42 Abs. 2 LFGB dem lebensmittelrechtlichen Überwachungszweck dienen muss, kommt hier eine dringende Gefahr für die öffentliche Sicherheit aufgrund von (drohenden) Verstößen gegen lebensmittelrechtliche Vorschriften bzw. das Bestehen dringender Gesundheits- bzw. Täuschungsgefahren in Betracht. Eine dringende Gefahr ist dann zu bejahen, wenn ohne das Einschreiten der Behörden mit hinreichender Wahrscheinlichkeit Schäden für besonders wichtige Rechtsgüter oder in besonders großem Ausmaß entstehen würden.[1067] Im Fall des lebensmittelrechtlichen Gesundheitsschutzes geht es zwar um ein wichtiges Rechtsgut. Angesichts der Tatsache, dass allgemeine Routinekontrollen jedoch gerade nicht zur Feststellung bestimmter, konkret drohender Verstöße gegen gesundheitsschützende Vorschriften vorgenommen werden, wird in diesen Fällen in der Regel allerdings nicht von einer dringenden Gefahr auszugehen sein.

Die Betretungsbefugnis umfasst auch das Recht zur Besichtigung der Örtlichkeiten, Produkte und Gegenstände auf dem Grundstück bzw. in den Betriebsräumen, da sie dazu dient, die Erfüllung des Kontrollauftrags zu

---

1064 *Meyer,* in: Ders./Streinz (Hrsg.), BasisV/LFGB, § 42 Rn. 19; *Zipfel/Rathke,* Lebensmittelrecht II, C 102, § 42 Rn. 47.

1065 Zum Begriff der auskunftspflichtigen Person s. u. S. 189 f.

1066 Zum Begriff der öffentlichen Sicherheit bzw. der öffentlichen Ordnung s. o. S. 94 f.

1067 *BVerwG,* Urt. v. 6.9.1974 – I C 17.73 –, in: BVerwGE 47, 31 (40); *Hermes,* in: Dreier (Hrsg.), GG I, Art. 13 Rn. 111; *Jarass,* in: Ders./Pieroth, GG, Art. 13 Rn. 37; *Knemeyer,* POR, Rn. 94; *Rhein,* OBG NRW, § 1 Rn. 31; *Scholl,* Behördliche Prüfungsbefugnisse, S. 157; *Voß,* LFGB, S. 228 f.

ermöglichen.[1068] Sofern damit keine unverhältnismäßige Betriebsstörung verbunden ist, gehört dazu auch das Fotografieren, das Inbetriebsetzen oder Zerlegen von Maschinen sowie das Anfassen und die »organoleptische Prüfung«[1069] der Produkte.[1070] Des Weiteren enthält § 42 Abs. 2 Nr. 3 LFGB – etwas versteckt[1071] – die Befugnis zum Besichtigen und Fotografieren von Mitteln, Einrichtungen und Geräten zur Beförderung von Erzeugnissen oder lebenden Tieren i. S. d. § 4 Abs. 1 Nr. 1 LFGB. Dazu gehören beispielsweise Förderbänder, Leitungen oder Transportfahrzeuge.[1072]

Aufgrund ihrer Duldungs- und Mitwirkungspflicht haben die Inhaber der Grundstücke, Räume, Einrichtungen und Geräte und die von ihnen bestellten Vertreter gem. § 44 Abs. 1 LFGB insbesondere auf Verlangen die zu kontrollierenden Räume und Geräte zu bezeichnen sowie Räume und Behältnisse zu öffnen. Außerdem können sie im Einzelfall etwa verpflichtet sein, für die erforderliche Beleuchtung der Örtlichkeiten zu sorgen oder Hilfsmittel, wie z. B. Leitern, zur Verfügung zu stellen.[1073] Der Betriebsinhaber kann das Betreten zwar grundsätzlich nicht unter Berufung auf sein durch Art. 13 Abs. 1 GG geschütztes Hausrecht[1074] verhindern, da dieses durch die Vorschrift des § 42 Abs. 2 Nr. 1 bzw. 2 LFGB verfassungsgemäß eingeschränkt wird.[1075] Aus dem Spannungsverhältnis zwischen dem Hausrecht des Betriebsinhabers und der Betretungsbefugnis des Kontrollpersonals ergeben sich allerdings gewisse Rücksichtnahmepflichten: Bei Routinekontrollen ist der Inhaber des Hausrechts oder dessen Stellvertreter vor Ort darüber zu informieren, dass dem Publikum nicht zugängliche

---

1068 *Meyer,* in: Ders./Streinz (Hrsg.), BasisV/LFGB, § 42 Rn. 14; *Rathke,* ZLR 1985, 115 (121) (zum insoweit wortgleichen § 41 LMBG); *Scholl,* Behördliche Prüfungsbefugnisse, S. 161; *Voß,* LFGB, S. 231; *Zipfel/Rathke,* Lebensmittelrecht II, C 102, § 42 Rn. 48.

1069 Eine organoleptische Prüfung ist eine Prüfung durch optische Wahrnehmung bzw. unter Einsatz des Tast-, Geruchs- und Geschmackssinns.

1070 *Meyer,* in: Ders./Streinz (Hrsg.), BasisV/LFGB, § 42 Rn. 16; *Rathke,* ZLR 1985, 115 (122) (zum insoweit wortgleichen § 41 Abs. 3 LMBG); vgl. auch *Zipfel/Rathke,* Lebensmittelrecht II, C 102, § 42 Rn. 49 f.

1071 In Nr. 3 sind ansonsten Einsichts- und Vervielfältigungsbefugnisse in Bezug auf Dokumente geregelt, dazu s. u. S. 220 f.

1072 *Meyer,* in: Ders./Streinz (Hrsg.), BasisV/LFGB, § 42 Rn. 28.

1073 *Rathke,* ZLR 1985, 115 (122) (zum insoweit wortgleichen § 41 Abs. 3 LMBG).

1074 *BVerwG,* Urt. v. 5.11.1987 – 3 C 52/85 –, in: BVerwGE 78, 251 (253) (zum insoweit wortgleichen § 41 Abs. 3 Nr. 1 LMBG).

1075 *BVerwG,* Urt. v. 5.11.1987 – 3 C 52/85 –, in: BVerwGE 78, 251 (253) (zum insoweit wortgleichen § 41 Abs. 3 Nr. 1 LMBG). S. o. S. 212.

Geschäfts- und Betriebsräume zu Kontrollzwecken betreten werden.[1076] Dies ist insofern im legitimen Interesse des Betroffenen, da auf diese Weise beispielsweise sichergestellt werden kann, dass ein kompetenter Ansprechpartner für etwaige Nachfragen oder Erläuterungen zum Betriebsablauf oder das ggf. folgende Gespräch über Beanstandungen zur Verfügung steht.[1077] Im Sinne einer ohne Verzögerung durchzuführenden Kontrollmaßnahme und zur Vorbeugung etwaigen Missbrauchs einer »Vorwarnung« (etwa durch schnelles Beiseiteschaffen nicht lebensmittelrechtskonformer Erzeugnisse), müssen darüber hinaus allerdings keine Einzelheiten über den Besichtigungszweck und die vorgesehenen Kontrollmaßnahmen mitgeteilt werden.[1078] Aus dem Gebot unangekündigter Kontrollen[1079] ergibt sich außerdem, dass in den Fällen, in denen der Hausrechtsinhaber oder ein Stellvertreter nicht sofort erreichbar sind oder aufgrund der Umstände des Einzelfalls die Gefahr besteht, dass sonst durch eine Verzögerung der Zweck der Kontrolle beeinträchtigt wird, es ausreicht, wenn das Kontrollpersonal einen anwesenden sonstigen Betriebsangehörigen informiert.[1080]

cc) Einsichtnahme in Dokumente

Nach § 42 Abs. 2 Nr. 3 LFGB ist das Kontrollpersonal befugt, alle geschäftlichen Schrift- und Datenträger, insbesondere Aufzeichnungen, Frachtbriefe, Herstellungsbeschreibungen und Unterlagen über die bei der Herstellung verwendeten Stoffe einzusehen, hieraus Abschriften, Auszüge, Ausdrucke oder Kopien, auch von Datenträgern, anzufertigen oder Ausdrucke von elektronisch gespeicherten Daten zu verlangen.

Ähnlich wie dem Einholen von Auskünften kommt dieser Befugnis dann eine besondere Bedeutung zu, wenn die Lebensmittelrechtskonformität der betrieblichen Vorgänge, Einrichtungen und Produkte durch bloße Inaugen-

---

1076 *BVerwG,* Urt. v. 5.11.1987 – 3 C 52/85 –, in: BVerwGE 78, 251 (253 f.) (zum insoweit wortgleichen § 41 Abs. 3 Nr. 1 LMBG); *Meyer,* in: Ders./Streinz (Hrsg.), BasisV/LFGB, § 42 Rn. 22; *Verfürth,* Effektive Lebensmittelüberwachung, S. 136; *Voß,* LFGB, S. 230; *Zipfel/Rathke,* Lebensmittelrecht II, C 102, § 42 Rn. 37.

1077 Vgl. *Kunig,* DVBl. 1988, 578 (579) (zum insoweit wortgleichen § 41 Abs. 3 Nr. 1 LMBG).

1078 *BVerwG,* Urt. v. 5.11.1987 – 3 C 52/85 –, in: BVerwGE 78, 251 (255 f.) (zum insoweit wortgleichen § 41 Abs. 3 Nr. 1 LMBG); *Voß,* LFGB, S. 230.

1079 S. o. S. 205.

1080 *BVerwG,* Urt. v. 5.11.1987 – 3 C 52/85 –, in: BVerwGE 78, 251 (256 f.) (zum insoweit wortgleichen § 41 Abs. 3 Nr. 1 LMBG); *Meyer,* in: Ders./Streinz (Hrsg.), BasisV/LFGB, § 42 Rn. 22; *Voß,* LFGB, S. 230.

scheinnahme oder eigene Messungen und Untersuchungen vor Ort nicht abschließend beurteilt werden kann. So ermöglicht die Einsichtnahme in die Unterlagen über die bei der Herstellung verwendeten Stoffe die Überprüfung der Richtigkeit und Vollständigkeit der Angaben im Zutatenverzeichnis.[1081] Außerdem können erteilte Auskünfte ggf. verifiziert oder ergänzt und die Einhaltung unternehmerischer Dokumentationspflichten überprüft werden:[1082] Zu den Dokumenten, die eingesehen werden können, gehören auch diejenigen, die im Rahmen eines Qualitätsmanagementsystems bzw. im Zusammenhang mit einem HACCP-System erstellt wurden und die daher zur Beurteilung der Wirksamkeit der Eigenkontrollsysteme herangezogen werden können.[1083] Aufgrund der ausdrücklichen Beschränkung des Wortlauts auf die Befugnis zur Einsichtnahme und Vervielfältigung ermächtigt § 42 Abs. 2 Nr. 3 LFGB allerdings nicht zur Mitnahme der Dokumente. Diese wäre erst im Wege einer Beschlagnahme unter den Voraussetzungen der §§ 94 ff. StPO im Rahmen eines strafrechtlichen oder – über eine entsprechende Anwendung gem. § 46 OwiG – ordnungswidrigkeitsrechtlichen Ermittlungsverfahrens zulässig.[1084]

II. Probenahme zu Untersuchungszwecken

§ 42 Abs. 2 LFGB enthält – neben den vorstehend erörterten Kontrollbefugnissen – in Nr. 5 auch eine Befugnis zur Probenahme und verweist insoweit auf die Vorschrift des § 43 LFGB, der die Probenahme gesondert und ausführlich regelt. Auch im Rahmen der EG-KontrollV ist der Probenahme und -analyse ein eigenes Kapitel[1085] gewidmet. Dies zeigt, dass die Probenahme nicht lediglich als Maßnahme im Rahmen der Betriebskontrollen anzusehen ist, sondern ihr eigenständige Bedeutung zukommt.[1086] Eine Definition der »Probenahme für die Analyse« findet sich in Art. 2 UAbs. 2 Nr. 11 EG-KontrollV. Danach handelt es sich um »die Entnahme

---

1081 *Voß,* LFGB, S. 233; *Zipfel/Rathke,* Lebensmittelrecht II, C 102, § 42 Rn. 63. Zu den Pflichten hinsichtlich der Angabe der Zutaten s. o. S. 158.

1082 Vgl. *Scholl,* Behördliche Prüfungsbefugnisse, S. 133.

1083 Vgl. *Zipfel/Rathke,* Lebensmittelrecht II, C 102, § 42 Rn. 62. Zur »Kontrolle der Kontrolle« s. o. S. 209.

1084 *Meyer,* in: Ders./Streinz (Hrsg.), BasisV/LFGB, § 42 Rn. 28; *Rathke,* ZLR 1985, 115 (123) (zum insoweit wortgleichen § 41 Abs. 3 Nr. 3 LMBG); *Scholl,* Behördliche Prüfungsbefugnisse, S. 136; *Zipfel/Rathke,* Lebensmittelrecht II, C 102, § 42 Rn. 64.

1085 Kapitel III, Art. 11 ff.

1086 Vgl. *Preuß,* ZLR 2005, 225 (232).

einer bestimmten Menge eines (...) Lebensmittels oder eines anderen Stoffes (auch aus der Umwelt), der für die Erzeugung, die Verarbeitung und den Vertrieb von (...) Lebensmitteln (...) von Bedeutung ist, um im Wege einer Analyse die Einhaltung des (...) Lebensmittelrechts zu überprüfen«. Als Gegenstand der Probenahme kommen nicht nur Lebensmittel als Endprodukte, sondern beispielsweise auch Rohstoffe oder Zwischenprodukte in Betracht.[1087] Die Probenahme stellt ein wichtiges Kontrollinstrument dar, da zahlreiche Verstöße gegen lebensmittelrechtliche Vorschriften nicht allein durch bloße Inaugenscheinnahme bzw. im Wege der organoleptischen Prüfung[1088] der Produkte vor Ort festgestellt werden können, sondern es dazu einer eingehenden chemischen, physikalischen, molekularbiologischen oder mikrobiologischen Untersuchung im Labor bedarf.[1089] Nach § 8 Abs. 1 S. 1 AVV RÜb sind Gegenstand der Probenuntersuchung insbesondere mikrobiologische Anforderungen, der Gehalt an Rückständen und Kontaminanten,[1090] die Zusammensetzung[1091] sowie Kennzeichnung und Aufmachung[1092] von Lebensmitteln, also diejenigen Merkmale, die Gegenstand der Vorschriften des materiellen Lebensmittelrechts sind.

1. Zahl, Art und Ort der Probenahmen

Nach § 43 Abs. 1 S. 1 LFGB können die mit der Überwachung beauftragten Personen Proben »nach ihrer Auswahl« entnehmen. Aufgrund gemeinschaftsrechtlicher und bundesrechtlicher Vorschriften sind allerdings detaillierte Vorgaben hinsichtlich Zahl, Art und Ort der Probenahmen zu beachten, sodass das Ermessen des Kontrollpersonals erheblich eingeschränkt ist. Um den Vorgaben Rechnung tragen zu können und die Kapazitäten der Überwachungs- und Untersuchungsämter effizient einsetzen zu können, ist daher auch bei der Probenahme ein systematisches und planmäßiges Vorgehen erforderlich.[1093] Zu diesem Zweck werden von den Überwachungsbehörden »Probenahmepläne« erarbeitet,[1094] die unter Festlegung der Art

1087 Vgl. *Meyer,* in: Ders./Streinz (Hrsg.), BasisV/LFGB, § 43 Rn. 12.

1088 Zum Begriff s. o. S. 150 (Fn. 731).

1089 *Meyer,* in: Ders./Streinz (Hrsg.), BasisV/LFGB, § 43 Rn. 1; *Zipfel/Rathke,* Lebensmittelrecht II, C 102, § 43 Rn. 6.

1090 S. o. S. 135 ff.

1091 S. o. S. 127 ff.

1092 S. o. S. 154 ff.

1093 Zur planmäßigen Vorgehensweise bei den Betriebskontrollen s. o. S. 205 ff.

1094 *Drews/Hieke,* ZLR 1980, 1 (9).

und Zahl der »Planproben« die verschiedenen rechtlichen Vorgaben, insbesondere die der EG-KontrollV und der AVV RÜb, umsetzen.

Die jährliche Zahl zu entnehmender Planproben beträgt gem. § 9 S. 3 Nr. 1 AVV RÜb bei Lebensmitteln grundsätzlich fünf amtliche Proben je 1.000 Einwohner. Darin sind allerdings gem. § 11 Abs. 1 S. 3 AVV RÜb bereits diejenigen Proben enthalten, deren Entnahme durch den jeweils geltenden BÜp[1095] vorgeschrieben ist. Im Übrigen stellt § 9 S. 2 AVV RÜb entsprechend der gemeinschaftsrechtlichen Vorgabe in Art. 3 Abs. 1 EG-KontrollV[1096] klar, dass auch in Bezug auf die Entscheidung über Anzahl und Art der zu entnehmenden Proben risikoorientiert vorzugehen ist. Dabei sind – soweit verfügbar – die Ergebnisse der amtlichen Betriebskontrollen sowie landesspezifische Produktions- und Gewerbestrukturen zu berücksichtigen.

Hinsichtlich der Entscheidung, bei welchen Betrieben die Proben entnommen werden sollen, ist zunächst Art. 3 Abs. 3 S. 1 EG-KontrollV zu berücksichtigen. Danach sind amtliche Kontrollen, deren wesentlicher Bestandteil die Probenahme ist, auf jeder Produktions-, Verarbeitungs- und Vertriebsstufe durchzuführen. § 8 Abs. 1 S. 1 AVV RÜb bestimmt allerdings, dass, unbeschadet der lebensmittelrechtlichen Verantwortlichkeit aller Inverkehrbringer, eine Probenahme vorrangig beim Hersteller oder Einführer erfolgen soll. Auf den folgenden Handelsstufen kann sich S. 2 zufolge die Prüfung darauf beschränken, ob sich durch Transport, Lagerung, Verarbeitung und weiteres Inverkehrbringen Mängel ergeben haben, falls der Hersteller im Inland ansässig ist. Denn dann greift die der Regelung zugrunde liegende Annahme, dass eine Kontrolle in Bezug auf die ursprüngliche Lebensmittelrechtskonformität bereits beim Hersteller erfolgt ist. Fraglich ist, ob diese Vorgaben als gemeinschaftswidrig anzusehen sind. Dagegen spricht, dass zwar der zahlenmäßige Schwerpunkt der Probenahme beim Hersteller oder Einführer liegen soll, die folgenden Stufen jedoch nicht von der Kontrolle ausgeschlossen werden. Dem Wortlaut des Art. 3 Abs. 3 S. 1 EG-KontrollV ist nicht zu entnehmen, dass die Überwachung auf den verschiedenen Stufen jeweils mit derselben Intensität und Häufigkeit erfolgen muss. Der ansonsten risikoorientierte Überwachungsansatz des Gemeinschaftsrechts[1097] legt vielmehr eine zweckmäßige unterschiedliche Behandlung nahe. Die vorrangige Probenahme bei Herstellern und Importeuren ist in diesem Sinne durchaus als sinnvoll anzusehen. Werden anlässlich der

---

1095 Zum BÜp s. o. S. 204 (Fn. 991).
1096 S. o. S. 205.
1097 S. o. S. 205.

Probenahme Verstöße festgestellt, so kann hier am effektivsten Einfluss genommen und auf schnellstem Wege eine Beseitigung des Mangels herbeigeführt werden.[1098] Die Vorgaben entsprechen auch deshalb dem Grundsatz der Verhältnismäßigkeit, da zumindest für die Hersteller der mit der Probenahme regelmäßig verbundene Verlust in der Regel mit geringeren finanziellen Einbußen verbunden ist, als etwa für den Handel.[1099]

Die Zahl der derart festgelegten Planproben darf allerdings nicht das gesamte Kontingent erschöpfen, dessen Umfang u. a. durch die vorhandenen personellen und sachlichen Kapazitäten in den Überwachungs- und Untersuchungsämtern begrenzt wird,[1100] da auch die Entnahme bzw. Untersuchung sog. »freier Proben«, also solcher Proben, die außerhalb der planmäßigen Probenahme aufgrund bestimmter Ereignisse gezogen werden, möglich bleiben muss.[1101] Bei den freien Proben kann differenziert werden zwischen sog. »Verdachtsproben«, die entnommen werden, wenn die Behörde aufgrund bestimmter Anhaltspunkte den Verdacht hegt, dass ein Verstoß gegen lebensmittelrechtliche Vorschriften vorliegen könnte,[1102] und sog. »Verfolgungs-» oder »Nachproben«, die der Ergänzung und Absicherung der Erkenntnisse aus vorangegangenen Probenahmen dienen.[1103] »Beschwerdeproben« werden der Behörde dagegen von Seiten der Verbraucher zur Überprüfung festgestellter oder vermuteter Verstöße übergeben.[1104] Ihnen kommt nur ein beschränkter Beweiswert zu, da die strengen Anforderungen und Sorgfaltspflichten, die für eine amtliche Probenahme gelten,[1105] in der Regel nicht erfüllt sind. Außerdem kann im Einzelfall nicht mit Sicherheit davon ausgegangen werden, dass die Probe authentisch ist und nicht verändert wurde, es sei denn, der Verstoß bezieht sich auf unver-

---

1098 *Neuhaus,* in: Frede (Hrsg.), Taschenbuch für Lebensmittelchemiker, S. 101 (126). Dieser Gedanke liegt auch der Regelung des § 16 Abs. 1 S. 1 AVV RÜb zugrunde. Danach sollen sich Maßnahmen bei Rechtsverstößen – je nach Erforderlichkeit – vorrangig an den Hersteller oder den Inverkehrbringer richten, s. u. S. 244.

1099 Zur Frage der Entschädigung s. u. S. 233.

1100 Vgl. *Drews/Hieke,* ZLR 1980, 1 (9); *Neuhaus,* in: Frede (Hrsg.), Taschenbuch für Lebensmittelchemiker, S. 101 (126).

1101 *Neuhaus,* in: Frede (Hrsg.), Taschenbuch für Lebensmittelchemiker, S. 101 (126).

1102 *Neuhaus,* in: Frede (Hrsg.), Taschenbuch für Lebensmittelchemiker, S. 101 (126); *Meyer,* in: Ders./Streinz (Hrsg.), BasisV/LFGB, § 43 Rn. 5.

1103 *Neuhaus,* in: Frede (Hrsg.), Taschenbuch für Lebensmittelchemiker, S. 101 (126); *Meyer,* in: Ders./Streinz (Hrsg.), BasisV/LFGB, § 43 Rn. 5.

1104 *Neuhaus,* in: Frede (Hrsg.), Taschenbuch für Lebensmittelchemiker, S. 101 (126).

1105 Dazu unten S. 225 ff.

änderliche Umstände, wie z. B. das Etikett.[1106] Im Zweifelsfall sind also in diesen Fällen weitere behördliche Ermittlungsmaßnahmen einzuleiten.

2. Durchführung der Probenahme

Gem. § 43 Abs. 1 LFGB sind die mit der Überwachung beauftragten Personen befugt, gegen Empfangsbescheinigung Proben nach ihrer Auswahl zum Zweck der Untersuchung zu fordern oder zu entnehmen. Da die Vorschrift in einem systematischen Zusammenhang mit der Regelung des § 42 Abs. 2 Nr. 5 LFGB steht,[1107] gilt auch hier die grundsätzliche Einschränkung des § 42 Abs. 2 LFGB, dass die Kontrollmaßnahme zur Überwachung der Einhaltung der lebensmittelrechtlichen Vorschriften »erforderlich« sein muss.[1108] Sie müssen also dem allgemeinen Überwachungszweck dienen.[1109] Es sind daher nur solche Proben zu entnehmen, bei denen zum Zeitpunkt der Entnahme davon ausgegangen werden kann, dass sich aus ihrer Untersuchung Anhaltspunkte in Bezug auf die Frage der Einhaltung der lebensmittelrechtlichen Vorschriften ergeben können.[1110] Die Proben können von dem, der sie im Gewahrsam hat, »gefordert« oder aber selbst entnommen werden. Eine eigenhändige Entnahme ist insbesondere dann angezeigt, wenn das Kontrollpersonal selbst eine spezifische Auswahl treffen will.[1111] Hierfür erforderliche Handlungen wie das Öffnen von Gefäßen oder das Teilen einer Ware sind von der Befugnis zur Probenahme

1106 *Meyer,* in: Ders./Streinz (Hrsg.), BasisV/LFGB, § 43 Rn. 5.

1107 Vgl. *Zipfel/Rathke,* Lebensmittelrecht II, C 102, § 43 Rn. 9.

1108 *Zipfel/Rathke,* Lebensmittelrecht II, C 102, § 43 Rn. 12. Zwar spricht der Wortlaut des § 43 LFGB für eine eigenständige Ermächtigungsgrundlage, da dort von einer Befugnis zur Probenahme ohne ausdrücklichen Verweis auf die Vorschrift des § 42 Abs. 2 Nr. 5 LFGB die Rede ist. § 43 LFGB ist laut der Gesetzesbegründung jedoch an § 42 LMBG »angelehnt« (*Regierungsentwurf des LFGB (BT),* BT Drs. 15/3657, S. 66). Dort ergab sich die Einschränkung »soweit es (...) erforderlich ist« unmittelbar aus dem Wortlaut des § 42 Abs. 1 S. 1 LMBG. Aus der Gesetzesbegründung geht nicht hervor, dass diese Einschränkung aufgrund des Fehlens einer entsprechenden Formulierung in § 43 LFGB nunmehr wegfallen soll. Es ist vielmehr davon auszugehen, dass auf diesen Wortlaut im neuen § 43 LFGB deshalb verzichtet wurde, da dieser inhaltlich bereits in § 42 Abs. 2 LFGB enthalten ist und der Gesetzgeber also von einem »Hineinlesen« des § 42 Abs. 2 in § 43 ausging.

1109 Zum Merkmal der Erforderlichkeit i. S. d. § 42 Abs. 2 LFGB s. o. S. 188 f. und S. 211.

1110 *Zipfel/Rathke,* Lebensmittelrecht II, C 102, § 43 Rn. 13.

1111 *Zipfel/Rathke,* Lebensmittelrecht II, C 102, § 43 Rn. 28.

umfasst.[1112] Dies gilt im Rahmen der Verhältnismäßigkeit auch für kurzfristige Unterbrechungen des Produktionsablaufs, etwa durch das Anhalten von Fließbändern oder Maschinen, wenn andernfalls eine Probenahme nicht oder nur unter erheblich erschwerten Bedingungen möglich wäre.[1113]

Die Betroffenen haben die Maßnahme zu dulden, das Kontrollpersonal zu unterstützen[1114] und insbesondere die Entnahme der Proben zu ermöglichen, § 44 Abs. 1 Nr. 3 LFGB. Dies bedeutet u. a., dass dem Kontrollpersonal bei Bedarf Vorrichtungen zur Entnahme der Probe, sowie – soweit vorhanden – geeignete Aufbewahrungs- und Transportgefäße bereitgestellt werden müssen.[1115] Ein Verstoß gegen die Duldungs- bzw. Mitwirkungspflichten kann als Ordnungswidrigkeit gem. § 60 Abs. 2 Nr. 20 LFGB geahndet werden.

Nicht nur hinsichtlich der Auswahl der Probe, sondern auch für den Entnahmevorgang selbst und das weitere Verfahren gelten bestimmte Vorgaben und Standards, die von Seiten des Kontrollpersonals zu beachten sind. Gem. Art. 11 Abs. 1 Hs. 1 EG-KontrollV muss das angewendete Probenahmeverfahren den einschlägigen gemeinschaftsrechtlichen Vorschriften entsprechen. Beim Fehlen entsprechender Vorschriften müssen die angewendeten Verfahren »den international anerkannten Regeln oder Protokollen, zum Beispiel denen, die der Europäische Normenausschuss (CEN) zugelassen hat, oder den nach einzelstaatlichem Recht vereinbarten Regeln« entsprechen. Fehlen auch letztere, so wird eine Übereinstimmung mit »anderen für den Zweck geeigneten oder gemäß wissenschaftlichen Protokollen entwickelten Verfahren« verlangt. Spezifische gemeinschaftsrechtliche Vorschriften enthalten die auf der Grundlage des Art. 11 Abs. 4 EG-KontrollV von der Kommission erlassenen Durchführungsverordnungen für das Verfahren der Probenahme zu bestimmten Kontrollzwecken, beispielsweise für die amtliche Kontrolle des Mykotoxingehalts,[1116] des Nitratgehalts[1117] oder des Dio-

---

1112 *Zipfel/Rathke,* Lebensmittelrecht II, C 102, § 43 Rn. 28.

1113 *Zipfel/Rathke,* Lebensmittelrecht II, C 102, § 43 Rn. 28. Vgl. auch *Meyer,* in: Ders./Streinz (Hrsg.), BasisV/LFGB, § 44 Rn. 7.

1114 Zu Umfang und Grenzen der Duldungs- und Unterstützungspflichten aus § 44 Abs. 1 LFGB sowie dem pflichtigen Personenkreis s. o. S. 211 ff.

1115 *Rathke,* ZLR 1985, 115 (125) (zum insoweit wortgleichen § 43 LMBG); *Scholl,* Behördliche Prüfungsbefugnisse, S. 175; *Voß,* LFGB, S. 238; *Zipfel/Rathke,* Lebensmittelrecht II, C 102, § 44 Rn. 27.

1116 *Verordnung (EG) Nr. 401/2006 der Kommission v. 23.2.2006 zur Festlegung der Probenahmeverfahren und Analysemethoden für die amtliche Kontrolle des Mykotoxingehalts von Lebensmitteln* (ABl. Nr. L 70 v. 9.3.2006, S. 12 – *EG-MykotoxinanalyseV*).

xingehalts[1118] von Lebensmitteln. Gem. § 64 Abs. 1 LFGB veröffentlicht das BVL eine amtliche Sammlung von Probenahme- und Untersuchungsverfahren,[1119] die unter Mitwirkung von Fachleuten aus den Bereichen der Überwachung, der Wissenschaft und der beteiligten Wirtschaft festgelegt werden und in deren Rahmen auch die gemeinschaftlichen Vorgaben berücksichtigt werden.[1120]

Das Aufstellen bzw. die Einhaltung bestimmter Standards ist vor allem wichtig, um verwertbare bzw. gerichtsfeste Proben bzw. – darauf basierende – Untersuchungsergebnisse zu erhalten. Dementsprechend verlangt Art. 11 Abs. 7 EG-KontrollV Proben so zu handhaben und zu kennzeichnen, dass ihre rechtliche und analytische Validität gewährleistet ist. Grundsätzlich steht es im Ermessen des Kontrollpersonals, welcher Teil eines Produkts bzw. eines Loses[1121] als Probe ausgewählt wird.[1122] Von grundlegender Bedeutung ist allerdings, dass die entnommene Probe »repräsentativ« ist, d. h. die Beschaffenheit der einzelnen Probe den Schluss auf die Beschaffenheit der Gesamtmenge bzw. des Loses zulässt.[1123] Dies ist dann unproblematisch, wenn es um die Beurteilung eines einzelnen Produkts oder eines einzelnen Loses geht und dieses in seiner Gesamtheit als Probe genommen wurde oder wenn Merkmale betroffen sind, die herstellungsbedingt bei allen anderen Produkten desselben Loses gleich sind, wie z. B. der Inhalt der Produktkennzeichnung. Im Übrigen hängt der erforderliche Umfang der Probe u. a. von der beabsichtigten Untersu-

---

1117 *Verordnung (EG) Nr. 1882/2006 der Kommission v. 19.12.1006 zur Festlegung der Probenahmeverfahren und Analysemethoden für die amtliche Kontrolle des Nitratgehalts von bestimmten Lebensmitteln* (ABl. Nr. L 364 v. 20.12.2006, S. 25 – *EG-NitratanalyseV*).

1118 *Verordnung (EG) Nr. 1883/2006 der Kommission v. 19.12. 2006 zur Festlegung von Probenahmeverfahren und Analysemethoden für die amtliche Kontrolle der Gehalte von Dioxinen und dioxinähnlichen PCB in bestimmten Lebensmitteln* (ABl. Nr. L 346 v. 20.12.2006, S. 32 – *EG-DioxinanalyseV*).

1119 Die »Amtliche Sammlung von Untersuchungsverfahren« erscheint als Loseblattsammlung, kann jedoch (kostenpflichtig) auch online abgerufen werden unter *http://www.methodensammlung-bvl.de* (Stand: 06/2009).

1120 Vgl. *Neuhaus,* in: Frede (Hrsg.), Taschenbuch für Lebensmittelchemiker, S. 101 (127).

1121 Oder auch Charge, Posten etc., s. o. S. 125 f.

1122 *Meyer,* in: Ders./Streinz (Hrsg.), BasisV/LFGB, § 43 Rn. 19.

1123 *Stadler/Goldmann,* in: Frede (Hrsg.), Taschenbuch für Lebensmittelchemiker, S. 243; *Zipfel/Rathke,* Lebensmittelrecht II, C 102, § 43 Rn. 58.

chung[1124] sowie von der Art des Lebensmittels und seiner Homogenität ab.[1125] So lässt sich in den Fällen, in denen Produkte verschiedener Herkunft in einem Los verarbeitet wurden, von einer einzelnen Probe nur schwer auf die Gesamtheit schließen.[1126] Es ist daher eine Beurteilung bezogen auf den jeweiligen Einzelfall und ggf. unter Anwendung statistisch-mathematischer Methoden[1127] vorzunehmen. Von Bedeutung ist diesbezüglich allerdings die Vermutungsregel des Art. 14 Abs. 6 EG-BasisV:[1128] Zumindest zur Ermittlung eines Verstoßes gegen Art. 14 Abs. 1 EG-BasisV[1129] kann sich die Behörde – unabhängig von der Frage der statistischen Repräsentativität im Einzelfall – auf die Überprüfung eines der Lebensmittel einer Charge beschränken. Für den Fall eines festgestellten Verstoßes wäre es dann Aufgabe des Lebensmittelunternehmers, durch Untersuchung der gesamten Charge die Vermutung zu widerlegen und unter Beweis zu stellen, dass diese Probe aufgrund der Umstände des Einzelfalls entgegen der Vermutung *nicht* repräsentativ war. Als Begrenzung des Probenumfangs ist außerdem die Erforderlichkeit im Hinblick auf den Überwachungszweck zu beachten: Bezogen auf den konkreten Einzelfall darf die Menge der zu einem bestimmten Untersuchungszweck entnommenen Proben die für das Erlangen eines repräsentativen Untersuchungsergebnisses erforderliche Menge nicht um ein Vielfaches übersteigen.[1130] Weiterhin ist sicherzustellen, dass Veränderungen zwischen dem Zeitpunkt der Entnahme und der Untersuchung der Probe, also insbesondere während des Transports oder der Lagerung so weit wie möglich ausgeschlossen werden, damit das Untersuchungsergebnis nicht verfälscht wird bzw. verwertbar bleibt.[1131] Daher sind beispielsweise spezielle Transport- oder Aufbewah-

---

1124 Für einige Untersuchungen, beispielsweise zur Ermittlung bestimmter Rückstände, gelten daher gesonderte Anforderungen für die anzuwendenden Probenahmeverfahren (s. o. Fn. 268-270), bei deren Einhaltung die Probe als repräsentativ *gilt* (s. u. a. Anh. 1 lit. A.1 EG-MykotoxinanalyseV, Anh. 1 Nr. 1 EG-DioxinanalyseV, Anh. lit. A.1 EG-NitratanalyseV).

1125 *Neuhaus,* in: Frede (Hrsg.), Taschenbuch für Lebensmittelchemiker, S. 101 (127). Vgl. auch *Zipfel/Rathke,* Lebensmittelrecht II, C 102, § 43 Rn. 55.

1126 *Meyer,* in: Ders./Streinz (Hrsg.), BasisV/LFGB, § 43 Rn. 9.

1127 *Zipfel/Rathke,* Lebensmittelrecht II, C 102, § 43 Rn. 57.

1128 S. o. S. 125 ff.

1129 Also gegen das Verkehrsverbot für nicht sichere Lebensmittel, s. o. S. 110 ff.

1130 Vgl. *Zipfel/Rathke,* Lebensmittelrecht II, C 102, § 43 Rn. 13.

1131 Vgl. *Stadler/Goldmann,* in: Frede (Hrsg.), Taschenbuch für Lebensmittelchemiker, S. 241 (243).

rungsbehältnisse zu verwenden und sterile Entnahmebedingungen zu gewährleisten.[1132]

Dem Unternehmer ist eine Empfangsbescheinigung auszustellen, § 43 Abs. 1 S. 1 LFGB, und zwar spätestens im unmittelbaren Anschluss an die Probenahme.[1133] Aus der Funktion der Empfangsbescheinigung als Nachweis der Entnahme ergibt sich, dass diese zumindest die Überwachungsbehörde bzw. die handelnde Kontrollperson, die Zeit der Probenahme sowie eine Bezeichnung der Art der Probe enthalten muss.[1134]

Nach Art. 11 Abs. 5 EG-KontrollV legen die zuständigen Behörden außerdem angemessene Verfahren fest, um das Recht der Unternehmer auf Beantragung eines »zusätzlichen Sachverständigengutachtens« zu gewährleisten. Dies ist für den Unternehmer, insbesondere für den Hersteller, der zumindest für die ursprüngliche Beschaffenheit und Kennzeichnung verantwortlich ist, dann von Bedeutung, wenn das Ergebnis der Untersuchung der vom Kontrollpersonal entnommenen Probe auf einen Verstoß gegen lebensmittelrechtliche Vorschriften hinweist. Die Einholung eines weiteren, unabhängigen Sachverständigengutachtens – sog. »Gegengutachten« – gibt dem Unternehmer die Möglichkeit zu überprüfen, ob das erste Untersuchungsergebnis möglicherweise durch Untersuchungsfehler, Verwechselungen bzw. sonstige Irrtümer oder Unzuverlässigkeiten verfälscht wurde oder ob es sich bei der untersuchten Probe lediglich um einen nicht repräsentativen, einmaligen »Ausreißer« gehandelt hat.[1135] In diesen Fällen kann das Gutachten als Gegenbeweis in einem gegen den Unternehmer gerichteten Verwaltungs-, Ordnungswidrigkeiten- oder Strafverfahren dienen.[1136] Um dieses Recht zu gewährleisten, ist es insbesondere wichtig, dass dem Unternehmer unverfälschtes Material für eine weitere Untersuchung zur Verfügung steht. Dies haben die zuständigen Behörden gem. Art. 11 Abs. 6 EG-KontrollV sicherzustellen. Einzelheiten der Verpflichtung der Überwachungsbehörden zur Entnahme und Hinterlegung sog. »Gegenproben« regelt § 43 Abs. 1 S. 2 LFGB: Bei der Entnahme einer amtlichen Probe ist »ein Teil der Probe« zurückzulassen. Falls die Probe nicht (ohne Gefährdung des Untersuchungszwecks) in Teile von gleicher Beschaffenheit teilbar

1132 *Neuhaus,* in: Frede (Hrsg.), Taschenbuch für Lebensmittelchemiker, S. 101 (127).

1133 *Meyer,* in: Ders./Streinz (Hrsg.), BasisV/LFGB, § 43 Rn. 20.

1134 Vgl. *Meyer,* in: Ders./Streinz (Hrsg.), BasisV/LFGB, § 43 Rn. 20; *Zipfel/Rathke,* Lebensmittelrecht II, C 102, § 43 Rn. 29.

1135 Vgl. *Voß,* LFGB, S. 239.

1136 Vgl. *Meyer,* in: Ders./Streinz (Hrsg.), BasisV/LFGB, § 43 Rn. 21.

ist, etwa weil die Teilung die Probe zerstören[1137] oder zumindest eine relevante Veränderung verursachen würde (z. B. bei Konserven oder luftdicht verpackten Lebensmitteln),[1138] ist stattdessen eine sog. »Zweitprobe«[1139], d. h. ein zweites Stück gleicher Art, also gleicher Beschaffenheit in Bezug auf die verwendeten Rohstoffe, Zutaten, Herstellungsmethoden etc.,[1140] und, soweit vorhanden, aus dem selben Los und von dem selben Hersteller zurückzulassen. Da die Vorschrift das Recht des Herstellers auf ein zusätzliches Gutachten gewährleisten soll, kann er auf das Zurücklassen einer Gegenprobe verzichten, § 43 Abs. 1 S. 2 LFGB a. E. Andere Lebensmittelunternehmer, wie z. B. Händler, können aus Beweissicherungsgründen dagegen nicht wirksam verzichten.[1141] Eine weitere Ausnahme ergibt sich unmittelbar aus Art. 11 Abs. 6 EG-KontrollV für die Fälle, in denen die Hinterlegung einer Gegenprobe unmöglich ist, da die Probe beispielsweise von leicht verderblichen Produkten stammt oder insgesamt nur eine sehr geringe Menge des Produkts vorhanden ist.

Um die Gegenprobe vor (verdeckter) Manipulation zu schützen und ihren Beweiswert zu sichern, ist sie gem. § 43 Abs. 2 S. 1 LFGB nach der Entnahme amtlich zu verschließen oder zu versiegeln. Dadurch wird amtlicher Gewahrsam begründet, die Probe steht also nicht zur freien Verfügung des Unternehmers, bei dem sie zurückgelassen wurde.[1142] Die Probe ist außerdem mit dem Datum der Probenahme sowie des Tages zu versehen, nach dessen Ablauf der Verschluss oder die Versiegelung (und damit der amtliche Gewahrsam) als aufgehoben gilt, § 43 Abs. 2 S. 2 LFGB. Die Versiegelungsfrist ist dabei in der Regel so zu bemessen, dass sie mit bzw. nicht vor Abschluss der amtlichen Untersuchung endet.[1143] Auf diese Weise kann der Unternehmer das Ergebnis der Untersuchung abwarten und sich dann ggf. für die Verwertung der (noch versiegelten und damit taugli-

---

1137 *Zipfel/Rathke,* Lebensmittelrecht II, C 102, § 43 Rn. 37.

1138 *Meyer,* in: Ders./Streinz (Hrsg.), BasisV/LFGB, § 43 Rn. 22; *Zipfel/Rathke,* Lebensmittelrecht II, C 102, § 43 Rn. 38.

1139 *Meyer,* in: Ders./Streinz (Hrsg.), BasisV/LFGB, § 43 Rn. 22; *Scholl,* Behördliche Prüfungsbefugnisse, S. 172; *Zipfel/Rathke,* Lebensmittelrecht II, C 102, § 43 Rn. 34.

1140 *Meyer,* in: Ders./Streinz (Hrsg.), BasisV/LFGB, § 43 Rn. 22; *Zipfel/Rathke,* Lebensmittelrecht II, C 102, § 43 Rn. 39.

1141 *Meyer,* in: Ders./Streinz (Hrsg.), BasisV/LFGB, § 43 Rn. 24; *Zipfel/Rathke,* Lebensmittelrecht II, C 102, § 43 Rn. 41.

1142 *Scholl,* Behördliche Prüfungsbefugnisse, S. 173 f.; *Zipfel/Rathke,* Lebensmittelrecht II, C 102, § 43 Rn. 33.

1143 *Zipfel/Rathke,* Lebensmittelrecht II, C 102, § 43 Rn. 43.

chen) Probe für ein Gegengutachten entscheiden.[1144] Dabei sind der Versiegelungs- bzw. Aufbewahrungsfrist jedoch aufgrund der jeweiligen Haltbarkeit der Lebensmittelprobe gewisse natürliche Grenzen gesetzt, die allerdings ggf. durch Maßnahmen wie das Einfrieren der Probe beeinflusst werden können.[1145] Das eigenmächtige Öffnen der Probe durch den Unternehmer vor Fristablauf stellt einen strafbaren Siegelbruch gem. § 136 Abs. 2 StGB dar.[1146] Nach Ablauf der Frist darf der Besitzer dagegen die Versiegelung lösen und die Probe zu anderen Zwecken verwenden.[1147]

In den Fällen, in denen die Probenahme nicht beim Hersteller des beprobten Produkts, sondern bei einem anderen Lebensmittelunternehmer erfolgt, hat derjenige, bei dem die Gegenprobe zurückgelassen worden ist, die Pflicht, diese sachgerecht zu lagern und aufzubewahren, § 43 Abs. 3 LFGB. Dies ist deshalb wichtig, da Unternehmer, die nicht selbst Hersteller sind, in der Regel zunächst kein eigenes Interesse an der Erstellung eines Gegengutachtens und damit am Erhalt der Gegenprobe haben. Fraglich ist, ob die Überwachungsbehörde verpflichtet ist, den Hersteller über die bei einem anderen Unternehmer erfolgte Entnahme einer Probe seines Produkts zu informieren. Das LFGB sieht eine solche Pflicht nicht vor. Allerdings müssen die zuständigen Behörden gem. Art. 11 Abs. 5 EG-KontrollV durch entsprechende Verfahren das Recht des Herstellers auf Beantragung eines Gegengutachtens gewährleisten. Dazu gehört auch, dafür zu sorgen, dass dieser überhaupt Kenntnis davon erlangt, dass eine Probenahme stattgefunden hat und die Erstellung eines Gegengutachtens möglicherweise in seinem Interesse sein könnte.[1148] Entschließt sich der Hersteller, ein Gegengutachten in Auftrag zu geben, so kann er in den Fällen, in denen die Gegenprobe von einem anderen Unternehmer verwahrt wird, verlangen, dass sie auf seine Kosten und Gefahr einem nach lebensmittelrechtlichen Vorschriften zugelassenen privaten Sachverständigen, sog. »Gegenprobensachverstän-

---

1144 Vgl. *Meyer,* in: Ders./Streinz (Hrsg.), BasisV/LFGB, § 43 Rn. 23.

1145 Vgl. *Meyer,* in: Ders./Streinz (Hrsg.), BasisV/LFGB, § 43 Rn. 23.

1146 *Meyer,* in: Ders./Streinz (Hrsg.), BasisV/LFGB, § 43 Rn. 23; *Scholl,* Behördliche Prüfungsbefugnisse, S. 174; *Voß,* LFGB, S. 239; *Zipfel/Rathke,* Lebensmittelrecht II, C 102, § 43 Rn. 33. Nach § 136 Abs. 2 StGB wird bestraft, wer ein dienstliches Siegel beschädigt, ablöst oder unkenntlich macht, das angelegt ist, um Sachen in Beschlag zu nehmen, dienstlich zu verschließen oder zu bezeichnen, oder wer den durch ein solches Siegel bewirkten Verschluss ganz oder zum Teil unwirksam macht.

1147 *Meyer,* in: Ders./Streinz (Hrsg.), BasisV/LFGB, § 43 Rn. 23; *Zipfel/Rathke,* Lebensmittelrecht II, C 102, § 43 Rn. 44.

1148 Vgl. *Meyer,* in: Ders./Streinz (Hrsg.), BasisV/LFGB, § 43 Rn. 27.

digen«, seiner Wahl zur Untersuchung ausgehändigt wird, § 43 Abs. 3 LFGB. Dieser ist dann befugt, die Versiegelung zum Zwecke der Durchführung der Untersuchung zu lösen.[1149]

Zuständig für die Zulassung privater Gegenprobensachverständiger ist in Nordrhein-Westfalen das LANUV, § 7 Abs. 1 S. 1 LFBRVG NRW.[1150] Gem. § 1 Abs. 1 der *Verordnung über die Bewertung und Anerkennung von Prüflaboratorien als Voraussetzung für die Zulassung privater Gegenprobensachverständiger für die Untersuchung von Proben* v. 11.2.1999[1151] (*PrüflabV*) ist Voraussetzung der Zulassung eines Gegenprobensachverständigen, dass dieser nachweisen kann, über ein zur sachgerechten Durchführung der Gegenprobenuntersuchung geeignetes Prüflaboratorium zu verfügen, welches die für Prüflaboratorien allgemein geltenden Akkreditierungsvoraussetzungen[1152] erfüllt, § 1 Abs. 1 PrüflabV. Nach § 7 Abs. 2 S. 1 LFBRVG NRW dürfen außerdem nur solche Personen als Sachverständige zugelassen werden, die zuverlässig sind und über die erforderliche Sachkunde verfügen. Sie sind gem. S. 2 auf Unparteilichkeit zu verpflichten. Zur Vermeidung von Interessenskonflikten sind in der amtlichen Lebensmittelüberwachung beschäftigte Personen gem. § 7 Abs. 2 S. 3 LFBRVG NRW von einer Tätigkeit als Gegenprobensachverständige ausgeschlossen. Wer sich ohne Zulassung als Gegenprobensachverständiger betätigt, handelt ordnungswidrig, § 11 Abs. 1 Nr. 2 LFBRVG NRW. Durch das Zulassungserfordernis bzw. die besonderen Voraussetzungen soll sowohl die fachliche Qualität als auch Neutralität der Untersuchung bzw. des zu erstellenden Gutachtens sichergestellt werden. Aus demselben Grund verpflichtet § 7 Abs. 3 S. 1 LFBRVG NRW die Sachverständigen dazu, die Untersuchung der Gegenproben nach bestem Wissen und Gewissen durchzuführen. Sie haben die Gegenprobe im Gutachten so genau zu beschreiben, dass sich eine im Verhältnis zur Erstprobe übereinstimmende oder gleichartige Beschaffenheit feststellen lässt, § 7 Abs. 3 S. 2 LFBRVG NRW. Jede Veränderung oder Beschädigung der Gegenprobe bzw. ihrer Umhüllung,

---

1149 *Meyer,* in: Ders./Streinz (Hrsg.), BasisV/LFGB, § 43 Rn. 23; *Voß,* LFGB, S. 239; *Zipfel/Rathke,* Lebensmittelrecht II, C 102, § 43 Rn. 33.

1150 Eine Liste der in den jeweiligen Bundesländern zugelassenen Gegenprobensachverständigen ist auf den Internetseiten des BVL unter *http://www.bvl.bund.de* abrufbar (Stand: 06/2009). Gem. § 7 Abs. 4 LFBRVG NRW gilt die Zulassung eines Gegenprobensachverständigen in einem anderen Bundesland auch für Nordrhein-Westfalen.

1151 BGBl. I, S. 162.

1152 S. o. S. 102.

ihres Verschlusses oder der Versiegelung muss gem. § 7 Abs. 3 S. 3 LFBRVG NRW im Gutachten vermerkt werden.

Wird die Gegen- oder Zweitprobe dagegen nicht zur Erstellung eines Gegenprobengutachtens verwendet, kann auch die Behörde bei Bedarf darauf zurückgreifen, um das erste Untersuchungsergebnis zu überprüfen.[1153]

Für die entnommenen Proben wird gem. § 43 Abs. 4 S. 1 LFGB grundsätzlich keine Entschädigung geleistet. Eine Ausnahme gilt dann, wenn ohne Entschädigung im Einzelfall eine unbillige Härte eintreten würde; in diesem Fall ist eine Entschädigung bis zur Höhe des Verkaufspreises zu leisten, § 43 Abs. 4 S. 2 LFGB. Ob eine unbillige Härte im Einzelfall angenommen werden kann, hängt insbesondere von der Probenmenge, dem Wert der Probe, der Betriebsgröße und der wirtschaftlichen Situation des betroffenen Unternehmers ab.[1154] Bis zur Grenze des Verkaufspreises ist die Höhe der Entschädigung nach Billigkeitsgrundsätzen zu bemessen. In der Regel werden die im Zeitpunkt der Entnahme entstandenen Selbstkosten des Betroffenen anzusetzen sein.[1155]

3. Untersuchung der Probe

Nach der Entnahme werden die Proben an das jeweils zuständige Untersuchungsamt weitergeleitet.[1156] Auf welche Beschaffenheitsmerkmale hin die Probe untersucht wird, richtet sich zunächst danach, ob sie zu einem bestimmten Untersuchungszweck oder, wie im Fall von Verbraucherbeschwerden,[1157] zur Verfolgung des Verdachts eines Verstoßes gegen spezifische Vorschriften entnommen wurde. In solchen Fällen bestimmt bereits der Zweck oder Anlass der Probenahme die Art der Untersuchung. Wurde die Planprobe routinemäßig zur Überprüfung der allgemeinen Rechtskonformität des Produkts entnommen und fehlt ein konkreter Untersuchungsauftrag von Seiten der Überwachungsbehörde, so muss der für die Untersuchung verantwortliche Sachverständige notwendigerweise eine Auswahl der zu überprüfenden Merkmale treffen, da eine Überprüfung der Einhaltung aller für

1153 *Meyer,* in: Ders./Streinz (Hrsg.), BasisV/LFGB, § 43 Rn. 21; *Zipfel/Rathke,* Lebensmittelrecht II, C 102, § 43 Rn. 31/32.

1154 *Meyer,* in: Ders./Streinz (Hrsg.), BasisV/LFGB, § 43 Rn. 31; *Voß,* LFGB, S. 241; vgl. auch *Zipfel/Rathke,* Lebensmittelrecht II, C 102, § 43 Rn. 47.

1155 *Zipfel/Rathke,* Lebensmittelrecht II, C 102, § 43 Rn. 49.

1156 Vgl. *Neuhaus,* in: Frede (Hrsg.), Taschenbuch für Lebensmittelchemiker, S. 101 (119). Zu den Untersuchungsämtern in Nordrhein-Westfalen s. o. S. 99 ff.

1157 S. o. S. 202 f.

das Produkt geltenden Anforderungen bzw. aller denkbaren Verstöße wenn überhaupt nur mit unverhältnismäßig großem Aufwand zu realisieren wäre.[1158] Dabei wird die Auswahl allerdings durch die dem jeweiligen Untersuchungsamt zur Verfügung stehende personelle und apparative Ausstattung begrenzt: Einfache organoleptische Untersuchungen,[1159] z. B. zur Überprüfung äußerer Beschaffenheitsmerkmale oder zur Erfassung des Inhalts der Produktkennzeichnung, sind durch jeden Sachverständigen in jedem Labor möglich. Für andere, chemisch-physikalische oder mikrobiologische Untersuchungen, beispielsweise zur Überprüfung der genauen Zusammensetzung bzw. des Vorhandenseins bestimmter Stoffe, kann dagegen der Einsatz spezieller Gerätschaften einschließlich des erforderlichen Know-hows notwendig sein, die nicht jedem amtlichen Prüflaboratorium zur Verfügung stehen.[1160] Die Probe ist daher ggf. an entsprechend ausgestattete Laboratorien weiterzuleiten. Auch der Ort der Entnahme spielt eine Rolle: Wurde die Probe beispielsweise nicht beim Hersteller oder Importeur, sondern etwa bei einem Transportunternehmen oder im Handel im Rahmen der Kontrolle *gerade dieser Betriebe* entnommen, so hat die Untersuchung insbesondere der Feststellung zu dienen, ob durch Transport, Lagerung, Kennzeichnung oder andere betriebsinterne Vorgänge eine den rechtlichen Vorgaben nicht entsprechende, nachträgliche Veränderung des Produkts erfolgt ist.[1161]

Vor allem das Gemeinschaftsrecht stellt zum Teil sehr detaillierte und strenge Anforderungen an die im Einzelnen anzuwendenden Analyseverfahren, um eine einheitliche Qualität bzw. Validität der Untersuchungen und der daraus gewonnenen Analyseergebnisse zu sichern. Gem. Art. 11 Abs. 1 EG-KontrollV müssen die Analyseverfahren – wie auch die Probenahmeverfahren –[1162] den einschlägigen gemeinschaftsrechtlichen Rechtsvorschriften oder ersatzweise den international oder national anerkannten Regeln oder anderen für den Zweck geeigneten oder gemäß wissenschaftlichen Protokollen entwickelten Verfahren entsprechen. Fehlen derartige Vorgaben, so kann die »Validierung« der Analyseverfahren auch in einem einzelnen Labor nach einem international anerkannten Protokoll erfolgen, Art. 11 Abs. 2 EG-KontrollV. Eine Validierung dient dem Nachweis, dass eine

---

1158 *Neuhaus,* in: Frede (Hrsg.), Taschenbuch für Lebensmittelchemiker, S. 101 (128).

1159 Zum Begriff der organoleptischen Untersuchung bzw. Prüfung s. o. S. 222.

1160 Zur Spezialisierung der Untersuchungsämter s. o. S. 101 f.

1161 *Neuhaus,* in: Frede (Hrsg.), Taschenbuch für Lebensmittelchemiker, S. 101 (128); vgl. § 9 Abs. 1 S. 2 AVV RÜb (s. o. 1.).

1162 Zu den Vorgaben für Probenahmeverfahren s. o. S. 225 ff.

bestimmte Methode für ihren Einsatzzweck geeignet ist und die an sie gestellten Anforderungen erfüllt.[1163] Derartige Anforderungen, denen die Analyseverfahren gem. Art. 1 Abs. 3 EG-KontrollV»soweit wie möglich« genügen sollten, werden in Anhang II der EG-KontrollV festgelegt.

Anforderungen an Verfahren, die bestimmten Untersuchungszwecken dienen, enthalten die auf der Grundlage der Ermächtigung des Art. 11 Abs. 4 EG-KontrollV von der Kommission erlassenen Durchführungsverordnungen, beispielsweise für die Untersuchung von Lebensmitteln auf das Vorhandensein bestimmter Rückstände.[1164] Diese und weitere Analyseverfahren sind in der »Amtlichen Sammlung von Untersuchungsverfahren« des BVL[1165] veröffentlicht. Abgesehen von den rechtlich verbindlichen Verfahren werden sie von Sachverständigen aus der Überwachungspraxis, der Wissenschaft und der Wirtschaft entwickelt und im Hinblick auf ihre Leistungsfähigkeit, Zuverlässigkeit und Wiederholbarkeit bewertet. Außerdem wird festgelegt, für welchen Untersuchungszweck das Verfahren jeweils geeignet ist.[1166] Sofern es sich nicht um gesetzlich vorgeschriebene Verfahren handelt und entsprechende Weisungen der Aufsichtsbehörden an die amtlichen Prüflaboratorien fehlen, ist die Verwendung der veröffentlichten Verfahren zwar nicht bindend, hat für den jeweiligen Sachverständigen jedoch den Vorteil, dass es sich um standardisierte Verfahren handelt, deren Anwendung er nicht gesondert begründen muss.[1167]

Auf der Grundlage der Untersuchungsergebnisse ist abschließend die Rechtskonformität des beprobten Produkts zu beurteilen.[1168] Werden Verstöße festgestellt, so erfolgt dies im Rahmen eines ausführlichen Gutachtens, das alle diejenigen Informationen enthalten sollte, die erforderlich sind, um es ggf. als Entscheidungsgrundlage für ein etwaiges Einschreiten der Überwachungsbehörden bzw. als Beweismittel in einem späteren

---

1163 Vgl. *Stadler/Goldmann*, in: Frede (Hrsg.), Taschenbuch für Lebensmittelchemiker, S. 241 (244).

1164 Z. B. die EG-MykotoxinanalyseV, die EG-DioxinanalyseV oder die EG-NitratanalyseV.

1165 S. o. S. 227.

1166 S. Beschreibung der Methodensammlung unter *http://www.bvl.bund.de* (Stand: 06/2009).

1167 S. Beschreibung der Methodensammlung unter *http://www.bvl.bund.de* (Stand: 06/2009)

1168 Vgl. *Neuhaus*, in: Frede (Hrsg.), Taschenbuch für Lebensmittelchemiker, S. 101 (129).

Verwaltungs- oder Gerichtsverfahren zu verwenden.[1169] Dazu gehören insbesondere die zur Identifizierung und Zuordnung der Probe erforderlichen Daten wie Art, Menge, Entnahmeort und -zeitpunkt, die die Beurteilung tragenden, wesentlichen Untersuchungsergebnisse, die angewendeten Analysemethoden und schließlich die Beurteilung der Rechtskonformität bzw. die Bezeichnung konkreter Verstöße unter Nennung der entsprechenden gesetzlichen Vorgaben.[1170]

Vorschläge zum weiteren Vorgehen, beispielsweise zur Einleitung behördlicher Durchsetzungsmaßnahmen, gehören dagegen nicht zum Aufgabenbereich der untersuchenden Sachverständigen.[1171] Dementsprechend haben die amtlichen Prüflaboratorien gem. § 4 Abs. 4 S. 1 AVV RÜb den hierfür zuständigen Überwachungsbehörden die Untersuchungsergebnisse nebst Gutachten so zeitnah zur Verfügung zu stellen, dass diese umgehend und wirksam die erforderlichen Maßnahmen treffen können. Dadurch wird nicht nur der Zeitraum zwischen der Vornahme der Untersuchung bzw. der Erstellung des Gutachtens und die Weiterleitung an die Behörde bestimmt, sondern bereits eine Bestimmung über die zulässige Wartezeit zwischen dem Eingang der Probe beim Untersuchungsamt und deren Untersuchung getroffen. Einen noch engeren zeitlichen Rahmen setzt § 4 Abs. 4 S. 2 AVV RÜb für die Fälle, in denen der begründete Verdacht eines Gesundheitsrisikos besteht: Hier ist die Probe so schnell wie technisch möglich zu untersuchen und das Ergebnis einschließlich einer kurzen Begutachtung vorab mitzuteilen. Das ausführliche Gutachten ist unverzüglich nachzureichen. Lässt das Untersuchungsergebnis darauf schließen, dass mit hoher Wahrscheinlichkeit ein unverzügliches Verwaltungshandeln erforderlich ist, so ist es ebenfalls vorab als »Sofortmeldung« einschließlich einer vorläufigen lebensmittelrechtlichen Bewertung weiterzuleiten, § 4 Abs. 4 S. 3 AVV RÜb.

1169 Vgl. *Neuhaus,* in: Frede (Hrsg.), Taschenbuch für Lebensmittelchemiker, S. 101 (129).

1170 *Neuhaus,* in: Frede (Hrsg.), Taschenbuch für Lebensmittelchemiker, S. 101 (129).

1171 Vgl. *Neuhaus,* in: Frede (Hrsg.), Taschenbuch für Lebensmittelchemiker, S. 101 (129).

§ 7 Instrumente zur Durchsetzung der Rechtskonformität

Hat die Überwachungsbehörde im Rahmen der Ermittlung der Rechtskonformität Verstöße gegen lebensmittelrechtliche Vorschriften oder sonstige Umstände festgestellt, die sie zu einem Tätigwerden veranlassen könnten, so ist über die zu ergreifenden Maßnahmen zu entscheiden. Diese Entscheidung treffen die Behörden gem. § 16 OBG NRW nach pflichtgemäßem Ermessen. Soweit bestimmte Voraussetzungen vorliegen, steht den Behörden im Rahmen ihres Überwachungsauftrags allerdings kein Ermessen hinsichtlich der Frage zu, *ob* sie überhaupt tätig wird:[1172] Stellt die Behörde einen Verstoß fest, so »trifft« sie »die erforderlichen Maßnahmen«, Art. 54 Abs. 1 EG-KontrollV.[1173] Auch § 39 Abs. 2 S. 1 LFGB begründet eine Pflicht der Behörde, denn es heißt dort, dass die Behörden die notwendigen Anordnungen und Maßnahmen »treffen« und nicht etwa »treffen können« oder »sollen«.[1174] Diese Pflicht zum Tätigwerden besteht also lediglich dann nicht, wenn eine Prüfung ergibt, dass das Ergreifen von Maßnahmen im Einzelfall *nicht* notwendig ist, um den Zielen des Lebensmittelrechts im Sinne des § 1 LFGB, also insbesondere dem Gesundheits- und Täuschungsschutz, zur Durchsetzung zu verhelfen.[1175] Dabei wird die Notwendigkeit eines Eingreifens umso eher zu bejahen sein, je bedeutsamer die möglicherweise beeinträchtigten oder bedrohten Interessen sind.[1176] Da es sich um die Prüfung eines Rechtsbegriffs handelt, die eine Wertung erfordert, kommt der Behörde diesbezüglich allerdings ein gewisser Beurteilungsspielraum zu.[1177] »Auswahlermessen«[1178] hat die Behörde dagegen in Bezug auf Art, Inhalt und ggf. Adressat der zu ergreifen-

1172 Sog. »Entschließungsermessen«, s. *Kopp/Ramsauer,* VwVfG, § 40 Rn. 11; *Maurer,* AllgVerwR, § 7 Rn. 7; *Rhein,* OBG NRW, § 16 Rn. 1; *Sachs,* in: Stelkens/Bonk/Sachs (Hrsg.), VwVfG, § 40 Rn. 46.

1173 Art. 54 EG-KontrollV stellt zugleich eine Ermächtigungsgrundlage für behördliche Maßnahmen dar, dazu unten S. 247 ff.

1174 S. o. S. 86 f. Zu § 39 Abs. 2 S. 1 LFGB als Ermächtigungsgrundlage s. u. S. 249 ff.

1175 Vgl. *Zipfel/Rathke,* Lebensmittelrecht II, C 102, § 39 Rn. 18. In diesem Fall besteht dann allerdings auch keine Befugnis, Maßnahmen zu ergreifen (vgl. *Zipfel/Rathke,* Lebensmittelrecht II, C 102, § 39 Rn. 17).

1176 Vgl. *Zipfel/Rathke,* Lebensmittelrecht II, C 102, § 39 Rn. 17.

1177 Vgl. *Zipfel/Rathke,* Lebensmittelrecht II, C 102, § 39 Rn. 17. Zum unbestimmten Rechtsbegriff bzw. zum Beurteilungsspielraum s. *Maurer,* AllgVerwR, § 7 Rn. 26 ff.

1178 *Kopp/Ramsauer,* VwVfG, § 40 Rn. 11; *Maurer,* AllgVerwR, § 7 Rn. 7; *Sachs,* in: Stelkens/Bonk/Sachs (Hrsg.), VwVfG, § 40 Rn. 46.

den Maßnahme, welches allerdings im Rahmen der einschlägigen gesetzlichen Vorgaben und Grenzen auszuüben ist.[1179]

A. Allgemeine Voraussetzungen und Formen behördlicher Durchsetzungsmaßnahmen

Grundsätzlich kann sich die Behörde zunächst mit dem Ergreifen »informeller«, kooperativer Maßnahmen begnügen, die in der Regel mit geringeren Belastungen und Eingriffen in die Rechtssphäre der Betroffenen verbunden und daher als mildere Mittel anzusehen sind. So bietet sich etwa eine Beratung der Lebensmittelunternehmer einschließlich der Abgabe von Empfehlungen und Auskünften durch das Überwachungspersonal bezogen auf bestimmte Einzelfragen an,[1180] wenn erkennbar ist, dass kleinere Verstöße allein auf Unwissenheit und Unkenntnis der Existenz oder Reichweite einschlägiger Vorschriften zurückzuführen sind.[1181] Aufgrund der zunehmenden Komplexität, Ausdifferenzierung und fortwährenden Weiterentwicklung des Lebensmittelrechts kann es für den einzelnen Lebensmittelunternehmer, insbesondere im Fall kleinerer Betriebe, durchaus schwierig sein, den Überblick über die jeweils geltenden Anforderungen zu behalten.[1182] Daneben kommen bei kleineren, erstmaligen Verstößen formlose Beanstandungen und Abmahnungen oder die Androhung weitergehender Maßnahmen im Wiederholungsfall in Betracht. Soweit diesen Maßnahmen weder ein ausdrücklicher noch ein konkludenter Regelungswille der Behörde zugrunde liegt, handelt es sich dabei um schlichtes Verwaltungshandeln.[1183] Derartige

---

1179 *BVerfG,* Beschl. v. 3.2.1959 – 2 BvL 10/56 –, in: BVerfGE 9, 137 (147); Beschl. v. 16.2.1965 – 1 BvL 15/62 –, in: BVerfGE 18, 353 (363); Beschl. v. 26.2.1985 – 2 BvR 1145/83 –, in: BVerfGE 69, 161 (169); *Kopp/Ramsauer,* VwVfG, § 40 Rn. 13; *Maurer,* AllgVerwR, § 7 Rn. 17; *Sachs,* in: Stelkens/Bonk/Sachs (Hrsg.), VwVfG, § 40 Rn. 53. Vgl. auch § 40 VwVfG NRW.

1180 Vgl. *Bullinger,* VVDStRL 22 (1965), 264 (299 f.); *Hufen,* ZLR 1993, 233 (238); *Neuhaus,* in: Frede (Hrsg.), Taschenbuch für Lebensmittelchemiker, S. 101 (130).

1181 Vgl. *Kemper,* Verbraucherschutzinstrumente, S. 441; *Nöhle,* ZLR 1995, 509 (516).

1182 Vgl. *Neuhaus,* in: Frede (Hrsg.), Taschenbuch für Lebensmittelchemiker, S. 101 (130).

1183 *Rhein,* OBG NRW, § 14 Rn. 70. Vgl. auch *Schenke,* POR, Rn. 652. Zur entsprechenden Einordnung von behördlichen Auskünften, Hinweisen, Meinungsäußerungen, Belehrungen, formlosen Beanstandungen o. ä. s. *BVerwG,* Urt. v. 25.2.1969 – 1 C 65.67 –, in: BVerwGE 31, 301 (Auskünfte); Urt. v. 24.6.1976 – 5 C 39.74 –, in: BVerwGE 51, 55 (60) (Hinweise); Beschl. v. 20.11.1975 – 1 WB 104.73 –, in: BVerwGE 53, 106 (Empfehlungen); *Henneke,* in: Knack, VwVfG, § 35 Rn. 58 f.; *Kopp/Ramsauer,* VwVfG, § 35 Rn. 50; *Stelkens,* in: Stelkens/Bonk/Sachs (Hrsg.), VwVfG, § 35 Rn. 82 ff.

Maßnahmen stützen sich also nicht auf Befehl und Zwang, sondern sie zielen vielmehr auf die eigenverantwortliche, freiwillige Herbeiführung und Sicherung der Rechtskonformität durch den Lebensmittelunternehmer ab.[1184] Vor allem bei schwerwiegenden oder wiederholten Verstößen sind diese auf unternehmerische Eigeninitiative und freiwillige Kooperation setzenden Maßnahmen allerdings in der Regel nicht geeignet oder nicht ausreichend, um der behördlichen Pflicht zur Durchsetzung der Rechtskonformität zu genügen. In diesen Fällen muss die Behörde entweder verbindliche Regelungen über die von den Unternehmern zu ergreifenden Maßnahmen oder zu unterlassenden Handlungen treffen und ggf. zwangsweise durchsetzen oder aber durch schlichtes Verwaltungshandeln die Rechtskonformität selbst wiederherstellen oder sichern und den Unternehmer ggf. zur Duldung dieser Maßnahmen verpflichten. Wird der Lebensmittelunternehmer durch entsprechende Anordnung zu einem Handeln, Dulden oder Unterlassen verpflichtet, so handelt es sich um eine Ordnungsverfügung i. S. d. § 20 Abs. 1 S. 1 OBG NRW bzw. um einen Verwaltungsakt, durch den im Einzelfall eine nach außen wirkende, verbindliche Regelung getroffen wird.[1185]

Da mit diesen behördlichen Anordnungen ein Eingriff in Rechte des Betroffenen verbunden ist,[1186] unterliegen die dem Vorbehalt des Gesetzes[1187] und müssen daher auf eine Ermächtigungsgrundlage gestützt werden. Gleiches gilt auch für schlichtes Verwaltungshandeln der Behörde jedenfalls dann, wenn ein mit ihr verbundener Eingriff in subjektive Rechte des Betroffenen voraussehbar ist und gezielt herbeigeführt wird.[1188] Dies betrifft beispielsweise behördliche Warnungen vor gesundheitsschädlichen Lebensmitteln,[1189] die die Verbraucher gerade dazu veranlassen sollen, diese Lebensmittel nicht zu konsumieren und damit in ihrer Zielrichtung bzw. Wirkung im Einzelfall einem Verbot des Inverkehrbringens gleichkommen können.[1190]

1184 *Rhein,* OBG NRW, § 14 Rn. 71.

1185 § 35 Abs. 1 S. 1 VwVfG NRW. S. o. S. 178.

1186 Die angeordnete Verpflichtung stellt zumindest (subsidiär) einen Eingriff in die allgemeine Handlungsfreiheit des Unternehmers aus Art. 2 Abs. 1 GG dar (s. o. S. 59 f.).

1187 Vgl. *Rhein,* OBG NRW, § 14 Rn. 72; *Knemeyer,* POR, Rn. 434. Zum Vorbehalt des Gesetzes s. o. S. 177.

1188 S. o. S. 177.

1189 Vgl. *Schenke,* POR, Rn. 653; *Maurer,* AllgVerwR, § 15 Rn. 8.

1190 *Maurer,* AllgVerwR, § 15 Rn. 10. Zur behördlichen Warnung bzw. Information der Öffentlichkeit s. u. S. 269 ff.

Im Folgenden werden die lebensmittelspezifischen Ermächtigungsgrundlagen für behördliche Durchsetzungsmaßnahmen dargestellt. Bestimmungen über Maßnahmen in anderen Rechtsgebieten, insbesondere im allgemeinen Polizei- und Ordnungsrechts oder anderen, spezifischen Teilbereichen des Wirtschaftsverwaltungs-, Gefahrenabwehr- bzw. Verbraucherschutzrechts[1191] sollen dabei aufgrund der lebensmittelspezifischen Ausrichtung der vorliegenden Untersuchung außer Betracht bleiben.[1192] Außerdem wird sich die Untersuchung auf diejenigen Ermächtigungsgrundlagen beschränken, die grundsätzlich für alle Arten von Lebensmitteln bzw. Rechtsverstößen einschlägig sind.

Als Ermächtigungsgrundlagen bieten sich zunächst die *lebensmittelrechtlichen Generalklauseln* an, deren Tatbestände keine Vorgaben bezüglich der konkreten Art der Maßnahme, sondern lediglich hinsichtlich der Voraussetzungen und des Zwecks eines Einschreitens der Behörden enthalten.[1193] Darüber hinaus werden einzelne Maßnahmen ausdrücklich geregelt, die zur Erfüllung der in der Generalklausel genannten Zwecke grundsätzlich in Frage kommen. Die beispielhafte Aufzählung hat dabei nicht nur die Aufgabe, den Behörden ein mögliches Instrumentarium vor Augen zu führen. Ähnlich wie im Fall der Standardmaßnahmen des allgemeinen Polizei- und Ordnungsrechts[1194] werden durch die ausdrückliche Normierung einzelner Maßnahmen, insbesondere solcher, die regelmäßig mit besonders intensiven Eingriffen in grundrechtlich geschützte Bereiche verbunden sind, im Vergleich zu den Generalklauseln zum Teil zusätzliche spezifische Rechtmäßigkeitsanforderungen festgelegt, beispielsweise hinsichtlich der zulässigen Zwecke, des einzuhaltenden Verfahrens oder der Anforderungen

---

1191 Denkbar wäre beispielsweise eine Gewerbeuntersagung nach § 35 GewO oder andere gewerberechtliche Maßnahmen. Bei den nicht lebensmittelspezifischen Vorschriften würde sich allerdings zum einen die Frage der Zuständigkeit der Lebensmittelüberwachungsbehörden stellen. Zum anderen wäre im Einzelfall zu prüfen, ob nicht die lebensmittelspezifischen Ermächtigungsgrundlagen abschließende Regelungen darstellen, die die Anwendbarkeit lediglich subsidiär geltender Vorschriften ausschließen.

1192 In diesen Fällen dürfte die Anwendbarkeit – im Hinblick auf bereichsspezifische Ermächtigungsgrundlagen – bereits an der Zuständigkeit der Lebensmittelüberwachungsbehörden bzw. – im Falle der allgemeinen Vorschriften – am Vorrang der spezifisch lebensmittelrechtlichen Regelungen scheitern.

1193 Zum Begriff der Generalklausel s. u. S. 246.

1194 In Nordrhein-Westfalen sind diese in den §§ 9 ff. des *Polizeigesetzes des Landes Nordrhein-Westfalen* i. d. F. der Bekanntmachung v. 25.7.2003 (GVBl. NRW, S. 441 – *PolG NRW*) geregelt. Über § 24 OBG NRW gelten die dortigen Befugnisse in weiten Teilen auch für die Tätigkeit der Ordnungsbehörden.

an die Verhältnismäßigkeit.[1195] Ist dies der Fall, so ist ein Rückgriff auf die Generalklauseln bei Fehlen der spezifischen Voraussetzungen unzulässig, da dies einer Umgehung gleichkäme.[1196] In Anlehnung an den im Polizei- und Ordnungsrecht verwendeten Begriff sollen die ausdrücklich geregelten Maßnahmen daher im Folgenden als *lebensmittelrechtliche Standardmaßnahmen* bezeichnet werden.

Soweit der Erlass eines Verwaltungsakts in Frage kommt, leitet die Behörde ein Verwaltungsverfahren i. S. d. § 9 VwVfG NRW ein, in dessen Rahmen sie das Vorliegen der formellen und materiellen Voraussetzungen der geplanten Maßnahme, insbesondere der Voraussetzungen der jeweils in Betracht kommenden Ermächtigungsgrundlage zu prüfen hat.[1197] Art und Umfang der Sachverhaltsermittlungen werden dabei u. a. durch die §§ 24, 26 VwVfG NRW bestimmt.[1198] Nach § 24 Abs. 1 VwVfG NRW ermittelt die Behörde den Sachverhalt von Amts wegen und bestimmt Art und Umfang der Ermittlungen. Sie hat dabei alle für den Einzelfall bedeutsamen, auch die für die Beteiligten – in der Regel die Lebensmittelunternehmer als Adressaten eines Verwaltungsakts –[1199] günstigen Umstände zu berücksichtigen, Abs. 2. Dabei können ggf. die Ergebnisse und Erkenntnisse aus bereits erfolgten (Routine-)Kontrollen oder aus übermittelten Fremdinformationen herangezogen werden. Im Übrigen bedient sich die Behörde der Beweismittel, die sie nach pflichtgemäßem Ermessen zur Ermittlung des Sachverhalts für erforderlich hält, § 26 Abs. 1 S. 1 VwVfG NRW. Mögliche Beweismittel werden in S. 2 aufgezählt. Dazu zählen das Einholen von Auskünften, die Anhörung Beteiligter sowie die Vernehmung von Zeugen und Sachverständigen, die Beiziehung von Urkunden und Akten sowie die Inaugenscheinnahme. Soweit die Vornahme einzelner Ermittlungsmaßnahmen und die Verwertung der erlangten Informationen durch lebensmittel-

---

1195 Zur entsprechenden Funktion der Standardmaßnahmen im Polizei- und Ordnungsrecht s. *Schoch,* in: Schmidt-Aßmann/Schoch (Hrsg.), BesVerwR, 2. Kap. Rn. 191.

1196 Zur Sperrwirkung der Standardmaßnahmen des Polizei- und Ordnungsrechts s. *Knemeyer,* POR, Rn. 157; *Schenke,* POR, Rn. 38; *Schoch,* in: Schmidt-Aßmann/Schoch (Hrsg.), BesVerwR, 2. Kap. Rn. 192.

1197 Vgl. *Clausen,* in: Knack, VwVfG, § 9 Rn. 16; *Schmitz,* in: Stelkens/Bonk/Sachs (Hrsg.), VwVfG NRW, § 9 Rn. 133 ff.

1198 Vgl. *Clausen,* in: Knack, VwVfG, § 9 Rn. 16; *Schmitz,* in: Stelkens/Bonk/Sachs (Hrsg.), VwVfG NRW, § 9 Rn. 134. Zur Anwendbarkeit und Bedeutung der §§ 24, 26 VwVfG NRW siehe bereits oben S. 184 f.

1199 Nach § 13 Abs. 2 Nr. 2 VwVfG NRW sind Beteiligte diejenigen, an die die Behörde den Verwaltungsakt richten will oder gerichtet hat.

rechtliche Vorschriften gesondert geregelt ist, sind deren Voraussetzungen und Grenzen zu beachten.[1200]

Im Rahmen der formellen Rechtmäßigkeit hat die Behörde ihre Zuständigkeit zu prüfen sowie die Einhaltung der vorgeschriebenen Verfahrens- und Formvorschriften zu beachten. Diesbezüglich gelten zum Teil spezifische Vorschriften für einzelne lebensmittelrechtliche Maßnahmen. Diese sowie die im Rahmen der materiellen Rechtmäßigkeit zu prüfenden Tatbestandsvoraussetzungen der jeweiligen Ermächtigungsgrundlagen werden im Zusammenhang mit den einzelnen Maßnahmen erörtert.

Von Art und Inhalt der jeweils beabsichtigten Maßnahmen sowie von den verfolgten Zwecken hängt ebenfalls ab, gegen wen eine Maßnahme zu richten ist bzw. gerichtet werden kann. Der Behörde steht insofern Ermessen zu, bei dessen Ausübung sie allerdings gewisse rechtliche Vorgaben zu beachten hat. Wird die Behörde nicht selbst unmittelbar zur Durchsetzung der Rechtskonformität tätig, sondern will einen anderen hierzu verpflichten, so sind hinsichtlich der Entscheidung, wer als Adressat einer entsprechenden Ordnungsverfügung bzw. eines Verwaltungsakts in Anspruch genommen werden kann, insbesondere die Vorschriften der §§ 17 ff. OBG NRW zu beachten. Diesen Vorschriften liegt der Gedanke zu Grunde, dass der mit einer solchen Inanspruchnahme verbundene Eingriff in den Rechtskreis des Adressaten nur dann gerechtfertigt sein kann, wenn derjenige in irgendeiner Form für die abzuwehrende Gefahr – im Rahmen der Lebensmittelüberwachung also für den zu verhindernden oder zu beseitigenden Rechtsverstoß – im rechtlichen Sinne verantwortlich ist.[1201]

Verursacht eine Person eine Gefahr im ordnungsrechtlichen Sinne,[1202] so sind gem. § 17 Abs. 1 OBG NRW Maßnahmen gegen diese Person zu richten.[1203] Im Falle eines Verstoßes gegen lebensmittelrechtliche Vorschriften wäre also diejenige Person in Anspruch zu nehmen, die durch ihr Verhalten den Verstoß herbeizuführen droht oder bereits herbeigeführt hat. Dies betrifft beispielsweise den Lebensmittelunternehmer, der entgegen lebensmittelrechtlichen Verboten Futtermittel verfüttert oder Tierarzneimittel anwendet. In Betracht kommt auch eine Verursachung im Wege des Unter-

---

1200 S. o. S. 187 ff. und S. 210 ff.

1201 Vgl. *Rhein,* OBG NRW, Vorb. §§ 17-19 Rn. 1.

1202 Zum Begriff der Gefahr s. o. S. 27.

1203 Sog. »Verhaltensstörer«, s. *Pieroth/Schlink/Kniesel,* POR, § 9 Rn. 2; *Schenke,* POR, Rn. 229.

lassens, sofern eine Pflicht zum Handeln besteht,[1204] wenn also ein Lebensmittelunternehmer es beispielsweise unterlässt, vorgeschriebene Hygienevorkehrungen zu treffen. Verursacht eine Person, die zu einer Verrichtung bestellt ist, die Gefahr in Ausführung der Verrichtung, so können Maßnahmen auch gegen die Person gerichtet werden, die die andere zu der Verrichtung bestellt hat, § 17 Abs. 3 OBG NRW. Dies betrifft also den sog. »Verrichtungsgehilfen« i. S: d. § 831 BGB.[1205] Zu einer Verrichtung bestellt ist, wem von einer anderen Person in deren Einflussbereich allgemein oder im konkreten Fall eine Tätigkeit übertragen worden ist und wer zu dieser Person in einer gewissen Abhängigkeit steht.[1206] Darunter fallen beispielsweise die Beschäftigten eines Lebensmittelunternehmers, der also für das Verhalten seines Personals einzutreten hat.[1207]

Gem. § 17 Abs. 4 OBG NRW sind die vorstehenden Regelungen allerdings nicht anzuwenden, soweit andere Vorschriften des OBG NRW oder andere Rechtsvorschriften bestimmen, gegen wen eine Maßnahme zu richten ist. Nach § 18 Abs. 1 S. 1 OBG NRW sind in den Fällen, in denen von einer Sache oder einem Tier eine Gefahr ausgeht, Maßnahmen gegen den Eigentümer zu richten.[1208] Die Ordnungsbehörde kann ihre Maßnahmen auch gegen den Inhaber der tatsächlichen Gewalt richten, Abs. 2 S. 1. Ist ein Lebensmittel nicht rechtskonform, so sind Durchsetzungsmaßnahmen also gegen den Lebensmittelunternehmer zu richten, in dessen Eigentum das Lebensmittel steht, also beispielsweise gegen den Hersteller, der das Lebensmittel noch nicht ausgeliefert hat, oder den Händler, der das Lebensmittel zum Verkauf anbietet. Soweit nicht auf die mangelnde Rechtskonformität des Lebensmittels abgestellt wird, sondern auf das lebensmittelrechtliche Verbot, nicht rechtskonforme Lebensmittel herzustellen oder in den Verkehr zu bringen, sind diese Personen zugleich Verhaltensstörer i. S. d. § 17 OBG NRW. Kommen nach den genannten Regelungen mehrere Personen als Adressaten in Betracht, so muss die Behörde eine Auswahl treffen.[1209] Dies ist beispielsweise dann der Fall, wenn der Hersteller unter

1204 *Rhein,* OBG NRW, § 17 Rn. 3.

1205 *Rhein,* OBG NRW, Vorb. §§ 17-19 Rn. 2.

1206 *BGH,* Urt. v. 14.2.1989 – VI ZR 121/88 –, in: NJW-RR 1989, 723 (723); Urt. v. 12.6.1997 – I ZR 36/95–, in: NJW-RR 1998, 250 (251); *Sprau,* in: Palandt, BGB, § 831 Rn. 5; *Rhein,* OBG NRW, § 17 Rn. 9.

1207 Vgl. *Rhein,* OBG NRW, Vorb. §§ 17-19 Rn. 2.

1208 Sog. »Zustandsstörer«, s. *Pieroth/Schlink/Kniesel,* POR, § 9 Rn. 2; *Rhein,* OBG NRW, § 18 Rn. 1; *Schenke,* POR, Rn. 229.

1209 *Rhein,* OBG NRW, § 17 Rn. 14.

Verstoß gegen gesetzliche Vorschriften ein gesundheitsschädliches Lebensmittel produziert hat, sich dieses aber nicht mehr in seinem Eigentum, sondern bereits beim Händler befindet. Grundsätzlich ist dann derjenige in Anspruch zu nehmen, welcher in der Lage ist, die Gefahr oder Störung am schnellsten und wirksamsten zu beseitigen.[1210] Eine spezifische lebensmittelrechtliche Regelung trifft § 16 Abs. 1 S. 1 AVV RÜb. Danach haben sich die Durchsetzungsmaßnahmen der zuständigen Behörden, je nach Erforderlichkeit, vorrangig an den Hersteller oder den Inverkehrbringer zu richten. Damit soll dem Umstand Rechnung getragen werden, dass die Ursachen für die fehlende Rechtskonformität eines Lebensmittels typischerweise bereits im Herstellungsprozess liegen, sodass der Hersteller aufgrund seiner diesbezüglichen Kenntnisse und Möglichkeiten Verstöße in der Regel am wirksamsten verhindern bzw. beseitigen kann.[1211] Die Inanspruchnahme des Inverkehrbringers ist insbesondere dann bedeutsam, wenn der Hersteller im Ausland ansässig bzw. nicht erreichbar oder unbekannt ist.

Ergibt sich die dem jeweiligen Verwaltungsakt zugrunde liegende Regelung nicht bereits aufgrund Gesetzes, hat die behördliche Anordnung diesbezüglich *konstitutive* Wirkung.[1212] Andernfalls wird die Rechtslage lediglich *deklaratorisch* festgestellt, die Verfügung hat jedoch eine Individualisierungs-, Klarstellungs- bzw. Feststellungsfunktion:[1213] Die Behörde bringt mit dem Erlass des Verwaltungsakts zum Ausdruck, dass sie die Tatbestandsvoraussetzungen des jeweiligen Gesetzes, aus dem sich die angeordnete Rechtsfolge ergibt, im konkreten Fall als erfüllt ansieht. Diese Feststellung kann unter bestimmten Umständen eine *Bindungswirkung* entfalten, d. h. nicht nur die erlassende Behörde und der Adressat, sondern auch andere Behörden, Gerichte oder Personen haben den Inhalt des erlassenen Verwaltungsakts zu beachten.[1214]

Außerdem hat die Behörde unter bestimmten Voraussetzungen die Möglichkeit, den Verwaltungsakt bzw. das ergangene Verbot oder Gebot für den Fall der Nichtbefolgung nach den Regeln der Verwaltungsvollstreckung

---

1210 *Rhein,* OBG NRW, § 17 Rn. 14.

1211 Vgl. *Geiß/Doll,* GPSG, § 8 Rn. 73; *Weiß,* Gewährleistung der Produktsicherheit, S. 389.

1212 Vgl. *Stelkens,* in: Stelkens/Bonk/Sachs (Hrsg.), VwVfG, § 35 Rn. 33.

1213 *Kopp/Ramsauer,* VwVfG, § 35 Rn. 6; *Stelkens,* in: Stelkens/Bonk/Sachs (Hrsg.), VwVfG, § 35 Rn. 33.

1214 S. ausführlich *Erichsen/Knoke,* NVwZ 1983, 185 (189 ff.).

zwangsweise durchzusetzen:[1215] Nach § 55 Abs. 1 des *Verwaltungsvollstreckungsgesetzes für das Land Nordrhein-Westfalen* i. d. F. der Bekanntmachung v. 19.2.2003[1216] (*VwVG NRW*) kann ein Verwaltungsakt, der auf die Vornahme einer Handlung oder auf Duldung oder Unterlassung gerichtet ist, mit Zwangsmitteln durchgesetzt werden, wenn er unanfechtbar[1217] ist oder wenn ein Rechtsmittel keine aufschiebende Wirkung hat.[1218] Die aufschiebende Wirkung entfällt dann, wenn entweder die Behörde die sofortige Vollziehung anordnet[1219] oder aber die aufschiebende Wirkung bereits aufgrund gesetzlicher Regelung entfällt.[1220] Eine solche lebensmittelrechtsspezifische Regelung enthält § 39 Abs. 6 LFGB: Danach haben Widerspruch und Anfechtungsklage gegen solche Anordnungen keine aufschiebende Wirkung, die der Durchführung von Verboten nach Art. 14 Abs. 1 i. V. m. Abs. 2 lit. a EG-BasisV[1221] oder § 5 LFGB[1222] dienen, also den Verboten, gesundheitsschädliche Lebensmittel in den Verkehr zu bringen oder Lebensmittel für andere derart herzustellen oder zu behandeln, dass ihr Verzehr gesundheitsschädlich ist. Da diese Verbote unmittelbar dem Gesundheitsschutz dienen, soll nach dem Willen des Gesetzgebers ein sofortiges Handeln und ein unverzügliches Durchsetzen diesbezüglicher Anordnungen ermöglicht werden, da aufgrund des überragenden Schutzguts der Gesundheit das Vollzugsinteresse der Behörde bzw. das Interesse der Allgemeinheit in diesen Fällen das Interesse des Betroffenen an einem effektiven Rechtsschutz regelmäßig überwiege.[1223] Zwangsmittel sind

---

1215 Sog. »Titelfunktion« des Verwaltungsakts. Dazu *Kopp/Ramsauer,* VwVfG, § 35 Rn. 7; *Stelkens,* in: Stelkens/Bonk/Sachs (Hrsg.), VwVfG, § 35 Rn. 38; *Schenke,* POR, Rn. 538.

1216 GVBl. NRW, S. 156, 818.

1217 Gemeint ist die auch als »formelle Bestandskraft« bezeichnete Unanfechtbarkeit des Verwaltungsakts mit den ordentlichen Rechtsbehelfen (vgl. *BVerwG,* Urt. v. 4.8.1982 – 4 C 42.79 –, in: DVBl. 1982, 1097 (1097); *Kopp/Ramsauer,* VwVfG, § 43 Rn. 29; *Maurer,* AllgVerwR, § 11 Rn. 4; *Sachs,* in: Stelkens/Bonk/Sachs (Hrsg.), VwVfG, § 43 Rn. 20). Allgemein zum Begriff und Bedeutung der Bestandskraft s. *Erichsen/Knoke,* NVwZ 1983, 185 ff.; *Maurer,* AllgVerwR, § 11 Rn. 1 ff.; *Sachs,* in: Stelkens/Bonk/Sachs (Hrsg.), VwVfG, § 43 Rn. 7 ff.

1218 *Ohne* vorherigen Erlass eines Verwaltungsakts ist die Anwendung von Verwaltungszwang dagegen lediglich im Falle gegenwärtiger Gefahr zulässig, s. § 55 Abs. 2 VwVG NRW.

1219 § 80 Abs. 2 Nr. 4 VwGO.

1220 § 80 Abs. 2 Nr. 1-3 VwGO.

1221 S. o. S. 110 ff.

1222 S. o. S. 141.

1223 S. *Stellungnahme des Bundesrates zum Regierungsentwurf des LFGB,* BR-Drs. 429/04(B), S. 21.

Ersatzvornahme, Zwangsgeld und unmittelbarer Zwang, § 57 Abs. 1 VwVG NRW. Welches im Einzelfall das richtige Zwangsmittel ist, hängt vom Regelungsgehalt des zu vollstreckenden Verwaltungsakts ab und ist daher im Zusammenhang mit den jeweiligen Durchsetzungsmaßnahmen zu erörtern. In jedem Fall zu beachten ist jedoch der Grundsatz der Verhältnismäßigkeit: Das Zwangsmittel muss also in einem angemessenen Verhältnis zu seinem Zweck, also zur Durchsetzung des durch den Verwaltungsakt ergangenen Verbots oder Gebots stehen, § 58 Abs. 1 S. 1 VwVG NRW. Dabei ist das Zwangsmittel möglichst so zu bestimmen, dass der Einzelne und die Allgemeinheit am wenigsten beeinträchtigt werden, S. 2, und ein durch ein Zwangsmittel zu erwartender Schaden nicht erkennbar außer Verhältnis zu dem beabsichtigten Erfolg steht, Abs. 2.

B. Lebensmittelrechtliche Generalklauseln

Als Generalklauseln werden üblicherweise solche Vorschriften bezeichnet, die der Gesetzgeber bewusst allgemein und weit formuliert hat, um möglichst viele Tatbestände zu erfassen und der Gefahr entgegenzuwirken, dass aufgrund eines zu detaillierten Wortlauts der Anwendungsbereich im Wege der Auslegung ungewollt eingeschränkt wird.[1224] Sie werden insbesondere dort verwendet, wo umfangreiche regelungsbedürftige Vorgänge trotz ihrer vielfältigen und neuartigen Erscheinungsformen und Facetten möglichst vollständig erfasst werden sollen.[1225] Im Fall behördlicher Handlungsermächtigungen in Form von Generalklauseln wirkt sich dies dahingehend aus, dass die Behörden nicht zum Ergreifen von Maßnahmen eines bestimmten Inhalts bzw. einer bestimmten Handlungsform ermächtigt werden, sondern ihnen die generelle Befugnis verliehen wird, diejenigen Maßnahmen zu treffen, die der Erfüllung bestimmter, ihnen zugewiesener Aufgaben dienen.[1226] Die behördlichen Handlungsbefugnisse werden also lediglich auf den Zweck der Aufgabenerfüllung beschränkt: Tatbestandsvoraussetzung der Ermächtigung ist grundsätzlich allein das Bestehen einer Situation, die ein Einschreiten zu diesem Zweck notwendig macht. Insoweit deckt sich die Reichweite der Befugnisse der zuständigen Behörden mit ihrem zugewiesenen Aufgabenkreis.[1227] Da es für den Gesetzgeber nicht möglich ist, sämtli-

1224 Vgl. *Creifelds/Weber,* Rechtswörterbuch, S. 472 f.

1225 Vgl. *Rüthers,* Rechtstheorie, Rn. 177.

1226 Vgl. *Pieroth/Schlink/Kniesel,* POR, § 7 Rn. 1 f.

1227 Zur Trennung von Aufgaben und Befugnissen s. *Knemeyer,* POR, Rn. 76 ff.; *Schenke,* POR, Rn. 36 f.

che möglichen Situationen vorherzusehen, die ein Eingreifen der Behörde zum Zweck der Aufgabenerfüllung erfordern könnten,[1228] überlässt er ihr auf diesem Wege ein Ermessen in Bezug auf die Wahl der Mittel. Dies ermöglicht es der Behörde, im jeweiligen Einzelfall flexibel, effektiv und angemessen auf die jeweilige Situation und insbesondere auch auf atypische und neuartige Konstellationen reagieren zu können. Abgesehen von der Zweckbindung findet die Befugnis lediglich dort ihre Grenzen, wo ihre Wahrnehmung im Einzelfall gegen höherrangiges Recht, insbesondere verfassungsrechtliche Prinzipien wie z. B. den Verhältnismäßigkeitsgrundsatz[1229] verstoßen würde. Es findet daher insbesondere eine Einschränkung auf diejenigen Maßnahmen statt, die erforderlich sind, um die genannten Zwecke zu erfüllen.

Ermächtigungsgrundlagen in Form von Generalklauseln finden sich nicht nur im allgemeinen Polizei- und Ordnungsrecht,[1230] sondern auch im Recht der Lebensmittelüberwachung, und zwar sowohl auf gemeinschaftsrechtlicher als auch auf nationaler Ebene.

I. Art. 54 EG-KontrollV

Gem. Art. 54 Abs. 1 S. 1 EG-KontrollV trifft die zuständige Behörde bei Feststellung eines Verstoßes die erforderlichen Maßnahmen, um sicherzustellen, »dass der Unternehmer Abhilfe schafft«. Dies ist entgegen dem Wortlaut allerdings nicht so zu verstehen, dass die Behörde darauf beschränkt wäre, den Unternehmer zu eigenen Maßnahmen zu verpflichten. Den in Abs. 2 beispielhaft[1231] aufgezählten Maßnahmen[1232] lässt sich vielmehr entnehmen, dass die Behörde, soweit dies erforderlich ist, auch selbst unmittelbar zur Beseitigung von Verstößen bzw. gesundheits- und verbraucherschützend tätig werden kann. So bestimmt Art. 54 Abs. 2 lit. a EG-KontrollV, dass die Behörde gegebenenfalls Gesundheitsschutz- oder andere Maßnahmen verhängen kann, »die als notwendig erachtet werden, um die Sicherheit von (...) Lebensmitteln oder die Einhaltung des (...) Lebensmittelrechts zu gewährleisten«. Auch diese Regelung ist als Generalklausel einzuordnen, da der Inhalt der jeweiligen Maßnahmen nicht

1228 Vgl. *Knemeyer,* POR, Rn. 152; *Schenke,* POR, Rn. 49; *Schoch,* in: Schmidt-Aßmann/Schoch (Hrsg.), BesVerwR, 2. Kap. Rn. 52.

1229 S. o. S. 60 ff.

1230 S. § 14 Abs. 1 OBG NRW bzw. § 8 Abs. 1 PolG NRW.

1231 »Dazu können gegebenenfalls folgende Maßnahmen gehören: (...)«.

1232 Zu diesen Maßnahmen s. u. S. 254 ff.

konkretisiert, sondern lediglich der Zweck der Maßnahme vorgegeben wird. Schließlich kann die Behörde gem. Abs. 2 lit. h »sonstige Maßnahmen [treffen], die von der zuständigen Behörde für angemessen erachtet werden«.

Als unmittelbar geltendes Gemeinschaftsrecht können die genannten Vorschriften von den nationalen Überwachungsbehörden direkt als Ermächtigungsgrundlagen herangezogen werden.[1233] Sie sind im Verhältnis zu nationalen Regelungen sogar vorrangig anzuwenden.[1234] Allerdings machen die vorstehenden Ausführungen deutlich, dass aufgrund der sehr unbestimmten, sich weitestgehend wiederholenden und uneindeutigen Formulierungen der genannten Bestimmungen ein gewisser Konkretisierungsbedarf besteht. Die Vorschrift des Art. 54 EG-KontrollV ist im engen Zusammenhang mit Art. 17 Abs. 2 UAbs. 3 S. 1 EG-BasisV zu sehen, der die *Mitgliedstaaten* dazu verpflichtet, Maßnahmen bei Verstößen gegen das Lebensmittelrecht festzulegen. Dies ist auch insofern zweckmäßig, als auf diesem Wege die den Behörden zur Verfügung stehenden Eingriffsbefugnisse an die jeweils nationale Verwaltungsrechtsdogmatik bzw. die nationalen Organisations- und Zuständigkeitsstrukturen angepasst werden können. Die Generalklauseln der Art. 54 EG-KontrollV sind daher eher dahingehend zu interpretieren, dass den Behörden grundsätzlich die Befugnis verliehen werden soll, die für die Erfüllung ihres Überwachungsauftrags notwendigen Durchsetzungsmaßnahmen zu treffen. Um zu verdeutlichen, um welche Art von Maßnahmen es sich dabei handeln soll, werden diese beispielhaft aufgezählt. Eine weitere konkrete Ausgestaltung und Umsetzung im Wege des Erlasses nationaler Rechtsvorschriften ist damit jedoch nicht ausgeschlossen sondern vielmehr notwendig, um insbesondere die o. g. Anpassungen an die Vorgaben und Strukturen der nationalen Rechtsordnungen vorzunehmen. Der Regelung des Art. 54 EG-KontrollV kommt damit faktisch Richtlinien-

---

1233 *Wiemers,* ZLR 2004, 383 (397). S. auch § 16 Abs. 1 S. 1 AVV RÜb, der sich u. a. auf von der zuständigen Behörde »nach Art. 54 der Verordnung (EG) Nr. 882/2004 (…) getroffene Maßnahmen und Anordnungen« bezieht.

1234 Laut eines Gesetzesentwurfs der Bundesregierung zur Änderung des LFGB soll die Vorschrift des § 39 Abs. 2 LFGB, die Durchsetzungsbefugnisse auf nationaler Ebene regelt, um einen S. 3 ergänzt werden. Nach dessen Wortlaut bleiben »Artikel 54 Abs. 1 und 2 [EG-KontrollV] (…) über Maßnahmen im Fall eines Verstoßes unberührt« (s. *Änderungsentwurf LFGB,* BT-Drs. 16/8100, S. 15). In der Begründung heißt es dazu: »Diese Regelungen sind als unmittelbar geltendes Gemeinschaftsrecht von den zuständigen Behörden vorrangig anzuwenden. Dem trägt der Hinweis auf diese Regelungen in § 39 Abs. 2 S. 3 – neu – Rechnung.« (a. a. O., S. 43).

charakter zu. Der Schwerpunkt der folgenden Erörterungen liegt daher auf den Ermächtigungsgrundlagen des nationalen Rechts.

II. § 39 Abs. 2 S. 1 LFGB

Gem. § 39 Abs. 2 S. 1 LFGB treffen die zuständigen Behörden »die notwendigen Anordnungen und Maßnahmen, die (...) zur Beseitigung festgestellter Verstöße oder zur Verhütung künftiger Verstöße sowie zum Schutz vor Gefahren für die Gesundheit oder vor Täuschung erforderlich sind«.[1235] Die Durchsetzungsmaßnahmen müssen also gerade diesen Zwecken dienen und können nicht zu anderen, z. B. steuerlichen oder privaten Zwecken ergriffen werden.[1236] Die Maßnahmen müssen außerdem zur Verfolgung der genannten Zwecke »erforderlich« sein. Dies ist nicht nur im Sinne einer Pflicht zum Einsatz des mildesten Mittels, sondern umfassend als Hinweis auf die Geltung des Verhältnismäßigkeitsgrundsatzes zu verstehen.[1237] Die Maßnahmen müssen also zur Verfolgung der Zwecke auch geeignet und angemessen sein.[1238]

Bei der Ermächtigung, Maßnahmen zur Verhütung künftiger Verstöße zu treffen, handelt es sich um die spezifische lebensmittelrechtliche Ausprägung der allgemeinen ordnungsbehördlichen Befugnis, zur Abwehr von Gefahren für das Schutzgut der öffentlichen Sicherheit[1239] tätig zu werden. Die Behörde greift in diesen Fällen ein, bevor es zu einem Verstoß und damit zu einer Realisierung der genannten Gefahren kommt, um so die Rechtskonformität zu sichern.

Eine Maßnahme dient dagegen der Beseitigung festgestellter Verstöße, wenn sie die Rechtskonformität selbst herbeiführt oder darauf abzielt, die Herstellung eines rechtskonformen Zustands durch Maßnahmen anderer, etwa der Lebensmittelunternehmer, zu veranlassen bzw. durchzusetzen. Eine nachträgliche Beseitigung eines Verstoßes ist allerdings naturgemäß nur dann denkbar, wenn es sich bei dem zu beseitigenden Verstoß nicht um einen einmaligen Vorgang bzw. eine einzelne Handlung, also beispielsweise

---

1235 Bei den in Abs. 2 S. 1 ebenfalls genannten Maßnahmen zur Feststellung oder Ausräumung eines hinreichenden Verdachts eines Verstoßes handelt es sich nicht um Durchsetzungs-, sondern um Ermittlungsmaßnahmen, die bereits im Rahmen des § 6 erörtert wurden, s. o. S. 182 f.

1236 *Zipfel/Rathke,* Lebensmittelrecht II, C 102, § 39 Rn. 16.

1237 *Meyer,* in: Ders./Streinz (Hrsg.), BasisV/LFGB, § 39 Rn. 7.

1238 Zum Verhältnismäßigkeitsgrundsatz s. o. S. 60 ff.

1239 S. o. S. 94 f.

die Herstellung bzw. das Inverkehrbringen eines einzelnen gesundheitsschädlichen Lebensmittels zu einem bestimmten Zeitpunkt, handelt, sondern der Verstoß in einem andauernden Zustand oder fortgesetzen Unterlassen besteht. In Betracht kommen also beispielsweise unhygienische Produktionsbedingungen oder das Fehlen von Eigenkontrollsystemen in einem Betrieb. Maßnahmen zur Änderung dieser nicht rechtskonformen Zustände könnten nur dann als Maßnahmen zur Verhütung *künftiger* Verstöße eingeordnet werden, wenn man den Dauerzustand in eine fortwährende Folge von Verstößen gleicher Art künstlich aufspalten würde. Der Beseitigung von Verstößen als Maßnahmezweck kommt daher in diesem Sinne durchaus eigenständige Bedeutung zu.[1240]

Das Bestehen einer mit dem Verstoß verbundenen konkreten Gesundheits- oder Täuschungsgefahr ist nicht erforderlich. Das Einschreiten ist vielmehr dadurch begründet, dass gegen lebensmittelrechtliche Vorschriften verstoßen wird, die abstrakt-generell ihrerseits dem Schutz vor Gesundheits- und Täuschungsgefahren bzw. der Verbraucherinteressen dienen. Durch die Sicherung und Herbeiführung der Rechtskonformität leisten die Überwachungsbehörden ihren Beitrag zur Realisierung der durch das materielle Lebensmittelrecht verfolgten Schutzzwecke und werden somit zumindest mittelbar zum Schutz der Verbraucher vor Gesundheitsschäden und vor Täuschung sowie zur Sicherstellung einer angemessenen Verbraucherinformation tätig. Allerdings kann das Vorliegen oder Fehlen einer mit dem Verstoß verbundenen konkreten Täuschungs- oder Gesundheitsgefahr im Einzelfall bei der Frage der Ermessensausübung bzw. der Verhältnismäßigkeit der zu ergreifenden Maßnahme eine Rolle spielen.

Fraglich ist, ob den darüber hinaus genannten Maßnahmen zum Schutz vor Gefahren für die Gesundheit oder vor Täuschung neben denen zur Herbei-

---

1240 Daher ist der Ansicht nicht zuzustimmen, eine nachträgliche Beseitigung festgestellter Verstöße sei nicht denkbar und unter Maßnahmen zur Beseitigung festgestellter Verstöße seien daher solche zu verstehen, »die sich auf die Folgen solcher Verstöße beziehen« (so aber *Zipfel/Rathke,* Lebensmittelrecht II, C 102, § 39 Rn. 21). Ein solches Verständnis würde die eigenständige Bedeutung beseitigen. Die in diesem Zusammenhang beispielhaft genannten Maßnahmen könnten allesamt unproblematisch als solche zur Verhütung künftiger Verstöße eingeordnet werden, da die abzuwehrenden negativen »Folgen« zugleich weitere eigenständige Verstöße darstellen. So dient die Beseitigung verzehruntauglicher Lebensmittel nicht nur der Abwehr negativer Konsequenzen, die sich aus der Verzehruntauglichkeit ergeben können, sondern zugleich der Verhütung eines Verstoßes gegen das Verbot des Inverkehrbringen derartiger Lebensmittel (Zu diesem und den weiteren Beispielen s. *Zipfel/Rathke,* a. a. O.).

führung und Sicherung der Rechtskonformität überhaupt eine eigenständige Bedeutung zukommt. Denn angesichts der hohen Regelungsdichte des materiellen Lebensmittelrechts sowie der generalklauselartigen Verbote des Inverkehrbringens gesundheitsschädlicher Lebensmittel[1241] bzw. der Irreführungsverbote[1242] werden mögliche Gefahrensituationen bereits umfassend durch diese Rechtsvorschriften erfasst, sodass jede von einem Produkt ausgehende Gesundheitsgefahr bzw. jede Täuschungsgefahr zugleich mit einem (drohenden) Verstoß gegen lebensmittelrechtliche Vorschriften einhergeht. Ein Einschreiten der Behörden ist also regelmäßig bereits durch die o. g. Zwecke der Sicherung oder Herbeiführung der Rechtskonformität legitimiert.

Aus der systematischen Stellung des § 39 Abs. 2 LFGB in unmittelbarem Zusammenhang mit Abs. 1 ergibt sich, dass mit »Verstößen« die Nichteinhaltung derjenigen Vorschriften gemeint ist, deren Einhaltung Gegenstand der Überwachung i. S. d. § 39 Abs. 1 S. 1 LFGB ist, also der Vorschriften des Lebensmittelrechts. Problematisch erscheint die Annahme eines Verstoßes in Bezug auf solche Sachverhalte, deren Übereinstimmung mit dem geltenden Lebensmittelrecht im Rahmen eines gesetzlich vorgeschriebenen Zulassungsverfahrens zuvor positiv festgestellt wurde.[1243] Denkbar wäre beispielsweise, dass die Behörde Maßnahmen auf einen Verstoß gegen die Generalklausel des Art. 14 Abs. 1 i. V. m. Abs. 2 lit. a EG-BasisV[1244] stützt, wenn sie der Ansicht ist, ein zugelassenes Lebensmittel sei gesundheitsschädlich. Es stellt sich somit die Frage, ob die Lebensmittelüberwachungsbehörde ihre abweichende, eigene Einschätzung zur Grundlage von Maßnahmen machen darf oder aber in diesen Fällen grundsätzlich eine Bindungs- bzw. Sperrwirkung in dem Sinne besteht, dass diesbezüglich die Einhaltung der jeweils geprüften Anforderungen bereits durch die Zulassungsbehörde verbindlich festgestellt wurde.[1245] Letzteres anzunehmen liegt insbesondere dann nahe, wenn es sich dabei um eine Behörde einer höheren Ebene handelt, die die Zulassung mit landes-, bundes- oder europaweiter Geltung zentral erteilt.[1246] Allerdings ist zu beachten, dass die im Rahmen einer Zulassungsentscheidung getroffene Regelung zunächst lediglich die an dem zugrunde liegenden Rechtsverhältnis beteiligten Rechts-

---

1241 S. Art. 14 Abs. 1 i. V. m. Abs. 2 lit. a EG-BasisV, s. o. S. 110 ff.
1242 S. Art. 16 EG-BasisV bzw. § 11 Abs. 1 LFGB, s. o. S. 161 ff.
1243 Zu den Zulassungsverfahren als Marktzugangsüberwachung s. o. S. 89 f.
1244 Zur Vorschrift des Art. 14 Abs. 1 EG-BasisV s. o. S. 110 ff.
1245 Vgl. *Weiß,* Gewährleistung der Produktsicherheit, S. 367.
1246 Vgl. *Weiß,* Gewährleistung der Produktsicherheit, S. 367.

subjekte, also die Zulassungsbehörde sowie den Zulassungsempfänger bindet.[1247] Die Annahme einer darüber hinausgehende Bindungswirkung gegenüber Dritten, insbesondere gegenüber anderen Behörden, sog. »Tatbestands-« oder »Feststellungswirkung«,[1248] ist – sofern sie nicht ausdrücklich gesetzlich angeordnet wird – gesondert begründungsbedürftig.[1249] Im hier erörterten Fall ist aus den bereits genannten Gründen das Bestehen einer solchen Bindungswirkung allerdings grundsätzlich zu bejahen. Denn andernfalls wäre im Einzelfall letztendlich die Einschätzung der jeweils zuständigen Überwachungsbehörde auf lokaler Ebene maßgeblich, sodass Bestrebungen, die Zulassungsverfahren landes-, bundes- oder europaweit zu vereinheitlichen und zu zentralisieren, unterwandert würden.[1250] Außerdem sind (zentralisierte) Zulassungsverfahren häufig gerade in den Bereichen vorgesehen, in denen die Beurteilung der Rechtskonformität bzw. der Gefährlichkeit eines Produkts besonders komplexe wissenschaftliche und rechtliche Bewertungen erfordert. Über den hierfür erforderlichen Sachverstand verfügt jedoch in der Regel lediglich die diesbezüglich spezialisierte Zulassungsbehörde, nicht jedoch die örtliche Überwachungsbehörde.[1251] Schließlich sind auch Vertrauensschutzgesichtspunkte zu berücksichtigen: Der Unternehmer, der die Zulassung für ein bestimmtes Produkt erhält, vertraut darauf, dass er dadurch eine geschützte Rechtsposition dahingehend erhält, dass er das Produkt auch tatsächlich herstellen und vertreiben darf,[1252] zumindest insoweit, als die Beschaffenheit des Produkts Gegenstand des jeweiligen Zulassungsverfahrens war.[1253] Bei Musterzulassungen ist daher nur die generelle »Rezeptur« eines Lebensmittels, nicht jedoch jedes konkrete Einzelprodukt Gegenstand der Zulassung.[1254] Allerdings sind die genannten Gründe, die für eine grundsätzliche Bindungswirkung von Zulassungsentscheidungen sprechen, im Einzelfall mit den verbraucher-

---

1247 Vgl. *Erichsen/Knoke,* NVwZ 1983, 185 (188 f.); *Maurer,* AllgVerwR, § 11 Rn. 8; *Weiß,* Gewährleistung der Produktsicherheit, S. 367.

1248 *Erichsen/Knoke,* NVwZ 1983, 185 (189); *Maurer,* AllgVerwR, § 11 Rn. 8 f.; *Meyer,* in: Knack, VwVfG, § 43 Rn. 17/22.

1249 Vgl. *Erichsen/Knoke,* NVwZ 1983, 185 (190); *Sachs,* in: Stelkens/Bonk/Sachs (Hrsg.), VwVfG, § 43 Rn. 154/160; *Weiß,* Gewährleistung der Produktsicherheit, S. 367.

1250 *Weiß,* Gewährleistung der Produktsicherheit, S. 368.

1251 Vgl. *Weiß,* Gewährleistung der Produktsicherheit, S. 368.

1252 Vgl. *Meyer,* in: Ders./Streinz (Hrsg.), BasisV/LFGB, § 39 Rn. 39 ff.; *Weiß,* Gewährleistung der Produktsicherheit, S. 369.

1253 Vgl. *Weiß,* Gewährleistung der Produktsicherheit, S. 369.

1254 Vgl. *Weiß,* Gewährleistung der Produktsicherheit, S. 369.

schützenden Zielen bzw. den dahinter stehenden staatlichen Schutzpflichten im Hinblick auf Gesundheitsbeeinträchtigungen[1255] abzuwägen.[1256] Zumindest in solchen konkreten Gefahrensituationen, in denen zum Schutz der Verbraucher vor nicht unerheblichen Gesundheitsschäden ein sofortiges Ergreifen von Maßnahmen erforderlich wäre, muss ein solches Eingreifen daher auch möglich sein.[1257]

Eine diesen Grundsatz konkretisierende Regelung für Durchsetzungsmaßnahmen in Bezug auf zugelassene Produkte enthält § 39 Abs. 3 Nr. 1 LFGB. Danach können bestimmte Standardmaßnahmen aus dem Katalog des Abs. 2 S. 2 auch in Bezug auf das Verwenden eines zugelassenen Erzeugnisses getroffen werden, soweit diese Maßnahmen erforderlich sind, um eine unmittelbar drohende Gefahr für die Gesundheit des Menschen abzuwehren.[1258] Nach der Gesetzesbegründung sah man die Schaffung einer solchen Regelung als notwendig an, da nicht auszuschließen sei, dass bei einem Erzeugnis, das durch das LFGB oder durch eine aufgrund des LFGB erlassene Rechtsverordnung zugelassen ist, aufgrund neuer wissenschaftlicher Erkenntnisse oder Bewertungen deutlich werde, dass dieses Erzeugnis eine Gefahr für die Gesundheit des Menschen darstelle.[1259] Die ausdrückliche Anordnungsbefugnis sei sinnvoll, da sich mit ihr die Frage nicht mehr stelle, ob und ggf. inwieweit die Zulassung des Stoffes einem behördlichen Einschreiten entgegenstehen könnte.[1260] Im Gegenschluss bedeutet dies, dass zugelassene Erzeugnisse lediglich Gegenstand der ausdrücklich genannten Standardmaßnahmen sein dürfen und dies auch nur unter den zusätzlichen Voraussetzungen des § 39 Abs. 3 Nr. 1 LFGB. Liegt also nach Auffassung der Überwachungsbehörde zwar ein Verstoß gegen lebensmittelrechtliche Vorschriften vor, nicht jedoch eine unmittelbar

---

1255 Zu den Schutzpflichten s. o. S. 66 f.

1256 Vgl. *Weiß,* Gewährleistung der Produktsicherheit, S. 369.

1257 *Weiß,* Gewährleistung der Produktsicherheit, S. 369.

1258 Zu den einzelnen Maßnahmen s. u. S. 259 und S. 266.

1259 *Regierungsentwurf des LFGB (BR),* BR-Drs. 429/04, S. 150

1260 *Regierungsentwurf des LFGB (BR),* BR-Drs. 429/04, S. 150. Im Fall neuer wissenschaftlicher Erkenntnisse könnte eine Bindungswirkung allerdings möglicherweise schon mit der Begründung verneint werden, dass ein im Vergleich zum Zeitpunkt der Zulassungsentscheidung geänderter wissenschaftlicher Erkenntnisstand einer veränderten objektiven Sachlage gleichkomme (*Papier,* DVBl. 1985, 873 (877); vgl. auch *OVG Münster,* Urt. v. 31.1.1984 – 7 A 955/81 –, in: DVBl. 1984, 896 (897); *Breuer,* DVBl. 1981, 300 (307); *Sachs,* in: Stelkens/Bonk/Sachs (Hrsg.), VwVfG, § 51 Rn. 95), die durch die Regelungswirkung der Zulassungsentscheidung nicht mehr erfasst werde (vgl. *Erichsen/Knoke,* NVwZ 1983, 185 (191); *Sachs,* in: Stelkens/Bonk/Sachs (Hrsg.), VwVfG, § 43 Rn. 100).

drohende Gesundheitsgefahr, so ist sie nicht befugt Durchsetzungsmaßnahmen zu ergreifen, sofern sich der angenommene Verstoß aus Umständen ergibt, deren Vereinbarkeit mit den lebensmittelrechtlichen Anforderungen bereits Gegenstand des Zulassungsverfahrens war.

C. Lebensmittelrechtliche Standardmaßnahmen

Sowohl in § 39 Abs. 2 S. 2 LFGB als auch in Art. 54 Abs. 2 EG-KontrollV werden in Verbindung mit den jeweiligen Generalklauseln einzelne Maßnahmen aufgeführt, die »insbesondere« ergriffen werden können. Diese sollen hier als Standardmaßnahmen bezeichnet werden.[1261] Der Formulierung »insbesondere« ist zu entnehmen, dass die Standardmaßnahmen als Beispiele für die Wahrnehmung der sich aus den Generalklauseln ergebenden generellen Maßnahmebefugnisse der Behörde dienen sollen.[1262] Sie begründen daher keine über die Generalklauseln hinausgehenden Befugnisse, sodass die Voraussetzungen der zugehörigen Generalklausel auch für das Ergreifen der Standardmaßnahmen gelten. Die Standardmaßnahmen des § 39 Abs. 2 S. 2 LFGB müssen also zur Erfüllung der in S. 1 genannten Zwecke erforderlich sein.[1263]

Ergreift die Behörde eine der ausdrücklich normierten Standardmaßnahmen, so müssen darüber hinaus ggf. spezifische Voraussetzungen beachtet werden. Sind diese nicht erfüllt, kann die Maßnahme auch nicht auf eine der Generalklauseln gestützt werden, da ansonsten diese strengeren Anforderungen umgangen würden.[1264]

I. Verbotsverfügungen

Steht die Art und Weise der Ausübung einer bestimmten Tätigkeit bzw. stehen bestimmte Handlungen einer Person nicht im Einklang mit den lebensmittelrechtlichen Vorschriften, so kann die Behörde dem begegnen, indem sie durch Erlass einer entsprechenden Anordnung die Ausübung der Tätigkeit oder diese Handlungen verbietet bzw. von der handelnden bzw. verantwortlichen Person – i. d. R. der jeweils verantwortliche Lebensmittel-

1261 S. o. S. 240 f.

1262 Vgl. *Zipfel/Rathke,* Lebensmittelrecht II, C 102, § 39 Rn. 24.

1263 *Meyer,* in: Ders./Streinz (Hrsg.), BasisV/LFGB, § 39 Rn. 8; *Zipfel/Rathke,* Lebensmittelrecht II, C 102, § 39 Rn. 24.

1264 S. o. S. 240 f.

unternehmer – verlangt, diese zu unterlassen. Dabei handelt es sich um den typischen Fall einer Ordnungsverfügung i. S. d. § 20 Abs. 1 S. 1 OBG NRW bzw. eines Verwaltungsakts i. S. d. § 35 Abs. 1 S. 1 VwVfG NRW.[1265] Als Beispiele für derartige Anordnungen nennt das Gesetz den Erlass von Verkehrs- bzw. Herstellungs- und Behandlungsverboten. Sollen die so begründeten Unterlassungspflichten für den Fall ihrer Nichtbeachtung im Wege der Verwaltungsvollstreckung erzwungen werden, kommt als Zwangsmittel die Festsetzung eines Zwangsgeldes gem. § 60 VwVG NRW in Betracht.[1266] Kann dieses nicht beigetrieben werden, so besteht gem. § 61 VwVG NRW die Möglichkeit der gerichtlichen Anordnung der Ersatzzwangshaft.

1. Verkehrsverbote

Sowohl Art. 54 Abs. 2 lit. b EG-KontrollV als auch § 39 Abs. 2 S. 2 Nr. 3 LFGB sehen als mögliche Maßnahme der Überwachungsbehörden die Untersagung des Inverkehrbringens eines Lebensmittels vor. Zwar greifen für solche Lebensmittel, die nicht rechtskonform sind bzw. von denen eine Gesundheits- oder Täuschungsgefahr ausgeht, überwiegend bereits unmittelbar gesetzlich angeordnete und damit abstrakt-generelle Verkehrsverbote ein, so z. B. für gesundheitsschädliche[1267] oder irreführend aufgemachte[1268] Lebensmittel.[1269] Diese gelten unmittelbar für alle Lebensmittel, die die tatbestandlichen Voraussetzungen der gesetzlichen Verbotsnorm erfüllen. Aufgrund der Feststellungs- und Titelfunktion eines Verwaltungsakts[1270] kann es dennoch auch in diesen Fällen erforderlich sein, dass ein solches Verbot – in diesem Fall deklaratorisch – von Seiten der Überwachungsbehörden im konkreten Einzelfall in Bezug auf das Inverkehrbringen be-

1265 S. o. S. 178.

1266 Vgl. *Maurer,* AllgVerwR, § 20 Rn. 15. Zu den Zwangsmitteln im Rahmen der Verwaltungsvollstreckung s. o. S. 245 f.

1267 S. Art. 14 Abs. 1 i. V. m. Abs. 2 lit. a EG-BasisV, s. o. S. 110 ff.

1268 S. § 11 Abs. 1 S. 1 LFGB, s. o. S. 161 ff.

1269 Darüber hinaus werden auch für den Fall von Verstößen gegen spezifische lebensmittelrechtliche Anforderungen zumeist gesetzliche Verkehrsverbote angeordnet. So verbietet § 6 Abs. 1 Nr. 2 i. V. m. Nr. 1 lit. a LFGB das Inverkehrbringen von Lebensmitteln für den Fall des Verwendens nicht zugelassener Zusatzstoffe. Entsprechende Regelungen enthalten darüber hinaus § 9 Abs. 1 und § 10 Abs. 1 LFGB in Bezug auf Pflanzenschutzmittel- und Tierarzneimittel-Rückstände. Im Übrigen kann diesbezüglich auf die Darstellung des materiellen Lebensmittelrechts verwiesen werden (s. o. S. 108 ff.).

1270 S. o. S. 244 f.

stimmter, individualisierter oder zumindest individualisierbarer Lebensmittel im Wege der Verfügung ausgesprochen wird. Die Anordnung eines Verkehrsverbots kann zum einen dazu dienen zu verhindern, dass Lebensmittel entgegen eines gesetzlichen Verbots in den Verkehr gebracht werden, also der Verhütung drohender Verstöße. Handelt es sich um ein gesundheitsschädliches oder irreführend aufgemachtes bzw. gekennzeichnetes Lebensmittel, so dient das Verbot außerdem der Abwehr konkreter Gesundheits- bzw. Täuschungsgefahren für die Verbraucher. Bei der Anordnung von Verkehrsverboten ist in besonderer Weise auf die Wahrung des Verhältnismäßigkeitsgrundsatzes zu achten. Die Anordnung eines absoluten Verkehrsverbots nimmt dem Lebensmittelunternehmer die Möglichkeit, die Lebensmittel wirtschaftlich zu verwerten und kann daher mit erheblichen finanziellen Einbußen bis hin zur wirtschaftlichen Existenzbedrohung eines Unternehmens verbunden sein, je nachdem, wie viele Lebensmittel betroffen sind, wie hoch die Herstellungskosten waren und ob es sich um die gesamte oder nur einen Teil der Produktion eines Unternehmens handelt. Als milderes Mittel zu einem absoluten Verkehrsverbot hat daher die Behörde insbesondere die Möglichkeit zu prüfen, ob es ausreicht, das Inverkehrbringen gem. Art. 54 Abs. 2 lit. b 1. Fall EG-KontrollV bzw. § 39 Abs. 2 S. 2 Nr. 3 2. Fall LFGB lediglich zu beschränken. Das angeordnete Verbot gilt in diesen Fällen also nur unter bestimmten Bedingungen. In diesen Zusammenhang kann auch die Bestimmung des Art. 54 Abs. 2 lit. d EG-KontrollV eingeordnet werden: Dort ist als mögliche Maßnahme der Behörden die »Genehmigung zur Verwendung eines Lebensmittels für andere als die ursprünglich vorgesehenen Zwecke« aufgeführt. Ein Verkehrsverbot kann sich also auch darauf beschränken, dass ein Lebensmittel nicht *als Lebensmittel,* also als ein zur Aufnahme durch den Menschen bestimmtes Erzeugnis[1271] in Verkehr gebracht wird, ein Inverkehrbringen *als Futtermittel* jedoch beispielsweise erlaubt wird.

2. Herstellungs- und Behandlungsverbote

Verbote können auch in Bezug auf Tätigkeiten im Rahmen der Lebensmittelproduktion ergehen, die dem Inverkehrbringen vorgelagert sind.

1271 S. Art. 2 UAbs. 1 EG-BasisV. Ausführlich zum Lebensmittelbegriff s. o. S. 22 ff.

So können die Behörden gem. § 39 Abs. 2 S. 2 Nr. 3 LFGB das Herstellen oder Behandeln[1272] eines Lebensmittels verbieten oder beschränken. Diese Vorschrift ist u. a. im Zusammenhang mit dem gesetzlichen Verbot des § 5 Abs. 1 S. 1 LFGB zu sehen, Lebensmittel für andere derart herzustellen oder zu behandeln, dass ihr Verzehr gesundheitsschädlich im Sinne des Art. 14 Abs. 2 lit. a EG-BasisV ist:[1273] Auch entsprechende behördlich angeordnete Verbote bzw. Beschränkungen können dem Zweck dienen zu verhindern, dass das jeweilige Endprodukt als Ergebnis des Herstellungs- oder Behandlungsvorgangs eine Gefahr darstellt bzw. nicht rechtskonform ist. Darüber hinaus können derartige Anordnungen der Verhütung künftiger Verstöße gegen produktionsbezogene Vorschriften[1274] dienen, indem Herstellungs- und Behandlungsvorgänge untersagt werden, die den lebensmittelrechtlichen Anforderungen nicht genügen.

Aufgrund der Auffangfunktion des Begriffs des Behandelns, der alle Tätigkeiten umfasst, die nicht dem Herstellen oder Inverkehrbringen zugeordnet werden,[1275] können sich die Verbote und Beschränkungen i. S. d. § 39 Abs. 2 S. 2 Nr. 3 LFGB im Ergebnis also auf sämtliche Tätigkeiten auf allen Stufen der Lebensmittelkette i. S. d. Art. 3 Nr. 2 EG-BasisV beziehen. Eine gesonderte Regelung trifft allerdings § 39 Abs. 3 Nr. 2 LFGB: Danach können Anordnungen nach Abs. 2 S. 2 Nr. 3 auch »in Bezug auf das Verfüttern eines Futtermittels ergehen«, d. h. die Behörden können das Verfüttern eines Futtermittels verbieten oder beschränken.[1276]

3. Vorübergehende Verbote bei Probenahme oder Prüfungsanordnung

Soll verhindert werden, dass ein Lebensmittel weiterhin in den Verkehr gebracht wird, dessen Rechtskonformität auf der Grundlage einer bereits entnommenen amtlichen Probe[1277] oder im Rahmen einer gem. § 39 Abs. 2 Nr. 1 lit. a LFGB behördlich angeordneten Prüfung durch den Lebensmittel-

---

1272 Zu den Begriffen des Herstellens und Behandelns s. § 3 Nr. 2 bzw. 3 LFGB sowie oben S. 108 f.

1273 S. o. S. 141.

1274 Zu den produktionsbezogenen Vorschriften des materiellen Lebensmittelrechts s. o. S. 140 ff.

1275 S. § 3 Nr. 3 LFGB a. E.

1276 Es kann daher letztlich dahinstehen, ob das Verfüttern von Futtermitteln an Tiere, die der Lebensmittelgewinnung dienen, unter den Begriff des Herstellens oder – subsidiär – des Behandelns eines Lebensmittels subsumiert werden kann und der ausdrücklichen Regelung lediglich eine klarstellende Funktion zukommt.

1277 Zur Probenahme s. o. S. 221 ff.

unternehmer[1278] noch zu ermitteln ist, kann gem. § 39 Abs. 2 S. 2 Nr. 2 LFGB ein vorübergehendes Verkehrsverbot angeordnet werden, bis das Ergebnis der Probenanalyse bzw. der angeordneten Prüfung vorliegt. Das Verkehrsverbot ist also bis zu diesem Zeitpunkt zu befristen.[1279] Allerdings ist zu beachten, dass auch ein lediglich vorübergehendes Verkehrsverbot einen erheblichen Eingriff in den grundrechtlich geschützten Freiheitsbereich des betroffenen Unternehmers darstellt, der i. d. R. mit finanziellen Einbußen verbunden ist.[1280] Angesichts der Tatsache, dass der Verstoß noch nicht endgültig feststeht, sondern allenfalls eine Verdachtssituation gegeben ist, ist aus Gründen der Verhältnismäßigkeit in Abwägung des privaten und des öffentlichen Interesses davon auszugehen, dass ein vorübergehendes Verkehrsverbot nur dann zulässig ist, wenn für den Fall des tatsächlichen Vorliegens des vermuteten Verstoßes Gesundheitsschäden oder eine massive Täuschung der Verbraucher drohen und daher ein Abwarten bis zur endgültigen Klärung bzw. das Ergreifen nachträglicher Maßnahmen, wie etwa Rückruf bzw. Rücknahme,[1281] nicht zu verantworten ist. Außerdem muss in jedem Fall eine Verdachtssituation, also aufgrund tatsächlicher Anhaltspunkte Grund zur Annahme bestehen, dass das Lebensmittel nicht rechtskonform ist.[1282] Für den Fall eines vorübergehenden Verkehrsverbots im Zusammenhang mit einer Prüfungsanordnung ergibt sich dies bereits ausdrücklich aus den Voraussetzungen der Prüfungsanordnung gem. § 39 Abs. 1 S. 2 Nr. 1 lit. a LFGB.[1283] Aber auch im Fall der noch zu untersuchenden amtlichen Probe müssen bereits zum Zeitpunkt der Anordnung des vorübergehenden Verkehrsverbots konkrete Anhaltspunkte für einen möglichen Rechtsverstoß bestehen. Die noch ausstehende Untersuchung einer lediglich routinemäßig entnommenen Planprobe vermag daher ohne das Hinzutreten weiterer Verdachtsmomente eine solche Anordnung nicht zu rechtfertigen. Da der Unternehmer im Fall der abzuwartenden amtlichen Probenuntersuchung auf deren Zeitpunkt und damit auf die Dauer des Verkehrsverbots keinen eigenen Einfluss hat, gebietet der Verhältnismäßigkeitsgrundsatz außerdem, dass die Prüfung behördlicherseits schnellstmög-

---

1278 Zur Prüfungsanordnung s. o. S. 196 ff.

1279 *Zipfel/Rathke,* Lebensmittelrecht II, C 102, § 39 Rn. 28.

1280 Vgl. zum insoweit vergleichbaren vorläufigen Verkehrsverbot gem. § 8 Abs. 4 S. 1 Nr. 5 GPSG: *Geiß/Doll,* GPSG, § 8 Rn. 55.

1281 Zu Rückruf und Rücknahme s. u. S. 259 ff.

1282 *Meyer,* in: Ders./Streinz (Hrsg.), BasisV/LFGB, § 41 Rn. 15; *Weiß,* Gewährleistung der Produktsicherheit, S. 383 (zum insoweit vergleichbaren vorläufigen Verkehrsverbot gem. § 8 Abs. 4 S. 1 Nr. 5 GPSG).

1283 S. o. S. 196 f.

lich abgeschlossen werden muss, um die Dauer des vorübergehenden Verbots möglichst kurz zu halten.[1284]

Gem. § 39 Abs. 3 Nr. 2 LFGB kann eine Anordnung nach Abs. 2 S. 2 Nr. 2 und 3 auch in Bezug auf das Verfüttern eines Futtermittels ergehen, d. h. die Behörden können das Verfüttern eines Futtermittels vorübergehend verbieten, bis das Ergebnis der Untersuchung einer entnommenen Probe bzw. einer angeordneten Prüfung vorliegt, aufgrund derer der Verdacht ausgeräumt oder bestätigt werden soll, das Verfüttern des Futtermittels verstoße gegen lebensmittelrechtliche Vorschriften.

4. Befristete Verbote bei zugelassenen Erzeugnissen

Sind zugelassene Erzeugnisse betroffen,[1285] so ist die Anordnung eines Herstellungs-, Behandlungs- oder Verkehrsverbots lediglich dann möglich, wenn dies erforderlich ist, um eine unmittelbar drohende Gesundheitsgefahr abzuwehren, § 39 Abs. 2 S. 2 Nr. 3 i. V. m. Abs. 3 Nr. 1 Hs. 1 LFGB. Eine solche Anordnung ist gem. Hs. 2 zu befristen, bis über die weitere Zulassung von Seiten der zuständigen Stelle entschieden ist.

II. Rücknahme und Rückruf

Die (isolierte) Anordnung von Verkehrsverboten ist dann ungeeignet, wenn Lebensmittel, die nicht rechtskonform sind bzw. von denen Gefahren ausgehen, bereits in den Verkehr gelangt sind. Denn selbst wenn diese Lebensmittel die Verbraucher noch nicht erreicht haben sollten, ist es i. d. R. unzweckmäßig, Verkehrsverbote gegenüber allen Wirtschaftsbeteiligen auf den nachfolgenden Produktions- und Handelsstufen auszusprechen und durchzusetzen, die das Lebensmittel weiter verarbeiten bzw. in den Verkehr bringen. Um zu verhindern, dass sich mögliche Gefahren für die Verbraucher durch den Erwerb bzw. Konsum realisieren, bietet es sich daher in diesen Fällen an, für eine »Rücknahme« des Produkts durch den ursprünglichen Inverkehrbringer zu sorgen. Hat das Lebensmittel den Verbraucher dagegen bereits erreicht, so spricht man von einem »Rückruf«.

1284 Vgl. *Weiß,* Gewährleistung der Produktsicherheit, S. 383 zu § 8 Abs. 4 Nr. 5 GPSG, der bereits vom Wortlaut her die vorübergehende Anordnung auf den »zur Prüfung zwingend erforderlichen Zeitraum« begrenzt.

1285 Zur Problematik der Anordnung von Durchsetzungsmaßnahmen in Bezug auf zugelassene Erzeugnisse s. o. S. 251 ff.

Sind Lebensmittel möglicherweise gesundheitsschädlich oder verzehruntauglich, so besteht eine gesetzliche Rücknahme- bzw. Rückrufpflicht des Lebensmittelunternehmers: Erkennt dieser oder hat er Grund zu der Annahme, dass ein von ihm eingeführtes, erzeugtes, verarbeitetes, hergestelltes oder vertriebenes Lebensmittel den Anforderungen an die Lebensmittelsicherheit nicht entspricht, so ist er gem. Art. 19 Abs. 1 EG-BasisV u. a. verpflichtet, unverzüglich Verfahren einzuleiten, um das betreffende Lebensmittel vom Markt zu nehmen, S. 1, bzw. bereits an die Verbraucher gelieferte Produkte zurückzurufen, S. 2. Dies gilt allerdings nur, »wenn andere Maßnahmen zur Erzielung eines hohen Gesundheitsschutzniveaus nicht ausreichen«, also keine anderen, genauso effektiven Möglichkeiten zum Schutz der Verbraucher vor Gesundheitsschäden zur Verfügung stehen. Rückruf und Rücknahme müssen also erforderlich im Sinne des allgemeinen Verhältnismäßigkeitsgrundsatzes[1286] sein. Die Erforderlichkeit kann etwa dann entfallen, wenn die potentielle Gesundheitsschädlichkeit des Lebensmittels nur im Fall einer bestimmten Art des Verzehrs, z. B. des Rohverzehrs, besteht oder durch einfache Maßnahmen der Abnehmer der Lebensmittel bzw. der Verbraucher vollständig beseitigt werden kann und der Unternehmer entsprechende Warnungen bzw. Instruktionen übermittelt.[1287] Voraussetzung ist weiterhin, dass sich das Produkt nicht mehr unter der unmittelbaren Kontrolle des Lebensmittelunternehmers befindet,[1288] d. h. dass er die rechtliche Befugnis bzw. die tatsächliche Möglichkeit verloren hat, die Abgabe an die nächste Verarbeitungs- oder

1286 S. o. S. 60 ff.

1287 Vgl. *Rettenbeck,* Die Rückrufpflicht, S. 70 f.

1288 In der deutschen Fassung des Art. 19 Abs. 1 S. 1 EG-BasisV heißt es wörtlich »sofern das Lebensmittel nicht mehr unter der unmittelbaren Kontrolle *des* ursprünglichen Lebensmittelunternehmers steht [*Hervorhebung nicht im Original*]«. Unter dem »ursprünglichen« Lebensmittelunternehmer ist jedoch nicht etwa derjenige zu verstehen, der das Lebensmittel ursprünglich hergestellt hat bzw. das erste Glied in der Produktionskette darstellt. Vielmehr ist derjenige gemeint, den die Pflicht aus Art. 19 Abs. 1 S. 1 trifft, sodass es also heißen müsste »unter der unmittelbaren Kontrolle *dieses* ursprünglichen Lebensmittelunternehmers«. Richtigerweise lautet daher beispielsweise die englische Fassung der Verordnung »where the food has left the immediate control of *that* initial food business operator [*Hervorhebung nicht im Original*]« bzw. »lorsque celle-ci ne se trouve plus sous le contrôle direct de *ce* premier exploitant du secteur alimentaire [*Hervorhebung nicht im Original*]« die französische Fassung. Der Zusatz »ursprünglich« dient lediglich der Verdeutlichung, dass das Lebensmittel sich inzwischen bei einem *anderen* Unternehmer auf einer neuen Stufe der Lebensmittelkette befinden kann (vgl. *Leitlinien des Ständigen Ausschusses für die Lebensmittelkette und Tiergesundheit zur EG-BasisV,* S. 21).

Handelsstufe zu verhindern.[1289] Denn erst dann ist es ihm nicht mehr möglich »die Vorschriftsmäßigkeit des Lebensmittels wieder herzustellen, ohne andere Unternehmen bzw. die Verbraucher um Zusammenarbeit zu ersuchen«.[1290] Es genügt, dass der Lebensmittelunternehmer Grund zur Annahme hat, dass das Lebensmittel den Anforderungen nicht entspricht. Dies ist der Fall, wenn ihm konkrete Umstände bekannt sind, die objektiv eine Wahrscheinlichkeit für die Nichteinhaltung der Anforderungen ergeben.[1291] Auf die tatsächliche Beurteilung der Rechtskonformität durch den Lebensmittelunternehmer kommt es dagegen nicht an.[1292] Konkrete Umstände können beispielsweise Ergebnisse betriebsinterner Kontrollen oder Mitteilungen von Zuliefererbetrieben über die fehlende Rechtskonformität gelieferter Rohstoffe sein.[1293] Die Rücknahme beinhaltet die Aufforderung an die eigenen unmittelbaren Abnehmer, die betroffenen Lebensmittel zurückzugewähren bzw. im Falle einer bereits erfolgten Weiterlieferung ihrerseits eigene Kunden zur Herausgabe der Lebensmittel zu veranlassen.[1294] Könnte die Ware die Verbraucher bereits erreicht haben, müssen diese informiert werden, und es hat erforderlichenfalls ein Rückruf i. S. d. Art. 19 Abs. 1 S. 2 EG-BasisV zu erfolgen.[1295] Es genügt, dass die Möglichkeit einer Abgabe an Verbraucher nicht völlig ausgeschlossen ist.[1296] Rückruf bedeutet die Aufforderung an die Verbraucher, die Ware zurückzugeben.[1297] Eine gezielte, persönliche Benachrichtigung ist in der Praxis naturgemäß nur dann möglich, wenn lediglich ein begrenzter Kreis von Verbrauchern betroffen ist und diese dem Lebensmittelunternehmer namentlich bekannt sind. Im Übrigen kann der Rückruf beispielsweise durch das Schalten entsprechender Anzeigen in Tageszeitungen oder durch Verbreitung über andere Medien wie Rundfunk und Internet erfolgen. Rückruf-

---

1289 Vgl. *Gorny,* Grundlagen des europäischen Lebensmittelrechts, S. 144; *Zipfel/Rathke,* Lebensmittelrecht II, C 101, Art. 19 Rn. 17.

1290 *Leitlinien des Ständigen Ausschusses für die Lebensmittelkette und Tiergesundheit zur EG-BasisV,* S. 21.

1291 *Zipfel/Rathke,* Lebensmittelrecht II, C 101, Art. 19 Rn. 14.

1292 *Zipfel/Rathke,* Lebensmittelrecht II, C 101, Art. 19 Rn. 14.

1293 Vgl. *Leitlinien des Ständigen Ausschusses für die Lebensmittelkette und Tiergesundheit zur EG-BasisV,* S. 24; *Zipfel/Rathke,* Lebensmittelrecht II, C 101, Art. 19 Rn. 14.

1294 *Zipfel/Rathke,* Lebensmittelrecht II, C 101, Art. 19 Rn. 20.

1295 *Zipfel/Rathke,* Lebensmittelrecht II, C 101, Art. 19 Rn. 23.

1296 Vgl. *Zipfel/Rathke,* Lebensmittelrecht II, C 101, Art. 19 Rn. 24.

1297 *Zipfel/Rathke,* Lebensmittelrecht II, C 101, Art. 19 Rn. 30. Vgl. auch die auf die allgemeine Produkthaftung bezogene Definition bei *Rettenbeck,* Die Rückrufpflicht, S. 15.

pflichten aus S. 2 treten nicht an die Stelle, sondern neben die Pflicht zur Rücknahme aus S. 1.[1298] Dies ergibt sich bereits aus dem Wortlaut des S. 2, der eine Unterrichtung der Verbraucher über den Grund »für die Rücknahme« verlangt, deren Durchführung also offensichtlich vorausgesetzt wird. Außerdem müssen auch nach Sinn und Zweck Rücknahme und Information der Verbraucher bzw. ggf. ein Rückruf parallel erfolgen, da der Lebensmittelunternehmer in der Regel nicht beurteilen kann, welche der betroffenen Lebensmittel sich noch auf dem Markt befinden und welche bereits beim Verbraucher angekommen sind.

Der Lebensmittelunternehmer hat die Überwachungsbehörden von der Einleitung der genannten Maßnahmen zu unterrichten, Art. 19 Abs. 1 S. 1 EG-BasisV a. E. Diese hat gem. Art. 54 Abs. 2 lit. c EG-KontrollV bzw. § 39 Abs. 2 S. 2 Nr. 4 LFGB die Aufgabe, die Durchführung von Rücknahme und Rückruf durch die Lebensmittelunternehmer zu überwachen. Dies bedeutet insbesondere, dass sie sich durch eigene Ermittlungen oder Unterrichtung durch den Unternehmer[1299] darüber informiert, welche Maßnahmen zu welchem Zeitpunkt eingeleitet wurde, wer wann und auf welche Weise über die Rücknahme bzw. den Rückruf in Kenntnis gesetzt wurde, ob alle erforderlichen Maßnahmen getroffen wurden und ob diese Wirkung zeigen, ob also im Rahmen des Möglichen alle Betroffenen ausreichend und rechtzeitig informiert wurden und entsprechend reagieren.

Sind die eingeleiteten Rücknahmemaßnahmen des Unternehmers aus Sicht der Behörde unzureichend oder leitet der Lebensmittelunternehmer von sich aus überhaupt keine Maßnahmen ein, so kann die Behörde die Durchführung von Rücknahme und Rückruf durch den Unternehmer gem. Art. 54 Abs. 2 lit. c EG-KontrollV bzw. § 39 Abs. 2 S. 2 Nr. 4 LFGB *anordnen* und diesbezüglich Vorgaben zur Durchführung machen. Rückruf und Rücknahme *durch die Behörde* sind allerdings erst im Wege der Vollstreckung dieser Anordnung für den Fall der Nichtbefolgung möglich:[1300] Da Rücknahme und Rückruf vertretbare Handlungen darstellen, kann die Behörde gem. § 59 VwVG NRW im Wege der Ersatzvornahme auf Kosten des Betroffenen die Maßnahmen selbst ausführen oder einen anderen mit der Ausführung beauftragen.

1298 *Zipfel/Rathke,* Lebensmittelrecht II, C 101, Art. 19 Rn. 26.

1299 Vgl. *Zipfel/Rathke,* Lebensmittelrecht II, C 102, § 39 Rn. 35.

1300 Vgl. *Klindt,* VersR 2004, 296 (301) zur Rückrufregelung des § 8 Abs. 4 S. 2 Nr. 7 GPSG.

Ob die Durchführung von Rücknahme und Rückruf im konkreten Einzelfall letztendlich ihren Zweck erreicht, die betroffenen Lebensmittel vollständig aus dem Verkehr zu ziehen und ihren Konsum durch die Verbraucher zu verhindern, hängt nicht nur von den ergriffenen Maßnahmen der Unternehmer oder der Überwachungsbehörden ab. Entscheidend ist auch, ob diejenigen Unternehmer oder Verbraucher, bei denen sich die Lebensmittel zum Zeitpunkt der Maßnahmen befinden, überhaupt bekannt bzw. erreichbar sind und ob diese die erforderlichen Mitwirkungshandlungen, also insbesondere die Rückgabe der Lebensmittel auch tatsächlich vornehmen.[1301] In diesem Zusammenhang spielen die Informationen zur Rückverfolgbarkeit[1302] eine große Rolle, da mit ihrer Hilfe idealerweise zügig ermittelt werden kann, an wen die betreffenden Produkte jeweils weiter geliefert wurden und welche Lebensmittelunternehmer also über die Rücknahme informiert werden müssen. Da durch die Informationen zur Rückverfolgbarkeit jedoch nicht die letzte Stufe der Abgabe an den Endverbraucher erfasst wird,[1303] kann auf diesem Wege allerdings lediglich ermittelt werden, wo die Lebensmittel den Einzelhandel bereits erreicht haben und daher Verbraucher betroffen sein könnten. Aufgrund der verbleibenden Unsicherheiten ist in der Praxis jedenfalls in der Regel nicht mit einem Rücklauf aller betroffenen Lebensmittel zu rechnen.[1304]

III. Sicherstellung und Beseitigung

In § 39 Abs. 2 S. 2 Nr. 5 LFGB sind als weitere lebensmittelrechtliche Standardmaßnahmen die Sicherstellung und die Beseitigung von Lebensmitteln vorgesehen.

1. Sicherstellung

Die Behörde kann Lebensmittel sicherstellen, § 39 Abs. 2 S. 2 Nr. 5 Hs. 1 LFGB. Die Anordnung der Sicherstellung ergeht in Form der Ordnungsverfügung.[1305] Sie beinhaltet die nach außen wirkende Regelung, dass die

1301 Vgl. *Rettenbeck,* Die Rückrufpflicht, S. 68.
1302 S. o. S. 193 ff.
1303 S. o. S. 195 (Fn. 952).
1304 Vgl. *Rettenbeck,* Die Rückrufpflicht, S. 68.
1305 *Neuhaus,* in: Frede (Hrsg.), Taschenbuch für Lebensmittelchemiker, S. 101 (130). Vgl. auch *OVG Münster,* Urt. v. 21.1.1991 – 7 A 246/88 –, in: DÖV 1992, 756 (756); *Voß,* LFGB, Rn. 164.

Sache unter Entzug des ursprünglichen Gewahrsams des Eigentümers oder eines sonstigen Berechtigten in behördlichen Gewahrsam übergehen soll.[1306] Damit wird zugleich die Verpflichtung des bisherigen Gewahrsamsinhabers zur Herausgabe der Sache bzw. zur Duldung der Begründung des behördlichen Gewahrsams ausgesprochen.[1307] Die Anordnung wird bei freiwilliger Übergabe durch den bisherigen Gewahrsamsinhaber durch tatsächliche Entgegennahme, andernfalls durch Wegnahme der Sache im Wege des Verwaltungszwangs vollzogen.[1308] Zwangsmittel ist in diesem Fall unmittelbarer Zwang gem. § 62 VwVG NRW.[1309] An den Gewahrsamsübergang schließt sich ein öffentlich-rechtliches Verwahrungsverhältnis an.[1310]

Als ordnungsbehördliche Standardmaßnahme ist die Sicherstellung in § 43 PolG NRW i. V. m. § 24 Nr. 13 OBG NRW geregelt: Danach kann eine Sache u. a. sichergestellt werden, um eine gegenwärtige Gefahr abzuwehren. Die Sicherstellung als lebensmittelrechtliche Durchsetzungsmaßnahme ist dagegen zulässig, wenn sie einem der in § 39 Abs. 2 S. 1 LFGB genannten Überwachungszwecke dient.[1311] So kann eine Sicherstellung bzw. der damit verbundene Entzug des Gewahrsams an einem Lebensmittel verhindern, dass der Lebensmittelunternehmer entgegen gesetzlicher oder behördlicher Verbote das Lebensmittel (weiterhin) verwendet bzw. in den Verkehr bringt.[1312] In diesen Fällen dient die Maßnahme also der Verhütung künftiger Verstöße. Eine Sicherstellung kann nach dem Wortlaut des § 39 Abs. 2 S. 2 Nr. 5 Hs. 1 LFGB auch lediglich »vorläufig« erfolgen. Dies kommt möglicherweise dann in Betracht, wenn lediglich der Verdacht besteht, dass ein Lebensmittel den lebensmittelrechtlichen Anforderungen nicht entspricht bzw. gefährlich ist, und das Ergebnis einer (angeordneten) Prüfung[1313] abgewartet bzw. ein vorübergehendes Verkehrsverbot[1314]

1306 Vgl. *OVG Münster,* Urt. v. 21.1.1991 – 7 A 246/88 –, in: DÖV 1992, 756 (756); *Knemeyer,* POR, Rn. 251; *Schenke,* POR, Rn. 158; *Voß,* LFGB, Rn. 164.

1307 *Schenke,* POR, Rn. 158.

1308 Vgl. *OVG Münster,* Urt. v. 21.1.1991 – 7 A 246/88 –, in: DÖV 1992, 756 (756); *Knemeyer,* POR, Rn. 251; *Voß,* LFGB, Rn. 164.

1309 Vgl. *Knemeyer,* POR, Rn. 255; *Voß,* LFGB, S. 246.

1310 *OVG Münster,* Urt. v. 21.1.1991 – 7 A 246/88 –, in: DÖV 1992, 756 (756); *Knemeyer,* POR, Rn. 256; *Voß,* LFGB, S. 246. S. auch § 44 Abs. 1 S. 1 PolG NRW.

1311 *Zipfel/Rathke,* Lebensmittelrecht II, C 102, § 39 Rn. 39.

1312 *Meyer,* in: Ders./Streinz (Hrsg.), BasisV/LFGB, § 39 Rn. 24.

1313 Zur Prüfungsanordnung im Verdachtsfall s. o. S. 196 ff.

1314 Zum vorübergehenden Verkehrsverbot s. o. S. 257 ff.

abgesichert werden soll. Es stellt sich allerdings die Frage, inwieweit sich die »vorläufige« Sicherstellung von einer »endgültigen« unterscheidet, denn auch im Falle der vorläufigen Sicherstellung wird zunächst amtlicher Gewahrsam begründet und der ursprüngliche Gewahrsam dem Betroffenen vollständig entzogen.[1315] Die Vorläufigkeit kann sich lediglich auf die Dauer des Gewahrsamsentzugs beziehen. In diesem Sinne sind Sicherstellungen allerdings immer lediglich »vorläufig«. Denn die Aufrechterhaltung des aufgrund der Sicherstellung begründeten amtlichen Gewahrsams ist ohnehin nur solange rechtmäßig, wie dies der Verfolgung des Überwachungszwecks dient bzw. hierfür erforderlich ist.[1316] Wird also ein zunächst bestehender hinreichender Verdacht ausgeräumt, so sind die sichergestellten Lebensmittel an den ursprünglichen Gewahrsamsinhaber zurückzugeben.[1317]

2. Anordnung unschädlicher Beseitigung

Die Anordnung der unschädlichen Beseitigung der sichergestellten Lebensmittel ist dann zulässig, wenn von diesen eine Gefahr für die menschliche Gesundheit ausgeht, § 39 Abs. 2 S. 2 Nr. 5 Hs. 2 i. V. m. § 1 Abs. 1 Nr. 1 LFGB. Sie kann als vertretbare Handlung im Wege der Ersatzvornahme nach § 59 VwVG NRW vollstreckt werden. Die Beseitigung stellt einen besonders schweren Eingriff in die durch Art. 14 GG geschützten Eigentumsrechte[1318] des Betroffenen dar,[1319] da die Lebensmittel in diesem Fall auch nicht mehr zu anderen Zwecken eingesetzt werden können. Es sind daher strenge Verhältnismäßigkeitsanforderungen zu beachten. Diesem Umstand wird bereits dadurch Rechnung getragen, dass die Beseitigung nicht zu allen in § 39 Abs. 2 S. 1 LFGB genannten Überwachungszwecken, sondern nur zur Abwehr von Gesundheitsgefahren, also zum Schutz eines besonders wichtigen Rechtsgutes angeordnet werden darf. Die Erforderlichkeit der unschädlichen Beseitigung kann jedoch auch in diesen Fällen zu

---

1315 Vgl. *Meyer,* in: Ders./Streinz (Hrsg.), BasisV/LFGB, § 39 Rn. 25.

1316 Vgl. § 15 Abs. 3 OBG NRW: Eine Maßnahme ist nur solange zulässig, bis ihr Zweck erreicht ist oder sich zeigt, dass er nicht erreicht werden kann.

1317 Vgl. auch die ausdrückliche Regelung des § 46 Abs. 1 S. 1 PolG NRW als Ausfluss des zeitlichen Übermaßverbots (*Knemeyer,* POR, Rn. 264).

1318 S. o. S. 57 f.

1319 Vgl. *Pieroth/Schlink/Kniesel,* POR, § 19 Rn. 16.

verneinen sein, wenn ein anderweitiger Einsatz der Erzeugnisse unter Ausschluss der Verwendung als Lebensmittel möglich ist.[1320]

3. Sicherstellung und Beseitigung zugelassener Erzeugnisse

Eine Sicherstellungsanordnung kann auch in Bezug auf zugelassene Erzeugnisse[1321] ergehen, allerdings nur im Fall einer unmittelbar drohenden Gesundheitsgefahr, § 39 Abs. 3 Nr. 1 LFGB. Eine entsprechende Anordnung ist darüber hinaus zu befristen, bis über die weitere Zulassung von der zuständigen Stelle entschieden ist. Nach dem Wortlaut bezieht sich der Verweis in § 39 Abs. 3 Nr. 1 Hs. 1 LFGB auf alle Maßnahmen nach Abs. 2 S. 2 Nr. 5, also auch auf die Anordnung der unschädlichen Beseitigung. Da eine Beseitigung – anders als die Sicherstellung bzw. anschließende Verwahrung – keinen Dauerzustand sondern ein einmaliges Ereignis darstellt, kann diese jedoch naturgemäß nicht befristet werden, sodass im Ergebnis die Beseitigung zugelassener Erzeugnisse vor der Entscheidung über die weitere Zulassung nicht angeordnet werden kann.

4. Sicherstellung und Beseitigung »in Bezug auf das Verfüttern eines Futtermittels«

Gem. § 39 Abs. 3 Nr. 2 LFGB können die Maßnahmen des Abs. 2 S. 2 Nr. 5 auch »in Bezug auf das Verfüttern eines Futtermittels« getroffen werden. Fraglich ist allerdings, welche zusätzliche Befugnis damit verbunden sein soll. Denn sichergestellt bzw. beseitigt werden kann nur eine Sache, also in diesem Fall das Futtermittel, das verfüttert werden soll. Dies wäre jedoch bereits nach § 39 Abs. 3 Nr. 2 LFGB möglich, da dort von der Sicherstellung bzw. Beseitigung von »Erzeugnissen« die Rede ist, zu denen auch Futtermittel gehören.[1322] Zumindest kommt der Regelung insoweit eine klarstellende Funktion zu, als sie deutlich macht, dass nicht nur solche Futtermittel sichergestellt und beseitigt werden können, die *an sich* nicht rechtskonform sind, also so nicht hätten hergestellt bzw. in den Verkehr gebracht werden dürfen. Sicherstellungs- und Beseitigungsanordnungen können vielmehr auch erlassen werden, um zu verhindern, dass Futtermittel im Einzelfall unter Verstoß gegen gesetzliche Vorschriften *verfüttert*

1320 *Zipfel/Rathke,* Lebensmittelrecht II, C 102, § 39 Rn. 41.

1321 Zur Problematik der Anordnung von Durchsetzungsmaßnahmen in Bezug auf zugelassene Erzeugnisse s. o. S. 251 ff.

1322 Vgl. *Zipfel/Rathke,* Lebensmittelrecht II, C 102, § 39 Rn. 42.

werden. Dies betrifft beispielsweise den Fall, dass ein an sich rechtskonformes Futtermittel einen Zusatzstoff enthält, der gerade für diejenige Tierart nicht zugelassen ist, an die der Lebensmittelunternehmer das Futtermittel im konkreten Einzelfall zu verfüttern beabsichtigt.[1323]

IV. Durchsetzung unternehmerischer Verbraucherinformationspflichten

§ 39 Abs. 2 S. 2 Nr. 7 und 8 LFGB regeln die Befugnis der Überwachungsbehörde, in bestimmten Fällen eine Information der Verbraucher durch den Unternehmer anzuordnen bzw. diesbezüglich bereits bestehende unternehmerische Informationspflichten durchzusetzen.

1. Anordnung eines Gefahrenhinweises

Gem. § 39 Abs. 2 S. 2 Nr. 7 LFGB kann die Behörde anordnen, dass diejenigen, die einer Gefahr ausgesetzt sein können, die von einem in Verkehr gebrachten Erzeugnis ausgeht, also die Verbraucher eines Lebensmittels, rechtzeitig in geeigneter Form auf diese Gefahr hingewiesen werden. Welchen Personen gegenüber diese Anordnung ergehen soll bzw. kann und wer also zur Veröffentlichung eines solchen Hinweises verpflichtet wird, ist nicht näher bestimmt.[1324] Als Adressaten kommen neben den Lebensmittelunternehmern beispielsweise auch die Medien in Betracht.[1325] Da die Maßnahme den Schutz der Hinweisempfänger vor der jeweiligen Gefahr bezweckt, ist anzuordnen, dass die Gefahr sowie die zur Gefahrenabwehr notwendigen Verhaltensmaßnahmen präzise und allgemein verständlich beschrieben werden.[1326] Im Übrigen kommt die Anordnung eines Gefahrenhinweises einer behördlichen Warnung gleich mit dem Unterschied, dass die Warnung in ersterem Fall lediglich auf Veranlassung der Behörde von jemand anderem ausgesprochen wird und die Behörde daher nicht als Urheber in Erscheinung tritt. Die Wirkungen, insbesondere die möglichen negativen Auswirkungen für die betroffenen Lebensmittelunternehmer sind im Wesentlichen jedoch gleich.[1327] Es sind daher auch im

---

1323 Zu den Vorschriften über den Einsatz von Futtermitteln s. o. S. 151 ff.

1324 *Meyer,* in: Ders./Streinz (Hrsg.), BasisV/LFGB, § 39 Rn. 32.

1325 *Meyer,* in: Ders./Streinz (Hrsg.), BasisV/LFGB, § 39 Rn. 32.

1326 *Meyer,* in: Ders./Streinz (Hrsg.), BasisV/LFGB, § 39 Rn. 37. Vgl. auch *Zipfel/Rathke,* Lebensmittelrecht II, C 102, § 39 Rn. 51.

1327 Vgl. *Zipfel/Rathke,* Lebensmittelrecht II, C 102, § 39 Rn. 49.

Rahmen einer Anordnung nach Nr. 7 dieselben Voraussetzungen zu beachten wie bei einer behördlicher Warnung,[1328] da diese andernfalls umgangen werden könnten.[1329]

2. Durchsetzung gemeinschaftsrechtlicher Informationspflichten

Wenn ein Lebensmittelunternehmer erkennt oder Grund zur Annahme hat, dass ein von ihm eingeführtes, erzeugtes, verarbeitetes, hergestelltes oder vertriebenes Lebensmittel den Anforderungen an die Lebensmittelsicherheit nicht entspricht, hat er nach Art. 19 Abs. 1 EG-BasisV die Pflicht, die Verbraucher hierüber »effektiv und genau« zu unterrichten, falls das Produkt die Verbraucher bereits erreicht haben könnte.[1330] Effektiv bedeutet, dass die Unterrichtung auf eine Art und Weise zu erfolgen hat, die gewährleistet, dass diejenigen Verbraucher, die betroffen sind oder betroffen sein könnten, grundsätzlich auch tatsächlich erreicht werden.[1331] Dabei ist das Ausmaß der Abweichung von den Anforderungen der Lebensmittelsicherheit bzw. des drohenden Schadens zu berücksichtigen.[1332] Drohen im Fall des Verzehrs des betroffenen Lebensmittels erhebliche Gesundheitsschäden, so hat der Unternehmer alle zur Verfügung stehenden Informationswege und -medien unter Inkaufnahme der damit verbundenen finanziellen Aufwendungen auszuschöpfen.[1333] Die Unterrichtung muss auch genau sein, d. h. die Verbraucher müssen in der Lage sein, anhand der übermittelten Informationen das nicht sichere Lebensmittel eindeutig zu identifizieren und ausreichende Vorsichts- und Selbstschutzmaßnahmen zu ergreifen.[1334]

Kommt der Lebensmittelunternehmer dieser Informationspflicht gegenüber den Verbrauchern nicht oder nicht ausreichend nach, so kann die Behörde gem. § 39 Abs. 2 S. 2 Nr. 8 LFGB »Anordnungen zur Durchsetzung dieser Pflicht treffen«. Die Behörde kann den Unternehmer also zur Vornahme der Unterrichtung im Wege der Ordnungsverfügung verpflichten. Kommt der

---

1328 Zu den Voraussetzungen und Grenzen behördlicher Warnungen bzw. einer Information der Öffentlichkeit s. u. S. 269 ff.

1329 *Zipfel/Rathke,* Lebensmittelrecht II, C 102, § 39 Rn. 49.

1330 Zu den ebenfalls in Art. 19 Abs. 1 EG-BasisV geregelten Pflichten zu Rücknahme und Rückruf s. o. S. 259 ff.

1331 Vgl. *Zipfel/Rathke,* Lebensmittelrecht II, C 101, Art. 19 Rn. 28.

1332 *Gorny,* Grundlagen des europäischen Lebensmittelrechts, S. 144; *Zipfel/Rathke,* Lebensmittelrecht II, C 101, Art. 19 Rn. 28.

1333 *Zipfel/Rathke,* Lebensmittelrecht II, C 101, Art. 19 Rn. 28.

1334 *Zipfel/Rathke,* Lebensmittelrecht II, C 101, Art. 19 Rn. 29.

Unternehmer dem nicht nach, so kommt die Anordnung von Zwangsgeld bzw. Ersatzzwangshaft nach §§ 60, 61 VwVG NRW in Betracht.[1335] Zweckmäßiger dürfte es allerdings sein, wenn die Behörde die Verbraucher im Wege der Ersatzvornahme nach § 59 VwVG NRW bzw. in Form einer eigenen Durchsetzungsmaßnahme selbst informiert.[1336]

V. Verbraucherinformation durch die Behörde

Neben der behördlichen Anordnung und Durchsetzung einer Unterrichtung der Verbraucher durch die Lebensmittelunternehmer ist die Behörde in bestimmten Fällen befugt, selbst die Verbraucher bzw. die Öffentlichkeit über bestimmte Sachverhalte zu informieren. Auch diese Maßnahme ist als Durchsetzungsmaßnahme einzuordnen, obwohl sie nicht unmittelbar dazu dient, die Rechtskonformität zu sichern oder herbeizuführen. Allein durch die Information über einen Verstoß wird dieser zwar nicht verhindert. Allerdings kann eine Information der Gefahrenabwehr dienen, indem die Verbraucher auf mögliche Gesundheits- oder Täuschungsgefahren aufmerksam gemacht und damit in die Lage versetzt werden, sich selbst zu schützen. Außerdem kann bereits die Tatsache, dass die Unternehmer befürchten müssen, dass Verstöße publik gemacht werden, sie dazu motivieren, die lebensmittelrechtlichen Vorschriften einzuhalten, um etwaige Nachteile, insbesondere Umsatzeinbußen, die aus einer Kenntnis der Öffentlichkeit über Verstöße resultieren könnten, zu vermeiden. Die Maßnahme dient daher auch der Verhütung künftiger Verstöße und damit mittelbar der Sicherung der Rechtskonformität. Das Vertrauen der Verbraucher in die Lebensmittelsicherheit soll durch eine entsprechende Informationspolitik auch im Sinne einer funktionierenden Lebensmittelwirtschaft gestärkt werden. Die Verbraucher sollen davon ausgehen können, dass sie über etwaige Vorfälle ausreichend informiert werden und daher im Übrigen alles »in Ordnung« ist.[1337] Es soll verhindert werden, dass die Verbraucher mangels zielgerichteter, genauer Informationen in Bezug auf gewisse Vorkommnisse diffuse Ängste bzw. ein allgemeines Misstrauen gegenüber einer gesamten Branche entwickeln, obwohl möglicherweise nur einzelne »schwarze Schafe« an diesen Vorkommnissen beteiligt sind.

1335 *Meyer,* in: Ders./Streinz (Hrsg.), BasisV/LFGB, § 39 Rn. 38.

1336 *Meyer,* in: Ders./Streinz (Hrsg.), BasisV/LFGB, § 39 Rn. 38.

1337 Vgl. *Pache,* in: Meyer/Streinz (Hrsg.), BasisV/LFGB, § 40 Rn. 2 f.

Durch die Schaffung ausdrücklicher Ermächtigungsgrundlagen zur behördlichen Information der Öffentlichkeit in Art. 10 EG-BasisV bzw. § 39 Abs. 2 S. 2 Nr. 9 i. V. m. § 40 LFGB haben sich zumindest für den Bereich des Lebensmittelrechts die in Literatur und Rechtsprechung in der Vergangenheit ausführlich und kontrovers erörterten Fragen erübrigt, ob für derartige behördliche Informationsmaßnahmen – zumeist werden diese unter dem Begriff der behördlichen »Warnung« diskutiert – eine ausdrückliche Ermächtigung erforderlich ist bzw. welche Voraussetzungen und Grenzen zu beachten sind.[1338] Diese Fragen sollen hier daher nicht noch einmal erörtert werden.

Gem. § 39 Abs. 2 S. 2 Nr. 9 LFGB können die zuständigen Behörden »die Öffentlichkeit nach Maßgabe von § 40 [LFGB] informieren«. In § 40 werden verschiedene Fallkonstellationen aufgeführt, in denen eine behördliche Information der Öffentlichkeit ergehen »soll«. Der Behörde steht also diesbezüglich lediglich ein eingeschränktes Ermessen zu: Sofern die beschriebenen Voraussetzungen erfüllt sind, hat die Behörde die Öffentlichkeit zu informieren, es sei denn, es liegen wichtige Gründe oder atypische Umstände vor.[1339]

Da Warnungen bzw. Informationen nicht auf die Herbeiführung einer Rechtsfolge gerichtet sind, handelt es sich mangels Regelung nicht um Verwaltungsakte, sondern um schlichtes Verwaltungshandeln.[1340] Hinsichtlich der Zuständigkeit der Überwachungsbehörden ist zu beachten, dass in Nordrhein-Westfalen in Fällen von landesweiter Bedeutung oder soweit übergeordnete Belange betroffen sind, nicht die Kreisordnungsbehörden als allgemeine Lebensmittelüberwachungsbehörde zuständig sind, sondern gem. § 3 Nr. 4 ZustVOVS NRW das für Verbraucherschutz zuständige Ministerium, derzeit das MUNLV NRW.

1338 Zusammenfassend zu den Rechtsproblemen im Zusammenhang mit behördlichen Warnungen s. *Adam,* Veterinärrecht, S. 126 ff.; *Brohm,* DVBl. 1994, 133 (133 ff.); *Di Fabio,* JuS 1997, 1 (1 ff.); *Gröschner,* DVBl. 1990, 619 (622 ff.); *Käß,* WiVerw 2002, 197 (197 ff.); *Leidinger,* DÖV 1993, 925 (925 ff.); *Schoch,* DVBl. 1991, 667 (667 ff.), jeweils m. w. N.

1339 Vgl. *BVerwG,* Urt. v. 15.12.1964 – VI C 9.62 –, in: BVerwGE 20, 117 (118); Urt. v. 25.6.1975 – VIII C 77.74 –, in: BVerwGE 49, 16 (24); Urt. v. 17.8.1978 – V C 33.77 –, in: BVerwGE 56, 220 (223); *Henneke,* in: Knack, VwVfG, § 40 Rn. 33; *Kopp/Ramsauer,* VwVfG, § 40 Rn. 44; *Maurer,* AllgVerwR, § 7 Rn. 11; *Sachs,* in: Stelkens/Bonk/Sachs (Hrsg.), VwVfG, § 40 Rn. 26; *Wolff u. a.,* VerwR I, § 31 Rn. 41.

1340 Vgl. *Knemeyer,* POR, Rn. 52; *Kopp/Ramsauer,* VwVfG, § 35 Rn. 450; *Leidinger,* DÖV 1993, 925 (927); *Maurer,* AllgVerwR, § 15 Rn. 8; *Schenke,* POR, Rn. 652.

1. Information bei Gesundheitsrisiken

Auf gemeinschaftsrechtlicher Ebene ist die Information der Öffentlichkeit durch die Behörde in Art. 10 EG-BasisV geregelt, auf den § 40 Abs. 1 S. 1 LFGB verweist. Danach unternehmen die Behörden im Fall des hinreichenden Verdachts eines von einem Lebensmittel ausgehenden Gesundheitsrisikos[1341] unter Berücksichtigung von Art, Schwere und Ausmaß des Risikos geeignete Schritte, um die Öffentlichkeit über die Art des Gesundheitsrisikos aufzuklären. Ein hinreichender Verdacht erfordert die Wahrscheinlichkeit des tatsächlichen Vorliegens des Risikos.[1342] Es müssen ernsthafte, auf Tatsachen gestützte Anhaltspunkte vorliegen.[1343] Die Berücksichtigung von Art, Schwere und Ausmaß des Risikos bei der Auswahl der zu treffenden Informationsmaßnahmen entspricht dem Grundsatz der Verhältnismäßigkeit.[1344] Die Maßnahmen müssen geeignet und erforderlich sein, und die möglichen Folgen der Realisierung des Risikos sind mit denen der Information der Öffentlichkeit in Abwägung zu bringen.[1345]

§ 40 Abs. 1 S. 2 Nr. 3 LFGB dehnt diese Befugnis auf diejenigen Fälle aus, in denen zwar hinreichende Anhaltspunkte dafür vorliegen, dass von einem Lebensmittel eine Gefährdung für die Sicherheit und Gesundheit ausgeht oder ausgegangen ist, allerdings auf Grund unzureichender wissenschaftlicher Erkenntnis oder aus sonstigen Gründen die Unsicherheit nicht innerhalb der gebotenen Zeit behoben werden kann. Kennzeichnend für diese Situation ist also, dass zwar Zweifel an der Unbedenklichkeit eines Lebensmittels bestehen, sich diese aufgrund fehlender Informationen jedoch noch nicht zu einem hinreichenden Verdacht verdichtet haben. Diese Regelung entspricht dem Vorsorgeprinzip.[1346] Für die Annahme hinreichender Anhaltspunkte ist erforderlich, dass die Beurteilung, dass eine Gefährdung vorliegen könnte, sich auf konkrete, tatsächliche Umstände stützt und diese Beurteilung zwar möglicherweise wissenschaftlich umstritten bzw. noch nicht endgültig bestätigt, aber dennoch rational nachvollziehbar ist.[1347] Die For-

---

1341 Zum Begriff des Risikos s. o. S. 30.

1342 Vgl. *Voß,* LFGB, S. 248; *Zipfel/Rathke,* Lebensmittelrecht II, C 101, Art. 10 Rn. 10. Zum Begriff des hinreichenden Verdachts s. o. S. 182.

1343 *Gorny,* Grundlagen des europäischen Lebensmittelrechts, S. 97.

1344 Vgl. *Gorny,* Grundlagen des europäischen Lebensmittelrechts, S. 98; *Voß,* LFGB, S. 248 f.; *Zipfel/Rathke,* Lebensmittelrecht II, C 101, Art. 10 Rn. 18.

1345 Zum Grundsatz der Verhältnismäßigkeit s. o. S. 60 ff.

1346 *Pache,* in: Meyer/Streinz (Hrsg.), BasisV/LFGB, § 40 Rn. 20. Zum Vorsorgeprinzip s. o. S. 70 ff.

1347 Vgl. *Zipfel/Rathke,* Lebensmittelrecht II, C 102, § 40 Rn. 15.

mulierung »oder ausgegangen ist« soll nach dem Willen des Gesetzgebers eine Information auch dann ermöglichen, wenn die betroffenen Lebensmittel bereits verbraucht wurden oder unklar ist, ob sich das Lebensmittel noch auf dem Markt oder bei den Verbrauchern befindet.[1348]

2. Information bei Verzehruntauglichkeit

Eine Information der Öffentlichkeit soll weiterhin auch dann erfolgen, wenn ein nicht gesundheitsschädliches, aber zum Verzehr ungeeignetes, insbesondere Ekel erregendes Lebensmittel in nicht unerheblicher Menge in den Verkehr gelangt oder gelangt ist oder wenn ein solches Lebensmittel wegen seiner Eigenart zwar nur in geringen Mengen, aber über einen längeren Zeitraum in den Verkehr gelangt ist, § 40 Abs. 1 S. 2 Nr. 4 LFGB.

Im Gegensatz zu der vorgenannten Fallgruppe genügt der hinreichende Verdacht nicht, die Verzehruntauglichkeit muss nach dem Wortlaut vielmehr feststehen. Dadurch wird der fehlenden Gesundheitsgefahr und der damit verbundenen geringeren Beeinträchtigung der Verbraucherinteressen im Sinne des Verhältnismäßigkeitsgrundsatzes Rechnung getragen. Für die Frage der Verzehruntauglichkeit eines Lebensmittels ist zunächst die entsprechende gemeinschaftsrechtliche Definition in Art. 14 Abs. 5 EG-BasisV[1349] heranzuziehen. Fraglich ist, ob darüber hinaus auch die »anderen« verzehruntauglichen Lebensmittel i. S. d. § 11 Abs. 2 Nr. 1 LFGB[1350] gemeint sind. Dafür spricht die Tatsache, dass nach dem Wortlaut gerade diejenigen Fälle erfasst werden sollen, in denen keine Gesundheitsgefahr besteht. Die Vorschrift des Art. 14 Abs. 5 EG-BasisV betrifft jedoch i. d. R. Fälle einer aufgrund der Kontamination zumindest möglichen Gesundheitsbeeinträchtigung.[1351] Außerdem nimmt der Wortlaut des § 40 Abs. 1 S. 2 Nr. 4 LFGB ausdrücklich Bezug auf die »Ekelfälle«, die üblicherweise § 11 Abs. 2 Nr. 1 LFGB zugeordnet werden.[1352]

Konkretisierungsbedürftig sind die Begriffe der »nicht unerheblichen« bzw. »geringen Menge« und des »längeren Zeitraums«. Durch ersteren Begriff sollen im Sinne der Verhältnismäßigkeit gewisse Bagatellfälle

1348 S. *Entwurf eines Gesetzes zur Neuregelung des Rechts der Verbraucherinformation,* BT-Drs. 16/5404, S. 14.

1349 S. o. S. 114 ff.

1350 S. dazu oben S. 116 ff.

1351 S. o. S. 115 f.

1352 S. o. S. 116.

ausgenommen werden,[1353] in denen kein oder nur ein geringes Interesse der Verbraucher besteht bzw. nur wenige Verbraucher in unbedeutendem Umfang betroffen sind. Nur in geringen Mengen in den Verkehr gelangen etwa Gewürze.[1354] Auch deren Inverkehrbringen soll allerdings bei einer gewissen Dauer bzw. Wiederholung erfasst werden, um u. a. die Hersteller oder Vertreiber dieser Lebensmittel nicht in ungerechtfertigter Weise zu bevorzugen bzw. dem Umstand Rechnung zu tragen, dass einzelne, für sich betrachtet geringe Mengen sich zu einer nicht unerheblichen Menge aufsummieren können. Der »längere Zeitraum« muss also so bemessen sein, dass dadurch insgesamt gesehen die Erheblichkeitsschwelle doch noch überschritten wird.[1355]

Um eine Information auf § 40 Abs. 1 S. 2 Nr. 4 LFGB stützen zu können, ist es entgegen dem Wortlaut nicht erforderlich, dass neben den sonstigen Voraussetzungen die fehlende Gesundheitsschädlichkeit feststeht. Denn nach Sinn und Zweck muss die Behörde vor einem Ekel erregenden Lebensmittel, welches darüber hinaus noch (möglicherweise) gesundheitsschädlich ist, erst recht warnen (können). Die entsprechende Formulierung ist daher so zu verstehen, dass eine Gesundheitsschädlichkeit bzw. ein entsprechender Verdacht nicht *Voraussetzung* einer Information der Öffentlichkeit ist.

3. Information bei lebensmittelrechtlichen Verstößen

Unabhängig vom Bestehen einer tatsächlichen Gesundheits- oder Täuschungsgefahr[1356] soll die Behörde gem. § 40 Abs. 1 S. 2 Nr. 2 LFGB die Öffentlichkeit auch dann informieren, wenn der hinreichende Verdacht besteht, dass gegen Vorschriften im Anwendungsbereich des LFGB, die dem Gesundheitsschutz dienen, (lit. a) oder gegen solche, die dem Täuschungsschutz dienen, in nicht unerheblichem Ausmaß verstoßen wurde (lit. b). Hier ist der ausdrückliche Zweck also nicht der Schutz vor einer konkreten Gefahr, sondern allenfalls die Abwehr einer bestehenden abstrakten Gefährdungslage, die sich aus dem Verstoß gegen die genannten Schutzvorschriften ergeben kann.[1357] Die Beschränkung auf Verstöße nicht unerheblichen Ausmaßes im Fall täuschungsbezogener Vorschriften

1353 *Pache,* in: Meyer/Streinz (Hrsg.), BasisV/LFGB, § 40 Rn. 22.
1354 *Zipfel/Rathke,* Lebensmittelrecht II, C 102, § 40 Rn. 22.
1355 Vgl. *Pache,* in: Meyer/Streinz (Hrsg.), BasisV/LFGB, § 40 Rn. 23.
1356 Vgl. *Zipfel/Rathke,* Lebensmittelrecht II, C 102, § 40 Rn. 10.
1357 Vgl. *Pache,* in: Meyer/Streinz (Hrsg.), BasisV/LFGB, § 40 Rn. 19.

entspricht dem Grundsatz der Verhältnismäßigkeit, da – zumindest abstrakt – geringwertigere Verbraucherinteressen betroffen sind als etwa im Falle der Verstoßes gegen gesundheitsschützende Regelungen. Die Verbraucherinteressen müssen daher zumindest in einem erhöhten Maße beeinträchtigt sein, um eine Information der Öffentlichkeit und die damit ggf. verbundenen nachteiligen Konsequenzen für die Lebensmittelunternehmer rechtfertigen zu können. Zu berücksichtigen ist daher, in wie vielen Fällen gegen täuschungsschützende Vorschriften verstoßen wurde und wie viele Lebensmittel bzw. Verbraucher betroffen sind.

4. Information zum Schutz anderer Hersteller und Vertreiber

Schließlich besteht eine Befugnis gem. § 40 Abs. 1 S. 2 Nr. 5 LFGB auch dann, wenn Umstände des Einzelfalls die Annahme begründen, dass ohne namentliche Nennung des zu beanstandenden Erzeugnisses und erforderlichenfalls des Wirtschaftsbeteiligten oder des Inverkehrbringers, unter dessen Namen oder Firma das Erzeugnis hergestellt oder behandelt wurde oder in den Verkehr gelangt ist, erhebliche Nachteile für die Hersteller oder Vertreiber gleichartiger oder ähnlicher Erzeugnisse nicht vermieden werden können. Diese Vorschrift dient ihrem Wortlaut nach offensichtlich nicht (unmittelbar) dem Schutz der Verbraucher, sondern dem Schutz der Mitbewerber,[1358] und soll daher hier nicht näher behandelt werden.

5. Inhalt und Grenzen der Information

Nach der Vorschrift des Art. 10 EG-BasisV haben die Behörden im Rahmen der Verbraucherinformation bei dem Verdacht eines Gesundheitsrisikos möglichst umfassende Angaben über das betroffene Lebensmittel oder die Art des Lebensmittels zu machen sowie über das möglicherweise bestehende Risiko. Außerdem ist über die Maßnahmen zu informieren, die getroffen wurden, um dem Risiko vorzubeugen, es zu begrenzen oder auszuschalten. Gem. § 40 Abs. 1 LFGB soll darüber hinaus – auch in den Fällen des S. 2 Nr. 1 bis 5 – neben der Bezeichnung des Lebensmittels auch das Lebensmittelunternehmen, unter dessen Namen oder Firma das Lebensmittel hergestellt oder behandelt oder in den Verkehr gelangt ist, sowie, wenn dies zur Gefahrenabwehr geeigneter ist, der Inverkehrbringer genannt werden.

1358 Vgl. *Pache,* in: Meyer/Streinz (Hrsg.), BasisV/LFGB, § 40 Rn. 24; *Zipfel/Rathke,* Lebensmittelrecht II, C 102, § 40 Rn. 23.

Die Behörden haben allerdings den allgemeinen Verhältnismäßigkeitsgrundsatz zu beachten.[1359] Dabei ist zu berücksichtigen, dass eine Information der Öffentlichkeit im Einzelfall erhebliche wirtschaftliche Folgen bis hin zur Existenzbedrohung oder gar -vernichtung[1360] haben kann, und zwar nicht nur für die ausdrücklich genannten Lebensmittelunternehmer, sondern auch für Konkurrenten, die ähnliche Produkte herstellen. Wird die Öffentlichkeit über erhebliche Verstöße in Kenntnis gesetzt, so kann dies unter Umständen zu einem vollständigen Vertrauensverlust der Verbraucher in die jeweils betroffene Branche und einem damit zusammenhängenden massiven Absatzrückgang in diesem Bereich der Lebensmittelwirtschaft führen, selbst wenn die Information tatsächlich lediglich einige wenige Lebensmittelunternehmer bzw. Lebensmittel betrifft. Das Merkmal der Erforderlichkeit ist bereits aufgrund der Regelungen des § 40 Abs. 2 S. 1 LFGB zu prüfen, wonach eine Information nur als ultima ratio zulässig ist, also nur dann, wenn andere ebenso wirksame Maßnahmen, insbesondere eine Information der Öffentlichkeit oder sonstige Maßnahmen durch den Lebensmittelunternehmer selbst,[1361] nicht oder nicht rechtzeitig getroffen werden können oder die Verbraucher nicht erreichen. Im Einzelfall käme beispielsweise die Anordnung eines Gefahrenhinweises gem. § 39 Abs. 2 S. 2 Nr. 7 LFGB[1362] als milderes Mittel in Betracht, da der Unternehmer in diesem Fall die Art und Weise der Information selbst bestimmen kann – vorausgesetzt die erforderliche Effektivität und Wirksamkeit wird dadurch erzielt. Im Sinne einer eigenen, aktiven Verbraucherkommunikationsmaßnahme der Unternehmen kann eine solche Information außerdem eine im Vergleich zur behördlichen Warnung weniger negative bzw. möglicherweise sogar positive Imagewirkung bei den Verbrauchern erzielen.[1363] Der Behörde verbleibt in diesen Fällen allerdings gem. § 40 Abs. 2 S. 2 LFGB die Befugnis, sozusagen »mittelbar« zu informieren, indem sie ihrerseits auf etwaige – freiwillige oder angeordnete – Informationen bzw. Rücknahme- und Rückrufaktionen der Unternehmer hinweist. Eine weitere ausdrückliche Regelung als Ausprägung des Verhältnismäßigkeitsgrundsatzes findet sich in § 40 Abs. 1 S. 3 LFGB: Abgesehen von den Fällen einer Information nach Art. 10 EG-BasisV bei dem Verdacht eines Gesundheitsrisikos ist eine

1359 S. o. S. 60 ff. Ausdrücklich bezogen auf die behördlichen Informationstätigkeit s. *Kube,* ZLR 2007, 165 (178 f.).

1360 *Pache,* in: Meyer/Streinz (Hrsg.), BasisV/LFGB, § 40 Rn. 4.

1361 Vgl. *Zipfel/Rathke,* Lebensmittelrecht II, C 101, Art. 10 Rn. 19.

1362 S. o. S. 267 f.

1363 *Pache,* in: Meyer/Streinz (Hrsg.), BasisV/LFGB, § 40 Rn. 31.

Information der Öffentlichkeit nur zulässig, soweit hieran ein Interesse der Öffentlichkeit besteht und dieses Interesse gegenüber den Belangen des Betroffenen überwiegt. Bei der Abwägung sind die bereits erörterten Folgen für die genannten Unternehmen, aber auch für die Branche insgesamt, zu berücksichtigen.[1364] Voraussetzung eines Überwiegens des öffentlichen Interesses an der Information kann allerdings nicht das Bestehen eines Gesundheitsrisikos sein, da ansonsten die Fälle des § 40 Abs. 1 Nr. 2 bis 5 LFGB gegenstandslos würden. Daher kann nicht jede negative Folge für die Betroffenen, sondern lediglich unverhältnismäßige Konsequenzen die Informationsbefugnis ausschließen. Es ist davon auszugehen, dass auch in den Fällen der § 40 Abs. 1 Nr. 2 bis 5 LFGB in der Regel ein die Belange des Betroffenen überwiegendes Interesse der Öffentlichkeit zu bejahen und nur in atypischen Fällen von einer Information abzusehen ist.[1365] Erhöhte Anforderungen an ein überwiegendes öffentliches Interesse müssen allerdings in den Fällen gelten, in denen eine Gefährdung oder ein Verstoß nicht mehr vorliegt, da beispielsweise die betroffenen Lebensmittel bereits vom Markt genommen bzw. verbraucht worden sind.[1366] Da die Möglichkeit einer nachträglichen Information jedoch nicht ausgeschlossen[1367] bzw. in § 40 Abs. 1 S. 2 Nr. 3 LFGB sogar ausdrücklich genannt wird, kann auch hier nicht jedwede negative Konsequenz für den Betroffenen ausreichen, um ein überwiegendes öffentliches Interesse auszuschließen.

Gem. § 40 Abs. 3 LFGB hat die Behörde den Hersteller oder Inverkehrbringer zuvor anzuhören, sofern hierdurch die Erreichung des mit der Maßnahme verfolgten Zwecks nicht gefährdet wird.[1368] Letzteres gilt etwa für Fälle, in denen die Information aufgrund der besonderen Art und Schwere einer Gefährdung keinen weiteren Aufschub duldet.[1369] Eine

---

1364 Vgl. *Zipfel/Rathke,* Lebensmittelrecht II, C 102, § 40 Rn. 7.

1365 So die Auffassung des Gesetzgebers, s. *Entwurf eines Gesetzes zur Neuregelung des Rechts der Verbraucherinformation,* BT-Drs. 16/5404, S. 14.

1366 S. *Entwurf eines Gesetzes zur Neuregelung des Rechts der Verbraucherinformation,* BT-Drs. 16/5404, S. 14.

1367 Der ursprüngliche § 40 Abs. 4 LFGB, der die Informationsbefugnis ausschloss, wenn das Lebensmittel nicht mehr in den Verkehr gelangt und nach der Lebenserfahrung davon auszugehen ist, dass es, soweit es in der Verkehr gelangt ist, bereits verbraucht ist, ist durch Art. 2 des *Gesetzes zur Neuregelung des Rechts der Verbraucherinformation* v. 5.11.2007 (BGBl. I, S. 2558) aufgehoben worden.

1368 Da es sich bei der Information der Öffentlichkeit nicht um einen Verwaltungsakt handelt, ergibt sich das Erfordernis der Anhörung nicht bereits aus § 28 VwVfG NRW(*Pache,* in: Meyer/Streinz (Hrsg.), BasisV/LFGB, § 40 Rn. 33).

1369 *Pache,* in: Meyer/Streinz (Hrsg.), BasisV/LFGB, § 40 Rn. 36. Vgl. auch *Zipfel/Rathke,* Lebensmittelrecht II, C 102, § 40 Rn. 42.

Anhörung gibt dem Lebensmittelunternehmer die Gelegenheit, zum Vorliegen der Voraussetzungen einer Informationsbefugnis der Behörde, also etwa zur Frage einer Gesundheitsgefährdung oder eines Rechtsverstoßes, im Einzelfall Stellung zu nehmen. Er kann dabei ggf. auf eigene Maßnahmen hinweisen oder solche anzubieten und dadurch möglicherweise die Entscheidung der Behörde in seinem Sinne beeinflussen.[1370]

Abs. 4 enthält eine Regelung für die Fälle, in denen sich die bekannt gegebenen Informationen nachträglich als falsch erweisen oder zugrunde liegende Tatsachen falsch wiedergegeben wurden. Dieser Sachverhalt ist unverzüglich in derselben Weise wie die ursprüngliche Information öffentlich bekannt zu machen, »sofern der betroffene Wirtschaftsbeteiligte dies beantragt oder dies zur Wahrung erheblicher Belange des Gemeinwohls erforderlich ist«.[1371] Letzteres kann beispielsweise dann zu bejahen sein, wenn die unrichtige Information das Konsumverhalten großer Teile der Verbraucherschaft derartig beeinflusst hat, dass dadurch erhebliche wirtschaftliche Nachteile für eine gesamte Branche entstanden sind.[1372] Das andernfalls geltende Erfordernis eines Antrags des Betroffenen soll verhindern, dass ohne dessen Willen die Information trotz ihres richtig stellenden Inhalts erneut die Aufmerksamkeit der Öffentlichkeit auf den einzelnen Fall lenkt und damit möglicherweise einen wiederholten bzw. größeren Imageschaden produziert, als dies ohne die Richtigstellung der Fall gewesen wäre.[1373] Durch die Vorgabe, dass die richtig stellende Information – vor allem in Hinblick auf die Art der Darstellung, die gewählten Kommunikationswege bzw. das verwendete Medium – auf dieselbe Weise wie die ursprüngliche Information zu erfolgen hat, soll soweit wie möglich sichergestellt werden, dass auch dieselben Adressatenkreise bzw. dieselben Personen, die bereits die ursprüngliche Information erhalten haben, erneut erreicht werden.[1374]

1370 Vgl. *Zipfel/Rathke,* Lebensmittelrecht II, C 102, § 40 Rn. 39.

1371 *Pache,* in: Meyer/Streinz (Hrsg.), BasisV/LFGB, § 40 Rn. 41.

1372 Vgl. *Pache,* in: Meyer/Streinz (Hrsg.), BasisV/LFGB, § 40 Rn. 42; *Zipfel/Rathke,* Lebensmittelrecht II, C 102, § 40 Rn. 60.

1373 *Pache,* in: Meyer/Streinz (Hrsg.), BasisV/LFGB, § 40 Rn. 42. Vgl. auch *Zipfel/Rathke,* Lebensmittelrecht II, C 102, § 40 Rn. 58.

1374 *Pache,* in: Meyer/Streinz (Hrsg.), BasisV/LFGB, § 40 Rn. 43.

Zusammenfassung

§ 1 Einleitung

1. Verbraucherschutz ist im weitesten Sinne die Gesamtheit aller Maßnahmen, die den individuell bestimmten Interessen der Verbraucher dienen.

2. Es existieren unterschiedliche verbraucherpolitische Konzeptionen, die grundsätzliche Aussagen darüber treffen, ob der Verbraucher überhaupt als schutzwürdig angesehen wird und falls ja, auf welche Weise und zu welchem Grad dieser Schutz realisiert werden soll. Für die aktuelle Verbraucherschutzpolitik bedeutsam sind dabei sog. marktkomplementäre Ansätze, die – vor allem durch die Bereitstellung unabhängiger Informationen – auf eine Besserstellung des einzelnen Verbrauchers als individueller Marktteilnehmer abzielen, bzw. marktkompensatorischen Strömungen, die von einer grundsätzlich unterlegenen Stellung der Verbraucher gegenüber den Unternehmern am Markt ausgehen und das Ziel verfolgen, die Verbraucher als Gruppe zu stärken.

3. Wesentliches Instrument der europäischen und deutschen staatlichen Verbraucherpolitik ist der Erlass verbraucherschützender Rechtsnormen, die die Verbraucher vor Schäden, Gefahren, Nachteilen und Irreführungen schützen sollen. Sie zielen insbesondere auf die Beseitigung sog. Informationsasymmetrien zu Lasten der Verbraucher durch die Schaffung gesetzlicher Informationspflichten und Mindeststandards ab.

Erster Teil

§ 2

4. Zum Lebensmittelrecht gehören nicht nur Vorschriften »für Lebensmittel«, deren Regelungsgegenstand sich auf Lebensmittel bzw. auf ihre Herstellung, Zusammensetzung, Qualität, Kennzeichnung usw. bezieht, sondern auch Vorschriften »für die Lebensmittelsicherheit«. Im Rahmen eines ganzheitlichen »Konzepts der Lebensmittelsicherheit« werden sämtliche Stufen der Lebensmittelherstellungskette von der Primärproduktion und der Futtermittelproduktion bis hin zur Abgabe der Lebensmittel an den Verbraucher in das Lebensmittelrecht miteinbezogen. Dadurch soll eine potentielle Kontamination bzw. sonstige negative Beeinflussung des Endprodukts »Lebensmittel« auf den jeweiligen Stufen vermieden werden.

5. Das Lebensmittelrecht dient in erster Linie dem Schutz der Verbraucher vor Gesundheitsbeeinträchtigungen und Täuschung sowie der Verbraucherinformation und ist daher als öffentlich-rechtliches Verbraucherschutzrecht einzuordnen.

6. Der europäische und nationale Gesetzgeber hat bei legislativen Maßnahmen im Bereich des Lebensmittelrechts primär- und verfassungsrechtliche Vorgaben und Grenzen zu beachten. Diese ergeben sich insbesondere aus den europäischen und nationalen Grundrechten, die sowohl Abwehrrechte der betroffenen Lebensmittelunternehmer als auch Schutzpflichten der Verbraucher begründen können.

7. Vorgaben für die Rechtsetzung im Lebensmittelrecht ergeben sich weiterhin aus dem Risikoanalyse- bzw. Vorsorgeprinzip der EG-BasisV sowie aus dem Welthandelsrecht.

§ 3

8. Ein zentraler Gedanke des europäischen Lebensmittelrechts ist die Betonung der primären (Eigen-)Verantwortung der Lebensmittelunternehmer für die Sicherheit und Rechtskonformität ihrer Produkte. Die Mitgliedstaaten haben die Aufgabe, die Einhaltung der lebensmittelrechtlichen Vorschriften durch die Unternehmer zu überprüfen und durchzusetzen.

9. Die Aufgabe der allgemeinen Lebensmittelüberwachung lässt sich in zwei Bereiche unterteilen. Zum einen haben die Überwachungsbehörden im Rahmen der Ermittlung der Rechtskonformität festzustellen, ob bzw. inwieweit die lebensmittelrechtlichen Vorschriften eingehalten werden. Zum anderen sind aufgrund der getroffenen Feststellungen und Ermittlungsergebnisse ggf. Maßnahmen zur Durchsetzung der Rechtskonformität zu ergreifen, soweit die Vorschriften nicht eingehalten werden.

10. Die Durchführung der allgemeinen Lebensmittelüberwachung liegt in der Zuständigkeit der Länder. In Nordrhein-Westfalen ist die Aufgabe der allgemeinen Lebensmittelüberwachung den Kreisordnungsbehörden als Pflichtaufgabe zur Erfüllung nach Weisung übertragen. Sie wird durch das Kontrollpersonal in den kommunalen Überwachungsämtern unter Beteiligung der Sachverständigen in den Untersuchungsämtern wahrgenommen.

Zweiter Teil

11. Das materielle Lebensmittelrecht legt Anforderungen an Lebensmittel und deren Produktion bzw. diesbezügliche Verpflichtungen der Lebens-

mittelunternehmer in Form von Ge- und Verboten fest und dient als Maßstab der Lebensmittelüberwachung. Dabei kann zwischen beschaffenheitsbezogenen Vorschriften einerseits und verbraucherinformationsbezogenen Vorschriften andererseits differenziert werden.

§ 4

12. Beschaffenheitsbezogene Vorschriften legen Anforderungen an die stofflichen Eigenschaften der Lebensmittel fest und untersagen das Inverkehrbringen derjenigen Lebensmittel, welche diesen Anforderungen nicht entsprechen. Sie dienen im Wesentlichen dem Gesundheitsschutz.

13. Zu diesem Zweck werden produktbezogene Anforderungen an die Beschaffenheit des Lebensmittels als Endprodukt gestellt. So dürfen gesundheitsschädliche oder verzehruntaugliche Lebensmittel nicht in den Verkehr gebracht werden. Daneben wird das Vorhandensein einzelner Inhaltsstoffe, wie z. B. Zusatzstoffe, Rückstände und Kontaminanten, verboten bzw. spezifischen Beschränkungen unterworfen.

14. Durch produktionsbezogene Vorschriften sollen die Lebensmittelsicherheit potentiell negativ beeinflussende Herstellungsbedingungen oder -methoden reglementiert werden. Dazu gehören insbesondere Hygienevorschriften sowie Vorschriften über den Einsatz von Futtermitteln, Tierarzneimitteln und Lebensmittelbedarfsgegenständen.

§ 5

15. Verbraucherinformationsbezogene Vorschriften sollen den Verbraucher in die Lage versetzen, Entscheidungen über den Erwerb bestimmter Lebensmittel seinen Interessen gemäß, sachkundig und frei von Irrtümern zu treffen.

16. Positive Informationsregelungen in Form von Kennzeichnungsvorschriften sollen die Verbraucher im unmittelbaren Zusammenhang mit einem einzelnen Produkt umfassend über dessen Art und Merkmale informieren, damit sie in Kenntnis aller relevanten Umstände ihre Kauf- bzw. Konsumentscheidung treffen können. Zu den verpflichtenden Kennzeichnungselementen gehören u. a. die Verkehrsbezeichnung sowie das Verzeichnis der Zutaten. Spezifische Kennzeichnungsvorschriften betreffen ernährungsbezogene Informationen.

17. Verbote und Beschränkungen bezüglich bestimmter Aussagen und Informationen haben den Schutz der Verbraucher vor Irreführung zum Ziel.

Ob eine Irreführung zu bejahen ist, hängt dabei insbesondere von der zugrunde zu legenden Verbrauchererwartung bzw. vom maßgeblichen Verbraucherleitbild ab. Spezifische Informationsverbote bzw. -beschränkungen gelten für Aussagen mit Gesundheits- bzw. ernährungsphysiologischem Bezug. Dadurch sollen Vorstellungen und Erwartungen der Verbraucher über gesundheits- und ernährungsbezogene Eigenschaften und Wirkungen von Lebensmitteln vermieden werden, die zu einem unbewusst gesundheitsbedenklichen und einseitigen Ernährungsverhalten führen können.

Dritter Teil

§ 6

18. Ziel der Maßnahmen zur Ermittlung der Rechtskonformität ist es, Informationen über die Einhaltung der Vorschriften bzw. die für die Beurteilung der Rechtskonformität relevanten Tatsachen zu erhalten, um auf dieser Grundlage entscheiden zu können, ob bzw. welche Maßnahmen zur Durchsetzung des materiellen Lebensmittelrechts zu ergreifen sind.

19. Die Überwachungsbehörden können dabei zunächst auf Fremdinformationen zurückgreifen, die durch die zu überwachenden Lebensmittelunternehmer, andere Behörden oder die Verbraucher allgemein oder im Einzelfall aufgrund einer konkreten Anfrage der Behörden oder eigeninitiativ zur Verfügung gestellt werden bzw. gestellt werden müssen.

20. Zu den Instrumenten der Selbstinformation gehören die durch die Behörden routinemäßig oder anlassbezogen durchgeführten Kontrollen. Im Rahmen der Betriebskontrollen werden Besichtigungen und Nachforschungen in den einzelnen Betrieben vor Ort vorgenommen. Die Auswahl der zu kontrollierenden Betriebe erfolgt dabei risikoorientiert. Die Behörden haben u. a. die Befugnis, Räumlichkeiten zu betreten und zu besichtigen, Dokumente einzusehen und Proben zu entnehmen. Letztere werden in den Untersuchungsämtern im Hinblick auf die Rechtskonformität der beprobten Erzeugnisse analysiert.

§ 7

21. Werden im Rahmen der Ermittlung der Rechtskonformität Verstöße gegen lebensmittelrechtliche Vorschriften festgestellt, so hat die Überwachungsbehörde ggf. Maßnahmen zur Durchsetzung der Rechtskonformität zu ergreifen.

22. Lebensmittelrechtliche Generalklauseln ermächtigen die Behörden dazu, die notwendigen Maßnahmen zur Beseitigung festgestellter Verstöße und zur Verhütung künftiger Verstöße zu treffen.

23. Darüber hinaus sind einzelne Maßnahmen, die zur Erfüllung dieser Zwecke grundsätzlich in Frage kommen, ausdrücklich normiert. Sie unterliegen zum Teil erhöhten Rechtmäßigkeitsanforderungen. Zu diesen lebensmittelrechtlichen Standardmaßnahmen gehören insbesondere die Anordnung von Verkehrsverboten, Rücknahme- und Rückrufanordnungen sowie die Information der Öffentlichkeit durch die Behörde.

Verzeichnis der zitierten Rechtsakte

I. Völkerrecht

EMRK – Europäische Konvention zum Schutze der Menschenrechte und Grundfreiheiten i. d. F. der Bekanntmachung v. 17.5.2002, BGBl. II, S. 1054

EUV – Vertrag über die Europäische Union v. 7.2.1992, BGBl. II, S. 1253, zuletzt geändert durch den Beitrittsvertrag v. 16.4.2003, BGBl. II, S. 1408

SPSÜ – Übereinkommen über die Anwendung gesundheitspolizeilicher und pflanzenschutzrechtlicher Maßnahmen (Agreement on the Application of Sanitary and Phytosanitary Measures) v. 15.4.1994, ABl. Nr. L 336 v. 23.12.1994, S. 40

WTOÜ – Übereinkommen zur Errichtung der Welthandelsorganisation (Agreement Establishing the World Trade Organization) v. 15.4.1994, ABl. Nr. L 336 v. 23.12.1994, S. 3

II. Europäisches Gemeinschaftsrecht

1. Primärrecht

EGV – Vertrag zur Gründung der europäischen Gemeinschaft i. d. F. des Vertrages von Amsterdam v. 2.10.1997, BGBl. 1998 II, S. 386, zuletzt geändert durch den Beitrittsvertrag v. 16.4.2003, BGBl. II, S. 1408

2. Sekundärrecht

a) Verordnungen

EG-BasisV – Verordnung (EG) Nr. 178/2002 des Europäischen Parlaments und des Rates v. 28.1.2002 zur Festlegung der allgemeinen Grundsätze und Anforderungen des Lebensmittelrechts, zur Errichtung der Europäischen Behörde für Lebensmittelsicherheit und zur Festlegung von Verfahren zur Lebensmittelsicherheit, ABl. Nr. L 31 v. 1.2.2002, S. 1, zuletzt geändert durch Verordnung (EG) Nr. 202/2008 der Kommission v. 4.3.2008, ABl. Nr. L 60 v. 5.3.2008, S. 17

EG-DioxinanalyseV – Verordnung (EG) Nr. 1883/2006 der Kommission v. 19.12.2006 zur Festlegung von Probenahmeverfahren und Analysemethoden für die amtliche Kontrolle der Gehalte von Dioxinen und dioxinähnlichen PCB in bestimmten Lebensmitteln, ABl. Nr. L 346 v. 20.12.2006, S. 32

EG-FuttermittelhygieneV – Verordnung (EG) Nr. 183/2005 des Europäischen Parlaments und des Rates v. 12.1.2005 mit Vorschriften für die Futtermittelhygiene, ABl. Nr. L 35 v. 8.2.2005, S. 1

EG-FuttermittelzusatzstoffV – Verordnung (EG) Nr. 1831/2003 des Europäischen Parlaments und des Rates v. 22.9.2003 über Zusatzstoffe zur Verwendung in der Tierernährung, ABl. Nr. L 268 v. 18.10.2003, S. 29, zuletzt geändert durch Verordnung (EG) Nr. 378/2005 der Kommission v. 4.3.2005, ABl. Nr. L 59 v. 5.3.2005, S. 8

EG-Health-ClaimsV – Verordnung (EG) Nr. 1924/2006 des Europäischen Parlaments und des Rates v. 20.12.2006 über nährwert- und gesundheitsbezogene Angaben über Lebensmittel, ABl. Nr. L 404 v. 30.12.2006, S. 9, zuletzt geändert durch Verordnung (EG) Nr. 109/2008 des Europäischen Parlaments und des Rates v. 15.1.2008, ABl. Nr. L 9 v. 13.2.2008, S. 14

EG-Kontaminanten-HöchstgehaltV – Verordnung (EG) Nr. 1881/2006 der Kommission v. 19.12.2006 zur Festsetzung der Höchstgehalte für bestimmte Kontaminanten in Lebensmitteln, ABl. Nr. L 364 v. 20.12.2006, S. 5, zuletzt geändert durch Verordnung (EG) Nr. 629/2008 der Kommission vom 2.7.2008, ABl. Nr. L 173 v. 3.7.2008, S. 6

EG-KontaminantenV – Verordnung (EWG) Nr. 315/93 des Rates v. 8.2.1993 zur Festlegung von gemeinschaftlichen Verfahren zur Kontrolle von Kontaminanten in Lebensmitteln, ABl. Nr. L 37 v. 13.2.1993, S. 1, zuletzt geändert durch Verordnung (EG) Nr. 1882/2003 des Europäischen Parlaments und des Rates v. 29.9.2003, ABl. Nr. L 284 v. 31.10.2003, S. 1

EG-KontrollV – Verordnung (EG) Nr. 882/2004 des Europäischen Parlaments und des Rates v. 29.4.2004 über amtliche Kontrollen zur Überprüfung der Einhaltung des Lebensmittel- und Futtermittelrechts sowie der Bestimmungen über Tiergesundheit und Tierschutz, ABl. Nr. L 191 v. 28.5.2004, S. 1, zuletzt geändert durch Verordnung (EG) Nr. 1029/2008 der Kommission v. 20.10.2008, ABl. Nr. L 278 v. 21.10.2008

EG-LebensmittelbedarfsgegenständeV – Verordnung (EG) Nr. 1935/2004 des Europäischen Parlaments und des Rates v. 27.10.2004 über Materialien und Gegenstände, die dazu bestimmt sind, mit Lebensmitteln in Berührung zu kommen und zur Aufhebung der Richtlinien 80/590/EWG und 89/109/EWG, ABl. Nr. L 338 v. 13.11.2004, S. 4

EG-LebensmittelhygieneV – Verordnung (EG) Nr. 852/2004 des Europäischen Parlaments und des Rates v. 29.4.2004 über Lebensmittelhygiene, ABl. Nr. L 139 v. 30.4.2004, S. 1, zuletzt geändert durch Verordnung (EG) Nr. 1019/2008 der Kommission v. 17.10.2008, ABl. Nr. L 277 v. 18.10.2008, S. 7

EG-MykotoxinanalyseV – Verordnung (EG) Nr. 401/2006 der Kommission v. 23.2.2006 zur Festlegung der Probenahmeverfahren und Analysemethoden für die amtliche Kontrolle des Mykotoxingehalts von Lebensmitteln, ABl. Nr. L 70 v. 9.3.2006, S. 12

EG-NitratanalyseV – Verordnung (EG) Nr. 1882/2006 der Kommission v. 19.12.2006 zur Festlegung der Probenahmeverfahren und Analysemethoden für die amtliche Kontrolle des Nitratgehalts von bestimmten Lebensmitteln, ABl. Nr. L 364 v. 20.12.2006, S. 25

EG-Novel-FoodV – Verordnung (EG) Nr. 258/97 des Europäischen Parlaments und des Rates v. 27.1.1997 über neuartige Lebensmittel und neuartige Lebensmittelzutaten, ABl. EG Nr. L 43 v. 14.2.1997, S. 1, zuletzt geändert durch Verordnung (EG) Nr. 1882/2003 des Europäischen Parlaments und des Rates v. 29.9.2003, ABl. Nr. L 284 v. 31.10.2003, S. 1

EG-PestizidrückständeV – Verordnung (EG) Nr. 396/2005 des Europäischen Parlaments und des Rates v. 23.2.2005 über Höchstgehalte an Pestizidrückständen in oder auf Lebens- und Futtermitteln pflanzlichen und tierischen Ursprungs und zur Änderung der Richtlinie 91/414/EWG des Rates, ABl. Nr. L 70 v. 16.3.2005, S. 1, zuletzt geändert durch Verordnung (EG) Nr. 839/2008 der Kommission v. 31.7.2008, ABl. Nr. L 234 v. 30.8.2008, S. 1

EG-TierarzneimittelrückständeV – Verordnung (EWG) Nr. 2377/90 des Rates v. 26.6.1990 zur Schaffung eines Gemeinschaftsverfahrens für die Festsetzung von Höchstmengen für Tierarzneimittelrückstände in Nahrungsmitteln tierischen Ursprungs, ABl. Nr. L 224 v. 18.8.1990, S. 1, zuletzt geändert durch Verordnung (EG) Nr. 542/2008 der Kommission v. 16.6.2008, ABl. Nr. L 157 v. 17.6.2008, S. 43

EG-Tierprodukt-HygieneV – Verordnung (EG) Nr. 853/2004 des Europäischen Parlaments und des Rates v. 29.4.2004 mit spezifischen Hygienevorschriften für Lebensmittel tierischen Ursprungs, ABl. Nr. L 226 v. 25.6.2004, S. 22

EG-Tierprodukt-KontrollV – Verordnung (EG) Nr. 854/2004 des Europäischen Parlaments und des Rates v. 29.4.2004 mit besonderen Verfahrensvorschriften für die amtliche Überwachung von zum menschlichen Verzehr bestimmten Erzeugnissen tierischen Ursprungs, ABl. Nr. L 226 v. 25.6.2004, S. 83, zuletzt geändert durch Verordnung (EG) Nr. 1021/2008 der Kommission v. 17.10.2008

EG-VitaminzusatzV – Verordnung (EG) Nr. 1925/2006 des Europäischen Parlaments und des Rates v. 20.12.2006 über den Zusatz von Vitaminen und Mineralstoffen sowie bestimmten anderen Stoffen zu Lebensmitteln, ABl. Nr. L 404 v. 30.12.2006, S. 26, zuletzt geändert durch Verordnung (EG) Nr. 108/2008 des Europäischen Parlaments und des Rates v. 15.1.2008, ABl. Nr. L 39 v. 13.2.2008, S. 11

Verordnung (EG) Nr. 1750/2006 der Kommission v. 27.11.2006 zur Zulassung von Selenmethionin als Futtermittelzusatzstoff, ABl. Nr. L 330 v. 28.11.2006, S. 9

Verordnung (EG) Nr. 109/2007 der Kommission v. 5.2.2007 zur Zulassung von Monensin-Natrium (Coxidin) als Futtermittelzusatzstoff, ABl. Nr. L 31 v. 6.2.2007, S. 6, zuletzt geändert durch Verordnung (EG) Nr. 156/2008 der Kommission v. 21.2.2008, ABl. Nr. L 48 v. 22.2.2008, S. 14

Verordnung (EG) Nr. 834/2007 des Rates v. 28.6.2007 über die ökologische/biologische Produktion und die Kennzeichnung von ökologischen/biologischen Erzeugnissen und zur Aufhebung der Verordnung (EWG) Nr. 2092/91, ABl. Nr. L 189 v. 20.7.2007, S. 1, zuletzt geändert durch Verordnung (EG) Nr. 967/2008 des Rates v. 29.9.2008, ABl. Nr. L 264 v. 3.10.2008, S. 1

Verordnung (EG) Nr. 1234/2007 des Rates v. 22.10.2007 über eine gemeinsame Organisation der Agrarmärkte und mit Sondervorschriften für bestimmte landwirtschaftliche Erzeugnisse (Verordnung über die einheitliche GMO), ABl. Nr. L 299 v. 16.11.2007, S. 1, zuletzt geändert durch Verordnung (EG) Nr. 510/2008 der Kommission v. 6.6.2008, ABl. Nr. L 149 v. 7.6.2008, S. 61

b) Richtlinien

EG-Kennzeichnungs-RL – Richtlinie 2000/13/EG des Europäischen Parlaments und des Rates v. 20.3.2000 zur Angleichung der Rechtsvorschriften der Mitgliedstaaten über die Etikettierung und Aufmachung von Lebensmitteln sowie die Werbung hierfür, ABl. Nr. L 109 v. 6.5.2000, S. 29, zuletzt geändert durch Richtlinie 2007/68/EG der Kommission v. 27.11.2007, ABl. Nr. L 310 v. 28.11.2007, S. 11

EG-Pflanzenschutzmittel-RL – Richtlinie 91/414/EWG des Rates v. 15.7.1991 über das Inverkehrbringen von Pflanzenschutzmitteln, ABl. Nr. L 230 v. 19.8.1991, S. 1, zuletzt geändert durch Richtlinie 2008/91/EG der Kommission v. 29.9.2008, ABl. Nr. L 262 vom 1.10.2008, S. 31

EG-Produktsicherheits-RL – Richtlinie 2001/95/EG des Europäischen Parlaments und des Rates v. 3.12.2001 über die allgemeine Produktsicherheit, ABl. Nr. L 11 v. 15.1.2002, S. 4, zuletzt geändert durch Verordnung (EG) Nr. 765/2008 des Europäischen Parlaments und des Rates v. 9.7.2008, ABl. Nr. L 218 v. 13.8.2008, S. 30

EG-Trinkwasser-RL – Richtlinie 98/83/EG des Rates v. 3.11.1998 über die Qualität von Wasser für den menschlichen Gebrauch, ABl. Nr. L 30 v. 5.12.1998, S. 32, zuletzt geändert durch Verordnung (EG) Nr. 1882/2003 des Europäischen Parlaments und des Rates v. 29.9.2003, ABl. Nr. L 284 v. 31.10.2003, S. 1

EG-Zusatzstoff-RL – Richtlinie 89/107/EWG des Rates v. 21.12.1988 zur Angleichung der Rechtsvorschriften der Mitgliedstaaten über Zusatzstoffe, die in Lebensmitteln verwendet werden dürfen, ABl. Nr. L 40 v. 11.2.1989, S. 27, zuletzt geändert durch Verordnung (EG) Nr. 1882/2003 des Europäischen Parlaments und des Rates v. 29.9.2003, ABl. Nr. L 84 v. 31.10.2003, S. 1

Richtlinie 76/768/EWG des Rates v. 27.7.1976 zur Angleichung der Rechtsvorschriften der Mitgliedstaaten über kosmetische Mittel, ABl. Nr. L 262 v. 27.9.1976, S. 169, zuletzt geändert durch Richtlinie 2008/88/EG der Kommission v. 23.9.2008, ABl. Nr. L 256 v. 24.9.2008, S. 12

Richtlinie 89/397/EWG des Rates v. 14.6.1989 über die amtliche Lebensmittelüberwachung, ABl. Nr. L 186 v. 30.6.1989, S. 23

Richtlinie 90/496/EWG des Rates v. 24.9.1990 über die Nährwertkennzeichnung von Lebensmitteln, ABl. Nr. L 276 v. 6.10.1990, S. 40, zuletzt geändert durch Richtlinie 2008/100/EG der Kommission v. 28.10.2008, ABl. Nr. L 85 v. 29.10.2008, S. 9

Richtlinie 94/35/EG des Europäischen Parlaments und des Rates v. 30.6.1994 über Süßungsmittel, die in Lebensmitteln verwendet werden dürfen, ABl. Nr. L 237 v. 10.9.1994, S. 3, zuletzt geändert durch Richtlinie 2006/52/EG des Europäischen Parlaments und des Rates v. 5.7.2006, ABl. Nr. L 204 v. 26.7.2006, S. 10

Richtlinie 94/36/EG des Europäischen Parlaments und des Rates v. 30.6.1994 über Farbstoffe, die in Lebensmitteln verwendet werden dürfen, ABl. Nr. L 237 v. 10.9.1994, S. 13, zuletzt geändert durch Verordnung (EG) Nr. 1882/2003 des Europäischen Parlaments und des Rates v. 29.9.2003, ABl. Nr. L 84 v. 31.10.2003, S. 1

Richtlinie 95/2/EG des Europäischen Parlaments und des Rates v. 20.2.1995 über andere Lebensmittelzusatzstoffe als Farbstoffe und Süßungsmittel, ABl. Nr. L 61 v. 18.3.1995, S. 1, zuletzt geändert durch Richtlinie 2006/52/EG des Europäischen Parlaments und des Rates v. 5.7.2006, ABl. Nr. L 204 v. 26.7.2006, S. 10

Richtlinie 95/45/EG der Kommission v. 26.7.1995 zur Festlegung spezifischer Reinheitskriterien für Lebensmittelfarbstoffe, ABl. Nr. L 226 v. 22.9.1995, S. 1, zuletzt geändert durch Richtlinie 2006/33/EG der Kommission v. 20.3.2006, ABl. Nr. L 82 vom 21.3.2006, S. 10

Richtlinie 96/23/EG des Rates v. 29.4.1996 über Kontrollmaßnahmen hinsichtlich bestimmter Stoffe und ihrer Rückstände in lebenden Tieren und tierischen Erzeugnissen und zur Aufhebung der Richtlinien 85/358/EWG und 86/469/EWG und der Entscheidungen 89/187/EWG und 91/664/EWG, ABl. Nr. L 125 v. 23.5.1996, S. 10, zuletzt geändert durch Richtlinie 2006/104/EG des Rates v. 20.11.2006, ABl. Nr. L 363 v. 20.12.2006, S. 352

Richtlinie 1999/2/EG des Europäischen Parlaments und des Rates v. 22.2.1999 zur Angleichung der Rechtsvorschriften der Mitgliedstaaten über mit ionisierenden Strahlen behandelte Lebensmittel und Lebensmittelbestandteile, ABl. Nr. L 66 v. 13.3.1999, S. 16, zuletzt geändert durch Verordnung (EG) Nr. 1882/2003 des Europäischen Parlaments und des Rates v. 29.9.2003, ABl. Nr. L 284 vom 31.10.2003, S. 1

Richtlinie 1999/3/EG des Europäischen Parlaments und des Rates v. 22.2.1999 über die Festlegung einer Gemeinschaftsliste von mit ionisierenden Strahlen behandelten Lebensmitteln und Lebensmittelbestandteilen, ABl. Nr. L 66 v. 13.3.1999, S. 24

Richtlinie 2002/32/EG des Europäischen Parlaments und des Rates v. 7.5.2002 über unerwünschte Stoffe in der Tierernährung, ABl. Nr. L 140 v. 30.5.2002, S. 10, zuletzt geändert durch Richtlinie 2008/76/EG der Kommission v. 25.7.2008, ABl. Nr. L 198 v. 26.7.2008, S. 37

Richtlinie 2002/72/EG der Kommission v. 6.8.2002 über Materialien und Gegenstände aus Kunststoff, die dazu bestimmt sind, mit Lebensmitteln in Berührung zu kommen, ABl. Nr. L 220 v. 15.8.2002, S. 18, zuletzt geändert durch Richtlinie 2008/39/EG der Kommission v. 6.3.2008, ABl. Nr. L 63 v. 7.3.2008, S. 6

Richtlinie 2006/114/EG des Europäischen Parlaments und des Rates v. 12.12.2006 über irreführende und vergleichende Werbung, ABl. Nr. L 376 v. 27.12.2006, S. 21

Richtlinie 2007/42/EG der Kommission v. 29.6.2007 über Materialien und Gegenstände aus Zellglasfolien, die dazu bestimmt sind, mit Lebensmitteln in Berührung zu kommen, ABl. Nr. L 172 v. 30.6.2007, S. 71

Richtlinie 2008/60/EG der Kommission v. 17.6.2008 zur Festlegung spezifischer Kriterien für Süßungsmittel, die in Lebensmitteln verwendet werden dürfen, ABl. Nr. L 158 v. 18.6.2008, S. 17

Richtlinie 2008/84/EG der Kommission v. 27.8.2008 zur Festlegung spezifischer Reinheitskriterien für andere Lebensmittelzusatzstoffe als Farbstoffe und Süßungsmittel, ABl. Nr. L 253 v. 20.9.2008, S. 1

c) Sonstige Rechtsakte

EG-Komitologie-Beschluss – Beschluss des Rates v. 28.6.1999 zur Festlegung der Modalitäten für die Ausübung der der Kommission übertragenen Durchführungsbefugnisse, ABl. Nr. L 184 v. 17.7.1999, S. 23

III. Nationales Recht

1. Bundesrecht

a) Gesetze

Arzneimittelgesetz – Gesetz über den Verkehr mit Arzneimitteln i. d. F. der Bekanntmachung vom 12.12.2005, BGBl. I, S. 3394, zuletzt geändert durch Art. 9 Abs. 1 des Gesetzes v. 23.11.2007, BGBl. I, S. 2631

BGB – Bürgerliches Gesetzbuch i. d. F. der Bekanntmachung v. 2.1.2002, BGBl. I, S. 42, ber. S. 2909 und BGBl. 2003 I, S. 738, zuletzt geändert durch Art. 6 des Gesetzes v. 12.8.2008, BGBl. I, S. 1666

Düngemittelgesetz v. 15.11.1977, BGBl. I, S. 2134, zuletzt geändert durch Art. 6 des Gesetzes v. 9.12.2006, BGBl. I, S. 2819, ber. BGBl. 2007 I, S. 195

FMG – Futtermittelgesetz i. d. F. der Bekanntmachung v. 25.8.2000, BGBl. I, S. 1358

Gesetz über das Mess- und Eichwesen i. d. F. der Bekanntmachung v. 23.3.1992, BGBl. I, S. 711, zuletzt geändert durch Art. 2 des Gesetzes v. 3.7.2008, BGBl. I, S. 1185

Gesetz über die Errichtung eines Bundesamtes für Verbraucherschutz und Lebensmittelsicherheit v. 6.8.2002, BGBl. I, S. 3082, 3084, zuletzt geändert durch Art. 2 des Gesetzes v. 5.3.2008, BGBl. I, S. 284

Gesetz zur Neuregelung des Rechts der Verbraucherinformation v. 5.11.2007, BGBl. I, S. 2558

GG – Grundgesetz für die Bundesrepublik Deutschland v. 23.5.1949, BGBl., S. 1, zuletzt geändert durch das Gesetz v. 28.8.2006, BGBl. I, S. 2034

GPSG – Gesetz über technische Arbeitsmittel und Verbraucherprodukte v. 6.1.2004, BGBl. I, S. 2, ber. S. 219, zuletzt geändert durch Art. 3 Abs. 33 des Gesetzes v. 7.7.2005, BGBl. I, S. 1970

HdlKlG – Handelsklassengesetz i. d. F. der Bekanntmachung v. 23.11.1972, BGBl. I, S. 2201, zuletzt geändert durch Art. 209 der Verordnung v. 31.10.2006, BGBl. I, S. 2407

LFGB – Lebensmittel-, Bedarfsgegenstände- und Futtermittelgesetzbuch i. d. F. der Bekanntmachung v. 26.4.2006, BGBl. I, S. 945, zuletzt geändert durch Art. 12 des Gesetzes v. 26.2.2008, BGBl. I, S. 215

LMBG – Lebensmittel- und Bedarfsgegenständegesetz i. d. F. der Bekanntmachung v. 9.9.1997, BGBl. I, S. 2296

OwiG – Gesetz über Ordnungswidrigkeiten i. d. F. der Bekanntmachung v. 19.2.1987, BGBl. I, S. 602, zuletzt geändert durch Art. 2 des Gesetzes v. 7.8.2007, BGBl. I, S. 1786

PflSchG – Gesetz zum Schutz der Kulturpflanzen i. d. F. der Bekanntmachung v. 14.5.1998, BGBl. I, S. 971, ber. S. 1527 und S. 3512, zuletzt geändert durch Art. 1 des Gesetzes v. 5.3.2008, BGBl. I, S. 284, ber. S. 1102

StGB – Strafgesetzbuch i. d. F. der Bekanntmachung v. 13.11.1998, BGBl. I, S. 3322, zuletzt geändert durch Art. 1 des Gesetzes v. 13.8.2008, BGBl. I, S. 1690

StPO – Strafprozessordnung i. d. F. der Bekanntmachung v. 7.4.1987, BGBl. I, S. 1074, ber. S. 1319, zuletzt geändert durch Art. 2 des Gesetzes v. 8.7.2008, BGBl. I, S. 1212

UWG – Gesetzes gegen den unlauteren Wettbewerb v. 3.7.2004, BGBl. I, S. 1414, zuletzt geändert durch Art. 5 des Gesetzes v. 21.12.2006, BGBl. I, S. 3367

Vorläufiges Tabakgesetz i. d. F. der Bekanntmachung v. 9.9.1997, BGBl. I, S. 2296, zuletzt geändert durch das Gesetz v. 21.12.2006, BGBl. I, S. 3365

VwGO – Verwaltungsgerichtsordnung i. d. F. der Bekanntmachung v. 19.3.1991, BGBl. I, S. 686, zuletzt geändert durch Art. 13 des Gesetzes v. 12.12.2007, BGBl. I, S. 2840, ber. BGBl. 2008 I, S. 1000

Weingesetz i. d. F. der Bekanntmachung v. 16.5.2001, BGBl. I, S. 985, zuletzt geändert durch Art. 3 des Gesetzes v. 5.11.2007, BGBl. I, S. 2558

ZPO – Zivilprozessordnung i. d. F. der Bekanntmachung v. 5.12.2005, BGBl. I, S. 3202, ber. BGBl. 2006 I, S. 431 und BGBl. 2007 I, S. 1781, zuletzt geändert durch Art. 8 des Gesetzes v. 23.10.2008, BGBl. I, S. 2026

b) Rechtsverordnungen

BedGgstV – Bedarfsgegenständeverordnung i. d. F. der Bekanntmachung v. 23.12.1997, BGBl. 1998 I, S. 5, zuletzt geändert durch Art. 1 der Verordnung v. 16.6.2008, BGBl. I, S. 1107

FMV – Futtermittelverordnung i. d. F. der Bekanntmachung v. 24.5.2007, BGBl. I, S. 772, zuletzt geändert durch Art. 2 der Verordnung v. 30.9.2008, BAnz., S. 3569

Honigverordnung v. 16.1.2004,BGBl. I, S. 92, zuletzt geändert durch Art. 9 der Verordnung v. 8.8.2007, BGBl. I, S. 1816

Käseverordnung i. d. F. der Bekanntmachung v. 14.4.1986, BGBl. I, S. 412, zuletzt geändert durch Art. 3 Abschn. 2 § 13 des Gesetzes v. 13.12.2007, BGBl. I, S. 2930

LMHV – Verordnung über Anforderungen an die Hygiene beim Herstellen, Behandeln und Inverkehrbringen von Lebensmitteln v. 8.8.2007, BGBl. I, S. 1816, 1817

LMKV – Verordnung über die Kennzeichnung von Lebensmitteln i. d. F. der Bekanntmachung v. 15.12.1999, BGBl. I, S. 2464, zuletzt geändert durch Art. 1 der Verordnung v. 18.12.2007, BGBl. I, S. 3011

LosKennzV – Los-Kennzeichnungs-Verordnung v. 23.6.1993, BGBl. I, S. 1022, zuletzt geändert durch Art. 13 der Verordnung v. 22.2.2006, BGBl. I, S. 444

NKV – Verordnung über nährwertbezogene Angaben bei Lebensmitteln und die Nährwertkennzeichnung von Lebensmitteln v. 25.11.1994, BGBl. I, S. 3526, zuletzt geändert durch Art. 1 der Verordnung v. 22.2.2006, BGBl. I, S. 444

PharmStV – Verordnung über Stoffe mit pharmakologischer Wirkung i. d. F. der Bekanntmachung v. 7.3.2005, BGBl. I, S. 730, zuletzt geändert durch Art. 2 der Verordnung v. 8.5.2008, BGBl. I, S. 797

PrüflabV – Verordnung über die Bewertung und Anerkennung von Prüflaboratorien als Voraussetzung für die Zulassung privater Gegenprobensachverständiger für die Untersuchung von Proben v. 11.2.1999, BGBl. I, S. 162, zuletzt geändert durch Art. 2 § 3 Abs. 10 des Gesetzes v. 1.9.2005, BGBl. I, S. 2618

Verordnung über Anforderungen an die Hygiene beim Herstellen, Behandeln und Inverkehrbringen von bestimmten Lebensmitteln tierischen Ursprungs v. 8.8.2007, BGBl. I, S. 1816, 1828

Verordnung über Anwendungsverbote für Pflanzenschutzmittel v. 10.11.1992, BGBl. I, S. 1887, zuletzt geändert durch die Verordnung v. 23.7.2003, BGBl. I, S. 1533

Verordnung über die Behandlung von Lebensmitteln mit Elektronen-, Gamma- und Röntgenstrahlen, Neutronen oder ultravioletten Strahlen v. 14.12.2000, BGBl. I, S. 1730, zuletzt geändert durch Art. 359 der Verordnung v. 31.10.2006, BGBl. I, S. 2407

Verordnung über die fachlichen Anforderungen gemäß § 41 Abs. 2 des Lebensmittel- und Bedarfsgegenständegesetzes an die in der Überwachung tätigen Lebensmittelkontrolleure v. 17.8.2001, BGBl. I, S. 2236, zuletzt geändert durch Art. 10 der Verordnung v. 8.8.2007, BGBl. I, S. 1816

Verordnung über Fruchtsaft, einige ähnliche Erzeugnisse und Fruchtnektar v. 24.5.2004, BGBl. I, S. 1016, zuletzt geändert durch Art. 1 der Verordnung v. 9.10.2006, BGBl. I, S. 2260

Verordnung über Höchstmengen an Mykotoxinen in Lebensmitteln v. 2.6.1999, BGBl. I, S. 1248, zuletzt geändert durch Art. 17 der Verordnung v. 22.2.2006, BGBl. I, S. 444

Verordnung über Höchstmengen an Schadstoffen in Lebensmitteln i. d. F. der Bekanntmachung v. 18.7.2007, BGBl. I, S. 1473

Verordnung über Pflanzenschutzmittel und Pflanzenschutzgeräte i. d. F. der Bekanntmachung v. 9. 3.2005, BGBl. I, S. 734, zuletzt geändert durch Art. 3 Abschn. 2 § 7 des Gesetzes v. 13.12.2007, BGBl. I, S. 2930

Verordnung zur Durchführung gemeinschaftsrechtlicher Vorschriften über neuartige Lebensmittel und Lebensmittelzutaten i. d. F. der Bekanntmachung v. 14.2.2000, BGBl. I, S. 123, zuletzt geändert durch die Bekanntmachung v. 27.5.2008, BGBl. I, S. 919

Verordnung zur Übertragung von Befugnissen auf das Bundesamt für Verbraucherschutz und Lebensmittelsicherheit v. 21.2.2003, BGBl. I, S. 244, zuletzt geändert durch Art. 2 des Gesetzes v. 7.8.2007, BGBl. I, S. 1939

ZVerkV – Verordnung über Anforderungen an Zusatzstoffe und das Inverkehrbringen von Zusatzstoffen für technologische Zwecke v. 29.1.1998, BGBl. I, S. 230, 269, zuletzt geändert durch Art. 4 der Verordnung v. 30.9.2008, BGBl. I, S. 1911

ZZulV – Verordnung über die Zulassung von Zusatzstoffen zu Lebensmitteln zu technologischen Zwecken v. 29.1.1998, BGBl. I, S. 230, 231, zuletzt geändert durch Art. 3 der Verordnung v. 30.9.2008, BGBl. I, S. 1911

c) Verwaltungsvorschriften

Allgemeine Verwaltungsvorschrift für die Durchführung des Schnellwarnsystems für Lebensmittel und Futtermittel sowie für Meldungen über Futtermittel v. 20.12.2005, BAnz. Nr. 245, S. 17096

Allgemeine Verwaltungsvorschrift zur Durchführung des Lebensmittel-Monitorings v. 22.8.2005, GMBl., S. 937

AVV RÜb – Allgemeine Verwaltungsvorschrift über Grundsätze zur Durchführung der amtlichen Überwachung der Einhaltung lebensmittelrechtlicher, weinrechtlicher und tabakrechtlicher Vorschriften v. 3.6.2008, GMBl., S. 426

2. Landesrecht

a) Gesetze

Landesorganisationsgesetz – Gesetz über die Organisation der Landesverwaltung v. 10.7.1962, GVBl. NRW, S. 421, zuletzt geändert durch Art. 2 des Gesetzes v. 20.11.2007, GVBl. NRW, S. 588

IUAG NRW – Gesetz zur Bildung integrierter Untersuchungsanstalten für Bereiche des Verbraucherschutzes v. 11.12.2007, GVBl. NRW, S. 662

LFBRVG NRW – Gesetz über den Vollzug des Lebensmittel-, Futtermittel- und Bedarfsgegenständerechts v. 19.3.1985, GVBl. NRW, S. 259, zuletzt geändert durch Gesetz v. 13.3.2008, GVBl. NRW, S. 220

LVerf NRW – Verfassung des Landes Nordrhein-Westfalen v. 28.6.1950, GVBl. NRW., S. 127, zuletzt geändert durch Art. 1 des Gesetzes v. 22.6.2004, GVBl. NRW., S. 360

OBG NRW – Gesetz über Aufgaben und Befugnisse der Ordnungsbehörden i. d. F. der Bekanntmachung v. 13.5.1980, GVBl. NRW, S. 528, zuletzt geändert durch Art. 73 des Gesetzes v. 5.4.2005, GVBl. NRW, S. 274

PolG NRW – Polizeigesetz des Landes Nordrhein-Westfalen i. d. F. der Bekanntmachung v. 25.7.2003, GVBl. NRW, S. 441, zuletzt geändert durch Art. 1 des Gesetzes v. 10.6.2008, GVBl. NRW, S. 473

VwVfG NRW – Verwaltungsverfahrensgesetz für das Land Nordrhein-Westfalen i. d. F. der Bekanntmachung v. 12.11.1999, GVBl. NRW, S. 602, zuletzt geändert durch Art. 3 des Ersten Teils des Gesetzes v. 3.5.2005, GVBl. NRW, S. 498

VwVG NRW – Verwaltungsvollstreckungsgesetz für das Land Nordrhein-Westfalen i. d. F. der Bekanntmachung v. 19.2.2003, GVBl. NRW, S. 156, ber. S. 818, zuletzt geändert durch Art. 1 des Gesetzes v. 9.10.2007, GVBl. NRW, S. 379

b) Rechtsverordnungen

Verordnung über die Ausbildung und Prüfung zur amtlichen Kontrollassistentin und zum amtlichen Kontrollassistenten v. 29.1.2008, GVBl. NRW, S. 150

ZustVOVS NRW – Verordnung zur Regelung von Zuständigkeiten auf Gebieten des Verbraucherschutzes v. 11.12.2007, GVBl. NRW, S. 664

Literaturverzeichnis

Achterberg, Norbert/*Püttner,* Günter/*Würtenberger,* Thomas (Hrsg.), Besonderes Verwaltungsrecht, Band II, Kommunal-, Haushalts-, Abgaben-, Ordnungs-, Sozial-, Dienstrecht, 2. Aufl., Heidelberg 2000

Adam, Ute, Veterinärrecht, Eine systematische Darstellung unter besonderer Berücksichtigung der Rechtslage in Nordrhein-Westfalen, Bd. 23 der Schriftenreihe des Freiherr-vom-Stein-Instituts, Köln 1993, zugl. Diss. Univ. Münster 1993

Arnold, Dieter, Lebensmittelsicherheit und Vorsorge – medizinisch-naturwissenschaftlich begründete Anforderungen, ZLR 2000, 227 ff.

Badura, Peter, Wirtschaftsverfassung und Wirtschaftsverwaltung, Ein exemplarischer Leitfaden, 3. Aufl., Tübingen 2008

Bauer, Hartmut u. a. (Hrsg.), Wirtschaft im offenen Verfassungsstaat, Festschrift für Reiner Schmidt zum 70. Geburtstag, München 2006

Bauschke, Gabriele, Verbraucherschutz im öffentlichen Recht aus der Sicht des Lebensmittelrechts, Köln u. a. 2005, zugl. Diss. Univ. Hamburg 2005

Bender, Tobias, Domestically Prohibited Goods, WTO-rechtliche Handlungsspielräume bei der Regulierung des Handels mit im Exportland verbotenen Gütern zum Umwelt- und Verbraucherschutz, Berlin 2006, zugl. Diss. Bucerius Law School Hamburg 2005

Berg, Wilfried, Der Schutz von Betriebs- und Geschäftsgeheimnissen im öffentlichen Recht unter besonderer Berücksichtigung des Umweltinformationsgesetzes, GewArch 1996, 177 ff.

Beulke, Werner, Strafprozessrecht, 10. Aufl., Heidelberg u. a. 2008

Biervert, Bernd u. a. (Hrsg.), Plädoyer für eine neue Verbraucherpolitik, Wiesbaden 1978

Binnemann, Peter, Die Verantwortungsgemeinschaft von Staat und Lebensmittelwirtschaft, Schlagwort – Rechtsbegriff – Wirklichkeit? – Aus der Sicht der Lebensmittelüberwachung, ZLR 2003, 518 ff.

Blaurock, Uwe, Verbraucherkredit und Verbraucherleitbild in der Europäischen Union, JZ 1999, 801

Bonk, Heinz Joachim/*Schmitz,* Heribert, Kommentierung zu §1 und § 21 VwVfG, in: Stelkens/Bonk/Sachs (Hrsg.), VwVfG

Borchert, Günter, Verbraucherschutzrecht, 2. Aufl., München 2003

Brenner, Michael, Das Weißbuch zur Lebensmittelsicherheit und das System des Europäischen Verwaltungsvollzugs, Insbesondere: Verwaltungskompetenz der Mitgliedstaaten und Grundsatz des Landesvollzugs in der Bundesrepublik Deutschland, ZLR 2001, 359 ff.

Breuer, Rüdiger, Der maßgebliche Zeitpunkt für die gerichtliche Kontrolle atom- und immissionsschutzrechtlicher Genehmigungen, DVBl. 1981, 300 ff.

Breuer, Rüdiger, Schutz von Betriebs- und Geschäftsgeheimnissen, NVwZ 1986, 171 ff.

Brohm, Winfried, Rechtsstaatliche Vorgaben für informelles Verwaltungshandeln, DVBl. 1994, 133 ff.

Buchner, Benedikt/*Rehberg,* Markus, Wann ist der Verbraucher ein »mündiger« Verbraucher? Zur Diskussion um die Nutrition & Health Claims-Verordnung der EU, GRUR Int 2007, 394 ff.

Büttner, Thomas, Charakteristische Lebensmittelzutaten, Zusatzstoffe und den Zusatzstoffen gleichgestellte Stoffe – zur Auslegung dieser Rechtsbegriffe des § 2 Abs. 3 LFGB – (Erwiderung zu Kraft/Streit, ZLR 2007, 453), ZLR 2008, 99 ff.

Bullinger, Martin, Staatsaufsicht in der Wirtschaft, VVDStRL 22 (1965), 264 ff.

Calliess, Christian, Eigentumsgrundrecht, in: Ehlers (Hrsg.), Europäische Grundrechte, § 17 Rn. 1 ff.

Calliess, Christian/*Ruffert,* Matthias (Hrsg.), EUV/EGV, Das Verfassungsrecht der Europäischen Union mit Europäischer Grundrechtecharta, Kommentar, 3. Aufl., München 2007

Caspar, Johannes, Die Reform des EG-Lebensmittelrechts und ihre kompetenzrechtlichen Auswirkungen, in: Hendler u. a. (Hrsg.), Jahrbuch 2002, S. 117 ff.

Caspar, Johannes, Zur Vergemeinschaftung von Verwaltungsverfahren am Beispiel von Gentechnik- und reformiertem Lebensmittelrecht, DVBl. 2002, 1437

Clausen, Wolfgang, Kommentierung vor § 9 und zu §§ 21, 26 VwVfG, in: Knack, VwVfG

Codex Alimentarius Kommission, Verfahrenshandbuch, 18. A.., 2008, <http://www.codexalimentarius.net/web/procedural_manual.jsp> (Stand: 12/ 2008)

Cramer, Peter/*Perron,* Walter, Kommentierung zu § 263 StGB, in: Schönke/ Schröder (Hrsg.), StGB

Creifelds, Carl/*Weber,* Klaus, Rechtswörterbuch, 19. Aufl., München 2007

Czerwonka, Christine, Die verbraucherpolitische Relevanz von Rolleninterpendenzen in Produktion und Konsum, in: Biervert u. a. (Hrsg.), Verbraucherpolitik, S. 219 ff.

von Danwitz, Thomas, Werbe- und Anreicherungsverbot: Stand und Perspektiven der Auseinandersetzung, ZLR 2005, 201 ff.

Dauner-Lieb, Barbara, Verbraucherschutz durch Ausbildung eines Sonderprivatrechts für Verbraucher? Systemkonforme Weiterentwicklung oder Schrittmacher der Systemveränderung?, Berlin 1983, zugl. Diss. Univ. Tübingen 1983

David, Antje, Inspektionen im Europäischen Verwaltungsrecht, Berlin 2003, zugl. Diss. Univ. Heidelberg 2002

Degenhart, Christoph, Kommentierung zu Art. 70 GG, in: Sachs (Hrsg.), GG

Dichtl, Erwin, Verbraucherschutz in der Marktwirtschaft, Berlin 1975

Dichtl, Erwin, Zur Schutzwürdigkeit des Verbrauchers, in: Ders. (Hrsg.), Verbraucherschutz in der Marktwirtschaft, S. 23 ff.

Di Fabio, Udo, Information als hoheitliches Gestaltungsmittel, JuS 1997, 1 ff.

Dittmann, Armin, Kommentierung zu Art. 83 GG, in: Sachs (Hrsg.), GG

Dölling, Dieter/*Duttge,* Gunnar/*Rossner,* Dieter (Hrsg.), Gesamtes Strafrecht, StGB/StPO/Nebengesetze, Handkommentar, Baden-Baden 2008

Doepner, Ulf/*Hüttebräuker,* Astrid, Die Abgrenzungsproblematik Arzneimittel/Lebensmittel – nunmehr definitiv höchstrichterlich geklärt?, ZLR 2008, 1 ff.

Dolzer, Rudolf/*Vogel,* Klaus/*Graßhof,* Karin (Hrsg.), Bonner Kommentar zum GG, Stand: 08/2008, Heidelberg 2008

Dreier, Horst (Hrsg.), Grundgesetz, Kommentar, Band I, Präambel, Artikel 1-19, 2. Aufl., Tübingen 2004

Dreier, Horst, Vorbemerkungen vor Artikel 1 GG und Kommentierung zu Art. 1 und Art. 2 I GG, in: Ders. (Hrsg.), GG I

Drews, Horst/*Hieke,* Eugen, Lebensmittelüberwachung in der Bundesrepublik Deutschland unter Berücksichtigung der Lebensmitteluntersuchung, ZLR 1980, 1 ff.

Dudenredaktion (Hrsg.), Der Duden, Deutsches Universalwörterbuch, 6. Aufl., Mannheim u. a. 2007

Duttge, Gunnar, Kommentierung zu § 263 StGB, in: Dölling/Duttge/Rossner (Hrsg.), Gesamtes Strafrecht

Ehlers, Dirk (Hrsg.), Ziele der Wirtschaftsaufsicht, Köln u. a. 1997

Ehlers, Dirk (Hrsg.), Europäische Grundrechte und Grundfreiheiten, 2. Aufl., Berlin 2005

Ehlers, Dirk, Allgemeine Lehren (Grundfreiheiten)/Allgemeine Lehren (Grundrechte), in: Ders. (Hrsg.), Europäische Grundrechte, § 7 Rn. 1 ff./§ 14 Rn. 1 ff.

Epiney, Astrid, Freiheit des Warenverkehrs, in: Ehlers (Hrsg.), Europäische Grundrechte, § 8 Rn. 1 ff.

Erichsen, Hans-Uwe/*Knoke,* Ulrich, Bestandskraft von Verwaltungsakten, NVwZ 1983, 185 ff.

Eser, Albin, Kommentierung zu § 113 StGB, in: Schönke/Schröder (Hrsg.), StGB

Falke, Josef, Aktuelles zum Vorsorgeprinzip und anderen programmatischen Orientierungen im Europäischen Umweltrecht, ZUR 2000, 265 ff.

Feldmann, Ulrich C., Zur Benennung des lebensmittelrechtlich Verantwortlichen – Lebensmittelunternehmer als Hilfsbeamter der Verfolgungsbehörden? (Zugleich eine Besprechung zu AG Bad Kreuznach, Beschluß vom 27.5.1992), ZLR 1993, 652 ff.

Fischer, Thomas, Strafgesetzbuch und Nebengesetze, Kommentar, 55. Aufl., München 2008

Frede, Wolfgang, Taschenbuch für Lebensmittelchemiker, Lebensmittel – Bedarfsgegenstände – Kosmetika – Futtermittel, 2. Aufl., Berlin, Heidelberg 2006

Fricke, Ernst/*Ott,* Sieghart (Hrsg.), Verwaltungsrecht in der anwaltlichen Praxis, 2. Aufl., Bonn 2005

Fritsch, Michael/*Wein,* Thomas/*Ewers,* Hans-Jürgen, Marktversagen und Wirtschaftspolitik, Mikroökonomische Grundlagen staatlichen Handelns, 7. Aufl., München 2007

Gallhoff, Gudrun/*Rimkus,* Gerhard G., Die Europäische Union, die Europäische Gemeinschaft und ihre Rechtsordnung, die Europäische Lebensmittelkontrolle, in: Frede (Hrsg.), Taschenbuch für Lebensmittelchemiker, S. 1 ff.

Geiger, Rudolf, EUV/EGV, Vertrag über die Europäische Union und Vertrag zur Gründung der Europäischen Gemeinschaft, Kommentar, 4. Aufl., München 2004

Geiß, Joachim/*Doll,* Wolfgang, Geräte- und Produktsicherheitsgesetz (GPSG), Kommentar und Vorschriftensammlung, Stuttgart 2005

Gorny, Dieter, Grundlagen des europäischen Lebensmittelrechts, Kommentar zur Verordnung (EG) Nr. 178/2002, Hamburg 2003

Gramm, Christof, Zur Gesetzgebungskompetenz des Bundes für ein Umweltgesetzbuch – Zugleich ein Beitrag zur Auslegung von Art. 75 Abs. 2 GG –, DÖV 1999, 540 ff.

Gröschner, Rolf, Öffentlichkeitsaufklärung als Behördenaufgabe, DVBl. 1990, 619 ff.

Gröschner, Rolf, Das Überwachungsrechtsverhältnis, Wirtschaftsüberwachung in gewerbepolizeilicher Tradition und wirtschaftsverwaltungsrechtlichem Wandel, Tübingen 1992, zugl. Habil.-Schr. Univ. Erlangen, Nürnberg 1990

Hansmann, Uwe, Organisation und Zuständigkeiten beim Verwaltungsvollzug im europäischen Stoffrecht – unter Berücksichtigung des Chemikalienrechts, des Lebens- und Futtermittelrechts sowie des Arzneimittelrechts –, Hamburg 2007, zugl. Diss. Univ. Osnabrück 2006

Hart, Dieter/*Köck,* Wolfgang, Zum Stand der Verbraucherrechtsentwicklung, ZRP 1991, 61 ff.

Hebeler, Timo, Die Ausführung der Bundesgesetze (Art. 83 ff. GG), Jura 2002, 164 ff.

Hecker, Jan, Marktoptimierende Wirtschaftsaufsicht, Öffentlich-rechtliche Probleme staatlicher Wirtschaftsintervention zur Steigerung der Funktionsfähigkeit des Marktes, Tübingen 2007, zugl. Habil.-Schr. Univ. Frankfurt/Oder 2005

Hemberle, Gerhard/*von Keitz,* Wolfgang, Ziele und Strategien der Verbraucherpolitik – normkritische Analyse verbraucherpolitischer Konzeptionen, in: Biervert u. a. (Hrsg.), Verbraucherpolitik, S. 30 ff.

Hendler, Reinhard u. a. (Hrsg.), Jahrbuch des Umwelt- und Technikrechts 2002, Berlin 2002

Henke, Wilhelm, Grundfragen rechtlichen Verbraucherschutzes, in: Dichtl (Hrsg.), Verbraucherschutz in der Marktwirtschaft, S. 43 ff.

Henneke, Hans-Günter, Kommentierung zu § 35 und § 40 VwVfG, in: Knack, VwVfG

Herdegen, Matthias, Kommentierung zu Art. 13 GG, in: Dolzer/Vogel/Graßhof (Hrsg.), Bonner Kommentar

Hermes, Georg, Kommentierung zu Art. 13 GG, in: Dreier (Hrsg.), GG I

Herzberg, Klaus, Regulierung und Überwachung von Lebensmitteln, eine ordnungstheoretische und ökonomische Analyse staatlicher Normsetzungsmaßnahmen und der amtlichen Lebensmittelkontrolle, Bayreuth 1994, zugl. Diss. Univ. Bayreuth 1994

Hey, Hanke, Die Struktur der deutschen Lebensmittelüberwachung, ZLR 1998, 193 ff.

von Hippel, Eike, Verbraucherschutz, 3. Aufl., Tübingen 1986

Holle, Martin, Die öffentlich-rechtliche Verantwortung und Haftung: Vorsorgeprinzip, Rückverfolgbarkeit, Stufenverantwortung, ZLR 2004, 307 ff.

Hoppe, Werner/*Beckmann,* Martin/*Kauch,* Petra, Umweltrecht, Juristisches Kurzlehrbuch für Studium und Praxis, 2. Aufl. München 2000

Huber, Peter M., Öffentliches Wirtschaftsrecht, in: Schmidt-Aßmann/Schoch (Hrsg.), BesVerwR, 3. Kap. Rn. 1 ff.

Hufen, Friedhelm, Kooperation von Behörden und Unternehmen im Lebensmittelrecht, Neue Instrumente des Verwaltungsrechts, insbesondere: Akkreditierung, Zertifizierung, Betriebsbeauftragte und kooperative Qualitätssicherung, ZLR 1993, 233 ff.

Hufen, Friedhelm, Lebensmittelrecht, in: Schmidt (Hrsg.) Öffentliches Wirtschaftsrecht BT 2, § 12 Rn. 1 ff.

Hufen, Friedhelm, Verwaltungskooperationen in der EG: Lebensmittel- und Veterinärrecht, in: Schmidt-Aßmann/Hoffmann-Riem (Hrsg.), Europäisches Verwaltungsrecht, S. 99 ff.

Isensee, Josef/*Kirchhof,* Paul, Handbuch des Staatsrechts der Bundesrepublik Deutschland, Band VI, Bundesstaat, 3. Aufl., Heidelberg u. a. 2008

von Jagow, Carl, Auf dem Weg zum Verbotsprinzip?, ZLR 2007, 479 ff.

Janning, Frank, Die Spätgeburt eines Politikfeldes Verbraucherschutzpolitik in Deutschland, ZfP 2004, 401 ff.

Jarass, Hans D./*Pieroth,* Bodo, Grundgesetz für die Bundesrepublik Deutschland, Kommentar, 9. Aufl., München 2007

Jarass, Hans D., Vorbemerkungen vor Art. 1 GG: Allgemeine Grundrechtslehren/ Kommentierung zu Art. 1, 2, 5, 12, 13, 14, 20 und 23 GG, in: Ders./Pieroth, GG

Jarass, Hans D., Wirtschaftsverwaltungsrecht mit Wirtschaftsverfassungsrecht, 3. Aufl., Neuwied, Kriftel, Berlin 1997

Jung, Ingo, Die Health Claims Verordnung – neue Grenzen gesundheitsbezogener Werbung für Lebensmittel, WRP 207, 389 ff.

Käß, Robert, Warnung als verwaltungsrechtliche Handlungsform, WiVerw 2002, 197 ff.

Käutner, Klaus, Zur Notwendigkeit direkter Investitionslenkung im Rahmen einer ex ante-Verbraucherpolitik, in: Biervert u. a. (Hrsg.), Verbraucherpolitik, S. 237 ff.

Kahl, Wolfgang, Kommentierung zu Art. 10 EGV, in: Calliess/Ruffert (Hrsg.), EUV/EGV

Kallerhoff, Dieter, Kommentierung zu § 26 VwVfG, in: Stelkens/Bonk/Sachs (Hrsg.), VwVfG

Kemper, Rainer, Verbraucherschutzinstrumente, Baden-Baden 1994, zugl. Diss. Univ. Münster 1993

Kindhäuser, Urs, Strafprozessrecht, Baden-Baden 2006

Kingreen, Thorsten, Kommentierung zu Art. 28-30 EGV, in: Calliess/Ruffert (Hrsg.), EUV/EGV

Kirchhoff, Erhard/*Schulz,* Jürgen, Akkreditierung von amtlichen und nichtamtlichen Prüflaboren im Bereich Lebensmittel und Futtermittel, in: Frede (Hrsg.), Taschenbuch für Lebensmittelchemiker, S. 215 ff.

Klaus, Barbara, Leitfaden zur Abgrenzung von Lebensmitteln und Arzneimitteln in der Rechtspraxis aller EU-Mitgliedstaaten auf Grundlage der gemeinschaftsrechtlich harmonisierten Begriffsbestimmungen, ZLR 2004, 569 ff.

Klindt, Thomas, Die Marktüberwachung unsicherer Produkte zwischen technischem Verbraucherschutz und Wirtschaftssteuerung, TÜ 2001, 52 ff.

Klindt, Thomas, Behördliche Marktüberwachung im technischen Verbraucherschutzrecht, ThürVBl. 2002, 7 ff.

Klindt, Thomas, Das Recht der Produktsicherheit: ein Überblick, VersR 2004, 296 ff.

Knack, Hans Joachim, Verwaltungsverfahrensgesetz (VwVfG), Kommentar, 8. Aufl., Köln u. a. 2004

Knemeyer, Franz-Ludwig, Polizei- und Ordnungsrecht, 11. Aufl., München 2007

Knieps, Günter, Wettbewerbsökonomie, Regulierungstheorie, Industrieökonomie, Wettbewerbspolitik, 3. Aufl., Berlin, Heidelberg 2008

Köbler, Gerhard, Juristisches Wörterbuch, 14. Aufl., München 2007

Köhne, Anne-Lore/*Günther,* Eva, Europäische Verbraucherpolitik, Von angemessenen Preisen zum Binnenmarkt der Verbraucher, VuR 2003, 288 ff.

Kopp, Ferdinand/*Ramsauer,* Ulrich, Verwaltungsverfahrensgesetz, 10. Aufl., München 2008

Kraft, Friedemann/*Streit,* Helmut, Charakteristische Lebensmittelzutaten, Zusatzstoffe und den Zusatzstoffen gleichgestellte Stoffe – zur Auslegung dieser Rechtsbegriffe des § 2 Abs. 3 LFGB, ZLR 2007, 453 ff.

Kraft, Ingo, Der Grundsatz der Verhältnismäßigkeit im deutschen Rechtsverständnis, BayVBl. 2007, 577 ff.

Kraßer, Rudolf, Grundlagen des zivilrechtlichen Schutzes von Geschäfts- und Betriebsgeheimnissen sowie von Know-how, GRUR 1977, 177 ff.

Kube, Hanno, Die Macht der Information: Konsultation, Information, Rechte der Betroffenen, ZLR 2007, 165 ff.

Kuhlmann, Eberhard, Verbraucherpolitik, Grundzüge ihrer Theorie und Praxis, München 1990

Kunig, Philip, Anmerkung zum Urt. des BVerwG v. 5.11.197 – 3 C 52.85 –, DVBl. 1988, 578 ff.

Kunig, Philip, Kommentierung Art. 13 GG, in: v. Münch/Kunig (Hrsg.), GG I

Leidinger, Tobias, Hoheitliche Warnungen, Empfehlungen und Hinweise im Spektrum stattlichen Informationshandelns – Zum aktuellen Stand der Diskussion in Rechtsprechung und Literatur –, DÖV 1993, 925 ff.

Leonhäuser, Ingrid-Ute, Bedürfnis, Bedarf, Normen und Standards, Ansätze für eine bedarfsorientierte Verbraucherpolitik, Berlin 1988

Leßmann, Herbert/*Großfeld,* Bernhard/*Vollmer,* Lothar (Hrsg.), Festschrift für Rudolf Lukes zum 65. Geburtstag, Köln u. a. 1989

Lohmann, Heiko, Verbraucherschutz und Marktprozesse, Versuch einer institutionentheoretisch fundierten Erklärung von Marktregulierungen, Freiburg (Breisgau) 1992, zugl. Diss. Univ. Freiburg (Breisgau) 1992

Lohs, Peter, Verbraucherschutz, Lebensmittelsicherheit und amtliche Lebensmittelüberwachung, ZLR 2001, 493 ff.

Loosen, Peter, »Großer Bruder« statt »schöne neue Welt« – nährwert- und gesundheitsbezogene Werbung für Lebensmittel nach Verabschiedung der Claims-Verordnung, ZLR 2006, 521 ff.

Lorenzen, Annika, Öffentliches Verbraucherschutzrecht, in: Fricke/Ott (Hrsg.), Verwaltungsrecht, § 47 Rn. 1 ff.

Lühmann, Hans, Die Lebensmittelüberwachung und ihre Finanzierung, Kommunal- und gebührenrechtliche Auswirkungen der EG VO 882/2004, Düsseldorf 2007

Martiny, Anke, Privater Konsum als öffentliche Aufgabe, Das Theoriedefizit der Verbraucherpolitik und seine praktisch-politischen Folgen, APuZ 1978, 15 ff.

Maurer, Hartmut, Allgemeines Verwaltungsrecht, 17. Aufl., München 2009

Meisterernst, Andreas/*Haber,* Bernd, Die VO (EG) 1924/2006 über nährwert- und gesundheitsbezogene Angaben, Neues Recht der Lebensmittelwerbung, WRP 2007, 363 ff.

Meyer, Alfred Hagen, Das Verbraucherleitbild des EuGH – Abkehr vom »flüchtigen Verbraucher«, WRP 1993, 215 ff.

Meyer, Alfred Hagen, Kommentierung zu Art. 14 EG-BasisV sowie §§ 2, 5, 11, 31, 39 und 41-44 LFGB, in: Ders./Streinz (Hrsg.), BasisV/LFGB

Meyer, Alfred Hagen/*Reinhart,* Andreas, Das neue Lebensmittel- und Futtermittelgesetzbuch – eine Mogelpackung, WRP 2005, 1437 ff.

Meyer, Alfred Hagen/*Streinz,* Rudolf (Hrsg.), Lebensmittel- und Futtermittelgesetzbuch, Verordnung (EG) Nr. 178/2002 – Auszüge –, Kommentar, München 2007

Meyer, Hubert, Kommentierung zu § 1 VwVfG, in: Knack, VwVfG

Meyer-Goßner, Lutz, Strafprozessordnung, 51. Aufl., München 2008

Mitropoulos, Stefan, Verbraucherpolitik in der Marktwirtschaft, Konzeptionen und internationale Erfahrungen, Berlin 1997, zugl. Diss. Univ. Mainz 1996

Mösbauer, Heinz, Staatsaufsicht über die Wirtschaft, Köln u. a. 1990

Müller, Rolf-Georg, Grundfragen zur Abgrenzung der Arzneimittel von den Lebensmitteln, NVwZ 2007, 543 ff.

von Münch, Ingo/*Kunig,* Philip (Hrsg.), Grundgesetz-Kommentar, Band 1 (Präambel bis Art. 20), 5. Aufl., München 2000

Murswiek, Dietrich, Kommentierung zu Art. 2 GG, in: Sachs (Hrsg.), GG

Neuhaus, Annette, Grundlagen und Vollzug der amtlichen Lebensmittelkontrolle in Deutschland, in: Frede (Hrsg.), Taschenbuch für Lebensmittelchemiker, S. 101 ff.

Neumann, Manfred, Wahlfreiheit und Konsumentensouveränität, in: Dichtl (Hrsg.), Verbraucherschutz in der Marktwirtschaft, S. 12 ff.

Nöhle, Ulrich, Lebensmitteluntersuchung – hoheitliche Aufgabe oder Dienstleistung?, ZLR 1995, 509 ff.

Oebbecke, Janbernd, Verwaltungszuständigkeit, in: *Isensee/Kirchhof,* HdbStR VI, § 136 Rn. 1 ff.

Oehler, Andreas, Zur ganzheitlichen Konzeption des Verbraucherschutzes – eine ökonomische Perspektive, VuR 2006, 294 ff.

Oppermann, Thomas, Europarecht, 3. Aufl., München 2005

Otto, Roland, Amtliche Überwachung der betrieblichen Eigenkontrolle, Der Landkreis 2006, 83 ff.

Pache, Eckhard, Der Grundsatz der Verhältnismäßigkeit in der Rechtsprechung der Gerichte der Europäischen Gemeinschaften, NVwZ 1999, 1033

Pache, Eckhard, Kommentierung zu § 40 LFGB, in: Meyer/Streinz (Hrsg.), BasisV/LFGB

Palandt, Otto, Bürgerliches Gesetzbuch, 67. Aufl., München 2008

Papier, Hans-Jürgen, Altlasten und polizeiliche Störerhaftung, DVBl. 1985, 873 ff.

Penski, Ulrich/*Elsner,* Roland, Eigentumsgewährleistung und Berufsfreiheit als Gemeinschaftsgrundrechte in der Rechtsprechung des Europäischen Gerichtshofs, DÖV 2001 265 ff.

Pernice, Ingolf/*Kadelbach,* Stefan, Verfahren und Sanktionen im Wirtschaftsverwaltungsrecht, DVBl. 1996, 1100

Pfleger, Helmut, Anmerkung zum Urteil des OVG Lüneburg v. 19.01.1993 – Az.: 10 L 136/89 –, ZLR 1994, 58 ff.

Pflieger, Klaus, Kommentierung zu § 113 StGB, in: Dölling/Duttge/Rössner (Hrsg.), Gesamtes Strafrecht

Piepenbrock, Hartwig (Hrsg.), Verbraucherpolitik in der Sozialen Marktwirtschaft, Bonn 1984

Pieroth, Bodo, Kommentierung zu Art. 30, 70, 74 und 83 GG, in: Jarass/Pieroth, GG

Pieroth, Bodo/*Schlink,* Bernhard, Grundrechte, Staatsrecht II, 24. Aufl., Heidelberg u. a. 2008

Pieroth, Bodo/*Schlink,* Bernhard/*Kniesel,* Michael, Polizei- und Ordnungsrecht, mit Versammlungsrecht, 5. Aufl., München 2008

Preuß, Axel, Vertrauen ist gut – risikobasierte Kontrolle ist besser, ZLR 2005, 225 ff.

Preuß, Axel, Alte Zöpfe, gordisch verknotet: Zweckbestimmung und pharmakologische Wirkung bei der Abgrenzung von Lebensmitteln zu den Arzneimitteln, ZLR 2007, 435 ff.

Rabe, Hans-Jürgen, Grundfragen der EG-Lebensmittelverordnung, ZLR 2003, 151 ff.

Rasch, Ernst, Der Realakt insbesondere im Polizeirecht, DVBl. 1992, 207 ff.

Rathke, Kurt-Dietrich, Mitwirkungspflichten bei der Kontrolle nach dem LMBG und dem EichG und ihre Grenzen, ZLR 1985, 115 ff.

Rathke, Kurt-Dietrich, Zum Begriff der Irreführung in § 17 Abs. 1 Nr. 5 LMBG, ZLR 1999, 189 ff.

Rebentisch, Manfred, Probleme des Geheimnisschutzes im Rahmen der Emissionserklärung, NJW 1980, 99 ff.

Rehbinder, Eckard/*Wahl,* Rainer, Kompetenzprobleme bei der Umsetzung von europäischen Richtlinien, NVwZ 2002, 21 ff.

Reich, Norbert/*Micklitz,* Hans-Wolfgang, Verbraucherschutzrecht in der Bundesrepublik Deutschland, eine Studie im Auftrag der EG-Kommission, New York NY u. a. 1980

Reidt, Olaf, Überwachung und Informationsbeschaffung, in: Jarass, Wirtschaftsverwaltungsrecht, § 11 Rn. 1 ff.

Rengeling, Hans-Werner, Die Bundeskompetenzen für das Umweltgesetzbuch I, DVBl. 1998, 997 ff.

Rengeling, Hans-Werner, Gesetzgebungszuständigkeit, in: Isensee/Kirchhof, HdbStR VI, § 135 Rn. 1 ff.

Rettenbeck, Stephan, Die Rückrufpflicht in der Produkthaftung – zugleich ein Beitrag zur EG-Richtlinie über die allgemeine Produktsicherheit vom 29. Juni 1992 –, Baden-Baden 1994, zugl. Diss. Univ. München 1993

Rhein, Kay-Uwe, Gesetz über Aufbau und Befugnisse der Ordnungsbehörden – Ordnungsbehördengesetz (OBG NRW) –, Stuttgart u. a. 2004

Ringel, Sabine, Das deutsche und gemeinschaftliche Lebensmittelrecht als Sicherheitsrecht, lebensmittelrechtliche Aspekte innerhalb der Europäischen Union, Berlin 1996, zugl. Diss. Univ. Erlangen, Nürnberg 1994

Robbers, Gerhard, Schlichtes Verwaltungshandeln – Ansätze zu einer dogmatischen Strukturierung –, DÖV 1987, 272 ff.

Rothfuchs, Martin, Staatlicher und privater Verbraucherschutz im elektronischen Geschäftsverkehr, Ökonomische Grundlagen, Effektivitätsvergleich und verfassungsrechtliche Folgen, Baden-Baden 2006, zugl. Diss. Univ. Osnabrück 2006

Rüthers, Bernd, Rechtstheorie, Begriff, Geltung und Anwendung des Rechts, München 1999

Ruffert, Matthias, Grundrecht der Berufsfreiheit, in: Ehlers (Hrsg.), Europäische Grundrechte, § 16 Rn. 1 ff.

von Rymon Lipinski, Gert-Wolfhard/*Lück,* Erich, Lebensmittelzusatzstoffe, in: Frede (Hrsg.), Taschenbuch für Lebensmittelchemiker, S. 313 ff.

Sachs, Michael (Hrsg.), Grundgesetz, Kommentar, 4. Aufl., München 2007

Sachs, Michael, Kommentierung zu Art. 20 GG, in: Ders. (Hrsg.), GG

Sachs, Michael, Kommentierung zu § 40, 43 und 51 VwVfG, in: Stelkens/Bonk/Sachs (Hrsg.), VwVfG

Schenke, Wolf-Rüdiger, Polizei- und Ordnungsrecht, 5. Aufl., Heidelberg 2007

Schenke, Wolf-Rüdiger/*Schenke,* Ralf Peter, Polizei- und Ordnungsrecht, in: Steiner (Hrsg.), BesVerwR, Kap. II Rn. 1 ff.

Schmidt, Reiner, Öffentliches Wirtschaftsrecht, Allgemeiner Teil, Berlin, Heidelberg 1990

Schmidt, Reiner (Hrsg.), Öffentliches Wirtschaftsrecht, Besonderer Teil 2, Berlin 1996

Schmidt-Aßmann, Eberhard/*Hoffmann-Riem,* Wolfgang (Hrsg.), Strukturen des Europäischen Verwaltungsrechts, Baden-Baden 1999

Schmidt-Aßmann, Eberhard/*Schoch,* Friedrich (Hrsg.), Besonderes Verwaltungsrecht, 14. Aufl., Berlin 2008

Schmidt-Preuß, Matthias, Soziale Marktwirtschaft und Grundgesetz vor dem Hintergrund des Staatsvertrages zur Währungs-, Wirtschafts- und Sozialunion, DVBl. 1993, 236 ff.

Schmitz, Heribert, Kommentierung zu § 1 und § 9 VwVfG, in: Stelkens/Bonk/Sachs (Hrsg.), VwVfG

Schnellhardt, Horst, Die Rolle des Tierarztes im Lichte des neuen Lebensmittelrechtes, Der Landkreis 2006, 72 ff.

Schoch, Friedrich, Polizei- und Ordnungsrecht, in: Schmidt-Aßmann/Schoch (Hrsg.), BesVerwR, 2. Kap. Rn. 1 ff.

Schoch, Friedrich, Grundfälle zum Polizei- und Ordnungsrecht, 8. Teil, Rechtsformen polizei- und ordnungsbehördlichen Handelns, JuS 1995, 215 ff.

Schoch, Friedrich, Staatliche Informationspolitik und Berufsfreiheit – Das Urteil des BVerwG vom 18.10.1990 (3 C 2/88) im Spiegel der Rechtsordnung –, DVBl. 1991, 667 ff.

Schönke, Adolf/*Schröder,* Horst (Hrsg.), Strafgesetzbuch, Kommentar, 27. Aufl., München 2006

Scholl, Stefan, Behördliche Prüfungsbefugnisse im Recht der Wirtschaftsüberwachung, Berlin 1989, zugl. Diss. Univ. Erlangen, Nürnberg 1988

Scholten, Sigrid, Die ordnungspolitische Dimension der Verbraucherpolitik in der Sozialen Marktwirtschaft, in: Piepenbrock (Hrsg.), Verbraucherpolitik, S. 95 ff.

Scholz, Rupert, Wirtschaftsaufsicht und subjektiver Konkurrentenschutz, Insbesondere dargestellt am Beispiel der Kartellaufsicht, Berlin 1971

Schomburg, Bettina, Die Neuordnung des deutschen Lebensmittel- und Futtermittelrechts – Ein Überblick, NVwZ 2007, 1373 ff.

Schricker, Gerhard, Verbraucherschutzrecht – ein neues Rechtsgebiet?, GRUR Int 1976, 315 ff.

Schroeder, Werner/*Kraus,* Markus, Das neue Lebensmittelrecht – Europarechtliche Grundlagen und Konsequenzen für das deutsche Recht, EuZW 2005, 423 ff.

Schulenburg, J.-Matthias Graf von der, Marktprozesse und Marktstruktur bei unvollständigen Informationen, ZWS 1993, 509 ff.

Schulze, Reiner/*Zuleeg,* Manfred (Hrsg.), Europarecht, Handbuch für die deutsche Rechtspraxis, Baden-Baden 2006

Schulze-Fielitz, Helmuth, Kommentierung zu Art. 2 II und Art. 5 GG, in: Dreier (Hrsg.), GG I

Schuppert, Folke, Verbraucherschutz und Verbraucherpolitik im verantwortungsteilenden Dienstleistungsstaat – eine governancetheoretische Skizze, in: FS-Schmidt, S. 561 ff.

Simitis, Konstantin, Verbraucherschutz, Schlagwort oder Rechtsprinzip?, Baden-Baden 1976

Simon, Bernhard J., Kooperative Risikoverwaltung im neuen Lebensmittelrecht, Baden-Baden 2007, zugl. Diss. Univ. Düsseldorf 2006

Sosnitza, Olaf, Der Verordnungsvorschlag über nährwert- und gesundheitsbezogene Angaben für Lebensmittel, KOM (2003) 424, vom 16.7.2003, ZLR 2004, 1 ff.

Sosnitza, Olaf, Das Verhältnis von § 12 LFGB zu den Regelungen der VO (EG) Nr. 1924/2006 – gesetzgeberischer Handlungsbedarf?, ZLR 2007, 423 ff.

Sosnitza, Olaf, Kommentierung zu § 12 LFGB, in: Meyer/Streinz (Hrsg.), BasisV/LFGB

Sprau, Hartwig, Kommentierung zu § 831 BGB, in: Palandt, BGB

Sprißler, Matthias, Öffentlich-rechtlicher Verbraucherschutz – Staatsaufgabe oder Verbraucheranspruch?, Tübingen 1992, zugl. Diss. Univ. Tübingen 1992

Stadler, Richard/*Goldmann,* Till, Einführung in moderne analytische Verfahren mit ausgewählten Beispielen, in: Frede (Hrsg.), Taschenbuch für Lebensmittelchemiker, S. 241 ff.

Stauss, Bernd, Verbraucherinteressen, Gegenstand, Legitimation und Organisation, Stuttgart 1980

Stein, Ekkehart, Die Wirtschaftsaufsicht, Tübingen 1967

Steiner, Udo (Hrsg.), Besonderes Verwaltungsrecht, 8. Aufl., Heidelberg u. a. 2006

Stelkens, Paul/*Bonk,* Joachim/*Sachs,* Michael (Hrsg.), Verwaltungsverfahrensgesetz, Kommentar, 7. Aufl.., München 2008

Stelkens, Ulrich, Kommentierung zu § 35 VwVfG, in: Stelkens/Bonk/Sachs (Hrsg.), VwVfG

Stober, Rolf, Verfassungsrechtliche Konturen eines Verbraucherrechts, in: FS-Lukes, S. 591 ff.

Stober, Rolf, Allgemeines Wirtschaftsverwaltungsrecht, Grundlagen des Wirtschaftsverfassungs- und Wirtschaftsverwaltungsrechts, des Weltwirtschafts- und Binnenmarktrechts, 15. Aufl., Stuttgart 2006

Streinz, Rudolf, Werbung für Lebensmittel – Verhältnis Lebensmittel- und Wettbewerbsrecht, GRUR 1996, 16 ff.

Streinz, Rudolf, Lebensmittelrecht, in: Achterberg/Püttner/Würtenberger (Hrsg.), BesVerwR II, § 24 Rn. 1 ff.

Streinz, Rudolf, Einführung – Gemeinschaftsrechtliche Grundlagen des Lebensmittelrechts, Systematik des LFGB und seiner Nebengesetze, in: Meyer/Streinz (Hrsg.), BasisV/LFGB

Streinz, Rudolf, Lebensmittel- und Arzneimittelrecht, in: Schulze/Zuleeg (Hrsg.), Europarecht, § 24 Rn. 1 ff.

Streinz, Rudolf, Europarecht, 8. Aufl., Heidelberg u. a. 2008

Streit, Helmut, Abgrenzung Lebensmittel – Arzneimittel, in: Frede (Hrsg.), Taschenbuch für Lebensmittelchemiker, S. 821 ff.

Stürner, Rolf, Die gewerbliche Geheimsphäre im Zivilprozeß, JZ 1985, 453 ff.

Taupitz, Jochen, Sicherheit und Wirksamkeit gesundheitsbezogener Lebensmittel: Rechtsnormen, Bewertung, Risiko, Entscheidung, ZLR 2008, 291 ff.

Tettinger, Peter J./*Mann,* Thomas, Kommentierung zu Art. 12 GG, in: Sachs (Hrsg.), GG

Teuber, Christian, Informationsrechte des Landtages und des Gemeinderates, NWVBl. 2008, 249 ff.

Teufer, Tobias, Bermudadreieck Anreicherung, Die Anreicherungs-Verordnung (EG) Nr. 1925/2006 zwischen Anspruch und Wirklichkeit, ZLR 2007, 577 ff.

Thomas, Gundula/*Freund,* Astrid/*Gründig,* Friedrich, Regelungen im Verkehr mit Lebensmitteln und Bedarfsgegenständen in Deutschland, in: Frede (Hrsg.), Taschenbuch für Lebensmittelchemiker, S. 51 ff.

Thorn, Volker, Qualitätsmanagement in der Lebensmittelindustrie, in: Frede (Hrsg.), Taschenbuch für Lebensmittelchemiker, S. 183 ff.

Tonner, Klaus/*Brieske,* Cornelia, Verbraucherschutz durch gesetzliche Kennzeichnungserfordernisse BB 1996, 913 ff.

Tyczewski, Thomas/*Elgeti,* Till, Der Schutz von Betriebs- und Geschäftsgeheimnissen im Informationsfreiheitsrecht, NWVBl. 2006, 281 ff.

Unland, Petra u. a., Neue Wege des Verwaltungshandelns, Vereinbarungen zwischen Lebensmittelüberwachung und Lebensmittelunternehmen als Mittel der Vertrauensbildung, ZLR 2004, 112 ff.

Vahrenkamp, Kai, Verbraucherschutz bei asymmetrischer Information, Informationsökonomische Analysen verbraucherpolitischer Maßnahmen, München 1991, zugl. Diss. Univ. München 1991

Verfürth, Ludger C., Effektive Lebensmittelüberwachung und Verbraucherschutz, Effektive Lebensmittelüberwachung als Voraussetzung des Verbraucherschutzes in einem System unverfälschten Wettbewerbs, Bayreuth 1996

Voland, Thomas, Verbraucherschutz und Welthandelsrecht, München 2007, zugl. Diss. Univ. München 2006

Voß, Birgit, Das Lebensmittel- und Futtermittelgesetzbuch, Ge- und Verbote – Verantwortlichkeiten – Verfahren, 2. Aufl., Berlin 2007

Voßkuhle, Andreas, Behördliche Betretungs- und Nachschaurechte – Versuch einer dogmatischen Klärung –, DVBl. 1994, 611 ff.

Wahl, Rainer/*Groß,* Detlef, Die Europäisierung des Genehmigungsrechts am Beispiel der Novel Food-Verordnung, DVBl. 1998, 2 ff.

Weiß, Holger Tobias, Die rechtliche Gewährleistung der Produktsicherheit, Baden-Baden 2008, zugl. Diss. Univ. Freiburg (Breisgau) 2007

Wichard, Johannes Christian, Kommentierung zu Art. 152, 153 und 281 EGV, in: Calliess/Ruffert (Hrsg.), EUV/EGV

Wieland, Joachim, Kommentierung zu Art. 12 und 14 GG, in: Dreier (Hrsg.), GG I

Wiemers, Matthias, Rechtseinheit im Lebensmittelhygienerecht, ZLR 2006, 245 ff.

Wiemers, Matthias, Verwaltungsverfahren und Verwaltungsorganisation durch Europarecht dargestellt am Beispiel der staatlichen Lebensmittelüberwachung, ZLR 2006, 383 ff.

Wolff, Hans J. u. a., Verwaltungsrecht, Band 1, 12. Aufl., München 2007

Zellner, Gerhard, Das neue Lebensmittelrecht – aus Sicht der Lebensmittelüberwachung vor Ort, Zentralisierung der Rechtsgrundlagen, Zersplitterung des Vollzugs, ZLR 2007, 295 ff.

Zipfel, Walter/*Berg,* Horst, Der lebensmittelrechtliche Schutz des Verbrauchers vor Rückständen und Verunreinigungen, ZLR 1989, 427 ff.

Zipfel, Walter/*Rathke,* Kurt-Dietrich, Lebensmittelrecht, Loseblatt-Kommentar aller wesentlichen Vorschriften für das Herstellen und Inverkehrbringen von Lebensmitteln, Futtermitteln, kosmetischen Mitteln, sonstigen Bedarfsgegenständen sowie Tabakerzeugnissen, Band II, Stand: 03/2008, München 2008

Zischka, Ulrike, Die Rechtsetzungskompetenzen der Europäischen Gemeinschaft auf dem Gebiet des Verbraucherschutzes unter besonderer Berücksichtigung des Werberechts, Frankfurt a. M. 1997, zugl. Diss. Univ. Erlangen, Nürnberg 1996

Sachverzeichnis

Schriftenreihe des Freiherr-vom-Stein-Instituts im Deutschen Gemeindeverlag, Verlag W. Kohlhammer

Band 1 Janbernd *Oebbecke,* Zweckverbandsbildung und Selbstverwaltungsgarantie, 1982, 104 Seiten, kartoniert, € 10,50.
ISBN 3-555-00530-8

Band 2 Edzard *Schmidt-Jortzig* und Alexander *Schink,* Subsidiaritätsprinzip und Kommunalordnung, 1982, 168 Seiten, kartoniert, € 14,50.
ISBN 3-555-00535-9

Band 3 Ingolf *Deubel,* Der kommunale Finanzausgleich in Nordrhein-Westfalen, 1984, 264 Seiten, kartoniert, € 17,90.
ISBN 3-555-00592-8

Band 4 Alexander *Schink,* Rechtsnachfolge bei Zuständigkeitsveränderungen in der öffentlichen Verwaltung, 1984, 340 Seiten, kartoniert, € 18,40.
ISBN 3-555-00593-6

Band 5 Janbernd *Oebbecke,* Gemeindeverbandsrecht Nordrhein-Westfalen, Eine systematische Darstellung, 1984, 168 Seiten, kartoniert, € 15,50.
ISBN 3-555-00623-1

Band 6 Hans-Jürgen *Fischedick,* Die Wahl der Benutzungsform kommunaler Einrichtungen, 1986, 121 Seiten, kartoniert, € 15,50.
ISBN 3-555-00689-4

Band 7 Janbernd *Oebbecke,* Weisungs- und unterrichtungsfreie Räume in der Verwaltung, 1986, 324 Seiten, kartoniert, € 19,50.
ISBN 3-555-00693-2

Band 8 Werner *Hauser,* Die Wahl der Organisationsform kommunaler Einrichtungen, Kriterien für die Entscheidung zwischen möglichen Organisationsformen, 1987, 300 Seiten, kartoniert (vergriffen).

Band 9 Elke *Bartels,* Abfallrecht – Eine systematische Darstellung, 1987, 224 Seiten, kartoniert (vergriffen).

Band 10 Ansgar *Müller,* Schulorganisationsrecht Nordrhein-Westfalen – Eine systematische Darstellung, 1988, 174 Seiten, kartoniert, € 23,00.
ISBN 3-555-00766-1

Band 11 Hans-Uwe *Erichsen,* Werner *Hoppe* und Adalbert *Leidinger* (Hrsg.), Kommunalverfassungen in Europa, 1988, 182 Seiten, kartoniert, € 25,50.
ISBN 3-555-00780-7

Band 12 Alexander *Schink,* Naturschutz- und Landschaftspflegerecht Nordrhein-Westfalen, 1989, 563 Seiten, kartoniert (vergriffen).

Band 13 H. Jürgen *Wolff,* Bedarfsgerechte Struktur der Kreiseinnahmen, 1990, 388 Seiten, kartoniert, € 20,35.
ISBN 3-555-00799-8

Band 14 Hans-Uwe *Erichsen,* Die Vertretung der Kommunen in den Mitgliederorganen von juristischen Personen des Privatrechts, 1990, 184 Seiten, kartoniert, € 20,35.
ISBN 3-555-00832-3

Band 15 Paul-Peter *Humpert,* Genehmigungsvorbehalte im Kommunalverfassungsrecht, 1990, 276 Seiten, kartoniert, € 22,90.
ISBN 3-555-00833-1

Band 16 Werner *Hoppe* und Alexander *Schink* (Hrsg.), Kommunale Selbstverwaltung und europäische Integration, 1990, 145 Seiten, kartoniert, € 20,35.
ISBN 3-555-00857-9

Band 17 Werner *Hoppe* / Hans-Uwe *Erichsen* / Adalbert *Leidinger* (Hrsg.), Aktuelle Probleme der kommunalen Selbstverwaltung – 10 Jahre Freiherr-vom-Stein-Institut –, 1991, 210 Seiten, kartoniert, € 20,35.
ISBN 3-555-00910-9

Band 18 Hans *Vietmeier,* Die staatlichen Aufgaben der Kommunen und ihrer Organe – Auftragsverwaltung und Organleihe in Nordrhein-Westfalen – 1992, 378 Seiten, kartoniert, € 25,50.
ISBN 3-555-00913-3

Band 19 Angela *Faber,* Europarechtliche Grenzen kommunaler Wirtschaftsförderung – Die Bedeutung der Art. 92 - 94 EWGV für die kommunale Selbstverwaltung – 1992, 260 Seiten, kartoniert (vergriffen)

Band 20 Werner *Hoppe* und Martin *Schulte,* Rechtsschutz der Länder in Planfeststellungsverfahren des Bundes – Dargestellt am Beispiel des Denkmalschutzes in Nordrhein-Westfalen – 1993, 101 Seiten, kartoniert, € 12,70.
ISBN 3-555-00994-X

Band 21 Jan *Bodanowitz,* Organisationsformen für die kommunale Abwasserbeseitigung, 1993, 196 Seiten, kartoniert, € 20,35.
ISBN 3-555-00995-8

Band 22 Jürgen *Brügge,* Bodendenkmalrecht unter besonderer Berücksichtigung der Paläontologie, 1993, 222 Seiten, kartoniert, € 22,50.
ISBN 3-555-01015-8

Band 23 Ute *Adam,* Veterinärrecht – Eine systematische Darstellung unter besonderer Berücksichtigung der Rechtslage in Nordrhein-Westfalen, 1993, 284 Seiten, kartoniert, € 23,00.
ISBN 3-555-01024-7

Band 24 Werner *Hoppe* / Joachim *Bauer* / Angela *Faber* / Alexander *Schink* (Hrsg.), Rechts- und Anwendungsprobleme der neuen Bauordnung NW, 1996, 170 Seiten, kartoniert, € 15,30.
ISBN 3-555-01095-6

Band 25 Andrea *Krebs,* Rechtliche Grundlagen und Grenzen kommunaler Elektrizitätsversorgung, 1996, 370 Seiten, kartoniert, € 25,50.
ISBN 3-555-01102-2

Band 26 Margit *Twehues,* Rechtsfragen kommunaler Stiftungen, 1996, 366 Seiten, kartoniert, € 23,60.
ISBN 3-555-01107-3

Band 27 Werner *Hoppe* / Joachim *Bauer* / Angela *Faber* / Alexander *Schink* (Hrsg.), Auswirkungen des Kreislaufwirtschafts- und Abfallgesetzes auf die öffentlich-rechtlichen Entsorgungsträger, 1996, 220 Seiten, kartoniert, € 18,00.
ISBN 3-555-01120-0

Band 28 Olaf *Otting,* Neues Steuerungsmodell und rechtliche Betätigungsspielräume der Kommunen, 1997, 333 Seiten, kartoniert, € 22,50.
ISBN 3-555-01134-0

Band 29 Heidrun *Schnell,* Freie Meinungsäußerung und Rederecht der kommunalen Mandatsträger unter verfassungsrechtlichen, kommunalrechtlichen und haftungsrechtlichen Aspekten, 1997, 250 Seiten, kartoniert, € 20,35.
ISBN 3-555-01159-6

Band 30 Janbernd *Oebbecke* / Joachim *Bauer* / Angela *Faber* (Hrsg.), Umweltrecht und Kommunalrecht – Kolloquium aus Anlaß des Ausscheidens von Werner Hoppe als Geschäftsführender Direktor des Freiherr-vom-Stein-Instituts, 1998, 161 Seiten, kartoniert, € 10,20.
ISBN 3-555-01166-9

Band 31 Anke *Freisburger,* Public Private Partnership in der kommunalen Museumsarbeit, 2000, 296 Seiten, kartoniert, € 20,35.
ISBN 3-555-01210-X

Band 32 Janbernd *Oebbecke* / Joachim *Bauer* / Hermann *Pünder* (Hrsg.), Perspektiven der kommunalen Sparkassen – Symposium des Freiherr-vom-Stein-Instituts und des Westfälisch-Lippischen Sparkassen- und Giroverbandes am 24. Februar 2000, 2000, 121 Seiten, kartoniert, € 10,20.
ISBN 3-555-01228-2

Band 33 Holger *Obermann,* Die kommunale Bindung der Sparkassen – Verfassungsrechtliche Möglichkeiten und Grenzen ihrer Ausgestaltung, 2000, 224 Seiten, kartoniert, € 19,40.
ISBN 3-555-01229-0

Band 34 Raphael *Lohmiller,* Kapitalbeteiligungsgesellschaften der Sparkassen – Eine Untersuchung über die Rechtsgrundlagen der Beteiligungsfinanzierung durch kommunale Sparkassen, 2000, 318 Seiten, kartoniert, € 20,20.
ISBN 3-555-01231-2

Band 35 Olaf *Schefzyk,* Der kommunale Beteiligungsbericht - Ein Instrument zur verbesserten Berichterstattung über die Unternehmenstätigkeit der Kommunen, 2000, 391 Seiten, kartoniert, € 21,45.
ISBN 3-555-01234-7

Band 36 Angela *Faber,* Gesellschaftliche Selbstregulierungssysteme im Umweltrecht – unter besonderer Berücksichtigung der Selbstverpflichtungen, 2001, 501 Seiten, kartoniert, € 29,65.
ISBN 3-555-01240-1

Band 37 Klaus *Schulenburg,* Die Kommunalpolitik in den Kreisen Nordrhein-Westfalens: Eine empirische Bestandsaufnahme, 2001, 484 S., kartoniert, € 25,10.
ISBN 3-555-01250-9

Band 38 Janbernd *Oebbecke* / Dirk *Ehlers* / Alexander *Schink* / Hermann *Pünder* (Hrsg.), Kommunalfinanzen, Symposium aus Anlaß des 75. Geburtstages von Adalbert Leidinger am 8. März 2001 in Münster, 2001, 155 S., kartoniert, € 13,75.
ISBN 3-555-01251-7

Band 39 Janbernd *Oebbecke* / Dirk *Ehlers* / Alexander *Schink* / Hermann *Pünder* (Hrsg.), Die nordrhein-westfälische Gemeindeprüfung in der Diskussion / Kolloquium des Freiherr-vom-Stein-Instituts und des Innenministeriums Nordrhein-Westfalen am 2. Februar 2001, 2001, 79 S., kartoniert, € 11,22.
ISBN 3-555-01252-5

Band 40 Peter *Lüttmann,* Aufgaben und Zusammensetzung der Verwaltungsräte der kommunalen Sparkassen, 2002, 407 S., kartoniert, € 24,85.
ISBN 3-555-01274-6

Band 41 Janbernd *Oebbecke* / Dirk *Ehlers* / Alexander *Schink* / Hermann *Pünder* (Hrsg.), Aktuelle Fragen der Sparkassenpolitik / Wissenschaftliches Kolloquium des Freiherr-vom-Stein-Instituts am 8. März 2002 zu Ehren von Herrn Dr. Kuhr anlässlich seines Ausscheidens als Vorsitzender des Kuratoriums des Freiherr-vom-Stein-Instituts, 2002, 70 S., kartoniert, € 7,85.
ISBN 3-555-01278-9

Band 42 Ansgar *Hörster,* Die Wahrnehmung der Sozialhilfeaufgaben im kreisangehörigen Raum in Nordrhein-Westfalen, 2002, 342 S., kartoniert, € 23,85.
ISBN 3-555-01279-7

Band 43 Hermann *Pünder,* Haushaltsrecht im Umbruch – eine Untersuchung der Erfordernisse einer sowohl demokratisch legitimierten als auch effektiven und effizienten Haushaltswirtschaft am Beispiel der Kommunalverwaltung, 2003, 665 S., kartoniert, € 29,85.
ISBN 3-555-01289-4

Band 44 Thomas *Harks*, Kommunale Arbeitsmarktpolitik – Rechtliche Vorgaben und Grenzen, 2003, 295 S., kartoniert, € 19,80.
ISBN 3-555-01302-5

Band 45 Volker *Schepers,* Internet-Banking und sparkassenrechtliches Regionalprinzip, 2003, 275 S., kartoniert, € 19,80.
ISBN 3-555-01308-4

Band 46 Marco *Kulosa,* Die Steuerung wirtschaftlicher Aktivitäten von Kommunen – eine betriebswirtschaftliche Analyse, 2003, 290 S., kartoniert, € 20,20.
ISBN 3-555-01316-5

Band 47 Frank *Placke,* Interkommunale Produktvergleiche als Basis für den kommunalen Finanzausgleich, 2003, 433 S., kartoniert, € 24,60.
ISBN 3-555-01321-1

Band 48 Antje *Wittmann,* Der Sparkassenverbund, 2004, 294 S., kartoniert, € 22,00.
ISBN 3-555-01328-9

Band 49 Barbara *Lübbecke,* Das Kommunalunternehmen – neue Organisationsform im kommunalen Wirtschaftsrecht von Nordrhein-Westfalen, 2004, 343 S., kartoniert, € 24,80.
ISBN 3-555-01329-7

Band 50 Sven Oliver *Hoffmann,* Gewässerschutzrecht Nordrhein-Westfalen – eine systematische Darstellung unter besonderer Berücksichtigung der europarechtlichen und bundesrechtlichen Vorgaben, 2004, 500 S., kartoniert, € 26,80.
ISBN 3-555-01330-0

Band 51 Janbernd *Oebbecke* / Dirk *Ehlers* / Alexander *Schink* / Dörte *Diemert* (Hrsg.), Kommunalverwaltung in der Reform / Wissenschaftliche Fachtagung des Freiherr-vom-Stein-Instituts am 2. Juli 2004 in Münster, 2004, 165 S., kartoniert, € 14,20.
ISBN 3-555-01339-4

Band 52 Hans *Lühmann,* Die Zusammenführung von Arbeitslosen- und Sozialhilfe im Sozialgesetzbuch II (SGB II) – Sozial- und organisationsrechtliche Aspekte des Hartz IV-Gesetzes für die kommunale Sozialpolitik, 2005, 223 S., kartoniert, € 17,80.
ISBN 3-555-01349-1

Band 53 Jörg *Niggemeyer,* Zulässigkeit und Grenzen von Sparkassenfusionen – eine Untersuchung am Beispiel von Zusammenschlüssen nordrhein-westfälischer Sparkassen, 2005, 476 S., kartoniert, € 26,80.
ISBN 3-555-01350-5

Band 54 Dörte *Diemert,* Das Haushaltssicherungskonzept – Verfassungs- und haushaltsrechtliche Grundlagen in NRW unter Berücksichtigung des Neuen Kommunalen Finanzmanagements, 2005, 555 S., kartoniert, € 28,80.
ISBN 3-555-01370-X

Band 55 Andrea *Becker,* Die Entwicklung des Personalvertretungsrechts in Nordrhein-Westfalen – eine Untersuchung der wesentlichen Einflussfaktoren auf die Gesetzgebung am Beispiel des LPVG NRW, 2006, 495 S., kartoniert, € 29,00.
ISBN 3-555-01371-8

Band 56 Janbernd *Oebbecke* / Dirk *Ehlers* / Martin *Klein* / Theresia *Theurl* / Dörte *Diemert* (Hrsg.), Perspektiven für Sparkassen und Genossenschaftsbanken – Wissenschaftliche Fachtagung des Freiherr-vom-Stein-Instituts und des Instituts für Genossenschaftswesen der Universität Münster am 17. Oktober 2005 in Münster, 2006, 128 S., kartoniert, € 10,20.
ISBN 3-555-01385-5

Band 57 Inken *Pehla,* Der Haftungsverbund der Sparkassen-Finanzgruppe – eine Untersuchung der Institutssicherung der Sparkassen und Landesbanken unter besonderer Berücksichtigung des Einlagensicherungs- und Anlegerentschädigungsgesetzes, 2006, 240 S., kartoniert, € 20,80.
ISBN 3-555-01372-6

Band 58 Janbernd *Oebbecke* / Dirk *Ehlers* / Martin *Klein* / Dörte *Diemert* (Hrsg.), Zwischen kommunaler Kooperation und Verwaltungsreform – Fachtagung aus Anlass des 25-jährigen Bestehens des Freiherr- vom-Stein-Instituts am 12. Mai 2006 in Münster, 2006, 127 S., kartoniert, € 12,80.
ISBN 3-555-01391-2

Band 59 Simone *Schütte-Leifels,* Die Grundsätze der Sozialhilfe nach der Reform, 2007, 345 S., kartoniert, € 24,80.
ISBN 978-3-555-01399-2

Band 60 Christian *Thiemann,* Rechtsprobleme der Marke Sparkasse, 2008, 314 S., kartoniert, € 24,00.
ISBN 978-3-555-01451-7

Band 61	Linus *Tepe,* Verfassungsrechtliche Vorgaben für Zuständigkeitsverlagerungen zwischen Gemeindeverbandsebenen, 2009, 235 S., kartoniert, € 20,00.
ISBN 978-3-555-01459-3

Band 62	Anna *Roth,* Die allgemeine Lebensmittelüberwachung als Instrument des Verbraucherschutzes – eine systematische Darstellung unter besonderer Berücksichtigung der Rechtslage und der Organisationsstrukturen in Nordrhein-Westfalen, 2009, 336 S., kartoniert, € 26,00.
ISBN 978-3-555-01474-6